NONFICTION
論創ノンフィクション
013

陸軍中野学校全史

斎藤充功

論創社

陸軍中野学校全史　目次

陸軍中野学校全史

承前

陸軍中野学校全史を刊行する著者の思い

なぜ中野学校に関心を持ったのか

『陸軍中野学校全史』を編むにあたり、私が中野学校に関心を持った経緯を語っておきたい。きっかけは昭和六一（一九八六）年九月から始まった『週刊時事』（時事通信社）の連載記事「謀略戦・ドキュメント陸軍登戸研究所」にあった。第一回記事の冒頭で、次のように記している。

わたしが陸軍登戸研究所に興味を覚えた理由はただ一つ。戦時中、軍の秘密研究機関として陰の部分で、情報戦の兵站基地の役割を果たし、陸軍中野学校、関東軍情報部、特務機関とも連携して経済謀略をも実行していたという、その実態を解明することであった。

連載当時は、取材をこなしながら、同時並行で執筆するというハードワークを強いられていたが、年齢も四〇代であったことから、それほど苦にはならなかった。

取材は米国各地（ワシントンDC、メリーランド州スートランド、フォートデトリック市、サンフランシスコ郊外のサンブルン）や中国返還から二年後の香港にも足を延ばした。ワシントンDCでは、かつて登戸研究所の第三科に所属し、戦後は米国の市民権を得てCIAで偽造関係のレタッチマンをしていた人物を取材した。また、香港では同所の第二科で仕事をしていた中国名「孫康祥」（スンカンシャイアン）に変名した元科員を取材し、彼から登戸時代の話を聞いていた。

連載は好評で一年間つづき、のちに同社から前掲の連載をまとめて単行本を上梓した。また、単行本執筆のために、結果として追加取材は一年ほどかかったが、その間に登戸研究所の関係者を通じて「中野学校」出身者を何人か紹介された。中でも、偽造法幣の責任者だった第三科長の山本憲蔵元主計大佐（故人）から、こうアドバイスされた。

「登戸を書くためには、中野のことも調べないと全体像が把握できない。心安くしている出身者が何人かいるから、会ってみたらどうか」

しかし、当時の私は中野学校に対してはさほど興味を抱くことはなかった。正直に言えば、週刊誌で連載していた登戸研究所の取材に追われ、手が回らなかったのだ。だが、ある取材をきっかけに、私の中野学校取材が本格的にスタートすることになった。そのきっかけとなったのが、中国戦

『週刊時事』連載当時のタイトル

線で登戸製の偽造法幣を日本から上海《シャンハイ》に運んでいた「二丙」出身の久木田幸穂《くきたゆきほ》軍曹の取材であった。

久木田を紹介してくれたのは、山本の部下であった大島康弘《やすひろ》（故人）である。久木田への二度の取材を通じて、私は「陸軍中野学校」という帝国陸軍の異色の組織に興味を抱き、以降、中野の取材を本格化させた。今から、二〇年前のことである。

取材は史料（資料）収集からスタートした。しかし、中野に関する資料（史料）はほとんど存在せず、戦後刊行の『真相』や『政界ジープ』といった暴露系雑誌、昭和三〇年代にわずかに記事が掲載された週刊誌などを頼りにする他はなく、中野学校の全体像を知るうえでの資料としては、心もとないものばかりだった。そんな手探り状態の中で資料の鉱脈の一つを探し当てた。それが、中野の卒業生や教官たちの証言が掲載されていた貴重な雑誌『人物往来・特集ニッポン特務機関』（一九六五年六月号）であった。リサーチするうえでの資料として、同誌を大いに活用させてもらった。雑誌といえば他にも『中央公論・歴史と人物　特集日本の秘密戦と陸軍中野学校』（昭和五五年一〇月号）と『週刊サンケイ・臨時増刊号』（昭和五三年四月発売号）も利用させてもらった。

そして、私の中野学校取材がより前進するきっかけとなったのは、取材相手の中野関係者から贈呈された、中野学校の〝正史〟ともいうべき『陸軍中野学校』（中野校友会編、一九七八年）だった。

証言者を求めて北は北海道から南は九州まで、三二の都道府県を駆けずり回ったことは、今では懐かしい思い出となっている。取材した卒業生、関係者は一〇〇人を超えた。しかし、取材拒否をされたり、「物書きは信用できない」「事実を曲げて書く」「諜報《ちょうほう》工作をスパイと取り違えている」などの叱咤を何度も浴びせられた。極めつけのフレーズが、「中野は語らず」であった。

「決定版」としての意味

本書は過去に刊行した以下の作品の重複した記述を整理、統一して再編集した「陸軍中野学校全史」である。六二七ページの大冊となったが、文中には新たに「樺太・対ソ情報戦」「陸軍中野学校と戦後情報機関」「第二次大戦下で展開されたスパイ工作と暗号作戦」を加え、新発掘の写真も掲示して通史として「陸軍中野学校」の全体像を読み解くことができる作品として再構成した決定版である。いわば私にとっての「中野学校」の集大成である。過去に刊行した主な作品を年代順に掲示しておく。

『陸軍中野学校　情報戦士たちの肖像』(平凡社新書、二〇〇六年)
『陸軍中野学校の真実　諜報員たちの戦後』(角川文庫、二〇〇八年)
『陸軍中野学校極秘計画　新資料、新証言で明かされた真実』(学研新書、二〇一一年)
『証言・陸軍中野学校　卒業生たちの追想』(バジリコ、二〇一三年)
『スパイ・アカデミー　陸軍中野学校』(洋泉社、二〇一五年)

中野学校は完全に〝縦の組織〟であり、同期生といえども、卒業後の任地や任務については、お互いに知らないのが常識であった(昵懇《じっこん》の相手には明かすこともあったようだが)。同期生が何十年ぶりかで再会し、そこで初めてお互いの任地や任務を知るというケースを、私は取材で何度も聞かされてきた。おそらく、中野学校出身者といえども、その全体像を理解し、語れる人間はほとんどいないであろう。もしいたとしても、鬼籍に入っているはずだ。つまり、中野学校の真の姿を知る者は、すでにこの世には存在していないといえるのかもしれない。

部外者である私が、中野学校に関して、最も知りたかったことは「卒業生の戦後」であった。元諜報員であった彼らが、戦後どのような人生を歩んだのか。取材で得られた戦後史は貴重な情報ばかりであったが（本編では一四ケースを紹介した）、まだ、中野学校の全貌が解明されたわけではない。中野学校の秘められた戦後史を取材する時間は「まだわずかだが、残されている」と自らに言い聞かせている。

書き残したテーマはあと一つある。「スパイマスター秋草俊」の評伝は前編で『日本のスパイ王陸軍中野学校の創設者・秋草俊少将の真実』（学研プラス）を上梓しているが、後編の「闇に包まれたベルリンの星機関」の取材は、まだ、途中になっている。ベルリンの「ゲシュタポ文書館」（秘密警察機構でのちに親衛隊諜報部「SD」に吸収される）には貴重な満州国公使館員行動記録が保存されているので、最後の取材行として傘寿の歳にはベルリンを訪ねる計画を立てている。

それと、連載記事を執筆するために米国取材をしたときには、資料を入手することができなかったソ連の仕掛けた対日戦誘導の「雪作戦」に関する詳細を記しておく。

「雪作戦」とは何か

日米開戦の引き金になったのは、日本政府の乙案に対する米国側の最終回答、いわゆる「ハル・ノート」で、その内容により日本は「自存自衛の戦争」に踏み切ったのである。しかし、日米開戦に実は、別に仕掛け人がいた。それは、米国財務省の次官補ハリー・デクスター・ホワイトを操っていたソ連の工作員ビタリー・G・パブロフで、彼は、秘密警察のボス、ラブレンチ・ベリアの命令で『雪作戦』（後述）を担当した当事者であった。

しかし、彼の存在がわかるまでには米国取材（一九九一年九月）から一一年という時間をまたなければならなかった。その間「ハルノート」の背後にはソ連の陰謀があったことを示すソ連側の資料が入手できないか、何度もトライしたが、空振りに終わってしまい、途中でリサーチを諦めてしまった。しかし、ホワイトとソ連側を結び付ける資料は、必ずロシアに存在すると確信していた。

私の確信は的中した。そしてその答えは、平成一四（二〇〇二）年三月に、友人から提供されたロシア語で書かれた手記の中にあった。

最初は友人から渡されたその手記にそれほど期待していなかった。ところがプリントアウトされた原文と翻訳文を読み込んでゆくうちに手記の内容に引きずり込まれていった。この手記に書かれた証言こそ、著者が長年探し求めていた答えであったからだ。一一年前に（米国取材当時）推測した通り、ホワイトを操るソ連の工作員が実在していたことが証言で、明らかになったのである。

この手記を書いた人物（取材当時八六歳）は元ＫＧＢの高官（退役中将）で、先述のビタリー・Ｇ・パブロフ。彼は当時、モスクワで年金生活を送っていた。手記には「同盟関係にあったソ連が日米開戦を工作した」という、衝撃的な内容が書かれていた。パブロフ手記は歴史を書き換えるほど価値があるかどうか、本稿で明らかにしてゆくが、まず、米国側の文書から解読してゆくことにする。

ここにＦＢＩの資料がある。タイトルは *SAMMARY OF DISSEMINATION OF HARRY DEXTER WHITE*。内容を抄訳すれば、以下のようなことが記録されている。

ホワイトは一九三〇年代後半及び米国がドイツ及び日本と戦争をしている期間中を通じて、ソ連に最高機密文書を提供していたことを強調せねばならない。この期間中にルーズベルトが米国の外交政策を実施する広範な権限を財務省に与えていたことを考えれば、共産主義者のスパイ網におけるホワイトの役割は一層重大である。ソ連はホワイトを通じて、ルーズベルト政府が行ったすべての外交政策に関する決定を、国務省が知る前に知ることができたのである。

この報告書は一九四八年にホワイトがソ連のエージェントとして働いていたと告発された時の資料で、ここに出てくる「共産主義者のスパイ網」に、ホワイトは協力していたのである（図「一九四〇年代の在米ソ連スパイネットワーク」を参照）。では、米国内でソ連のスパイ網が形成されたのはいつ頃なのか。英国の作家リチャード・ディーコンによると一九二〇年代初期には、ロシア生まれのリディア・スタールという女性によって工作が始まったという。

彼女が最初にスパイにリクルートした人物は軍人と役人の二人で、この二人がその後、米国政府内部にスパイ細胞を形成してゆくことになり、中でも、農務省の役人のハロルド・ウェアが構築した細胞は、のちに「ウェア細胞」として成長していった。

「感謝の言葉を述べて、受話器を置いた」

ロシア革命後のソ連の海外諜報活動は、主としてＧＲＵ（国家政治局諜報部）の手によって実行されていた。〝革命を輸出せよ〟というレーニンの戦略に沿って、ＧＲＵは各国の革命組織、共産党と連携して、その国の共産主義者や共産主義のシンパに工作員を求めたのである。

米国にスパイ網が広がっていったのは、一九二九年の〝暗黒の木曜日〟といわれた株価大暴落の前後からで、国内は不況、失業、貧困が襲い、資本主義への不信感が高まった時期であった。その時代は米国知識層の間にも、資本主義への疑問が深まっていた。

一九〇八年生まれのエリザベス・ベントリーは、ニューヨーク州の名門女子大であるヴァッサー

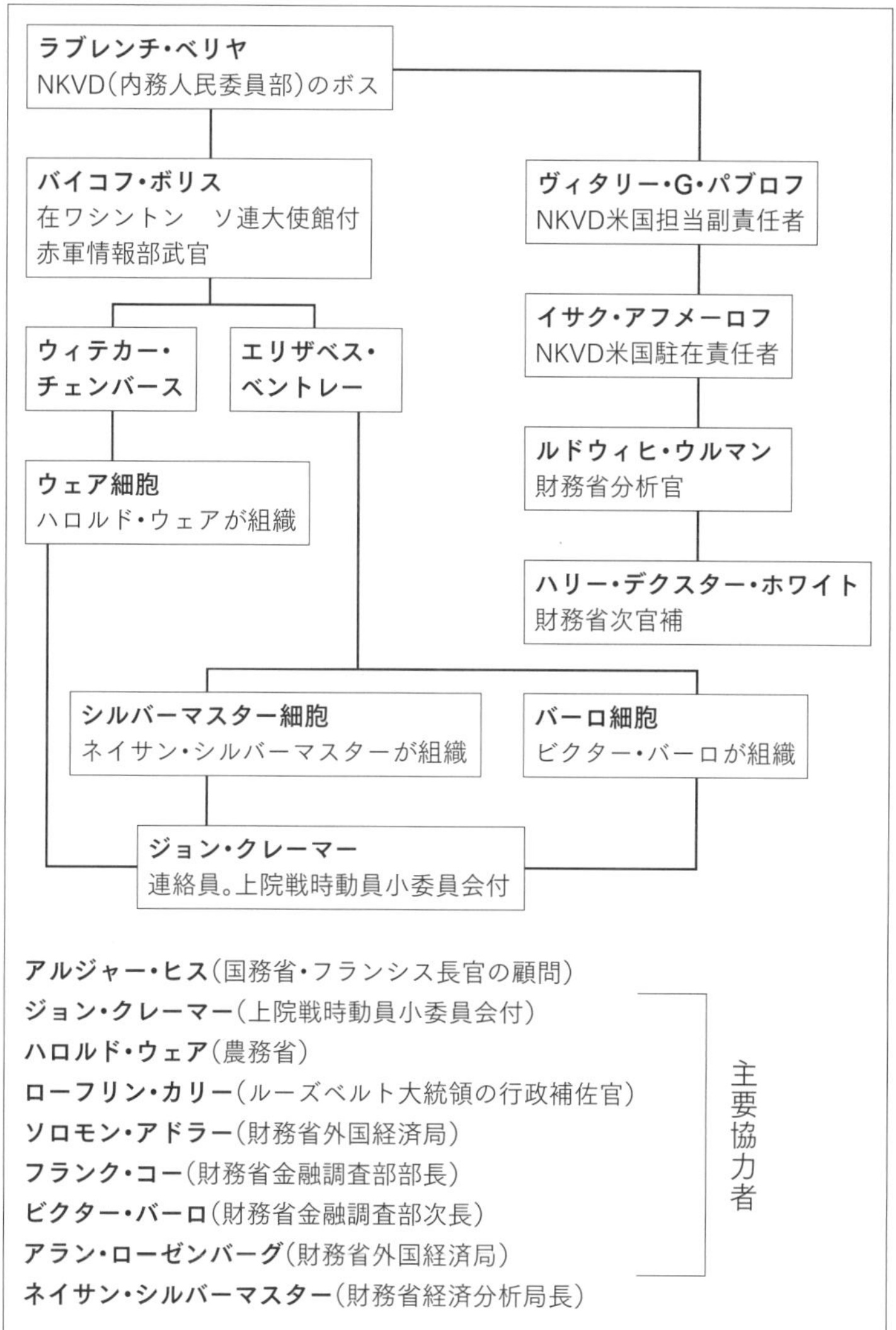

1940年代の在米ソビエトスパイネットワーク
(ヴィタリー・G・パブロフの証言で明らかになった対米工作員)

大学を卒業後、イタリアに交換留学生として派遣され、帰国後コロンビア大学で修士号を取得。在学中に米国共産党（CPUSA）の学生秘密党員から入党を勧誘された（入党については不明）。だが大学卒業後、オルグされて一九四一年から四四年の間に政府部内のソ連スパイ網の連絡員と会計を担当し、極秘文書やマイクロフィルムなどを直接、間接にソ連の工作員に渡していた。ベントリーは後日、「共産主義に抵抗があっても、反ナチズム、反ファシズムを名目にすれば比較的容易に工作員に引きずり込むことができた」とFBIで証言している。

ジェームズ・バーナムのドキュメント『赤いクモの巣』（野口肅・小佐野千夫共訳、日刊労働通信社）によるとベントリーと一緒に一九二〇年代に米国共産党に入党し、党機関紙の勤務を経て、在米GRUの工作員になったウィテカー・チェンバースは、米国政府内部には三つの地下組織が存在していることを証言しており、その三つとは、中心人物の名を冠した「ウェア細胞」「シルバーマスター細胞」「パーロ細胞」。チェンバースが担当したのが「ウェア細胞」で、ベントリーは「パーロ細胞」と「シルバーマスター細胞」を担当していた。

しかし、スターリンの大粛清時代の一九三九年ごろ、チェンバースは組織からの離脱を決意した。理由はソ連本国での粛清の嵐が海外にもおよび、米国共産党の幹部でソ連の工作員を勤めていた連中が次々と行方不明になったため、身の危険を感じたのだ。チェンバースは一九三九年九月に、治安担当国務次官補のバールに面会を求めて、当時のスパイ組織の関係者氏名の一部を伝えた。

一方、ハロルド・ウェアによって農務省内に組織された「ウェア細胞」には、後年、枝分かれして「パーロ細胞」を作ったビクター・パーロがおり、また、非米活動委員会において偽証罪で告発されたアルジャー・ヒスなどもいた。ヒスは戦時中の国務省において、戦後の米国国際関係を計画立案した高官であり、一九四五年のヤルタ会談にはルーズベルト大統領の特別顧問として出席していた。ヤルタ会談は米英ソ三国首脳会談で、戦争遂行、戦後処理、国際連合の創設が協議され、ソ連の対日参戦もここで合意された。

また、「パーロ細胞」には、財務省や戦時生産局の高官が含まれており、ビクター・パーロは全国産業復興局、商務省、物価管理局などを移動して一九四三年には戦時生産局の財政経済部長になり、次いで、財務省に移り金融調査部に入った。同部はホワイトの出身母体で、ホワイトの影響力が最も強く及んだセクションであった。

それと、「シルバーマスター細胞」は、財務省を基盤とした重要な組織で、ネイサン・シルバーマスターは、一八九八年ロシアのオデッサ生まれで、一九二七年に米国に帰化した。その後、植民庁や海軍労働委員会、農業安定局に勤め、一九四四年に財務省入局。ホワイトによって経済分析局長に任命された。FBIはシルバーマスターについて警告を発していた。

「ホワイトの手に渡った資料が、仲介者を通じてシルバーマスターとウルマンに利用されたようです。財務省から出た情報やそこで作成された資料は、そのままソ連側に伝達されるか、シルバーマスター家の地下室で写真に撮られました」

ここで、シルバーマスターと並んで名前の上がったルドウィヒ・ウルマン。彼は一九三九年から四七年まで財務省金融調査部に勤務していた金融アナリストであった。また、ホワイトの次の金融調査部長だったフランク・コーの名前も細胞組織の名簿に載った。このように財務省はソ連スパイの重要な工作拠点になっており、国家が関与する金の動きのすべてが集中して、必然的に他の政府機関の活動報告や重要資料が集まってくる部門で、それらのデータにアクセスする機会が多いのも財務省であった。

そして、その頂点に立っていたのが次官補のハリー・デクスター・ホワイト。では、ホワイトにパブロフはどのような方法で接触することに成功したのか。それについて『パブロフ手記』は次のように記述していた。

この作戦は、〝雪作戦〟(ロシア語でスニエーク)と命名され、ソ連上層部により承認されたのは一九四〇年一〇月で、ベリア内相は「作戦のすべてを秘密とし、この件に関してはいかなる痕跡ものこしてはならない」と厳命した。

雪作戦のネーミングはハリー・デクスター・ホワイトの名から〝白〟をイメージして付けられたものだと、パブロフは書いている。パブロフがホワイトと初めて会ったのは一九四一年五月一八日で、場所はワシントンDCのレストランであった。紹介者はソ連諜報機関の米国駐在責任者イサク・アフーメロフで、ビルというコードネームを使う中国学者を名乗っていた。

私はレストランに入ったが、ほとんど人はいなかった。私は入口をよく見渡せる部屋の奥のテーブルに座った。周囲を見渡し、私は手に持っていた「ニューヨーカー」を目の前に置いた。やがてドアから〝雪〟が現れた(中略)。私はビルから預かったメモを〝雪〟に渡した。私はその時〝雪〟の表情を注意深く見守ったが、何らの疑問の影も見い出せなかった。メモを読み〝雪〟は何か活気づいたような表情の目で私を見、そして、ビルが思っていることと、自分の考えが合致していることに驚愕していると、叫び声を上げた。

また、ビルの紹介とはいえ、一面識もないホワイトに電話で連絡するときの心の動揺を次のように綴っている。

雪（ホワイト）が電話口に出るまで、時間が長く延びたような気がした。ビルと何十回も練習したように、私は自分（ジョン）の名を名乗り、ビルの要請を実行し、もし雪がまだ極東にいるビルのことを知りたいならば、お会いして「私の先生のビル」が、私に頼んだすべてを話す用意があると述べた。

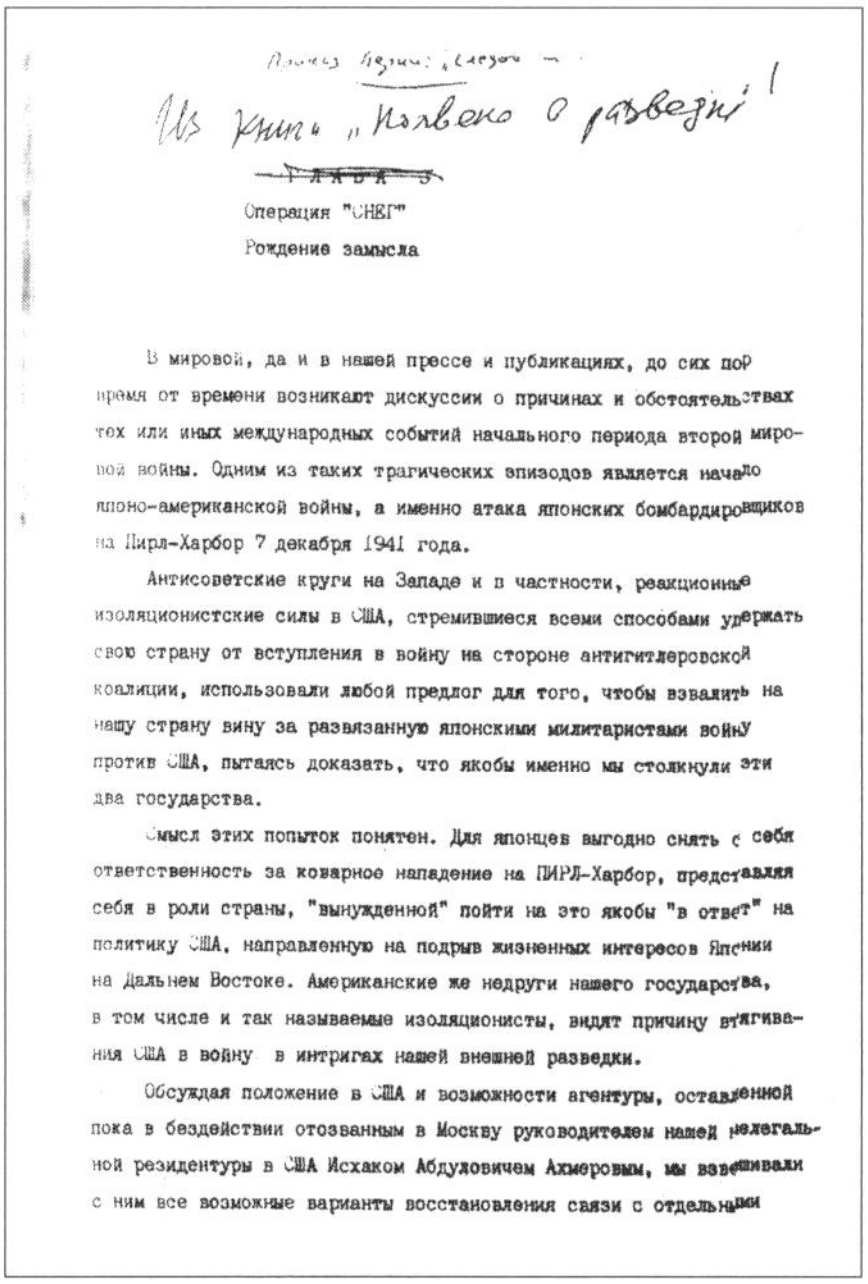

Из книги „Полвека о разведке"

~~ГЛАВА 5~~

Операция "СНЕГ"

Рождение замысла

В мировой, да и в нашей прессе и публикациях, до сих пор время от времени возникают дискуссии о причинах и обстоятельствах тех или иных международных событий начального периода второй мировой войны. Одним из таких трагических эпизодов является начало японо-американской войны, а именно атака японских бомбардировщиков на Пирл-Харбор 7 декабря 1941 года.

Антисоветские круги на Западе и в частности, реакционные изоляционистские силы в США, стремившиеся всеми способами удержать свою страну от вступления в войну на стороне антигитлеровской коалиции, использовали любой предлог для того, чтобы взвалить на нашу страну вину за развязанную японскими милитаристами войну против США, пытаясь доказать, что якобы именно мы столкнули эти два государства.

Смысл этих попыток понятен. Для японцев выгодно снять с себя ответственность за коварное нападение на ПИРЛ-Харбор, представляя себя в роли страны, "вынужденной" пойти на это якобы "в ответ" на политику США, направленную на подрыв жизненных интересов Японии на Дальнем Востоке. Американские же недруги нашего государства, в том числе и так называемые изоляционисты, видят причину втягивания США в войну в интригах нашей внешней разведки.

Обсуждая положение в США и возможности агентуры, оставленной пока в бездействии отозванным в Москву руководителем нашей нелегальной резидентуры в США Исхаком Абдуловичем Ахмеровым, мы взвешивали с ним все возможные варианты восстановления связи с отдельными

パブロフの手記（一部）

雪はすぐに同意し、日時場所を指定したかったようだが、私は主導権を失わないために、自分の方から指定した。私はここにあまり長くおれないこと、雪が例えば明日、三〇分だけ時間をくれるならば、ランチに招待できるのだがと述べ、ビルから教わった雪が知っているというレストランの名前を上げた。

雪はそれを承知した。私は「それでは明日」と、別れの感謝の言葉を述べて、受話器を置いた。深い安堵の息が出て、一

分ほど電話の前に立っていた。（後略）

ここで重要なことは、パブロフがホワイトと初会見した日付だ。一九四一年五月一八日は、まだ、日米交渉は予備交渉の段階で、日本側が「日米諒解案」を米国に提示したのは五月一二日で、「ハル・ノート」はまだ作成されていなかったのである。ホワイトが上司のモーゲンソー長官に「合衆国と日本」と題する提言の草稿を提出したのも五月で、この草稿はモーゲンソーからルーズベルト大統領に渡されていた。

スターリン登場

このように、米国の対日政策が徐々に固まっていくという重大な時期に、パブロフはワシントンDCに乗り込んで、財務省特別補佐官（この時期はまだ次官補に昇進していない）のホワイトに接触して、ソ連側のメッセージを伝えていたのである。また、ホワイトは六月六日にモーゲンソー宛てに「日米」「米ソ」関係の外交政策に関する提言を提出した。

そして、一一月一八日には「ハル・ノート」の原案となる日米間の外交交渉案を長官に提出。さらにその案はハル国務長官とルーズベルト大統領にも提出された。「ハル・ノート」の原案にソ連のメッセージが盛り込まれていた。それは、七項目のうちのすくなくとも五項目をホワイト案から採用しており、そのホワイト案に影響を与えたのがベリア経由のメッセージで、パブロフは日米開戦の仕掛人がスターリンであったことを手記で示唆したのである。また、パブロフはホワイトを獲得するまでの経緯を次のよう記している。

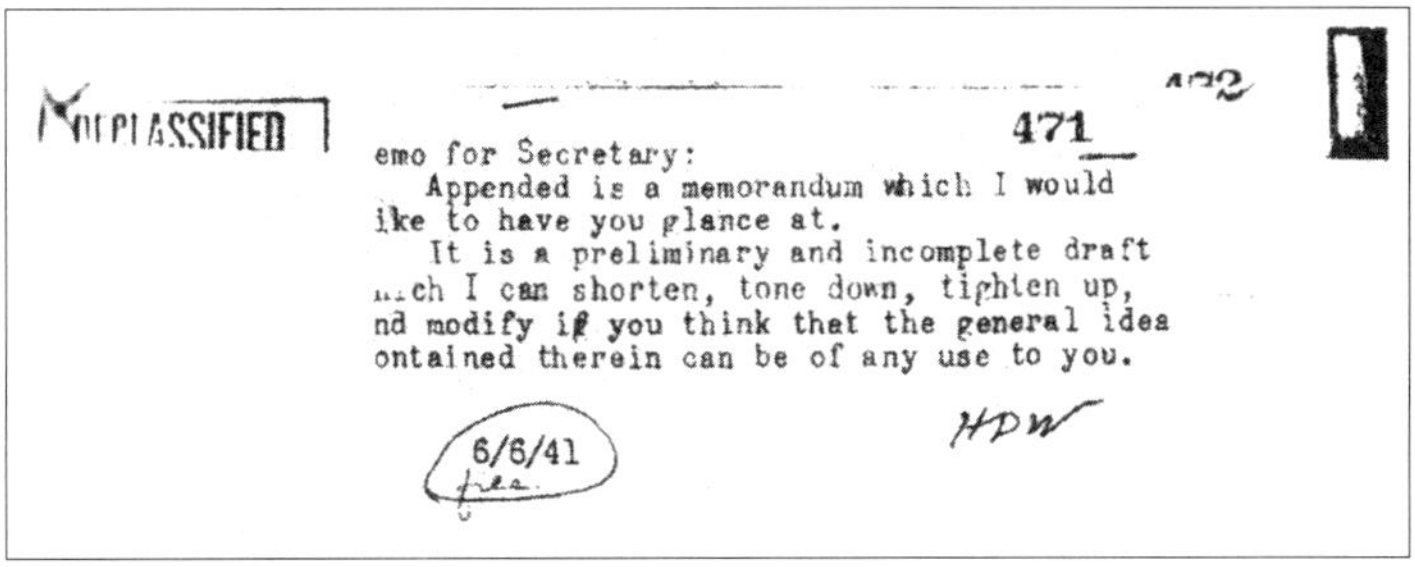
472

471

emo for Secretary:
Appended is a memorandum which I would ike to have you glance at.
It is a preliminary and incomplete draft ..ich I can shorten, tone down, tighten up, nd modify if you think that the general idea ontained therein can be of any use to you.

HDW

6/6/41

ホワイト本人がサインしたモーゲンソー宛てのメモ

私は一九四〇年にNKVD（内務人民委員部）の対外諜報活動の米国担当責任者になった。私の部下の一人にビル（アフメーロフの偽名）がいた。ビルは米国人になりすまして米国に在住し、米国務省、財務省のなかに何人かの協力者をもっていた。ビルは自らの配下に、米財務省にいるX（筆者注：FBI資料から発見。Xは財務省分析官のルドウィヒ・ウルマン）というエージェントを抱えており、Xの協力者の中にハリー・デクスター・ホワイトという、若く有能な人物がいると紹介した。ホワイトは反ファッシズムの思想が人一倍強かった。しかもホワイトは、モーゲンソー財務長官の信頼が極めて厚かった。

一九四一年六月に対独戦が始まった。ホワイトがその後「ハル・ノート」に至るまで、好ましい影響力を発揮したことに我々は満足した。ホワイトは自らの反ファッシズムの信念に基づいて、その後も行動したはずだ。彼はのちに米国で言われたようなソ連のエージェントではない。協力者に過ぎなかった。エージェントはXで十分だった。我々はホワイトをうまく活用できた。

パブロフは手記で、ホワイトのことをエージェントではなく、反ファシズムの協力者として書いている。しかし、当時の米国の最高機密ををソ連側に渡していたことも事実で、ソ連の在米諜報機関とも接触していて、先述したようにFBIもホワイトの行動を監視していたのである。

スターリンの誘いに乗って日本に対米戦を仕掛けさせたのがルーズベルトで、その起爆剤になったのが「ハル・ノート」。その「ハル・ノート」を起案させたのがホワイトであると告発したのが、ルーズベルトの政敵で国務省極東部長のキャリアを持つハミルトン・フィシュであった。

モーゲンソー最後通牒（ハル・ノート）が日本側に手渡される前に、運命の神がそれを妨害した。六月二二日、ドイツは以前の共犯者ソ連の侵略を開始した。熱心な容共主義者のハリー・デクスター・ホワイトは以前にもまして、米国はソ連を救うために参戦すべきであるとの信念を固めた。ドイツは米国を刺激して参戦させることを注意深く避けていたので、ホワイトは米国を参戦させるための巧妙な裏口作戦を作成せねばならないことを明確に認識していた。ホワイトは日本に厳しい、非妥協的な外交上の要求を提示すれば、誇り高い日本人は絶対絶命の気持ちから心ならずも米国を攻撃せざるを得ないことを明確に知っていた。

（『アメリカ人愛国者の回想』（Hamilton Fish, *Memoir of an American Patriot*, Regnery Publishing, 1991.）

フィッシュが指摘した「裏口作戦」こそ、ホワイトが起案してモーゲンソー経由で、ハルからルーズベルトに渡された対日最後通牒「ハル・ノート」なのである。しかし、フィシュもホワイトの裏でソ連のエージェントが動いていたことまでは、察していなかった。手記を書いた人物こそヨシフ・スターリンの密使として、米国を対日戦に引きずり込んだソ連のスパイであったのだ。パブロフは作戦の動機を「日本のアジアへの拡大がソ連極東地域への脅威になっており、また、対独戦もいずれあるとの予感があったので、極東での第二戦線を避けることにあった」と書いている。

対日戦争で米国の国力を削ぐ

ホワイトよりも二二歳も若いパブロフの経歴とは如何なるものなのか。リチャード・ディーコン『ロシア秘密警察の歴史——イワン雷帝からゴルバチョフへ』（木村明生訳、心交社）によると「一九一四年バナナウール（モスクワ州）生まれ。三八年にオムスク自動車大学を卒業し、NKVD入局。対外諜報米国班副責任者を経て、四六年に在カナダ大使館勤務となるが、ペルソナ・ノン・グラータ（好ましかざる人物）として国外追放。帰国後はKGBで対外諜報指導に従事。その後、在ウイーン大使館勤務。帰国後、対外諜報総局次長に就任し、ポーランドで諜報活動をを指揮したのち八七年に引退」と、記されている。

経歴を見るかぎり、パブロフは戦前からの生え抜きのスパイマスターとして活躍した人物で、日米開戦前のワシントンDC着任は二七歳のときで、コードネーム「ジョン」を名乗っていた。手記は「雪作戦」の成果について次のように結んでいる。

一九四六年、米国から戻ったアフメーロフは私にいった。Xはホワイトの行動に関する我々の結論を確認した。ホワイトは〝雪〟のアイデアの実現のために、多くのことをやっぱり行った。しかし、我々はベリアの厳しい指示を理解しており、この問題をこれ以上議論しなかった。

そして、スターリンの関与については「雪作戦に関しては、KGBにも資料は残っていない。この参戦はスターリンが考案したと一部にはいわれているが、我々現場からのイニシャアティブだった」と、スターリンが指示したことを否定している。だが、ベリアが作戦を認めたことは当然、事前にスターリンの許可を得ていたと理解するのが自然ではないか。

ホワイトが謀った米国を対日戦に参加させることの、真の狙いとは何であったのか。それは「ハル・ノート」の起案に結びつく政治的意図が隠されていた。いうなれば、スターリンの陰謀した「日米開戦」であった。独ソ戦勃発後、スターリンが最も恐れていたのは国内問題よりも、ナチスドイツと戦うソ連が国力を消耗していく反面、孤立主義を政治的コンセンサスとして掲げていた米国が、唯一、世界最強の国家として無傷で存在していたことにあり、そのパワーを恐れたスターリンは米国を対日戦に参戦させて、国力を削ぐことを狙った。

当然、スターリンは開戦前の日米交渉の成り行きについては熟知しており、〝何時、どの時期にワシントンDCで対米工作を実行すべきか、ベリアと密議していたであろうことは、容易に想像できる。そして、工作の担当者として派遣されたのがビタリー・G・パブロフであったことが、当人の手記で初めて明らかになった。その仕掛人がソ連の指導者ヨシフ・スターリンであったとは……。

歴史の必然性を解明する

歴史に隠された真実とは、解明してみるとその事実には「歴史の必然性」があり、その歴史の必然性とは以下のような状況であった。

ホワイト自身は日米問題よりも、独ソ関係に造詣が深く、財政の専門家としてソ連に関心を持つ心情的親ソ派であった。その心情的部分は彼がユダヤ系リトアニア人であることに求めることができよう。スターリンの指令が「米国を独ソ戦に介入させよ」であったことはほぼ、間違いあるまい。

前述したように当時の米国は事実上、大西洋でUボートを盛んに挑発して米国艦船を攻撃させる戦術をとっていた。しかし、ヒトラーは攻撃を許可していない。ヒトラー自身、米国の参戦を極度に警戒したていたからなのだ。

結果的にスターリンの狙った米国の独ソ戦介入は失敗した。スターリンが次に目をつけたのが極東ソ連軍と対峙している日本で、日米交渉で両国を離反させる陰謀を画策した。歴史は壮大なドラマ。定説や記録された事実の裏には封印された真実があり、パブロフ手記は、歴史の裏を鮮やかに解き明かしてくれた。それは「日米戦の仕掛人がスターリンであった」という、驚愕の事実であった。〝雪作戦〟について、ソ連の歴史作家ビタリ――・V・カルポフは、共産党機関紙「プラウダ」につぎのような一文を寄稿していた。

この仕事は、まず、わが国の対独戦における同盟国である米国との関係、それにルーズベルト自身との関係において、スターリン側からすれば決して倫理的ではなかったからである。「雪作戦の意義は、日米を衝突させ、それによって極東に第二戦線を開かせないようにすることにあった。もし日本が対米戦に巻き込まれれば、日本はわが国に対して軍事行動を起こすどころではなくなるであろう。このような戦争の余力がないからだ。（「プラウダ」一九九五年五月一七日付）

では、パブロフはどのような経緯から手記を書き始めたのか。それは、一九九二年九月に政府機関紙「イズベスチャ」に載った記事「真珠湾攻撃はルビヤンカで計画された」が、動機になっていた。この記事を書いたのはイズベスチャの記者セルゲイ・アガフォーノフであった（筆者注：ルビアンカとは旧ソ連時代にKGB本部が置かれていたビルの名前）。

『パブロフ手記』から、筆者が予測していたような日米開戦の引き金になった「ハル・ノート」が、ハリー・デクスター・ホワイトのドラフトによって作られ、そのホワイトをそそのかしたのがソ連の工作員であったことが判明した。しかし、現在のところ、スターリンが「雪作戦」を命令したことを直接、証明するドキュメントは発見されていない。

だが、ビタリー・G・パブロフが書いた手記の内容は真実であろう。なぜなら、伝聞や創作では絶対に書けない迫力と当事者だけが知り得た事実の重みが手記には満ちているからだ。

私は「陸軍中野学校」の取材前に米国で「陸軍登戸研究所」の取材を始めたが、その時期に「日米戦の真実はスターリンが画策していた」という情報を摑んではいた。だが、真相に迫る資料は発掘できなかった。そして「陸軍中野学校」の取材を本格化した時期から、「パブロフ手記」の存在を突き止め、この「承前」で詳細を書くことにした。これも、取材の結果であった。

本書では多くの図版、写真などの貴重な史資料を文中に挿入しているが、これらの画像データは筆者が撮影、蒐集したもの以外は関係者のご厚意で恵贈されたものばかりだ。また、本書にご登場いただいた方々の敬称は、すべて省略させてもらった。ご寛恕願いたい。一部の方々の氏名は、ご本人の希望によって「仮名」としたことを付記しておく。

序章
帝国陸軍のインテリジェンスの歴史

明石元二郎に託された「四〇〇億円」の機密費

「陸軍中野学校」の全体像を読み解く前に、まず帝国陸軍の情報戦史を概括してみたいと思う。この試みは、中野学校のルーツを探るものだが、識者や専門家の中には「陸軍のインテリジェンスは三流だった」などと勘違いしている人が多い。しかし、これは、通史として情報戦史を研究していないことに起因する、誤った認識・見解であると私は考える。

陸軍が、「近代戦には諜報・謀略活動が不可欠である」という認識を持ったのは、日露戦争開戦前の明治三〇年代初頭のことである。

平成二一（二〇〇九）年一一月から三年にわたってNHKで放送された、秋山好古《あきやまよしふる》・真之《さねゆき》の秋山兄弟の活躍を描いた『坂の上の雲』というドラマがある。このドラマにわずか数カットだけ登場した人物で、ロシア語、フランス語、ドイツ語を自由に操った希代の情報将校とよばれた、陸軍の明《あか》石元二郎《しもとじろう》中佐（のちの第七代台湾総督。元治元年～大正八年・旧陸士六期）がいた。明石がロシア帝国の対日戦に関する情報収集を始めたのは明治三五（一九〇二）年、首都ペテルブルグ（サンクトペテ

明石元二郎

ルブルク）に駐在武官（当時の駐ロ公使は栗野慎一郎）として派遣されたことがきっかけだった。同地における情報活動を明石に指示したのは参謀次長の児玉《こだま》源《げん》太郎《たろう》中将で、児玉は明石に対して現地における情報収集のネットワークの構築を次のように命じていた。

ペテルブルグ・モスクワ・オデッサというロシアの主要都市に、外国人（非ロシア人）の情報提供者を二名ずつ配置せよ。その理由は、二つの情報を比較することによって、より客観的に事実を見極めることができるからだ。それゆえ、適任者を雇う場合、お互いに他の一名がだれであるかわからないようにすることが肝腎だ。（稲葉千晴『明石工作　謀略の日露戦争』丸善ライブラリー）

この児玉の指示は、情報提供者に逮捕者が出た場合でも、相互の関連性を敵側に察知されないようにするための防衛策である。

このように、日本陸軍におけるカウンター・インテリジェンスは、今から一〇〇年以上前に実行されており、「日露戦争」が〝近代情報戦のルーツ〟ともいわれる所以《ゆえん》である。

明石が使用したコードネームは、なんとも人を食ったような「アバズレーエフ」だったが、明石の工作は当時、英国に並んで世界で最も優秀な諜報要員を抱えていた秘密警察組織「オフラナ」（ロシア帝国内務省警察部警備局）の厳しい監視下における活動であったため、二年間の在勤期間中には、さほど成果をあげることができなかった。

明石が首都を離れたのは、日露開戦直前の明治三七（一九〇四）年二月。日本公使館の移転で、一時ベルリンに後退したが、その後まもなく任地はスウェーデンのストックホルムに変更された。目的は、後方からロシアの対日戦に関する情報を集めることで、現地では亡命フィンランド人の過激党のリーダー、コンニ・シリヤクスと親しくなり、彼の人脈を通じてロシアの国内情報を得て、後方攪乱工作に成功した。情報収集に使った機密費（兵器の購入費も含む）は当時の金額で一〇〇万円。現在の価値でおよそ四〇〇億円相当といわれた。日露戦争の戦費が約一八億円（当時のGDP比の〇・六％）とされており、それと比較しても額の多さは理解できるだろう。巨額の資金を投下したという理由をもって「日本のインテリジェンスは一流だった」などというつもりはないが、莫大な資金を情報収集のために、一人の男に託したことは事実である。

ロシア、英国にも匹敵する陸軍の情報収集能力

日露戦争開戦前、北満州・哈爾濱《ハルビン》に「菊池写真館」（満州里、旅順、大連、遼陽、黒河に支店があった）を開業し、ロシアの軍事情報を集めていた人物に、予備役大尉の将校石光真清《いしみつまきよ》（一八六七〜一九四二）がいた。彼はロシア語を学んでシベリアをはじめとするロシアの沿海州で情報活動に従事していた。使っていた変名は菊池正三。

ハルビンでの情報活動の舞台となったのは、当時〝ハルビン一〟といわれた日本料亭の「武蔵野」で

石光真清

日本料亭「武蔵野」

あった。料亭には、軍人、役人、商人、記者、銀行員、ごろつきから間諜《スパイ》などの不特定多数、多種多様な人種が客として出入りしており、軍も料亭が情報の宝庫であることを十二分に認識していたことから、情報収集の適任者として石光を写真館の主人に偽偏《ぎへん》（本来は欺騙《きへん》が正確な表記のはずだが、『陸軍中野学校』においても偽騙で統一されていることから、本書もこの表記に準ずる）させ、起用した。ハルビンには漢人、朝鮮人、満州人、亡命ロシア人なども市井の人として生活しており、彼らから得る情報も貴重であった。

後年、石光は諜報活動の実相をまとめた自伝『城下の人—石光真清の手記』（四部作、中公文庫）を発表しているが、明石は情報戦史というものをいっさい残していない。存在する唯一のものが、日露講和後の明治三八（一九〇五）年七月に帰国して、山縣有朋《やまがたありとも》参謀総長に提出した『落《らっ》花流水《かりゅうすい》』（全九節で構成）と表題がつけられた復命書（いわゆる報告書）である。この中で「諜報の世界」に関する体験談が綴られており、前出の児玉参謀次長の指示について、第八節「鶏鳴狗盗記・間諜および諜報勤務」には次のように記されている。（一部を意訳）

シベリア鉄道において、その軍隊輸送の状況を実見調査するため、鉄道沿線にスパイを配置した。しだいにロシア軍の監視が厳しくなったため、一名を固定配置、二名を遊動とした。この遊動は交互にストックホルム、イルクーツクを往復し、その間に出会う輸送部隊を観察し、全輸送を見落としのないように実見検分するものであり、その調査結果はストックホルムに戻って報告することになっていた。それを元に固定スパイ、一般スパイがもたらした情報をつき合わせて研究、分析するのである。（前坂俊之『明石元二郎大佐―日露インテリジェンス戦争を制した天才情報参謀』新人物往来社）

そして、この復命書をモデルに参謀本部は、昭和三（一九二八）年、「諜報宣伝勤務指針」を作成し、この指針が昭和一五（一九四〇）年に創設される「陸軍中野学校」の秘密戦教育の教本として使われた。以下、陸軍の情報原則書といわれる「諜報宣伝勤務指針」（指針は「第一篇　諜報勤務」「第二篇　宣伝及び謀略勤務」の二編で構成）の中から興味深い「諜者間の連絡方法」と「採用人事」について紹介しておく。

諜者ノ選出ニハ相当ノ時日ヲ要シ有事ニ際シ遽《にわか》ニ適任者ヲ入手セントスルコト容易ナラズ。殊《こと》ニ有力ナル高級諜者ニ於テ然リトナス。故ニ平素ヨリ各種ノ手段ヲ講ジ適当ノ候補者ヲ物色シ且《かつ》適宜資金ヲ投ジテ之ト接触ヲ保持シ置クコト必要ナリ。而《しこう》シテ勤務実施間ニ於テモ諜者消耗ノ極メテ頻繁ナルヲ考慮シ常ニ之カ補充ニ著意《ちゃくい》スヘシ

間諜の採用・登用については、次のように記されている（八まであるが、二、四、五、八は省略）。

諜者若《もしく》ハ其密使ト諜報勤務者トノ直接連絡即チ会見ハ最モ隠密ヲ要スル所ナルヲ以テ此実行ニハ細心ノ注意ヲ払ヒ深甚ノ警戒ヲ加フベキモノトス。凡《およ》ソ諜者及諜報勤務者ノ周囲ニ出没スル相

手側ノ監視者ハ此種ノ機会ニ於イテ最モ活躍スベキコトヲ顧慮スルヲ要ス
　会見上ノ注意ハ一ニシテ足ラズト雖《いえども》　今其主要ナルモノヲ挙ゲレバ次ノ如シ
一、会見ノ形式、方法ハ諜者ノ身分、職業及当時ノ情況ニ依リテ異ナリ或ハ自宅ニ招致シ或ハ先方ノ住宅ヲ訪問シ或ハ特定ノ会合所若ハ旅館、料理店、倶楽部（ナイトクラブ）等ニ於テ行フニ、自宅ニ引見スルニ際シテハ召使ト面会セシメザル如ク又他ノ訪問客ト邂逅スルコトナキ如ク時間、使用室等ニ関シ注意スルヲ要ス
三、特定ノ場所ニテ要注意人物ト面会スルニ際シテハ直チニ其目的地ニ到ラズ自動車又ハ馬車ニテ目的地ヲ乗越シ停車場、寺院、料理店、旅館等人込ミノ地ニテ下車シ目的地ニ引返スヲ可トス
（中略）
六、面談ヲ避ケ単ニ探知要目ヲ諜者ニ交付セントスルトキハ停車場ニ於テ会見シ、小紙片若ハ小薄絹布ニ問題ヲ書キ之ヲ右手ニ握リ諜者ト握手ノ際交付ス　此際諜者ニ渡ス書類ニハ総テ筆蹟ヲ遺サザルコトニ就キ細心ニ注意スベシ　之ガ為印字機（タイプライター）ヲ用ヒ其型ヲ異ニセル数種ヲ彼此混用スルヲ可トス
七、使用者ト諜者トノ間ニ予《あらかじ》メ暗号ヲ約束シ電話ニ依リ談話スルモ亦《また》一方法ナリ　此場合ハ成ルベク公衆電話ヲ用ヒ電話ノ窃聴ヲ予防スルヲ要ス

（中薗英助『現代スパイ物語』講談社文庫。ルビ、カッコ内は筆者）

明石は露軍を内部から崩壊させるためにスパイを雇ってロシア国内を混乱させ、日露戦争を間接的に勝利へと導いたインフォーマント（情報工作者）として外国からも評価された情報将校であった。しかし、明石の情報将校としての業績は後年、虚実入り乱れて語られている。たとえば前掲の

ヨーロッパ時代の秘密活動をまとめた「落下流水」。このレポートの信憑性は高いとされたきたが、ここに書かれた「明石工作」がすべて、真実かどうかという点では疑問符を付けざるを得ない。とはいえ、そのことだけで明石の業績を否定するものではなく、明石が優秀な情報将校であったことに変わりはない。

『落花流水』に始まり、それから二三年後に「諜報宣伝勤務指針」が作成され、陸軍中野学校の前身となる「後方勤務要員養成所」が発足し、現代戦に必要な「諜報要員」の教育がスタートした。そして、その歴史は日清戦争（一八九四年七月〜九五年三月）前の、明治二五（一八九二）年一一月まで遡ることができる。

福島安正

当時、陸軍武官としてベルリンの日本公使館に勤務していた福島安正《ふくしまやすまさ》少佐（のちに大将まで進級）が、帰国に際して、「シベリア横断」を計画した。それは、馬と橇《そり》を使ってポーランド―ペテルブルグ―外蒙古―イルクーツク―東シベリア地帯を一年四カ月かけて横断するという大旅行で、目的は「シベリア鉄道」の建設状況と地理、地勢の調査であった。この大旅行の報告は福島の帰国後、大阪朝日新聞の記者でジャーナリストの西村天囚《にしむらてんしゅう》によって『単騎遠征録』（金川書房）としてまとめられ、国民の間にも福島の偉業が認知された。

福島のシベリア横断は、明治二四（一八九一）年三月、ロシア皇帝の勅令により建設が始まった「シベリア鉄道」の工事が一年八カ月経過した時期に現地を実地踏査しており、福島のレポートは兵要地誌としての評価も高かった。

明治時代における、福島、明石、石光などの情報将校たちの活躍は、その後の日本陸軍の情報将校の教育に多大なる影響を与えたことはいうまでもない。陸軍の情報収集能力は三流どころか、参謀本部第二部第四課が担当した内外諜報の収集・分析能力は、当時、情報戦の先進国であった前述のロシアの秘密警察「オフラナ」や英国の国防委員会外国部秘密勤務局（創設は明治二八年四月）に匹敵するほどの実力を持っていたといっても、けっして過大評価ではあるまい。英国の組織は後年「ＳＩＳ」（シークレット・インテリジェンス・サービス）に発展・強化され、今日の外務連邦省所管の「英国情報局秘密情報部」（ＭＩ６）となった。

日本陸軍のインテリジェンスのルーツを追ってみると、日清戦争開戦前から参謀本部が個人に命じて間諜《かんちょう》の職務を遂行させている。「個人」として同じく中国（当時は支那と称していた）では、ヘボン式ローマ字を考案したジェームス・Ｇ・ヘボンに協力して『和英五林集成』を編纂し売薬業の学善堂を成功させていた岸田吟香《ぎんこう》（一八三三－一九〇五）の支援で、一八九〇（明治二三）年に上海に「日清貿易研究所」を創設した荒尾精《あらおせい》大尉（一八五九－九六年）がいる。この研究所はのちに東亜同文書院としてシナロジーの専門家を養成する学校として発展することになるが、荒尾が研究所を開設したのは、支那大陸で「情報活動」を進めるための隠れ蓑として研究所の看板を掲げ、「清国の軍事力と王朝の実情」を探索することが目的であった。

日清、日露戦争時代は「個人」プレーで情報収集活動に専念することが多く、組織的な活動が陸軍の中で始まるのは日露戦役後の一九〇八（明治四一）年以降であった。活動が活発になるのは日清戦争という日本にとって初めての外征戦争が契機となっているが、当時の政府、軍の指導者の中に情報収集活動の重要性を認識している人物がいたことが、「個人」プレーで始まった活動から日露戦役後に、組織として活動する情報組織が成立した背景があった。

また、民間人でありながら対露工作に協力した人物もいた。それは、沖禎介《おきていすけ》（一八七四－一九〇四）、横川省三《しょうぞう》（一八六五－一九〇四）の二人だ。沖は長崎県平戸出身で父親は法曹界で活躍。実家は松浦藩の家臣であった。第五高等学校（現在の熊本大学）を卒業後、東京専門学校（現在の早稲田大学）で学ぶが中退したのちに、黒龍会と関係ができて内田良平《りょうへい》（一八七四－一九三七）らと親交を結んだ。

大陸問題に関心をもった沖は支那に渡り、北京で最初の日本語学校を主宰していた中島裁之《たつゆき》（一八六九－一九三九）の許を訪ね、東文学社（日華学堂）の教師を勤め退職後は現地で文明学社を設立した。

民間人の身でありながら対ロ工作に協力した沖禎介（写真右）と横川省三

横川省三は岩手県盛岡出身で父親は南部藩士。青年時代には自由党の政治結社「有一館」に入り、過激な政治活動を続けていた。東京朝日新聞社に入社すると渡米してカリフォルニアで農業移民の実態に触れ、悲惨な生活に義憤を覚える時代もあった。帰国後は戦場記者として活躍するも突然退社してしまい、知己の内田康哉《こうさい》（一八六五－一九二六）清国公使の要請で支那に渡り、北京では沖も勤めていた東文学社で満州、蒙古地域のロシアの進出状況を調査していた。

ふたりが合流したのは日露開戦後の時期であった。内田公使の発案でシベリア鉄道（東清鉄道）を爆破するユニット（特別任務班）が七班編成され、横川班の中に沖もメンバーの一人として参加した。

一九〇四（明治三七）年二月、北京を出発した「横川班」は、鉄道爆破予定地のチチハルまで厳冬のシベリアを一二〇〇キロ徒歩行軍するも、横川と沖はコザック偵察騎兵に発見され捕虜となってしまう。身柄はハルビンに送られ、軍法会議では絞首刑を宣告されるも、本人たちの希望で銃殺刑となった。そのとき二人は「軍人に対する礼をもって銃殺刑に処していただきたい」と露軍将校に伝えたそうだ。

執行は一九〇四年四月二一日。刑場には露軍将校や観戦武官、民衆が集まり、黒山の人だかりであったという。民間人でありながら沖と横川は、その最期まで間諜としての任務を全うしたのだ。この二人の写真は中野学校の講堂に掲げられていた。

シベリア出兵を契機として誕生した「特務機関」

日露戦争後、陸軍の情報組織は年々組織的に整備され、「特務機関」と呼ばれる特殊な機関が誕生した。軍制には平時編成において軍隊や学校には所属しない、元帥府、侍従武官府、皇族陸軍武官、衛生部、経理部などの組織が定められており、特務機関もこれらの組織と同列に位置づけられていた。また、陸軍省の官制（国の行政機関の名称・組織および権限などについての規定）でも、特務機関は規定されていない組織だった。

この組織が陸軍の中で認知されたきっかけは、大正時代のシベリア出兵（一九一八年〜二二年）であった。出兵の後始末をするため、派遣軍は撤兵したシベリア各地に軍事委員会を設置し、この軍事委員会を「特務機関」と称して、「革命勢力（赤軍）の情報収集、ロシア軍（帝政ロシア軍＝白軍）の懐柔工作、地形、交通網の調査、派遣軍の補給線確保」など、正規の軍隊ではできない各種の工作——謀略工作《ディセプション》、諜報工作《エスピオナージ》、宣伝工作《プロパガンダ》を専門に行う機関であった。

浦塩《ウラジオ》、ハバロフスク、ブラゴヴェシチェンスク、チタ、イルクーツク、オムスクにあった軍事委員会は大正一一（一九二二）年一〇月のシベリア完全撤兵に伴って解散となったが、ハルビン、黒河《ヘイホー》、満州里《マンチュウリ》の三機関だけは温存され、対ソ情報の収集に当たらせた。ソ連領に接する前哨基地としての戦略的価値から、対ソ情報活動の拠点機関としたのである。のちに、この三機関は通称「哈特《ハルトク》」と呼ばれた「哈爾濱特務機関」に統合されて支部と出張所となったが、「ハルトク」の出先機関のなかでも、最重要の拠点機関であった。昭和になると関東軍情報部に衣替え（昭和一五年四月）したが、「ハルトク」の名は終戦まで残った。

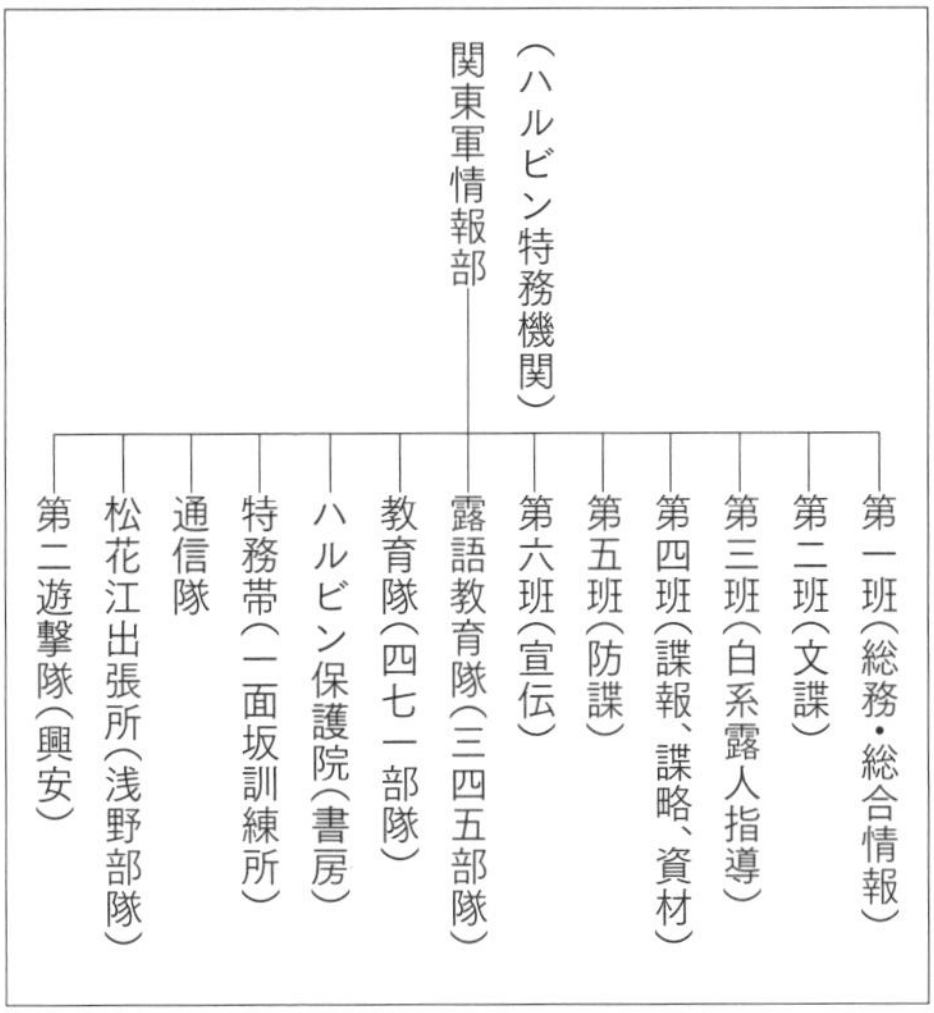

ハルビン特務機関 組織図
（西原征夫『全記録ハルビン特務機関』より）

この組織は、最盛時三千人もの要員を抱える巨大な情報機関となり、支部は全満をカバーする主要都市――大連《だいれん》、奉天《ほうてん》、承徳《しょうとく》、通化《つうか》、牡丹江《ぼたんこう》、佳木斯《ジャムス》、間島《かんとう》、鶏寧《ジュネ》、東安《とうあん》、黒河、海拉爾《ハイラル》、斉斉哈爾《チチハル》、満州里、興安《こうあん》――にネットワークが構築され、ソ連の民情、軍情の収集に当たった。歴代機関長で有名な人物は、最後の情報部長に就任した秋草俊少将で、秋草は陸軍中野学校の創設者でもあった。

一方、同時期に奉天《ほうてん》（現在の中国遼寧省

リシェコフ三等大将

瀋陽市）に置かれていた奉天軍事委員会が名称変更されて「奉天特務機関」として新設された。その任務は対満工作に当たることであった。だが、その使命は関東軍が満鉄（南満州鉄道）の警備という限定された任務を超えて、満州全域の防衛と経営にまで及んでくると、関東軍の隠密部隊としての活動が主となり、組織は四〇年以降、「関東軍情報部奉天支部」に改編された。このようにハルビンと奉天の両機関は満州事変（一九三一年九月一八日勃発）を経て満州と支那の二大特務機関として数々の秘密工作にあたった。

特務機関というと陰謀、破壊、暗殺といったダーティなイメージがつきまとい、その活動が誤解されることも多かった。確かに、謀略や暗殺は仕事の一つとして実行していたことは事実だが、本来の任務は「ハルトク」が行っていた対ソ工作に見られるように軍事工作と政治工作に分かれており、軍事工作は国境監視、無線傍受、暗号解読（別組織の関東軍特種情報部も行っていた）、旅行者の視察、スパイの潜入、ロシア語文献からの国情分析が任務で、政治工作は亡命白系ロシア人を使っての反ソ活動と反ソ謀略を行っていた。

先述したように特務機関は、正規の軍隊では実行し得ない各種の高度な情報収集活動を実施しており、満蒙地区では特務機関の仕掛ける工作は数々の成果を上げていた。中野学校が開校される一カ月前の一九三八年六月に、ソ連内務人民委員部（ＮＫＶＤ）極東地区長官のゲンリッヒ・サモイロヴィチ・リシュコフ三等大将の亡命事件が発生した。ハルビン特務機関は彼を保護したが、亡命を誘導したのは実はハルトクと言われている。

リシェコフ三等大将の亡命は一九三五年八月に起きた赤軍幹部八人によるスターリン暗殺計画と

連動していた。彼はスターリンの粛清から逃れるためにハルビン特務機関に亡命を求めてきた。八人の赤軍幹部とは、トハチェフスキー元帥（元赤軍参謀総長）、セキール大将（レニングラード軍管区司令官）、ウボレヴィチ大将（白ロシア軍管区司令官）、エーディマン大将（元赤軍大学総長）、プートナ大将（元極東軍管区副司令官）、コルク大将（元モスクワ軍管区司令官）、プリマコフ中将（元レニングラード軍管区副司令官）、フェリドマン大将（元赤軍人事部長）で、彼らは軍規違反、反逆罪の罪でリシュコフ三等大将が亡命する前年の六月にルビヤンカで処刑された。

防諜機関「ヤマ」から「中野学校」へ受け継がれたインテリジェンスの系譜

陸軍が諜報・謀略活動から一歩進んだ「情報工作員を養成する」必要性を認識したのは、養成所が開所する二年前の昭和一一（一九三六）年ごろからのことだった。発案者は最後の陸軍大臣に就任する阿南惟幾《あなみこれちか》少将（陸士一八期）。当時、阿南は兵務局長のポストに就いていた。この時代に初めて「科学的防諜機関」という言葉が使われ、そのアイデアから誕生したのが、陸軍大臣直轄の組織となった「陸軍省軍事資料部」に属する防諜機関「ヤマ」である。「ヤマ」は兵務局分室の看板を掲げて誕生したが、この防諜機関をさらに発展させ、謀略、諜報、宣伝などの情報活動を総合的に行うための人材育成機関として誕生したのが、先述の「後方勤務要員養成所」である。

昭和一三（一九三八）年七月に創設された養成所は、翌年の昭和一四年八月、東京市（当時）中野区に移転して参謀本部直轄校となった。陸軍の各種学校——士官学校、歩兵学校、騎兵学校、習志野学校など——は教育総監部の監督下にあったが、中野学校だけは参謀本部直轄校として例外的な扱いを受けていた。第二次世界大戦で陸軍が情報活動に最も力を入れた地域は「満州」と「支那」（中国）で、満州には前述の関東軍情報部が置かれ、支那には支那派遣軍参謀部第二課の下に特務機関が配置され、さらに「上海陸軍部」を立ち上げて、中支那方面の情報活動を統括させていた。これら現地軍の情報活動を軍中央で指揮していたのが、参謀本部第二部第八課、通称「謀略課」と呼ばれたセクションであった。

この時代、インテリジェンスの世界ではソ連のNKVD《エヌカーベーディ》（内務人民委員部）と英国のMI6（秘密情報部海外担当・MI5は国内担当）に伍《ご》して活動していたのが、前述の哈爾濱特務機関であった。上海陸軍部は、興亜院《こうあいん》と組んで「阿片《アヘン》」を扱い、巨額の機密費を調達していたことはよく知られており、商社の三井物産が全面協力していた。アヘンを語る際に必ず登場するのが、〝上海の阿片王《あへんおう》〟と呼ばれた里見甫《さとみはじめ》と陸軍商社の「昭和通商」（第五章で詳述）である。同社には社員に偽騙した多数の中野出身者が工作員として配属されていた。

中野学校は昭和一九（一九四四）年九月になると、戦況の不利から本来の課報員養成とあわせて「遊撃戦」、いわゆるゲリラ戦を展開する幹部要員を養成するため、静岡県の二俣町《ふたまたちょう》（現浜松市天竜区）に分校を創設した。この遊撃戦は外地におけるゲリラ戦だけでなく、国内における遊撃戦をも想定した教育がなされた。終戦末期には「国民義勇隊」の創設も検討した陸軍では、現場指揮官として二俣《ふたまた》分校出身者を選抜する計画も中野学校研究部の情報将校たちによって立案・検討された。

ゲリラ戦を戦う将校、下士官は「泉部隊《いずみぶたい》」という、特別に編成された部門に所属しており、その実態は中野学校卒業生の間でも知る者は少なかった。この部隊の名称は、隊員全員が地下に潜伏し、全国各地で〝地下より湧き出る泉の如く尽きないゲリラ戦〟を占領軍に対して行うという作戦からつけられた。

中野学校は創設から閉鎖されるまでの七年間に、二一〇〇名あまりの卒業生を送り出した。そして、二一〇〇名あまりの卒業生のうち、戦死者二八九名、刑死者八名、行方不明者三七六名を出している。私は、一〇年以上にわたって卒業生の証言を得るために存命者を訪ねて聞き取り調査を続けており、彼らの貴重な証言からベールに包まれていた中野学校の実相や終戦後の水面下における秘密活動の実態が、徐々に明らかとなってきた。

帝国陸軍は終戦時に国内総力戦を想定して全国に二〇〇〇万人以上の兵員と数年は戦えるとした膨大な物資と兵器・弾薬を備蓄していたようだが、終戦の詔勅で陸海軍は連合国軍に降伏した。しかし、中野学校の卒業生や在校生たちは戦後の日本について、「占領行政」が日本人に対して差別的かつ国体の護持を実行しなかった場合に備えた、いくつかのオペレーションを計画していたことがわかってきた。

〝情報を制する者は世界を制す〟

帝国陸軍の情報組織は第二次世界大戦下において、連合国軍の情報機関と比較しても、けっして劣っていたわけではなく、むしろ、優れたインテリジェンスを保持していたと私は考えている。例えばヒューミント（人間を通じて得る情報）を中心とした中野学校、暗号解読や通信情報を専門に担当した陸軍特殊情報部の活躍などには、見るべき多くの成果があった。しかし、インテリジェンス機関の活動の実態を明かす文献資料、とくに一次資料はほぼ皆無に近い状況なのだった。幸運にも私は、在校生の一人から紹介された八丙出身の斎藤津平が保存していた、中野学校の一次資料を閲覧する機会に恵まれた。これも長年、中野学校の真実の姿を追い求めてきた私の執念の結晶だと自負しているが、一次資料にめぐりあう機会などはまれで、この点が一次資料を重要視する研究者の悩みとなっている。そのために通史として調査研究することが、「情報戦史」の解明には必要であることを、私は研究者以上に痛感している。

昭和という時代に入った帝国陸軍は、軍隊という巨大な組織を戦場で通用する部門として〝作戦〟を第一に考えてきたが、まさにそれこそが、帝国陸軍には「戦術はあっても戦略がなかった」といわれる所以なのである。

戦場における作戦を遂行するために重要なことは何か――それは、正確に交戦国の軍隊の動きを事前に察知するための、情報収集能力に尽きるといえる。しかし、帝国陸軍はプロの情報将校を二義的に扱ってきた。これが、帝国陸軍の人事運用の最大の欠陥であったと私は考える。

陸軍中野学校は、帝国陸軍唯一の〝プロの情報工作員〟を養成した学校である。しかし、中野学校の卒業生が、派遣された世界各地の戦地でいかなる戦いを実行したかについての記録はほとんど残っていない。『陸軍中野学校』には、若干の記載はあるものの、一次資料を保存しないのがインテリジェンス機関・中野学校の使命であり、宿命でもあったからだ。

今日、「経済は一流・外交は三流」と揶揄されるわが国において、「国家としての情報収集」の必要性を認識している政治家は存在しないに等しい。〝国軍創設〟などと、勇ましい声も聞こえてくるが、その前に「国家として一元化された情報機関」を持つことこそ、政治の緊急課題なのではあるまいか。これは、「安全保障関連法案」とは次元の異なる、「総合的な情報組織」の確立なのだ。

政府は平成二六（二〇一四）年一二月に施行された「特定秘密保護法」に基づき、秘密指定した行政文書の数を公表しているが、省庁の中で「機密文書」を最も多くファイリングしているのは、「防衛省、内閣官房、外務省、警察庁」であり、その数は「一六万九六五九件」で、全体の約九〇％を占めている。だが、これらの省庁は国の安全に関わる情報を収集しているとはいえ、共有しているとはいい難い。

「情報の共有」そして「活用」――現代のインテリジェンスは〝電子戦〟といわれるが、人間を通じて得る情報、すなわち「ヒューミント」の世界が重要な情報ソースであることを認識せねばなるまい。〝情報を制する者は世界を制す〟とされる所以である。

陸軍中野学校はこのような観点で見れば、情報の世界における貴重な組織であった。戦後七六年という節目の今年、あらためて日本の〝陸軍中野学校〟の実相をひも解くことは大いなる意義があると、私は思っている。

第一章

異色の軍学校「陸軍中野学校」とは、どんな学校だったのか

留魂祭に集う老戦士たち

京都・霊山《りょうぜん》観音――東山の山麓《さんろく》に建てられたこの白亜の観音像は、周辺の寺々には馴染《なじ》まない環境にあった。境内には旧軍の飛行第一八、第八一戦隊や予科練一八期の碑、歩兵第六〇連隊の慰霊碑が建立されており、今次の大戦で日本軍に従軍して亡くなった韓国人犠牲者を慰霊する碑などもある。

平成一六（二〇〇四）年四月一〇日。この観音像を目指す老人たちが、行楽客に混じって坂道を三々五々、上ってくる。杖《つえ》をついた老人が多い。この日、東山には桜吹雪が舞っていた。よく晴れた午前一一時の気温は二五度を超え、上着を脱いでもシャツには汗が染み込んできた。

今日この場所に集まってきた老人たちは、花見にやって来たのではない。留魂祭に参加するために集まったのだ。遺族や同伴の夫人を入れると、二百余名を数える。その中には、三〇年前にフィ

2004年の留魂祭で対面した小野田寛郎（中央）と筆者（右）。
写真左の人物は本校で和泉部隊の教官だった三丙出身の小俣洋三

リピンのルバング島から生還した八二歳の小野田寛郎《ひろお》の姿もあった。

二俣分校一期生の小野田も参加した留魂碑二十三年祭。そう、この老人たちは、かつて秘密戦士と呼ばれた陸軍中野学校の卒業生で、仲間の供養のために集まった元諜報戦士であった。

祭事は、境内の高台に自然石で作られた高さ二・五メートル、幅二メートルの碑の前で導師の読経から始まった。「留魂」は、幕末の学者吉田松陰が著した『留魂録』から採られた。碑の発案者は「留魂」に思いを込めて、「己を滅却して礎石たるに安んじ、名利を棄て、悠久の大義に生くるの信念は実に茲《ここ》に淵源《えんげん》す。我等中野に学びて特殊の軍務に服し……（中略）。この碑に我等が志の支柱たる誠の精神を留《とど》めんとす」と碑文を刻んだ。

焼香が終わった後、中野学校の校歌ともいうべき「三三別れの歌」を全員で唄《うた》って、

留魂碑

祭事は終了した。この歌の原歌詞を作ったのは、中野学校卒業生の柳《やなぎ》田《だ》獏《ばく》（三丙）といわれている。柳田は北満州での演習視察中に、現地で唄われていた「蒙古《もうこ》放浪歌」のメロディーに感動して即席の詩を作り、中野学校に持ち帰った。

　そして、その詩を添削したのが国体学を教えていた吉原政巳教官で、のちに「三三壮途《わかれ》の歌」というタイトルをつけて校歌にしたという。現在の「三三別れの歌」と同じ歌詞だが、タイトルは戦後になって変えていた。吉原は原歌詞を添削するとき満州の荒野をイメージし、中野の精神である「誠」に思いを込めて作詩したといわれる。

吉原は「誠」の意味を四書の「中庸」から引用していた。

　誠は天の道なり。之《これ》を誠にするは人の道なり。誠は勉《つと》めずして中《あた》り、思はずして得、従容として道に中る。聖人なり。之を誠にするは善を択《えら》んで之を固執する者なり。（第二十章）

中野学校の戦士は「謀略は誠なり」という精神を固く守り、諜報戦士として誠を貫くことが肝要であると教えていたわけだ。

　この碑文にもあるように、留魂祭に参加した卒業生たちは特殊な軍務に服していた。その任務とは、軍服を脱ぎ、背広や現地人の服装をまとい、中国や満州、南方地域など日本軍が進出した全戦域で謀略戦や情報戦、宣伝戦、諜報戦、ゲリラ戦を展開することだった。これら各種の工作に当たっていたのが、中野学校を卒業したプロの工作員たちであった。

祭事が終わり、中野学校で同じ釜《かま》の飯を喰《く》った先輩、後輩たちは久しぶりに会う仲間との歓談に花を咲かせていた。私はその合間を縫って、何人かの元戦士と話す機会を持った。

私は元戦士たちに、中野学校の戦後について問うてみた。一見すると、その風貌《ふうぼう》はみな好々爺《こうこうや》である。戦後は商社マン、銀行員、教師、事業家、医師、弁護士、政治家などの職に就き、この日は出席していなかったが、国会議員や地方の首長などを務めた卒業生もいる。中には陶芸家や画家などの道に進んで成功した変わり種もいた。

だが、自らの戦史を語るものはほとんどおらず、陸軍中野学校の遺訓ともいうべき「黙して語らず」を今日でも貫いている。その頑《かたく》なまでの姿勢に、私は戸惑いを覚えた。反面、「黙して語らず」というよりも、語るほどの戦歴や諜報員としての実戦経験など持ち合わせていないのではないか。そんな疑問すら、その時は感じたのである。

真実の姿を追う旅

私が陸軍中野学校に関心を持ったのは、「承前」にも記した『謀報戦―ドキュメント陸軍登戸研究所』(時事通信社、一九八七年)を書くための取材がきっかけだった。その頃にはまだ多くの関係者が存命していて、中野学校と登戸研究所の関係を語ってくれた。その中にいたのが、登戸研究所第二科で「謀略・防諜器材」の開発を担当していた伴繁雄(故人)だった。

「私は中野学校が参謀総長の直轄校になった昭和一六(一九四一)年に、併任教官として中野に派遣されて、学生たちに謀略器材の使い方を教えていました。当時、中野には学校本部の他に教育部があって、学生寮で生活していた乙・丙種学生を指導する学生隊が作られ、次いで高度秘密戦の研究をする研究部も設けられ、さらに実験隊も創設されました。秘密戦の実行手段として、敵地・敵国への潜入方法、潜行偵察の技術、あるいは謀略、破壊のテクニック、秘密通信暗号の発信や解読などを教えていました」

当時、登戸研究所には中野学校の併任教官として、伴少佐の他に〃無線の高野〃と呼ばれていた高野泰秋《やすあき》少佐と尉官クラスの将校が数名派遣されていた。

陸軍中野学校と陸軍登戸研究所は、いわば兄弟の関係にあった。創設は登戸研究所の方が古い。

留魂碑二十三年祭に私を呼んでくれたのは、八一歳（以下、年齢は取材時のもの）になる石川洋二で、彼は中野学校末期の学生であった。石川と知り合ったのも、私の著作が縁だった。

会場は一見和やかな雰囲気に包まれていたが、それは仲間の輪が醸し出すもので、私は卒業生の結束の固さと部外者を拒否する冷徹さを思い知らされた。そして私は、そのとき決意したのである。前身の後方勤務要員養成所時代を含め、七年間だけ存在した陸軍中野学校の戦後史に風穴を開けてみたい、真実の中野学校とは一体どのような組織であったのかを知りたい、と。

留魂碑二十三年祭は、参加者全員の記念写真撮影で終わった。元戦士たちは仲間に別れを告げると、まだ陽の高い京の街に消えていった。

私のそばで参加者を見送る石川がポツリと呟《つぶや》いた。

「今日参加した人で最高齢者は九一歳、平均しても八〇歳を超えているでしょう。来年の留魂祭までに、何人の訃報が会誌（中野校友会誌）で報告されるやら。会員も年々、高齢化してきているんです」

石川の呟きから、中野学校関係者の取材にはそれほど時間が残されていないことを、私は強く自覚した。現在、全国に六百余名の卒業生が健在である。果たして何人の卒業生や遺族が取材に応じてくれるだろうか。先のことを考えると、私は少々陰鬱《いんうつ》な気分になってしまった。

取材で世話になった石川も八六歳で他界した。

戦死率一三・六％

留魂祭が初めてこの地で開かれたのは、昭和五六（一九八一）年だった。碑の除幕式を兼ねて卒業生の全国大会が開かれた。参加者は全国各地から遺族を含めて一〇〇〇名近くが出席した。

碑の建立には現在、中野校友会近畿支部長を務めている國吉勇次（三丙、八四歳）らが中心になって、会員に檄《げき》を飛ばし募金を募った。だが、会員の中には建立に反対する声も多かった。しかし、校友会の総会でいったん建立を決すると、会員遺族の子弟らで作る中野二誠会（会長・太郎《たろう》良《ら》譲二）の協力もあって、浄財はあっというまに予定額を上回ったという。それこそ、中野学校卒業生のネットワークの強さの証《あか》しであろう。

國吉は、「留魂碑の維持管理はいずれ中野二誠会に引き継ぎ、年祭も続けてもらいたい」とも語っていた。

留魂碑の台座の中には戦死者の名簿が納められている。昭和五三（一九七八）年に、卒業生の親《しん》睦《ぼく》団体「中野校友会」がまとめた校史『陸軍中野学校』によると、卒業生総数は二一三一名。うち、戦死者は二八九名とある。約一三・六％の戦死率である。この中には当然、戦闘中に倒れた者もおり、病死者あるいは戦地で敵軍に謀略工作を仕掛けている最中に発見されて、交戦の果てに死んでいった者もいるだろう。

彼らの戦死が遺族に知らされた例は少ないという。偽名や変名で特殊任務に就いていた秘密戦士たちは、正規の将校、下士官、兵のように認識票を持たなかった。そのため、遺体の本人確認が難しく、同僚や所属していた部隊の将兵の証言だけが本人を確認する方法だったからだ。いずれにしろ、一三・六%の戦死率は決して小さいとはいえない。なお、校史には三七六名の不明者数も記されている。

卒業期別のグループで話題に花を咲かせている卒業生たちのそばで、私はそれとなく話を聞いていた。洩《も》れてくる会話には、戦地での情報工作の話が飛びかっていた。彼らの話には時折、中野独特の隠語なのか、それとも専門用語なのか私には理解できない言葉が混じる。

例えば、ジャワで現地人に対する宣伝工作を行っていたある工作員の近くで、別の工作員がオランダ領事館の現地人コックを買収して館内の見取り図を手に入れようとしていた、などという話が交わされている。しかも二人は、お互いに「そんなことをやっていたんですか。まったく知りませんでしたね」といった具合なのである。

だが、彼らには他の戦友会のように元の階級を意識した上下関係はまったくない。先輩と後輩の間であっても、お互いに〝さん〟づけで呼び合っている。石川によれば、軍隊という縦社会にあっても、中野学校の卒業生は、横の繋《つな》がりを大事にしているため、階級でお互いを呼び合うことはないという。

先輩、後輩は期別でははっきりと分かれている。今回の祭事には参加していなかったが、中野学校の第一期生は、学校がまだ正式に陸軍から認められていない時期に、後方勤務要員養成所を卒業した。九段会館（旧軍人会館）の近くにあった愛国婦人会本部の別館で一九名が寝起きして、諜報《ちょうほう》員《いん》としての教育を受けていた。

後方勤務要員養成所は中野学校の前身で、ここでは寺子屋式教育が行われていたことは先述した。

石川に紹介された櫻一郎は乙二長出身で九〇歳、石川は九丙で終戦時にはまだ在学していた。

諜報員たちの戦後史

中野の卒業生の中には戦後、経済界で活躍した人物も多い。向江《むかえ》久夫・元足利銀行頭取もその一人だ。陸士第五六期の卒業で、中野学校が群馬県富岡町（現富岡市）に疎開したときの教官だった。昭和二〇（一九四五）年四月から終戦直前まで、富岡校で学生隊の教育主任を務める大尉であった。戦後、東大経済学部に入学し、卒業後は足利銀行に入行して出世の階段を上っていった。

向江は現職中に何度もマスコミの取材を受けていた。地元紙のインタビューでは、銀行経営と中野の教育について、こう語っている。

「あそこで学んだ謀略宣伝のノウハウを経営に生かしたんだ」

社章など銀行のイメージカラーを現在の青にしたり、テレビCMを打ち出したりしたのは、その一環だった。（「下野新聞」二〇〇四年九月一〇日付）

向江が金融界で成功したのも、中野学校で学んだ宣伝工作が大いに役に立ったのだ。

ついでに記しておけば、一乙長出身で富岡校の研究部に配属され、本土遊撃戦を研究していた木村武《たけ》千代《ちよ》少佐は戦後、国会議員になっている。また、小野田の後輩にあたる、二俣分校三期生の石橋一弥少尉は文部大臣を務めた。さらに、久留米《くるめ》予備士官学校から中野に推薦された八丙出身の恒《つね》松制治《まつせいじ》少尉は、学習院大学教授から転身して島根県知事を三期務めたのち、学者生活に戻り獨協大学学長を歴任している。

とはいえ、留魂碑二十三年祭に参加した卒業生のほとんどは、現役を引退して自適の生活を送っており、戦後の生き方はそれぞれに異なろうが、温厚な紳士が多かった。しかし、若き時代に秘密戦士として諜報工作に従事していた頃の顔は、また、別物であったはずだ。

先述したごとく、期別でグループを作って話し込んでいた卒業生の口からは、光機関、東部ニューギニア戦線の台湾高砂《たかさご》族義勇軍、国民党軍の将軍救出作戦、終戦直後の叛乱《はんらん》計画、朝鮮戦争志願兵といった言葉が次々と飛び出していた。

ここに集まった老紳士たちは、歴史の闇に消えた諜報戦の世界を自ら体験してきた生き証人でもあったわけだ。

彼らが活躍したのは半世紀以上も前、当時の言葉でいうところの日支事変から大東亜戦争の時代であった。その大戦の結果、日本は国富の大半を失った。しかし、瓦礫《がれき》の中から戦後復興を果たすべく、日本再建の最前線で経済戦争を戦ってきたのも、また彼らの世代である。

平成一七（二〇〇五）年は終戦から六〇年目に当たる。その六〇年間の間に、彼ら中野学校の卒業生たちは、いったいどんな戦後を歩んできたのだろうか。先述したように、卒業生の中には表舞台の各分野で成功した者も数多くいる。〝経済戦士〟として欧米諸国の企業と戦ってきた卒業生もいるだろう。

しかし、戦後もインテリジェンス（諜報）の世界で働いてきた卒業生もいるのではあるまいか。彼らは、中野学校で〝秘密戦のための戦士〟として鍛えられた。そのキャリアを求める組織が、戦後の日本に存在していたとしても不思議ではあるまい。

私は談笑しながら中野時代を語る老紳士たちの表情を見ながら、彼らの戦後史を追ってみたいという強い衝動に駆られた。

私の取材行は、こうして始まった。

エリート養成機関「陸軍士官学校」との違い

陸海軍の幹部人材を養成する学校として、陸軍には「士官学校」、海軍には「兵学校」が置かれていた。兵学校は「海軍省」が所管していたが、士官学校は歩兵学校や兵器学校、騎兵学校、習志野学校などを所管する「教育総監部」の監督下にあった。陸軍中野学校は、陸軍省の所管から、参謀本部の直轄校に組織が変わっているが、組織改革が行われたきっかけは、昭和一五(一九四〇)年八月の「陸軍中野学校」令の公布によるものだった。そして、官制上初めて軍の学校として、東京市中野区囲町に建学されたことから「陸軍中野学校」として認知された。しかし、学校名は外部には秘匿され、学校の看板には「陸軍通信研究所」または「東部第三八部隊」の名が掲げられていた。

中野学校の教育について論じる前に、「士官学校」の教育とはどのようなものであったのかを解説してみたいと思う。

士官学校は教育総監部の監督下にあったことは先述したが、大正時代に制度が改正されており、その流れを以下に記しておく。

大正九年、陸軍中央幼年学校本科が陸軍士官学校予科となり、従来の陸軍士官学校が陸軍士官学校本科となった。この改正によって、従来、旧制中学校卒業者から士官候補生を採用していたのが、旧制中学校第四学年(旧制中学校は五年制)修業の資格をもって陸軍士官学校予科生徒を採用するようになった。

したがって、士官候補生としての隊附（下士官の階級で原隊となるべき連隊が指定され、〇〇連隊附となる）は、陸軍士官学校予科を卒業して本科へいくまでの間において、実地されることとなった。また、この改正とともに、少尉候補者学生の制度も新設された。

昭和十二年九月に陸軍士官学校が座間（神奈川県）に移り、陸軍士官学校予科が陸軍予科士官学校として市ヶ谷台に残った。

昭和十三年十二月、豊岡（埼玉県）にあった陸軍士官学校分校が陸軍航空士官学校として独立した。

昭和十六年九月、陸軍予科士官学校が朝霞（埼玉県）に移転し、ここに、明治以来、陸軍将校養成の殿堂であった市ヶ谷台と別れを告げることになった。

（山崎正男『陸軍士官學校』秋元書房。カッコ内は筆者）

陸軍士官学校は「予科」と「本科」に分けられ、予科は旧制中学四年修了から受験資格があった。年齢は一五～一六歳の、高等小学校を卒業して中学校に進学した社会経験もほとんどない少年たちが、〝軍〟の学校に入学していたのである。

めでたく試験に合格した生徒は、予科で一般的な教養を二年学び、卒業すると本科に進級し、「士官候補生」としての専門教育を一年八カ月（昭和一六年からは一年に短縮）学ぶことになる。

陸軍軍人としての専門教育は軍事学を中心としたもので、一般教養などは予科時代に学んでいるためコマ数が少なく、外国語教育は英、仏、独、露、支那語の中から一科目だけを選択するようになっていた。語学教育は中野学校と比較してもさほど変わりはないが、一五～一六歳の少年が、予科・本科を通して三年八カ月も「軍事学」という専門教育を受けるのである。そのため、士官学校はエリート養成機関という面が強かった。生徒たちの社会的な視野が狭くなるのは、当然ともいえた。

一方、中野学校の選抜者は徴兵されたり、社会経験を持った二〇歳を過ぎた青年たちであり、士官学校と比して、生徒たちの社会的視野は広かったといえる。入校した学生（二三〇〇名）のうち士官学校卒業生は全体の一割にも満たなかった。

中野学校の創設に関係した、当時の陸軍省兵務局課員・岩畔豪雄《いわくろひでお》中佐（陸士三〇期）は、木戸日記研究会の聞き取り調査に応じ、のちに日本近代史料研究会から『岩畔豪雄氏談話速記録』として刊行された（平成二七年六月に改題され、日本経済新聞社から『昭和陸軍謀略史』として刊行）。その中で、中野時代について次のように語っている。

――将校に任官したわけですか、いきなり……。

いきなりではなく、特別志願、幹部候補生出身の将校です。だから少尉か中尉くらいですが、それを中心にしたわけです。それで、こういうものを作ると物騒なように思われるから、「後方要員養成所」（ママ）という名前にしたのです。後方要員の仕事もあるわけです。占領地行政もやらせようと思いましたからね。課報、謀略、後方の勤務というようなことをやるために、最初二〇人を選抜しました。

みなさんご存じですか、九段会館というのが建っていますね、あすこに昔、愛国婦人会という建物がありまして、その隣に精華女学校がありまして、その庭が見下ろせるようなところに愛国婦人会の使わない建物があったのです。そこを校舎にしたわけです。そこで二〇人の学生で、秋草（俊）という中尉（ママ）がおりまして、非常に常識の長けた人でしたが、その人を所長にして、憲兵の福本亀治とか、そのほか数人の選任教官を入れまして、そして、謀略、諜報、占領地行政に関する教育を与えた。先生は大体において参謀本部の人とか、それから、特殊な知識のある学者、憲法とかなんとかというようなことについては専門の方であすこで教育をした。一年で終わりました。（カッコ内は筆者）

石原莞爾の参謀本部改編の目的

昭和七（一九三二）年三月に建国された満州帝国のグランドデザインを引いた関東軍参謀の石原莞爾《かんじ》中佐（陸士二一期）は、新京（現在の中国吉林省長春）で行われた建国式典に出席することもなく、五カ月後には関東軍参謀の職を解かれて東京の陸軍兵器本廠付として移動した。大佐に進級したとはいえ、この職は参謀肩章を吊った石原にしてみれば閑職《かんしょく》であった。その後、外務省事務嘱託になり、国際連盟総会の日本代表随員としてジュネーブに滞在。帰国後は仙台の第二師団歩兵第四連隊長になった。

昭和一〇（一九三五）年八月の定期異動で三年ぶりに東京に戻って親補《しんぽ》されたのは要職の参謀本部第一部作戦課長であった。着任後、すでに策定されていた「帝国国防方針」の内容から、軍中央（陸軍省・参謀本部）の国防に対する考えを知るが、「我が陸海軍には作戦計画はあるものの戦争計画はない。速やかに戦争計画を策定し、国防大綱を制定しなければならない」と主張した。

また、翌一一（一九三六）年に起きた二・二六事件を契機に、参謀本部の改編作業に着手した。その改編作業において石原は日本とソ連関係を重視し、ソ連担当部門を第六課（欧米課）から分離・独立させて新たに第五課（通称ロシア課）を新設して、対ソ情報収集の強化に乗り出した。

この組織改革では、のちに「後方勤務要員養成所」所長となる秋草中佐（陸士二六期）が第五課第五班長（文書課報班）に就任した。秋草の前任地はハルビン特務機関（後の関東軍情報部）で、安藤麟三《りんぞう》機関長（少将・陸士一八期））を補佐する対ソ課報の第一人者であった。部下には最後の中野学校長になった山本敏《はやし》少佐（三二期）もいた。

石原の部内改編作業は当初、参謀本部の大局的な情勢判断を重視する「情報部門の強化」と見えたが、その実態は第五課と同じように新設された「戦争指導課」の兼務とされた。

このため参謀本部内では従来通りの作戦計画を重視して、国力を判定する情報や情勢判断は軽視するという隘路《あいろ》に陥った。戦争に対する大局観を持つ石原といえども、作戦参謀である。その思考は第一部長（少将）に進級しても変わらず、情報の価値を判定するプロの情報将校ではなかった。

参謀本部には第一部の「作戦担当」に強い発言権が与えられており、第二部の「情報担当」は二義的な扱いをされてきた。これは、日本陸軍の健軍以来悪しき伝統でもあった。

余談だが、石原は第一部長に就任した一カ月後の一九三七年四月に満州を視察旅行している。そのとき目にした満州の地には、彼が理想とした〝五族協和〟や〝王道楽土〟の精神など微塵もなかった。

科学的防諜機関の誕生

一方、軍政を担当する陸軍省では、三六年七月に兵務局が新設され同年一二月から「防共」に関する実務を担当することになった。当初は兵務局兵務課が兼務したが、三年後の一月には防衛課が新設されて、防共実務を担当した。

防衛課が新設されると「防共」という狭義の国内防諜対策だけではなく、より広義の外諜防衛を進めるため「防諜」（カウンター・インテリジェンス）という言葉が使われるようになった。初代兵務局長になった阿南惟幾《あなみこれちか》少将（終戦時の陸軍大臣）は、親補二カ月後の九月に田中新一兵務課長（大佐・日米開戦時の参謀本部第一部長・陸士二五期）、先述の岩畔豪雄課員（開戦前の陸軍省軍事課長）、福本亀治《かめじ》課員（憲兵中佐・陸士二九期・後の中野学校幹事）。それにハルビン特務機関から転属していた前出の秋草俊参謀本部ロシア課員（中佐）の四人を局長室に集め、「我が国にも国際情勢に即応して『科学的防諜機関』を至急設立する必要があるので、極秘裏に防諜機関の設立を準備せよ」（福本亀治『日本に於ける秘密戦機構の創設』）との指示を出した。

岩畔と福本の二人が専任となった。阿南兵務局長への指示が組織のどのあたりから出たのかは不明だが、すくなくとも帝国陸軍に「科学的防諜機関」なる言葉が初めて登場した瞬間であった。二人は検討の結果、その拠点となる場所を東京牛込《うしごめ》区戸山町（現在の新宿区戸山一、二丁目）にあった陸軍軍医学校と衛戍病院の敷地の一画に決定した。以下は選定理由。

①病院には雑多な人間が出入りするので、機関員は怪しまれずに出入りできる
②陸軍省に近い
③外国公館からの電話の発受は牛込郵便局を通じているので、引き込線を設置するのに地理的に便利（福本前掲書）

場所の選定は秘匿性を求められており、その点で軍医学校は理想的な環境にあった。「兵務局分室」として防諜業務をスタートしたこの組織は陸軍大臣直轄の軍事資料部の極秘機関となり、通称「ヤマ機関」（詳細は拙著『昭和史発掘幻の特務機関「ヤマ」』を参照）として国内防諜の要となってゆく。

その活動が軌道に乗り始めた翌三七年二月、再び秋草、岩畔、福本の三人は阿南兵務局長に呼び

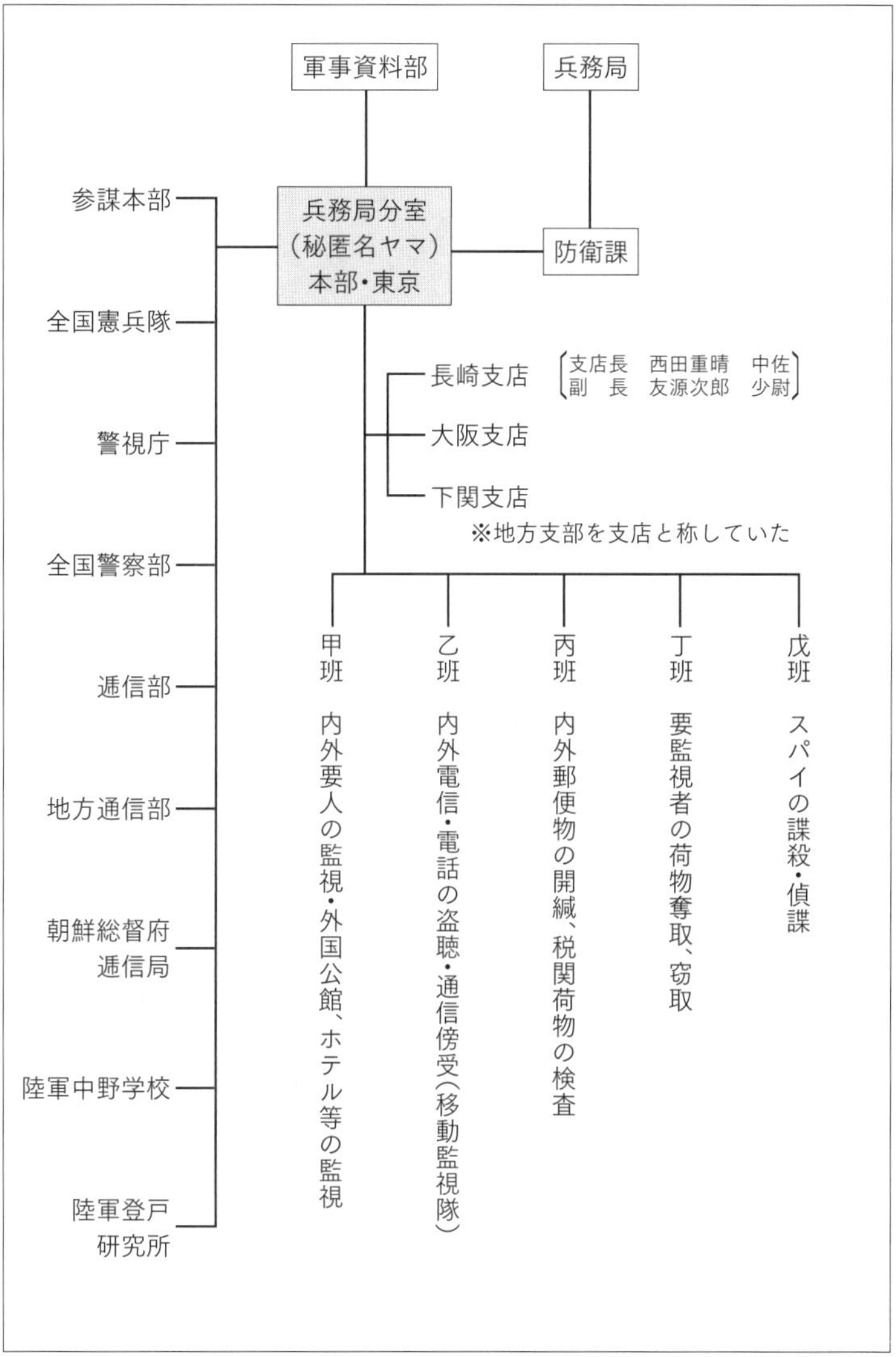

ヤマ機関組織図

（友源次郎の手記を元に筆者作成）

出されて、次の指示を受けた。

現在の国際情勢は益々緊迫を告げ、国際秘密戦対策は緊要となりつつあるので科学的防諜対策の外、秘密戦実行要員の養成が必要となってきた。科学的防諜機関「ヤマ」の運営は之を他に譲り「陸軍省軍事資料部」秋草、岩畔、福本の三名が実行委員になって緊急に秘密戦実行要員機関の創設を検討せよ。（福本前掲書）

「後方勤務要員養成所設立委員」を命じられた三人は準備に入った。昭和一三（一九三八）年一月、「後方勤務要員養成所令」が勅令によって発布され、七月には陸軍大臣直轄の「後方勤務要員養成所」が発足した。

養成所のことを記した貴重な証言がある。

後方勤務養成所（ママ）の窓からは、すぐ目の前近衛歩兵四連隊と近衛師団司令部に通じる門がみえ、また、精華女学校の校庭には、支那事変こそはじまっていても、まだ戦争の暗い陰を思ってもみぬ女学生たちが、若鮎のように躍る肢体を、初夏近い陽ざしの中で戯れるのがみえた。

（木村文平『恐怖の近代諜略戦 ― 陸軍省機密室 ― 中野学校』東京ライフ社）

斬新な教育カリキュラム

昭和一三（一九三八）年七月、中野学校の前身として発足した「後方勤務要員養成所」に入学した、第一期生の授業を見てみよう。科目を見てわかる通り、中野学校が士官学校とは異なるユニークな教育を施していた。「スパイに必要な基本学習」が徹底されていたのである。科目表は、陸大選科を卒業して中野学校教官に就いた伊藤貞利《さだとし》の著作『中野学校の秘密戦・中野は語らず、されど語らねばならぬ戦後世代への遺言』（中央書林）から抜粋した。

一般教養基礎学

国体学　内海陸軍教授（陸士）
思想学　福本亀治憲兵中佐
統計学　松田統計官（内閣）
心理学　西沢陸軍教授（陸士）
戦争論　高嶋辰彦大佐（陸士）
兵器学　鋼金義一中佐（兵器行政本部）
交通学　鎌田鍊一大佐（陸軍省）
築城学（同右）
気象学　能登中佐（気象部）
航空学　鈴木将剛大尉（参謀本部）
海事学　解良七郎少佐（同右）
薬物学　北条軍医少佐（軍医学校）
外国事情（軍事、政治・経済その他）

ソ連（軍事政略）甲谷悦雄少佐（参謀本部）
ソ連（兵要地誌）斎藤浩二中佐（同右）
イタリア　権藤正威中佐（同右）
ドイツ　西郷従吾少佐（同右）
英国　松谷誠中佐（同右）
米国　西義章中佐（同右）
フランス　八里知道中佐（陸軍省）
中国（兵要地誌）小尾中佐（参謀本部）
中国（軍事政情）鈴木卓弥中佐（同右）
南方地域（軍事）村上公亮中佐（同右）

語学

英語　安部鵬二教授（陸士）
ロシア語　戸崎辰夫大尉（陸軍省）
支那語　武田寧心教授（陸士）

専門学科

諜報勤務　小松巳三雄大佐（陸大）
謀略勤務　大田梅一郎中佐（参謀本部）
同右　大牟田盛幸少佐
防諜勤務　大坪義勢少佐（陸軍省）
宣伝勤務　村松秀逸中佐（同右）
同右　宇都宮直賢中佐（参謀本部）
経済謀略　土井垣主計中佐（陸軍経理学校）
秘密通信法　篠田鐐大佐（陸軍技術研究所）
防諜技術　曾田峯一憲兵少佐（陸軍省）
秘密兵器　稲田友一少佐（陸軍兵器学校）
暗号解説　松井少佐（参謀本部）

実科

秘密通信　篠田鐐大佐（陸軍技術研究所）
写真術　竹内長蔵准尉（陸軍省）
変装術（同右）
開緘術　竹内長蔵准尉（同右）
開錠術（同右）

軍極秘 別表第二

昭和十三年度第一次学生前期教育予定実施表 昭一四・一

科別	種別	課目	教官	教育回数 予定	教育回数 実施	教育時間 予定	教育時間 実施	摘要
学科	軍事学	戦争学	高島中佐	八	八	一〇・三〇	一〇・三〇	
学科	軍事学	戦争学	多田少佐	三	三	四・三〇	四・三〇	
学科	軍事学	外国事情及兵要地誌 英国	松谷少佐	一一	一〇	一六・三〇	一二・三〇	
学科	軍事学	外国事情及兵要地誌 米国	西中佐	九	七	一一・四〇	七・四〇	
学科	軍事学	外国事情及兵要地誌 独国	西郷少佐	九	七	一二・〇〇	九・三〇	後期ニ補備実施ス
学科	軍事学	外国事情及兵要地誌 仏伊国	八重中佐	一〇	一〇	一三・三〇	一三・三〇	
学科	軍事学	外国事情及兵要地誌 蘇国	甲谷少佐	一八	一六	二四・〇〇	二一・三〇	
学科	軍事学	外国事情及兵要地誌 蘇国（兵要地誌）	斎藤中佐	一一	九	一四・三〇	一三・〇〇	後期ニ補備実施ス
学科	軍事学	外国事情及兵要地誌 支那国	鈴木少佐	一四	一四	一八・四〇	一八・四〇	
学科	軍事学	外国事情及兵要地誌 支那国（兵要地誌）	小尾少佐	一六	一三	二一・三〇	一七・三〇	
学科	軍事学	外国事情及兵要地誌 南洋	村上中佐	三	〇	—	—	[illegible]
学科	軍事学	外国事情及兵要地誌 蒙古	矢野少佐	〇	一	—	一・三〇	
学科	軍事学	外国兵器	篠田大佐	一一	八	一三・三〇	一〇・〇〇	
学科	軍事学	外国兵器	銅金中佐	九	八	一二・三〇	九・三〇	
学科	軍事学	外国兵器	福田少佐	六	七	七・三〇	八・三〇	
学科	軍事学	外国築城	鎌田大佐	八	七	一〇・四〇	九・三〇	
学科	軍事学	外国築城	銅金中佐	二	二	二・四〇	二・四〇	
学科	政略	国体学	内海教授	一三	一三	一七・三〇	一七・三〇	
学科	経済	経済謀略	高橋少佐	五〇	一七	四〇・〇〇	二一・〇〇	後期ニ補備実施ス

陸軍中野学校のカリキュラム。士官学校と比較すれば、そのバラエティの豊かさやユニークさは一目瞭然であろう

科	區分	科目	教官					備考
學科	經濟及社會學	經濟謀略	高橋(田)少佐	四〇	一七	四〇[illegible]	二一[illegible]	[illegible]
學科	經濟及社會學	思想[illegible]問題	福本中佐	二三	二一	二六[illegible]	二五[illegible]	
學科	外國語學	露語	大森少佐	一〇	九	一五[illegible]	一三[illegible]	
學科	外國語學	露語	戸崎大尉	八三	七八	一一七[illegible]	一一〇[illegible]	
學科	外國語學	英語	阿部教授	九三	九三	一三二[illegible]	一五八[illegible]	[illegible]
學科	外國語學	支那語	武田教授	九三	八八	一五二[illegible]	一一三[illegible]	
小計				四九三	四四九	六七四[illegible]	六一五[illegible]	
術科	武術	劍術	伊藤大尉	二六	二七	五二[illegible]	四四[illegible]	[illegible]
術科	武術	柔術	伊藤大尉	二〇	一五	二九[illegible]	二四[illegible]	[illegible]
術科	實務	防諜補助手段	福本中佐	二八	一一	三六[illegible]	一五[illegible]	
術科	實務	防諜補助手段	伊藤大尉	二一	一六	三二[illegible]	二六[illegible]	[illegible]
術科	實務	寫眞技術	福本中佐	一〇	一二	一八[illegible]	一六[illegible]	
小計				一一五	八一	一六九[illegible]	一二七[illegible]	
科	特別講座	馬術	秋草中佐	二九	二六	三八[illegible]	三五[illegible]	
科	特別講座	氣象學	能登中佐	〇	一	—	一五〇	[illegible]
科	特別講座	交通學	鎌田大佐	八	八	一〇[illegible]	一〇[illegible]	
科	特別講座	航空學	鈴木大尉	一〇	七	一五[illegible]	九[illegible]	
科	特別講座	心理學	西澤教授	六	五	九[illegible]	五[illegible]	[illegible]
科	特別講座	統計學	松田統計官	八	八	一二[illegible]	一二[illegible]	
科	實習	自動車實習	自動車學校教官	二六	二六	一〇四[illegible]	一〇四[illegible]	
科	實習	通信實習	通信學校教官	二九	二九	一一六[illegible]	一一六[illegible]	
科	實習	現地實習	秋草中佐	十日	十日	—	—	[illegible]
科		忍術	藤田西湖	一	五	一[illegible]	八[illegible]	

術科

剣道　大島直太範士
合気道　植芝盛平範士

特別講座・講義

情報勤務　岩畔豪雄中佐（陸軍省）
満州事情　山岡道武大佐（参謀本部）
ポーランド事情　臼井茂樹大佐（参謀本部）
沿バルト三国事情　小野内寛中佐（参謀本部）
トルコ事情　磯村武亮大佐（同右）
支那事情　桜井徳太郎（陸大）
同　岡田芳政少佐（同右）
フランス事情　山田耕筰
回教事情　鈴木嘱託（参謀本部）
諜報勤務　権藤正蔵中佐（同右）
忍法　前田正湖（ママ）
犯罪捜査　江口満州警務科長
法医学　小宮名古屋医大教授

派遣教育（学校に設備等がないため）
陸軍通信学校　古部中佐（同校）
陸軍自動車学校　石川大尉（同校）
陸軍航空学校　鈴木将剛（参謀本部）
同　長島大尉（同校）

（カッコ内は筆者）

昭和一三年前期（昭和一三年七月～一四年一月）の授業計画では、主として「防諜・諜報・宣伝・謀略」などの任務を遂行するうえで、必要とされる人格の鍛錬およびそれに必要な基礎的学術の取得、後期は諸任務の核心たるべき諸課目および実務に対する応用的研究が主眼とされた内容となっている。外国事情はソ連、中国に関係する授業が多く、術科は武術と実務に分かれ、武術は剣道と柔術、実務には防諜補助手段という科目があり、多くの時間が割かれていた。

その他、気象学や航空学、心理学、統計学の他に自動車実習、飛行機操縦訓練、忍術などの授業までが行われていた。

また「見学予定実施表」（昭和一三年度）に目を向けると、東京の回向院《えこういん》、明治神宮、靖国《やすくに》神社、松蔭《しょういん》神社などへの参拝を始めとして、陸軍造兵廠東京工廠、東京湾要塞（東京湾上に設置された人工島要塞）、東京日日新聞社（現毎日新聞社）や東京放送局（ＪＯＡＫ＝現ＮＨＫ）、東宝砧《きぬた》撮影所、中央気象台（気象庁）、無線電信所など、見学対象は実にバラエティに富んでいる。また、入所し

満洲戦術旅行の出発地・新潟港（提供・牧澤義夫氏）

て一年後の昭和一四（一九三九）年七月には、「満州戦術旅行」として、一カ月の予定で満州へと旅立っている（写真は新潟港で写す。コースは朝鮮の清津、羅津を経由している）。

一期生として入校した学生は先述の通り、社会人経験を持つ者が大半であり、徴兵年齢（二〇歳）に達すると徴兵されて、原籍地を管轄する連隊区司令部のある「連隊」に初年兵として入営した。

山口県出身の一期生・牧澤義夫（一〇〇歳で存命）のケースを見てみよう。

牧澤は、防府《ぼうふ》中学校（現県立防府高校）を卒業すると、官立の山口高等商業学校商業科（現山口大学経済学部）に進学し、卒業後は小野田セメントに入社。小野田セメントでサラリーマン生活を送ったのちの昭和一二（一九三七）年、現役召集兵として歩兵第四二連隊（山口）に二等兵として入営。連隊に徴兵中、甲種幹部候補生の試験に合格して見習士官となった。その後、千葉にある教育総監部管轄の陸軍歩兵学校通信隊に派遣されて、五カ月の教育を修了したのち、原隊に戻り、下士官と兵の通信術科の教育を担当した。昭和一三年七月、陸軍省兵務局付となり上京。「後方勤務要員養成所」には、他の一八名の選抜者と一緒に入所している。

入所式の様子を秋草俊所長（中佐）の訓示として、第一期生の日下部一郎は、『謀略太平洋戦争・陸軍中野学校秘録』（弘文堂）に次のように記している。

戦争の形態が、野戦から総力戦体制に移行するとともに、軍事情報もまた、政治、経済、宗教、思想、文化、科学などの全分野にわたって、不可分の関連性をもつようになった。しかし、幼年学校や士官学校出身の将校たちは、教育勅語と典範令以外は目を通す必要もないとして教育をさずけられてきた。いわんや実社会の状態については、彼らの知識はまことにうとい。軍事情報にたずさわる要員としては、むしろ、優秀な幹部候補生出身者を訓練する方が、適切であると、軍首脳では考えるに至った。このような考えの下に、テストケースとして開設されたのが本養成所なのである。したがって、諸君に課せられた任務は極めて重く、かつまた秘密を要することはいうまでもない。

秋草所長が入所式で士官学校の教育について、「教育勅語と典範令以外は目を通す必要もない教育」と訓示したと日下部は記している。しかし、前掲の士官学校の教育カリキュラムを見るかぎりでは、士官候補生は専門の軍事学以外の授業も受けており、秋草の訓示は多分にブラフを含んだものだったことがわかる。推測するに秋草は、「社会教育の環境が不足しているから、純粋培養された視野の狭い軍人になってしまうから、お前たちはそうはなるな」ということを訓示を通じて中野の学生たちに伝えたかったのではないか。

日下部の同期である中野学校の一期生は一九名（うち一名は病気で在学中に退学）で、出身学校は官立大学、私立大学、高等専門学校、中学校などさまざまであった。一期生・一八名と卒業後の任地先は次の通りである。

井崎喜代太＝中国
牧澤義夫＝コロンビア
猪俣甚弥＝満州
亀山六蔵＝アフガニスタン
丸崎義男＝陸軍中野学校
阿部直義＝インド
扇貞雄＝北方
日下部一郎＝中国
腰巻勝治＝中国
境勇＝陸軍中野学校
須賀通夫＝兵務局
杉本美義＝兵務局
山本政義＝陸軍中野学校
渡辺辰伊＝ソ連
新穂智＝インドネシア
岡本道雄＝参謀本部
真井一郎＝蒙古
宮川正之＝ドイツ

なお、新穂《にいぼ》智《さとる》は中野学校卒業生の中で、「戦犯」として処刑された複数人のうちの一人であった。

一期生の 18 人全員が写る集合写真。昭和 14 年 2 月撮影（提供・石川洋二氏）

最終任地の西部ニューギニア・ホーランジャ（現インドネシア・イリアンジャ州ジャプラ）で、昭和二三（一九四八）年一二月八日午前八時、オランダ軍による銃殺で処刑された（享年三二）。罪状は「部下が米軍捕虜を死刑にしたのを見逃した」という上官の責任を問われた罪であった。一二月八日は開戦の日である。オランダ軍はあえてこの日を〝復讐の日〟として選び、刑を執行したのではあるまいか。新穂は生前、任地のホーランジャで記した貴重な資料を残していた。この資料は陸軍用箋《ようせん》六冊に書かれた、現地の観察記録である（第三章で詳述）。

用箋には「西部ニューギニア横断記」（筆名・新田敏朗）と表題がつけられており、昭和一八（一九四三）年一一月二三日から同一九年六月六日までの約七カ月間の記録である。戦闘地域のジャングルの様子や探査した土地の地形、原住民の風俗、習慣、冠婚葬祭、儀式、動植物の生態、植生などがスケッチ入りで詳細かつ克明に記録されており、それは「博物誌」といってもいいほどの兵要地誌である。一期生の中に新穂のような情報将校がいたことも驚きだが、それにもまして、「ジャングル戦」で必要な現地の情報を博物誌として記録した新穂の観察眼には驚かされる。校史『陸軍中野学校』には、新穂の任務が次のように記されている。

ホーランジャ南方地区のジャングル地帯に潜入、九州の面積にも匹敵するマンベラモ河流域およびセビック河上流地域の原住民工作と、情報の収集や兵要地誌の調査に当たり、投入を予測される高砂族《たかさご》を主体とする第一遊撃隊七個中隊の、活動の温床を作ることが任務であった。

高砂族の遊撃隊編成は、東部ニューギニアでも実行され、彼らのジャングル戦に慣れた隠密行動は多くの戦果をあげていた。東部ニューギニア戦については、中野学校「四戊」出身の田中俊男が書いた『陸軍中野学校の東部ニューギニア遊撃戦』（戦誌刊行会）に詳述されている。

残置諜者・小野田寛郎が卒業した「二俣分校」

以下は、中野学校について紹介した雑誌や単行本から関係者の証言を集めたものである。まずは、「歴史と人物」（昭和五五年一〇月号）に掲載された座談会「中野の教育と信条」からの引用である。当時の中野学校の実情を知るうえでも重要な証言であるため、少し長いがご容赦願いたい。

櫻一郎　まず当時の学生の選考試験ですが、井崎さん、一期のときはどうだったのですか。

井崎喜代太　ぼくのときはね、騎兵学校から五名が選ばれて、九段の偕行社《かいこうしゃ》にいきました。一階で待っていると、そこに学生主任の伊藤佐又さんがいらして、雑談しながら、それとなく人物テストをやっとった。それから口頭試験場の二階に上がると、陸軍省や参謀本部のひとたちが、やや半円形に、軍服や私服で並んでいました。当時は天皇機関説が盛んに議論されており、そういう国体論やら、国際情勢を聞かれた。また、「謀略とはなんぞや」なんていう質問もされました。それからメンタルテストみたいに、「お前いま下から上に上がってくるときに、エレベーターであがったろう。何か気がついたことはないか」と言われた。何となく乗っていたのだけれども、考えてみたら、みんなエレベーターに乗ると、入口に向かって乗っている。「入口向かって乗っていました」って言ったら、「そうだろう」。あとは、ロシアに関心をもって昭和十年に、北満を旅行したときのことなどを訊かれました。ちょうど訪れたハルビン機関ではかつて私の大学の配属将校だったロシア通の安藤麟三少将のもとに秋草さんが補佐官をしておられたことが問答のなかで分かった。それほど長い時間ではなかったように思います。

櫻一郎　私は盛岡の予備士官学校で、演習中に、櫻候補生は一装用の軍服に着替えて講堂に集合せよと言われました。行ってみたら、同じように演習中に呼ばれた学生が、二、三十名おりました。あとで分かったことですが、この中から三人しか採用しなかったようです。大きな講堂には、参謀肩章をつけている人、背広の人とりどりで、十数人の人が並んでいたように思います。

あちこちから質問されましたけど、あまり記憶にないですね。一つだけ、独断専行について所見を述べよということを訊かれたのを憶えています。語学はお前は何を専攻したとか、家族はどうだとか、軍隊に入る前の職歴だとか、そんなのを訊かれたくらいで、何の試験かさっぱりわからない。期は乙Ⅱで、昭和十五年十二月入校、十六年七月卒業です。

菊池広記　私は（二俣一期、昭和十九年九月入校。同年十一月卒業。筆者注：実際には十一月）は、陸軍工兵学校出身です。昭和十九年、松戸の河川敷で演習していると、学校へすぐ帰れという伝令が来ました。演習服から服装を整えて、学校の本館へ行きましたら、六人くらいの人がおったと思います。私は学生時代に支那語をやっていたものですから、中国に関することをいろいろ訊かれました。これから日中和平をどういうふうに展開したらいいか、忌憚のない意見を言えとか、緑林の王者とはどういうものか知っているとか。それから「山本くんがよろしく言った」と支那語で言ってみなさいとも言われた。そのあと南方へ行って爆薬戦闘をする場合は、どういう点に一番留意しなければならないかを訊かれました。

あとはどういう任務につくかはぜんぜん教えないし、ほかの者との連絡も遮断されて、そのまま帰された。いったいきょうは何だろうと思いました。工兵ですから、空挺隊に入れられて空から飛び下りて、退路遮断の爆破戦闘をさせられるのではないか。そういう特攻的な任務にわれわれを使うんじゃないかと、考えていました。八月、卒業演習も終わって、それぞれの任地の内命が下るとき、私は特殊勤務要員として、東部三十三部隊二俣分教所に入校を命ずという内命をちょうだいしました。

座談会の発言で登場する「二俣分教所」とは、陸軍中野学校二俣分校（分教所とも称した）のことで、昭和一九（一九四四）年九月一日、静岡県磐田郡二俣町（現在の浜松市天竜区二俣町）に開校された。終戦後もフィリピンのルバング島に潜伏し、昭和四九（一九七四）年三月、終戦から実に二九年ぶりに帰国した小野田寛郎は二俣分校の出身であることは先述した。

分校が二俣の地に開校されたのは、周囲を山と川に囲まれた天然の要害ともいえる地形が、遊撃戦（ゲリラ戦）の訓練を実施するうえで理想的な環境にあったことが理由だとされる。

陸軍中野学校二俣分校跡の碑

開校式には、本校から川俣雄人《かわまたたけと》校長（少将・陸士二八期）や実験隊長の手島治雄《てじまはるお》中佐（陸士三一期）、東京からは参謀本部第二部長の有末《ありすえ》精三《せいぞう》少将（陸士二九期）などが列席した。一期生の教育期間は三カ月という、短期・速成の教育で、教育内容は「謀略候察、潜行、偽騙、破壊、宣伝、防諜、兵器学、兵要地誌、占領地行政」などの座学、「剣道、空手、拳銃射撃」などの術科も行われていた。

ここで二俣分校の概況を一期生だけで編んだ『俣一戦史　陸軍中野学校二俣分校第一期生の記録』（俣一戦史刊行委員会編）から引用して分校の設立目的などを記しておく。

昭和十九年九月、陸軍中野学校二俣分校「静岡県磐田郡二俣町・現在の天竜市二俣町」（筆者注：二〇〇七年四月に浜松市天竜区二俣町に改正）が新設され、遊撃隊幹部要員教育が本格的に開始された。幹部候補生二二八名が第一期生として入校した。学生は三カ月の教育を終え外地及び内地の遊撃戦に寄与したのである。

二俣分校の教育は、期間こそ短期であったが、遊撃戦に必要な謀略、偵察、潜行、欺偏、破壊、宣伝、防諜、兵器学、交通学、兵要地誌、占領地行政が主で、術科は体操、剣道、拳銃射撃、空手が行われ、また国体学、民族学、統計学も実施された。（中略）

二俣一期生が教育を終了する頃には比島戦が逼迫し、中央部の一部（筆者注：陸軍省参謀本部）では本土決戦が論ぜられ始めた。この状況下に、二俣一期生中半数は本土または朝鮮の軍司令部に配属になり、遊撃戦準備、本土兵要地誌調査、遊撃戦拠点構築に従事することになった。

二俣分校は群馬県富岡町に疎開した本校の富岡校とは異なり、開校時から「遊撃戦」、いわゆるゲリラ戦の専門要員を養成する目的で作られた学校であった。「遊撃戦」について、分校では学生たちに次のような教育を行っていた。

「あらかじめ攻撃すべき敵を定めないで、正規軍隊の戦列外にあって、臨機に敵を討ち、あるいは敵の軍事施設を破壊し、もって友軍の作戦を有利に導く。したがって遊撃戦とは、遊撃に任ずる部隊の行う戦いであって、いわゆるゲリラ戦のことである」（『陸軍中野学校』）

このように隠密行動で破壊工作を主として、友軍の軍事作戦を支援する任務であった。そして分校の一期生は卒業演習でシュミレーションを実施していた。また、遊撃戦教育には「挺身奇襲ノ参考」と題するテキストが学生に配布されていた。そのテキストは教育総監部が編纂している。一期卒業生の一人、田尻善久《よしひさ》はテキストをノートに筆写して、戦後も保存していた。この「挺身奇襲ノ参考」は、ゲリラ戦の要諦をさらに詳しく解説したもので、現代のゲリラ戦も基本的には六〇年以上（取材は二〇〇五年八月）も前の戦術と、なんら変わることがないので、テキストの要旨を紹介しておく。

本書編纂上ノ前提
一、本書ニ於ケル挺身奇襲トハ小部隊ヲ以テ敵配備内ニ潜行又ハ潜在シ、主トシテ左ノ如キ任務ニ服スルヲ謂フ
1 敵ノ人的物的戦力ヲ奇襲破壊ス
2 情報収集（俘虜・文書ノ獲得ヲ含ム）
3 後方ノ攪乱
二 一般部隊ニ於テ挺進部隊ヲ編成スル場合ヲ基礎トス
三 兵力ハ歩兵一中隊以下数名ニ亘ル迄トシ行動期間ハ数日ヨリ二週間ニ亘モノトス

挺進奇襲ノ参考目次
通則（五項目）
第一章 指揮運用一般ノ要領（十一項目）
第二章 挺身奇襲準備（十項目）
第三章 潜入及ビ潜行
要則
第一節 潜入（四項目）
第二節 潜行（十五項目）
第四章 攻撃準備（六項目）

第五章　各種目標ニ対スル攻撃
要則（八項目）
第一節　固定（駐止）目標ニ対スル攻撃（三項目）
第二節　移動目標ニ対スル攻撃
要旨（一項目）
第一　款伏撃・準備・実施
第三節
各種目標ニ対スル攻撃上ノ著意（八項目）
第六章　攻撃実行直後ノ行動（五項目）
第七章　帰路ニ於ケル潜行（四項目）
第八章　攻撃ニ於ケル挺身部隊ノ用法要則（六項目）
第一節　挺身部隊使用ノ為時間ニ余裕アル場合（一項目）
第二節　挺身部隊使用ノ為余裕少ナキ場合（十項目）
第九章　連絡・補給・衛生其ノ他
附表
其ノ一　方向維持ノ方法（四項目）
其ノ二　一方向維持ノ応用資材ノ一例（三項目）
附表
第一　個人携行糧食ノ一例
第二　個人携行衛生材料ノ一例

第三　応用距離計ノ一例（以下略）
第四　音源評定実施要領ノ一例（以下略）

　このように「挺身奇襲ノ参考」では、ゲリラ戦に必要な装備、敵を攻撃するための戦闘方法から部隊の運用まで事細かに解説している。分校一期生はわずか三カ月の教育で戦地に派遣されていったが、戦局不利はいかんともしがたく、戦果はあまり上がらなかった。

二期生の証言

　二俣分校の卒業生は一期生二二六名、二期生二〇二名、三期生一二五名の五五三名で、四期生二八名は教育中に分校で終戦を迎えた。また、戦死、行方不明者は一期生で戦死三六名、不明者四〇名。二期生戦死三名、不明者二一名。三期生不明者二名。四期生からは戦死者は出ていないが、なぜか『陸軍中野学校』には不明者二名が記録されている。

　二期生の外川清と連絡がとれ、渋谷の一等地にある彼が経営する会社でインタビューすることになった。八三歳（二〇〇五年六月）になる外川は健康な体軀を上質なスーツで包んでいた。声も明瞭で、記憶もしっかりしていた。

「紹介しておきます。私と同期の山田博です。彼は早稲田大出身で、私とは石門（筆者注：中国石家荘の旧称）で一緒でした。

　外川は傍らに控える人物を紹介する。山田は自己紹介すると、外川の左側の椅子に腰を落とした。外川と同年代であろう山田も、健康な肌の色をしていた。

「私は朝鮮の京城（現ソウル）の龍山《よんさん》にあった朝鮮軍司令部に入営しました。そこで初年兵教育を終えると甲種幹部候補生として、外川君と同じ「石門予備士官学校」に推薦されました。彼とはそれ以来の付き合いですから、六〇年を超えますか……」

外川は山田に同意を求める仕草をしながら、自らの軍歴を語り始めた。

「慶應ですが、昭和一八年の学徒出陣で、現在の北朝鮮の豆満江《とまんがん》の近く会寧に駐屯していた歩兵第七五連隊に入営しました。一二月一日のことです。数カ月後に部隊からの推薦で中国の石家荘にあった石門予備士官学校に行かされて、そこで将校見習の教育を受けました。二俣に行かされたのは昭和二〇年で、入校は一月でした。記憶しているのは上官からの「諸君よく来てくれた」という歓迎の言葉です。当時、軍隊は徴兵制ですから、歓迎の言葉を聞くなんて面食《めんく》らいました。〝おかしな学校だな〟という印象を持ったのです」

次いで教育について質してみた。

「教育といっても三カ月間で、泥縄式の教育でした。座学は遊撃戦の講義と実地の演習。仲間は二〇〇名くらいいましたが、卒業後の配属は三割が外地で残りが内地勤務でした。私は仲間一〇人と一緒に上海に派遣されました。現地では中国服を着ての勤務でした」

一九四五年三月に二俣を卒業した二人。終戦まで五カ月である。上海に派遣された外川は、どんな任務についていたのだろうか。

「中支での破壊工作と対敵謀略です。といっても、私は中国語も話せないし、現地のことはまったく分からないので、部下に付いたベテランの中国通に頼りっきりでした。敵地ではいつも学校で教えていた〝死は絶対に駄目だ。生きて任務を遂行せよ〟という言葉を反芻《はんすう》していました。中野の教えは〝死ではなく生き残る〟ことなんです。激戦地から生還できたのも、この教えを固く守っていたからだと信じています」

外川と山田は終戦末期に中国大陸に派遣された。当時、上海は第一三軍の指揮下にあり、外川は志賀部隊（二乙出身の志賀三郎少佐が隊長）に。山田は武漢に司令部を置いていた第六方面軍の小路部隊（二乙出身の小路政雄少佐が隊長）に配属された。

終戦はそれぞれ別の部隊で迎えたが、二人は戦後も早い時期に再会していた。外川は四六年に引き上げてくると、一時は化学会社に就職し、退職後は親が遺してくれた土地を生かして不動産業で成功していた。一方の山田は四六年に引き揚げてくると会社勤めをはじめ、定年までサラリーマンとして過ごしてきた。二人の関係は半世紀を超えていた。

二人に二俣の思い出を一言で語ってもらった。外川は「結束が固い集団。青春を賭けた時代」。山田は「三カ月で六〇年を超える友情が続いた学校」と答えてくれた。

泥縄式教育と外川は笑ったが、三カ月の速成教育でも短い二人の言葉の中に、二俣分校二期生の濃密な人間関係が凝縮されていることを実感した。一九二二年一二月生まれの外川は八三歳。二一年六月生まれの山田は八四歳。二人とも存命していれば〝白寿〟になっているはずだ。

「忠臣蔵」から「忍術」、そして「国体学」

座談会「中野の教育と信条」では学習と講義についても次のように語っている。

八代昭矩　私は（1乙、昭和十七年六月入学、十八年九月卒業）士官学校五十一期です。講義のほうは、いろいろ分け方があんでしょうけど、一番上に国体学というのがありましたね。七生報国の楠木正成《くすのきまさしげ》の精神を持って進むんだ、これが基本だということで、たいへん重視したんです。国体学は教える場所がちがうんです。各人小さな机に向かいまして、座布団なしで正座する。そして、吉田松陰先生の前で講義を受ける塾生のような形で、国体学を勉強する。これがたいへん重視されました。

一般の軍事学になりますと、戦史と戦術、これを非常に重視しました。戦史は陸大の教官が、戦術は、陸軍大学出の優秀な軍事教官が教えました。それから、一般学では、あらゆるものを教わりました。たとえば法制関係、経済関係、宣伝関係、情報関係、陸運、海運の運送関係、そういうことをいっさいがっさい習いました。この学科のうちで比較的重視されたのは語学じゃあないかと思います。語学の時間が相当ありましたね。中国語、ロシア語、英語、それからマレー語の四個班に分かれていました。

井崎喜代太　山岡道武というロシア課長をやった人ですが、諸君は官制浪人となれというんだ。陸軍という官制の中の浪人だともいえるし、国家が作った浪人ともいえる。諜報勤務というものは軍服を脱ぐのみならず、どういう身分でやるのかもわからん。秋草さんがしょっちゅう言っておられたが、「円満なる常識」つまり豊富な知識をもてということです。どういう身分にでもすぐ変化でき、だれとの対話にもすぐ応じられる。政治を論じれば政治、宝石を論じれば宝石、といった知識が大切だというのです。それとご自分でいろいろな体験をしてこられた秋草さんは、宮本武蔵の「万物はわが師なり」を引かれた。至るところに、路傍にさえお前たちに教訓を垂れているものはあるぞというのです。

菊池　二俣の場合は、学科は諜報、謀略、宣伝、占領地行政を重点的に学びました。それからこれはわれわれが卒業したあとですけれども「遊撃隊戦闘教令」が初めて出来て、それにもとづいて遊撃戦の戦術を教えたのです。実科のなかでは偽騙法だとか、破壊殺傷法、潜入、潜行、潜在法、開繊法、開錠法という実科をぜんぶやりました。

（前掲誌）

記事中に登場する「遊撃隊戦闘教令」については、前述の二俣分校の開所式に列席した第三代校長の川俣雄人《かわまたたけと》少将（陸士二八期・昭和一六年一〇月～二〇年三月）の時代に作成されていた。

教令案が脱稿するや、実験隊（秘密戦資材実験、研究および学生の実科教育を担当した部門）はただちに教令の付属教範（遊撃戦教令によって遊撃戦を実施するための細部の実行手段）の起草を開始した。教範の内容は侯察法、潜行法、偽騙法、獲得法、破壊法、通信法であって、実験隊をあげてこれに協力し、昭和二十年一月初旬からおいおい脱稿して、大本営に提出した。教令および付属教範は、大本営において審議の上、昭和二十年三月、教令案として上梓され、日本陸軍の本土決戦準備の一助となったのである。

（『中野校友会誌・中野校友会』。カッコ内は筆者）

証言の紹介を続けよう。

大曾根武之助　私は櫻さんと「中野」の入校も卒業も時期は同じで、丙二（陸軍教導学校出身で下士官）です。われわれのころはね、まだ教科書がプリントでした。最初は、四十七士の討ち入り前夜の密行状態なんていうのをプリントで教えられたのです。それと、忍者研究家の藤田西湖《せいこ》という人の話も訊いたね。

（前掲誌。カッコ内は筆者）

中野学校は、ほとんど創作劇と化した「忠臣蔵」や忍術などからも実戦向きのエッセンスを貪欲に抽出し、学生たちに教えていたのである。

中野学校の委託教官であった甲賀流忍術第一四世・藤田西湖は、のちに中野時代の体験を自伝『最後の忍者どろんろん』（日本週報社）で次のように紹介している。

ここ（中野学校）には全国の連隊区から、素質の優秀な青年将校が集められ、近代戦に適応したスパイ術が授けられる。新しい言葉でこそスパイだが、昔流にいえば忍者に他ならない。（中略）したがって、中野スパイ学校の教育も、高度な政治工作から単なる殺人や建築物破壊法に及ぶ広範囲なものであった。後には戦争そのものの複雑化と、兵器科学の発達につれて、教育も専門化されてきたが、一応の主眼は万能スパイの養成であった。

私が担当したのは精神教育と術科及び体術、護身術の面で、術科は家伝である甲賀流忍術を現代戦に活かすことであった。また、金庫の開け方、手錠の外し方、殺人法など、泥棒、人殺しの技術も授けたが、上達すればどんな精巧な鍵でも錠前でも、針金一本あれば開けられるようになる。殺人法は、おおむね暗殺である。スパイの殺人は密かに、しかも瞬時に果たさねばならぬ場合が多いから、毒物使用が主となる。生徒たちが任地でしばしば用いた毒物は青酸カリであった。

（カッコ内は筆者）

藤田は多摩川で潜水訓練を実施している。川岸に生えている葦《あし》の一端を口にくわえて反対側を水面に出し、呼吸しながら潜行して渡河するのであるが、これぞまさしく、忍法〝水遁《すいとん》の術〟であった。

実践的授業としては忍術以外にも、服役中のスリの名人を刑務所から招いて出張講義と実演をさせている。情報を盗み出すためにスリの技を応用しようというのだから驚きである。しかし、中野学校の考えでは、スリの技も立派な〝諜報技術〟なのである。

座談会で一乙出身の八代が語っているように、中野学校では、精神的修養の文柱に「国体学」の教育を据え、「己を捨てる精神、民族や国に尽す精神」の重要性を説いた。『古事記』、北畠親房《きたばたけちかふさ》の『神皇正統記《じんのうしょうとうき》』、吉田松陰の『講孟余話《こうもうよわ》』などが教材として使用された。

徹底的に叩き込まれた「スパイ」のノウハウ

中野学校の最も際立った特徴は、「諜報、謀略」に関する基礎教育と術科教育によって、諜報員に必要なノウハウを徹底的に教授していたことにある。卒業生の木村文平（仮名）は、その一端を次のように記している。

術科といえばスパイ専門教育の技術も叩き込まれた。万年筆やライターに仕込まれた超小型カメラの操作、テープレコーダーを相手方に知られずに装置しての盗聴、暗号文作成と解読、防諜的配慮が施された機密文書の盗読、細菌戦の基礎的知識とその扱い方、毒薬、毒ガスの使い方や、爆発物（ダイナマイト、小型爆弾、手榴弾など）を駆使して敵鉄道や橋梁の破壊、送電線の切断などである。

また変装を含む忍術も重視された。眼鏡を使う。ほくろ、髭、つけまつ毛などで人相を変える。声色を変えるための含み綿、ルンペン、車夫、官吏、芸術家、銀行家などへの変装などは、ただ衣類を変えるだけではなく、内容とする専門的な知識も必要となる。教育はこうした分野の基礎知識にまで及んでいた。（『恐怖の近代謀略戦・陸軍中野学校』東京ライフ社）

戦後、関係者による生の証言がメディアに掲載されたことで、秘された中野学校の実情が、ごくわずかではあるが、明らかになった。しかし、日米開戦前の時期における、わが国の「スパイ」に対する認識はどのようなものだったのだろうか。「陸軍画報」（昭和一六年四月号）には次のような記事が掲載されている。

スパイの苦心するのは機密を探ることと、その生命を賭して探りえた機密を、如何にして通信するかにある。科学的な通信方法として無線、赤外線、紫外線等何れも使用されてゐる。客年《かくねん》（去年）横浜で逮捕された某国のスパイは、精巧な短波発信機で国外と連絡をとってゐた。暗号は古くからつかわれてゐるところであるが、科学の発達、智力の進歩は如何なる難解なる略号も解読せられないものはなく、まして平時の通信文に暗号を用ふることは、世人の疑惑をまねくこととなる。（中略）

X国スパイは、葉巻煙草のなかに通信文を隠してゐた。首飾、靴底、ネクタイの芯等に、レポートを入れた例は多々ある。ちょっとした手廻品、眼鏡、歯ブラシ等が皆通信用具となる。化学的液体で報告文を書き、または特別の用紙にインキを用いずに書いたものが届いてから、化学的変化を與へると字が浮び出るやうにしたものや、郵便切手やレッテルの裏側に、報告文を細書きしたものもある。

女スパイならばレポ書を髪の中に隠す。写真を撮って未現像のまま封じ、もしも検閲された時には明るいところで開いて感光させて、証拠をなくすることも考へられた。スパイを甘くみてはならない。（中略）防諜の主体は国民にあるのだ。

（カッコ内は筆者）

この記事に登場する数々のスパイ道具は、中野学校の協力機関であった第九陸軍技術研究所（通称＝登戸研究所）で開発され、中野学校によって実用化された（左図参照）。まるでスパイ小説にも出てきそうな内容の話だが、中野学校の実情は、まさに「スパイ養成機関」そのものであり、けっして小説の世界の話ではないことが理解できるのではないか。

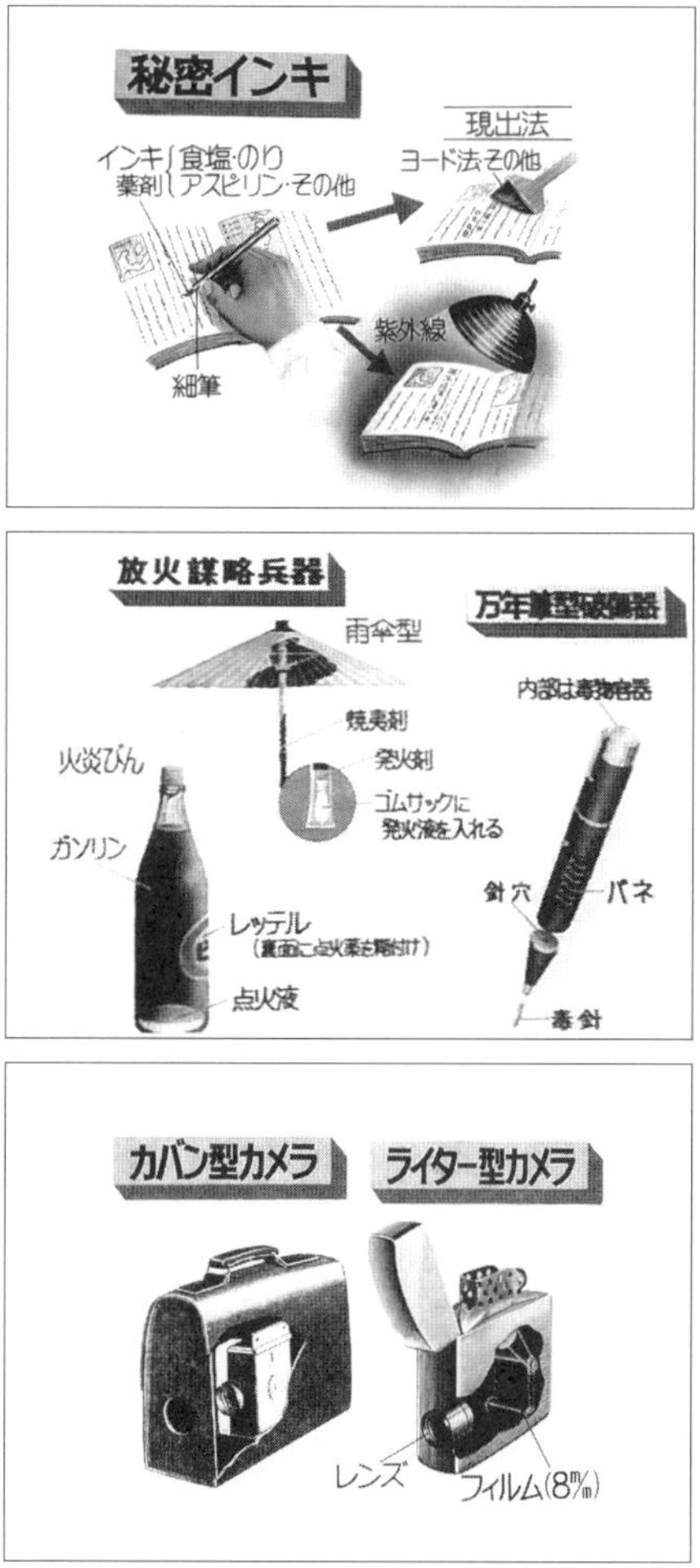

登戸研究所で製造していた各種のスパイ道具

乙種学生・「乙二長」出身櫻一郎の証言

昭和五三（一九七八）年三月、九〇〇ページに及ぶ大部の記録が刊行された。表題は『陸軍中野学校』で、編集発行人は「中野校友会」。三年の時間をかけて完成した校史である。校史編纂《へんさん》にあたっては、次の六点に留意したと記されている。

1 校史は全会員提出にかかる資料に基づき、全会員の手で編纂する。
2 事実の客観的記述に重きを置き、個人的戦記、追憶等はつとめて避ける。
3 記述は原則として昭和二十年八月十五日までとし、戦後のことは引揚げ、抑留等必要なものに留《とど》める。
4 なお現在でも校史編纂に反対の会員もあり、その意向を十分に尊重する。
5 校史編纂は、亡き同志に対する慰霊追悼と、子孫への書き残しを目的とし、決して世に問うような性質のものにしない。
6 従って本書の出版は、会員限りの限定版とし、自費出版として編集、出版の諸費用は一切会員の購読費及び拠金によるものとする。

編纂委員会の役員を務めた櫻一郎は、校史編纂の経緯を自宅で次のように語った。

「この本が出てから四分の一世紀が過ぎました。当時、刊行については反対意見も随分とありました。『中野は語らず』がモットーで、記録など遺《のこ》すべきではない、という理由でした。しかし、反対した会員も、寄稿はしなくても、刊行が正式決定すると、資金面で応援してくれました。戦後については、いろいろと差し障りがあるということで記録に遺さないことにしたんです」

東武東上線沿線に住む櫻は、大正三（一九一四）年一月生まれの九〇歳。しかし、いまだ矍鑠《かくしゃく》としており、記憶も確かで、二六年前をこう述懐する。

「この本は一五〇〇部限定で、会員に一万円で頒布しました。会員というのは、中野学校の教官と卒業生で作っている中野校友会員のことです。当時生存していた会員は、一四五八人でした。購入者がわかるように、本の奥付にはナンバーリングが付してあります。例えば私は五〇番です」

櫻は購入者名簿を管理していた。名簿には購入者の名前と住所、それに通し番号と卒業期が書かれている。櫻の卒業期は「乙二長」で、昭和一六（一九四一）年の日米開戦前に卒業しており、入学は前年の一二月であった。

中野校友会編『陸軍中野学校』。
非売品で1500部が発行された。

「私は盛岡の予備士官学校出身で、第三期乙種学生でした。中野の卒業期は複雑でしてね。創設から終焉《しゅうえん》まで七年間に三、四回も制度が変わっており、最後の期は在学中に終戦を迎えた一〇丙と、二俣の四期生です」

櫻は予備士官学校の出身で、いわゆる幹部候補生（幹候）である。幹候とは、兵隊の中から一般大学か高等専門学校、中学の卒業生が試験を受けて予備士官学校に入学した者を指す。だが、軍人社会では、士官学校を卒業した軍人たちからは「アマチュア軍人」と蔑《さげす》まれていたようだ。

しかし、学卒で社会経験をもつ予備士官が、純粋培養された士官学校出身者よりも多いのが中野学校の特色で、これに次いで下士官出身者が多数を占めていた。士官学校出身者は、中野では少数派ということになる。ちなみに櫻は一高、東京帝大を卒業して水戸の第二連隊に一兵卒として徴兵された。

私は櫻一郎と出会うまでに、一期生から九丙まで、二十数名の卒業生を訪ねていた。櫻を紹介してくれたのは、京都府下に住む九丙の石川洋二で、彼も京大卒の幹候出身者であった。櫻への取材理由は『陸軍中野学校』に関する解説の依頼だった。しかし、話を始めると、中野学校時代のことから参謀本部第六課（アメリカ班）勤務の時代、終戦直前の第一六方面軍（司令部は福岡市）参謀部情報班時代、そして戦後の生きざまにまで及んだ（詳細は後述する）。

「中野は語らず」

陸軍中野学校の「学生制度」は複雑で、卒業生も自分の卒業期は覚えているものの、系統的に語れる者は少なかった。その点、櫻は初期の卒業生で、中野学校の組織や制度について精通している数少ない生き証人でもあった。

櫻は「陸軍中野学校の組織と変遷」と題する記録を大学ノートに残していた。この記録は部外者が中野学校について理解するための恰好《かっこう》の資料なので、私見を交えながら中野学校の歴史を辿《たど》ってみたい。

ノートは次のような文章で始まっている。

陸軍中野学校は、昭和十三年七月より終戦まで、わずか七年間の短い存在であったが、国際情勢とくに大東亜戦争の戦局につれて、その組織、編成並びに教育、研究の内容に大きな移り変わりのあったことは当然である。

ただ一貫して変わらなかったのは、広義の秘密戦分野の研究ならびに秘密戦要員の養成に専任したことと、学校の内容はもちろん、その存在すら厳に秘匿されてきたことである。それと忘れてならないことは「謀略は誠なり」の言葉が示す通り、中野では秘密戦士の人格の陶冶《とうや》と滅私・至誠の精神の涵養《かんよう》を最重点として鍛錬したことである。

中野出身者のなかには、今日に至るまで、妻子にも中野出であることを明かさぬ人がいるが、それは中野出であることを卑下してではなく、「中野は語らず」の信条に発するものであろう。しかるに皮肉なことに戦後中野学校くらい、よきにつけ、悪しきにつけ、マスコミの材料になった施設は、陸軍諸機関のなかでも少ないのではなかろうか。時には興味本位に利用され、時には誤解と悪意をもってあげつらわれ、また時には赤面するほど過大な評価をされたこともある。

ともあれ陸軍中野学校が前後七年の間に二一三一名の秘密戦要員を送り出した事実、またこのような機関の存在を必要ならしめた国際情勢の真相を正確に記録することは後世への務めではなかろうか。

「中野は語らず」の伝統は、今日でも卒業生の間に受け継がれている。それを私が実感したのは、序章でも述べたように、京都で開かれた留魂碑二十三年祭に参加したときである。集まった卒業生の中で最年長者は櫻一郎で、彼より先輩の学生は一期生と一乙のグループだけであった。

創成期の中野学校

陸軍中野学校の前身は昭和一三年（一九三八）年七月、陸軍省所管の元に開設された「後方勤務

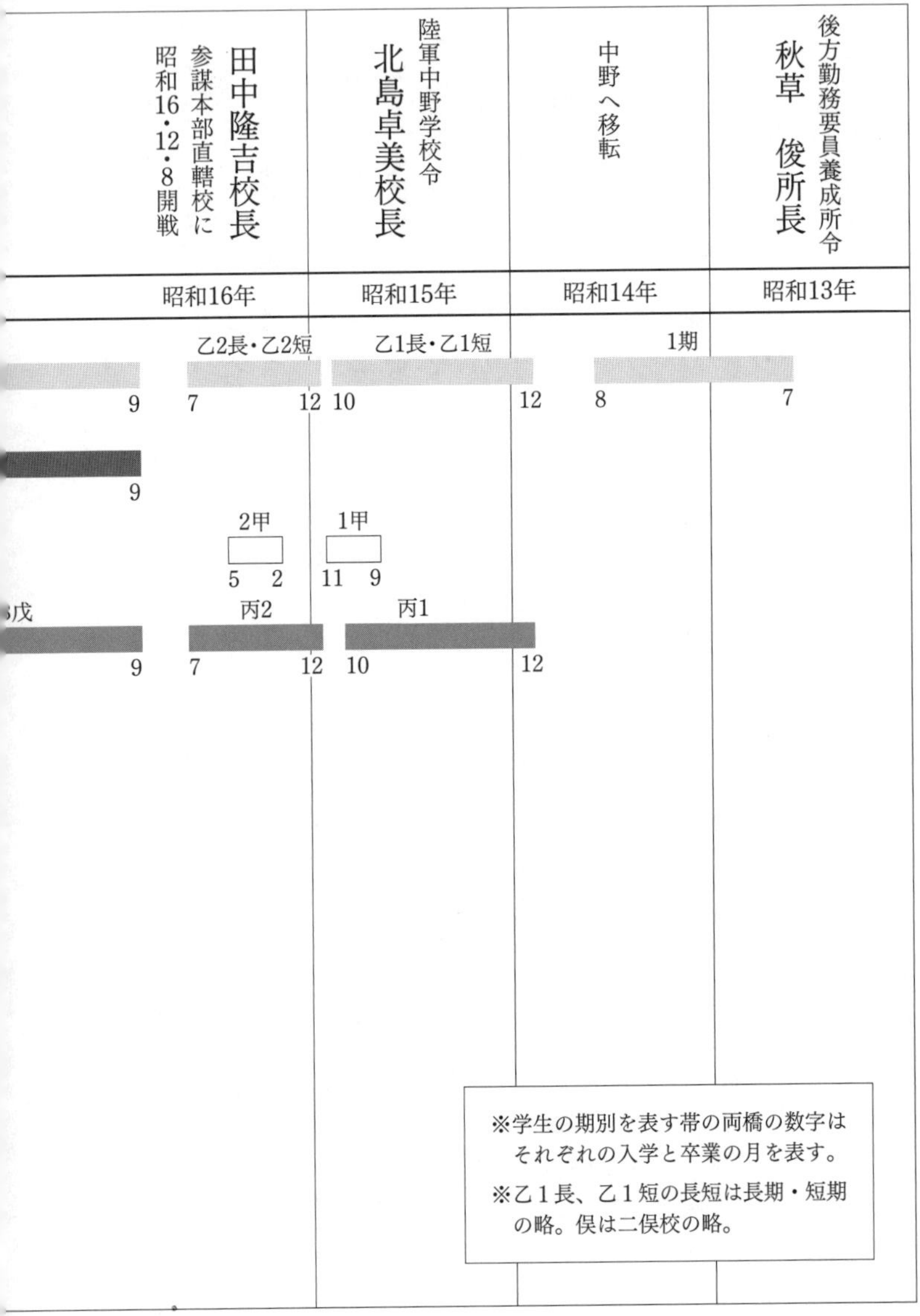
後方勤務要員養成所令
秋草　俊所長
中野へ移転
陸軍中野学校令
北島卓美校長
田中隆吉校長
参謀本部直轄校に
昭和16・12・8開戦
昭和13年
昭和14年
昭和15年
昭和16年
1期
8
7
乙1長・乙1短
10
12
乙2長・乙2短
7
12
9
9
1甲
11
9
2甲
5
2
丙1
10
12
丙2
7
12
9
※学生の期別を表す帯の両橋の数字はそれぞれの入学と卒業の月を表す。
※乙１長、乙１短の長短は長期・短期の略。俁は二俁校の略。

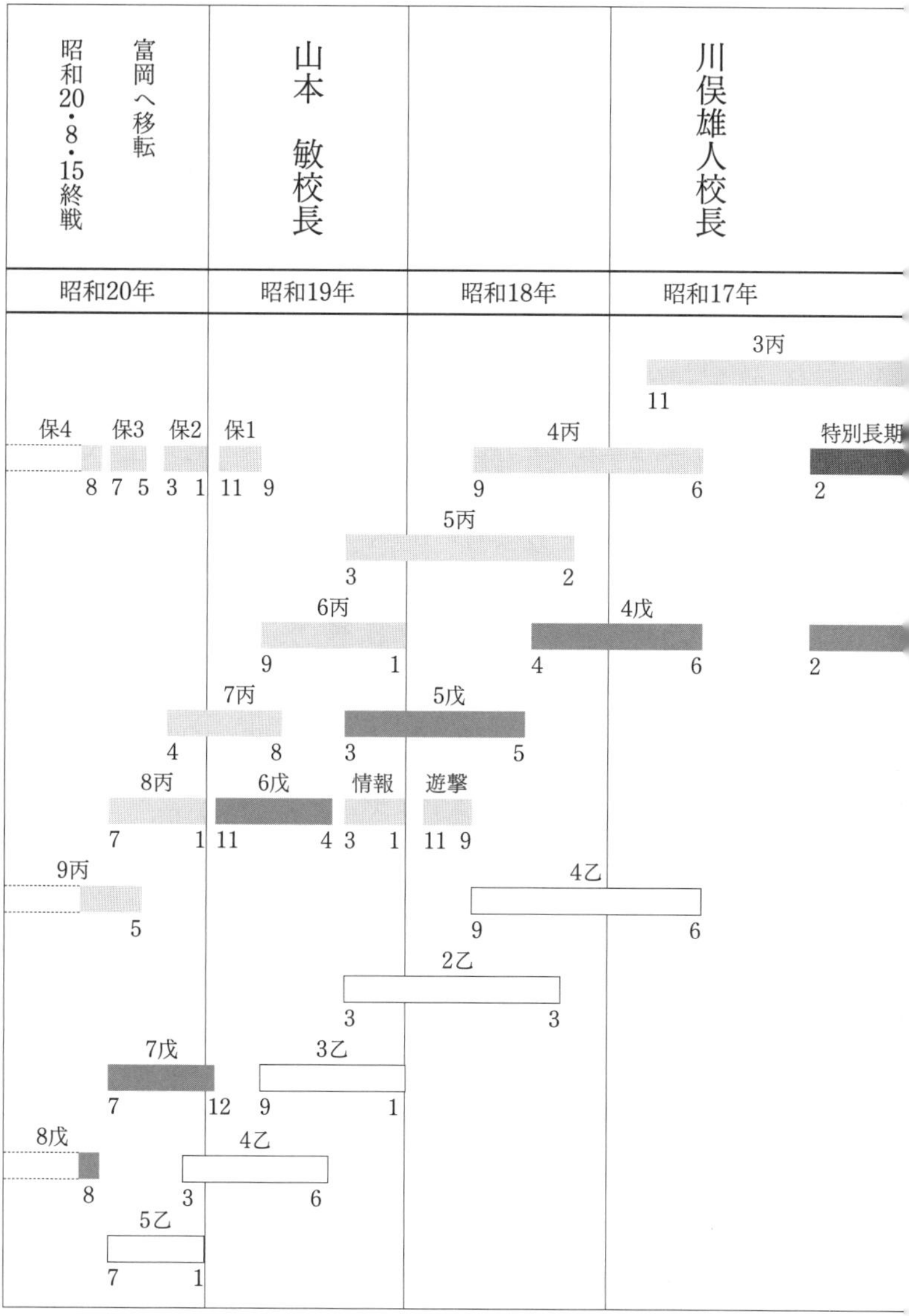
川俣雄人校長
山本　敏校長
富岡へ移転
昭和20・8・15終戦
昭和20年
昭和19年
昭和18年
昭和17年
3丙
11
保4
保3
保2
保1
8 7 5 3 1 11 9
4丙
9
6
特別長期
2
5丙
3
2
6丙
9
1
4戊
4
6
2
7丙
4
8
5戊
3
5
8丙
7
1
6戊
11
4
情報
3
1
遊撃
11 9
9丙
5
4乙
9
6
2乙
3
3
7戊
7
12
3乙
9
1
8戊
8
4乙
3
6
5乙
7
1

要員養成所」だが、昭和一五年八月、陸軍中野学校令が制定されて正式に学校として認知された。この二年間を櫻は〝創成記〟と称している。

愛国婦人会本部

この期間に属する学生は、第一期および第二期の将校学生と第一期下士官学生である。第一期学生は入所時総員一九名、すべて学卒、民間出身の新任少尉で、九段下の愛国婦人会本部別館の一室を借用して教育が開始された。派遣教官は所長の秋草俊中佐、幹事役の福本亀治中佐、学生指導の伊藤佐又少佐（陸士三七期）らの武官教官と若干の文官教官で、その他は陸軍省、参謀本部各課ならびに陸大、陸士などからの派遣教官であった。

教育の方針は学生の性格や学歴、職歴に留意し、一定の鋳型にはめ込まないように注意し、情報勤務に必須《ひっす》の資質、精神、術科の教育を行った。フリー・トーキング式の研修が多く採り入れられ、寺子屋式人間教育が中野のスタートであった。

陸軍中野学校の誕生にあたって、入校生は一九名。ささやかなスタートであった。昭和一四（一九三九）年四月、養成所はこの地から東京市中野区囲町の旧中野電信隊跡地に移転した。第一期生は愛国婦人会本部別館で九カ月学んだが、卒業は移転先の中野の仮校舎であった。

官制上、陸軍中野学校はれっきとした軍の学校であったが、表に学校の名を出すことはなく、

「陸軍省通信研究所」あるいは「東部第三三部隊」という通称で呼ばれていた。

「中野学校」の名は地名から採ったもので、他に地名を冠した特殊学校としては、毒ガス戦の教育を行っていた千葉県習志野の「陸軍習志野学校」が存在した。

また中野学校の期別と「乙」「丙」「戊《ぼ》」といった呼称は複雑なので、やや長くなるが、櫻ノートを引用しておく。


第一期生は昭和十四年八月に卒業し、三カ月後の十一月に第二期将校学生が入学したが、これと同時に初めて教導学校より第一期下士官学生五〇名が入校した。彼らは昭和十五年十月に卒業したが、在校中の八月に陸軍中野学校令が制定されたので、彼らは後方勤務要員養成所学生として入所し、陸軍中野学校学生として卒業したことになる。陸軍中野学校令では、学生の種別を三つに分けている。甲種学生とは陸士出身の学生であり、乙種学生とは予備士官学校出身の将校学生であり、丙種学生は教導学校出身の下士官学生であった。

第二期の乙種学生には長期学生と短期学生という区別があった。長期学生は長期に亘《わた》り、時には生涯海外で独立運動に服すべき要員として、校内でも他のクラスとは隔絶した建物で起居修学し、変名を常用し他種の学生との接触を禁止されて卒業した。

この制度は次の期にも実施されたが、大東亜戦争中の日本にとって、後方勤務要員を海外に投入する時期はすでに過ぎ去っており、結局、卒業後は長短の区別なくすべて一様に戦時秘密戦に勤務した。この期まではまだ第一期生当時の気分が受け継がれ、軍の学校には珍しい自由な空気の中で教育が行われていた。

昭和十五年八月陸軍中野学校令の制定から昭和十七年秋、三丙（第三期丙種学生の略）の卒業時までを前期と呼ぶ。

また学生も甲種の第一期生五名が十五年九月に、同第二期生十数名が十六年二月に入校したほか十五年十二月に第三期乙種長・短学生、第二期丙種学生が入校した。昭和十六年六月、独蘇《どくそ》戦開戦。関東軍は日蘇即発に備えて大兵力を蘇満国境に集結した。関東軍特種大演習である。中野学校ではこの事態に処するため乙、丙種学生の教育課程を後期三カ月カットし、七月末急遽《きゅうきょ》卒業させて、それぞれ任地に急行させた。

大東亜戦争開戦を目前にして陸軍中野学校令の改正により次のような変遷があった。

1 従来の甲種学生を乙種学生と呼ぶ
2 従来の乙種学生を丙種学生と呼ぶ
3 従来の丙種学生を戊種学生と呼ぶ
4 乙種学生ならびに丙種の修了者を再度入学せしめ、さらに高度の情報勤務者としての教育を行う学生を甲種学生と呼ぶ
5 戊種修了者を再度入学せしめ、さらに高度の情報勤務者教育を行う学生を丁種学生と称す

以上、学生の区分がこのように変更され、甲種学生は陸大の専科相当と見做《みな》すことになっていた。しかし、戦局の逼迫《ひっぱく》で情報将校の再教育までは手が回らず、甲種学生と丁種学生は制度だけで終わり卒業生はいなかった。

中野学校の制度は、後方勤務要員養成所と呼ばれていた一期生の時代は入校者も少なく、「甲・

乙・丙・戊」といった呼称をつけなくとも分かりやすかった。しかし、櫻が記しているように、大東亜戦争直前になると入校者も多くなり、陸士や予備士官学校出身者だけでは人材が不足してきたので、陸軍教導学校などの下士官養成校からもスカウトするようになった。

昭和一六（一九四一）年一〇月に中野学校は参謀本部の直轄学校となった。新制度での最初の乙種学生は「一乙」と呼ばれ、丙種学生は「三丙」、戊種学生は「三戊」と呼ばれた。乙と戊は不都合がなかったものの、丙すなわち幹候出身学生の場合は、すでに先の三期の学生が卒業しているので、本来は「四丙」と呼ぶべきところ、学校当局は養成所時代の卒業生である第一期は別格として、次の期別からは二期と卒業年次を整えた。したがって、「八丙」とは八回生ではなく、一期ずれて九回生の幹候出身将校学生ということになる。

三丙と三戊は開戦前の昭和一六年九月に入校しており、三丙の在校期間は一四カ月余と、教育機関の最も長い期の一つであった。また、三丙からは長、短の区別がなくなり、学生が腰を落ち着けて修練ができた時期であった。

戦争中期の中野学校

昭和一七（一九四二）年六月のミッドウェイ海戦ならびに、同年八月に作戦が開始されたガダルカナル島戦を契機として、日米の戦線は攻守が入れ替わった。この戦局の変化に応じて、中野学校の教育も野戦的秘密戦の色彩を強めていった。では、その時期の中野学校の状況はいかなるものであったのか。以下は、櫻ノートの引用である。

中野学校は昭和二十年四月に遊撃戦教育の適地を求めて群馬県富岡町（現富岡市）に移転した。

五丙の記念写真。陸軍中野学校本校にて（提供・石川洋二氏）

昭和十八年から十九年にかけて中野学校は本来の秘密戦要員の教育のほかに外地部隊のための「遊撃隊戦闘教令」の起草、ニューギニア、比島方面へ派遣する遊撃隊幹部要員の臨時教育。第一線司令部情報将校の臨時教育、国内遊撃戦の参考書作りと全校あげて尽瘁《じんすい》したのである。

さらに昭和十九年八月には静岡県磐田郡二俣町（現天竜市二俣）に「二俣分校」を開設して本格的な遊撃戦幹部要員の教育を開始している。同年九月から終戦時まで四期一千名余の見習士官を教育し、内七百余名の者が内地はもちろん南方各地、支那、台湾、朝鮮、沖縄などに配属されて遊撃戦に従事し、多数の青年がその任務に倒れた。またこの時期には中野学校を中心にして離島残置《ざんち》諜《ちょう》者《じゃ》網の敷設が研究、実施されたのである。

昭和二十年三月川俣校長が第五十八師団長に親補され、後任校長は三月に山本敏少将が第十三軍参謀長より転出。山本少将は光機関長あるいは南方軍遊撃隊参謀としてビルマ戦線で中野出身者を多数指揮した経験を有していた。

今や本土遊撃戦必至の秋《とき》に当たり、中野の教育の重点が国内遊撃戦に指向されたのは当然であり、そのため教育上都内では不便をきたすため、かつまた空襲から貴重な資料を守るためにも移転の必要に迫られ、数か所の候補地を検討した結果、大本営の松代移転の構想を考慮して、群馬県富岡町に白羽《しらは》の矢を立てたのである。

幸い地元の全面的協力を得て、昭和二十年四月に県立富岡中学校（現富岡高校）を中心にして、一帯の公共施設、一之宮貫前《ぬきさき》神社敬神道場、沖電気工員寮などに移転したのである。移転後は現地の地形を利用して実戦的な遊撃戦教育を実施し、その過程で特種編成の泉部隊の訓練も実施した。富岡移転から終戦までの四カ月という短い期間に、中野時代から教育を続けていた五乙、八丙、七戊の卒業生の大部分は本土決戦要員として全国の軍管区司令部に赴任し、その一部は九州周辺離島の残置諜者に投入された。

終戦時富岡に在学していた学生は九丙、十丙、八戊の三学生。また二俣分校は四期生であった。終戦に際して軍機保護のため関係書類は総《すべ》て焼却し、当日は各隊ごとに解放式を行い七年間存在した中野学校はここに終焉を迎えたのである。創設から終焉《しゅうえん》まで陸軍中野学校を卒業した学生は総数で二一三一名であった。

（カッコ内は引用者注）

警察学校時代に校内の片隅に建てられた中野学校の碑

櫻ノートに記された記録は、櫻の記憶から掘り起こされた中野学校の通史であった。前出の

『陸軍中野学校』第五章にも「陸軍中野学校の変遷」として、その歴史が詳細に記述されている。だが、櫻ノートの記述は、卒業生が中野学校の歴史を世に問うために書き記した書き方ではなく、櫻一郎の世代そのままの文体で書かれている。

櫻は創成期にあたる後方勤務要員養成所時代の教育を「寺子屋式人間教育」と記しているが、学生は実地教育を名目にバーや待合などにもよく出入りしていたようだ。その辺りの事情を一期生の阿部直義は手記に遺《のこ》している（牧澤義夫から提供された資料を使用）。

バーへ遊びにいくと一回平均十円くらいであった。電車賃が七銭の頃十円で、給料は七十円八十銭だから七回も遊びに行くと煙草銭もなくなる。喫茶店に行くし、映画館へも行き、ビアホールにも行くので「バー」等へ何回も行けるわけがない。

しかし、私も、給料が入って十日も過ぎた頃、電車賃もなくて四キロほどあるいたことがある。金がなくても、寝るとこはあるし、食の心配もないので、お金をパッパと使っても平気でいられたのである。

秋草所長はなんともユニークな実地教育を学生に施したものである。これは学生から軍人色を消すためだったそうだ。遊びの時はもちろん、背広に長髪姿であった。

また、手記には給料についても書かれている。学生とはいえ、一期生も軍人である。当然、俸給は陸軍省から支給されていたわけで、阿部は七〇円八〇銭をもらっていた。昭和一三年当時の高等文官試験に合格して役人になった大学卒の初任給が七五円。それと比べても、阿部の俸給は決して低い額ではなかった。そのうえ衣食住は保証されていたので、独身学生は存分に遊びの実地教育を堪能したのではあるまいか。

不明者はどこへ行ったのか

櫻は中野学校の卒業者総数を「二一三一名」と書いている。また、校史編纂委員会が調査した教職者の数は総計で一三二名。つまり、中野学校が創設されてから解散するまでの七年間に、中野学校に関わった卒業生、在校生及び教職員の総数は二二六三名ということになる。

校史を頒布するために確認された生存者は一四五八名。戦後三二年にして関係者の約六五%にもおよぶ生存情報を調査できたのは、中野学校卒業生の情報ネットワークが戦後も確立していたことの証左ではあるまいか。戦後も連綿と続いている、恐るべき陸軍中野学校の団結力である。

石川と同期の福嶋治平は櫻一郎を次のように評している。

「長く校友会長もやっておられたので、中野の戦後史についても詳しく、会員の動向も把握されている方です」

会員の動向といえば、校史を頒布する際に集計した生存者は一四五八名であったが、調査表には戦死者二八九名、そして不明者三七六名と記されている。戦死者は遺族からの連絡、あるいは同僚や部下の報告で確認できた数であろうが、「不明者」とは一体どんな経歴の持ち主なのか。

「戦死者は、校友会のネットワークで確認できました。不明者についても、調査表を作った後に本人からの連絡などで相当数の方が生存していることが分かりました。しかし、不明者が今日に至るも存在していることは確かで、残念ながらその実数はまったく分からないのです」

櫻は戦後六〇年を迎える今日でも、中野学校卒業生の中に不明者がいることを認めている。しかし、それは当然のことであろう。「秘密戦士」と称された卒業生たちは、名を変え、身分を変えて戦地に潜入し、情報活動を行っていた諜報員である。戦後も派遣先の土地で現地人として生涯を終えた戦士もいるだろう。

あるいは、戦後もルバング島で「残置諜者」として、一人の戦争を戦ってきた二俣分校一期生の小野田寛郎元少尉のような人物もいた。不明者の中には戦後、名を変え別人として生きてきた卒業生がいたとしても何ら不思議ではあるまい。

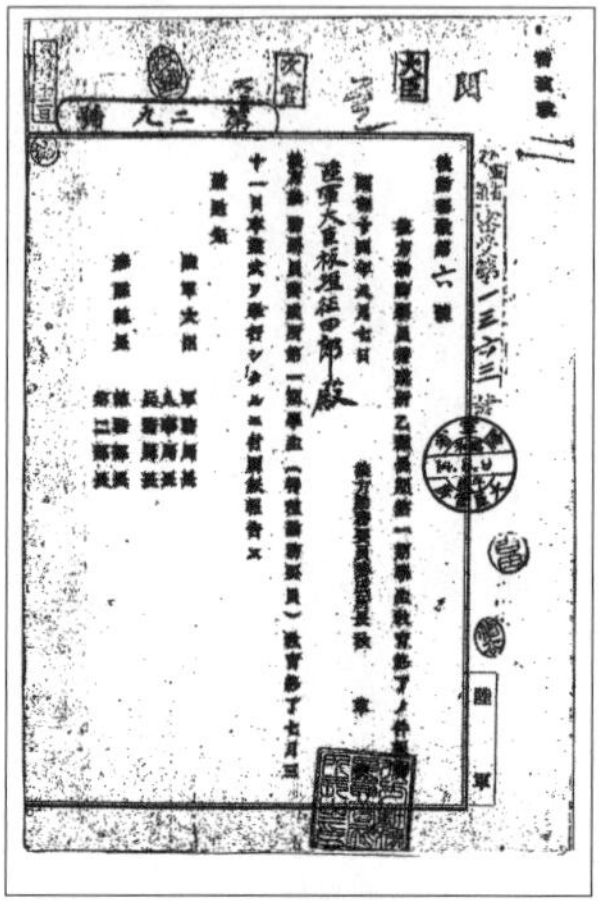

一期生の教育修了報告書

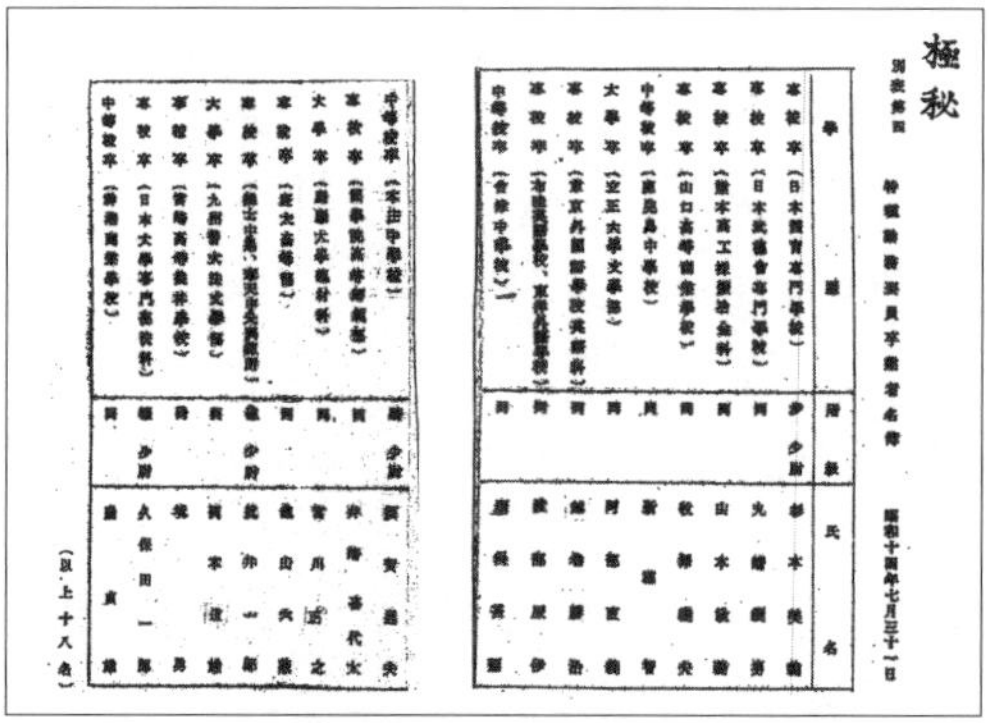

極秘
別表第四
特殊勤務要員卒業者名簿
昭和十四年七月三十一日

一期生 18 人の卒業校一覧

第二章 封印されてきた数々の極秘計画

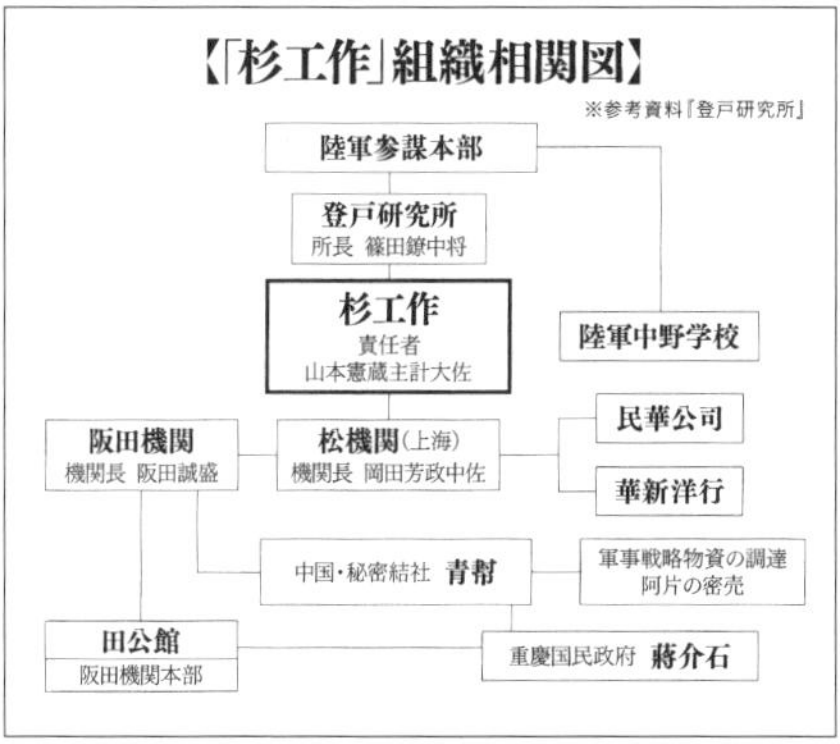

「杉工作」組織相関図

中国経済を壊滅せよ！

昭和一四（一九三九）年九月。日本陸軍の軍政トップである陸軍大臣と軍令トップの参謀総長の連名で極秘作戦が発令された。

作戦名は「杉工作」として秘匿され、基本命令は「対支経済謀略実施計画」と名づけられた。以下は、その実施計画の内容である。

一、方針
蔣《しょう》政権ノ法幣《ほうへい》制度ノ崩壊ヲ策シ以テソノ国内経済ヲ攪乱シ同政権ノ経済的抗戦力ヲ潰滅セシム

二、実施要領

1　本工作ノ秘匿名ヲ「杉工作」ト称ス
2　本工作ハ極秘ニ実施スル必要上之ニ関与スル者ヲ左ノ通リ限定ス
イ　陸軍省
大臣、次官、軍務局長、軍事課長、担当課員
（筆者注：大臣・畑俊六《はたしゅんろく》大将、次官・山脇正隆《やまわきまさたか》中将、軍務局長・武藤章《むとうあきら》少将、軍事課長・岩畔豪雄大佐）
ロ　参謀本部
総長、次長、第一部長、第二部長、第八課長、担当参謀及部付将校
（筆者注：総長・大将閑院宮載仁《かんいんのみやことひと》親王、次長・沢田茂《さわだしげる》中将、第一部長・富永恭次《とみながきょうじ》少将、第二部長・樋口季一郎《ひぐちきいちろう》少将、第八課長・臼井茂樹《うすいしげき》大佐）
ハ　兵器行政本部
本部長、総務部長、資材課長
3　謀略資材ノ製作ハ陸軍第九科学研究所（以下登戸研究所ト略称ス）ニ於テ担当スルモ必要ニ応シ大臣ノ認可ヲ得テ民間工場ノ全部又ハ一部ヲ利用スルコトヲ得、但シ機密保持ニ万全ヲ期スルヲ要ス
4　登戸研究所ニ於テ製作スヘキ謀略資材ニ関スル命令ハ陸軍省及参謀本部担当者ニ於テ協議ノ上直接登戸研究所所長ニ伝達ス
5　謀略資材完成シタルトキハ其種類数量ヲ陸軍省及参謀本部ニ直チニ報告スルモノトス
6　参謀本部ハ陸軍省ト協議ノ上送付先ヲ定メ所要ノ宰領者ヲ附シ極秘書類トシテ所定ノ機関ニ送付ス

7　支那ニ本謀略ノ実施機関ヲ置ク（以下本機関ノ秘匿名ヲ松機関ト称ス）本機関ハ差当リ本部ヲ上海ニ置クモ支部又ハ出張所ヲ対敵貿易ノ要衝地域並ニ情報収集ニ適シタル地点ニ置クコトヲ得

8　本工作ハ敵側ニ対シ隠密連続的ニ実施シ経済攪乱ヲ主タル目的トス　コレカタメ法幣ヲ以テ通常ノ商取引ニヨリ軍需及民需ノ購入ヲ原則トスル

9　獲得セル物資ハ軍ノ定ムル価格ヲ以テ各品種ニ応シ所定ノ軍補給廠ニ納入シ得タル代金ハ対法幣打倒資金ニ充当ス　但シ別命アルトキハコノ限リニアラス

10　松機関ハ松工作資金並ニ獲得シタル資材ヲ常ニ明確ニシテ毎月末資金及資材ノ状況ヲ陸軍省及参謀本部ニ報告スルモノトス

11　松機関ハ機関ノ経費トシテ送附セル法幣ノ二割ヲ自由ニ使用スルコトヲ得

（山本憲蔵《やまもとけんぞう》『陸軍贋幣作戦―計画・実行者が明かす日中戦秘話』現代史出版会）

この「対支経済謀略実施計画」書を起案したのは杉工作の主務者であった登戸研究所第三科長の山本憲蔵主計少佐（終戦時主計大佐・平成一四〔二〇〇二〕年一〇月没）であった。山本が同計画書を起案したのは正式決定する半年前で、その時代に「謀略工作」を担当していた所管部門は参謀本部に新設された第八課であった。

課長・影佐禎昭《かげささだあき》大佐（陸士二六期・終戦時第八方面軍直轄第三八師団「ラバウル」長・中将）
課員・唐川安夫《からかわやすお》中佐（陸士二九期・終戦時第五方面軍第二〇五師団「高知」長・中将）
課員・岩畔豪雄中佐（陸士三〇期・終戦時第二八軍「ビルマ」参謀長・少将）

課員・臼井茂樹中佐（陸士三〇期・昭和一六〔一九四一〕年一二月、ビルマで戦死・少将）

山本の原籍は陸軍省経理局主計課であったが、杉工作に専念するため、昭和一四（一九三九）年八月に、登戸研究所員兼参謀本部第八課付として転属していた。私が、かつて山本を取材した時、彼はこの計画書について次のように語っていた。

「オリジナルは終戦時に焼却して手元にないが、記憶を辿ってノートに書き残している」

そのノートのコピーをあらためて読み返してみたが、「兵器行政本部」の項は明らかに本人の記憶違いであることが確認できた。

本計画が正式に発令されたのは昭和一四（一九三九）年の九月であった。兵器行政本部の建制は陸軍省兵器局と兵器本部、陸軍技術本部の三者が統廃合されて昭和一七（一九四二）年一〇月に発足したので、「実施計画」が案件として裁可された昭和一四年九月の時点では、兵器行政本部ではなく陸軍兵器本部であったと思われる。

実施要領8は登戸研究所製の偽法幣を使って現地で軍需物資などを購入して、経済攪乱を起こすことを目的とすることを定めているが、流通以前の段階で「偽法幣」を日本から上海に搬送するという極秘の任務が控えている。その辺りの事情を山本は前出の自著で次のように書いていた。

輸送というと、きわめて地味であるが、ことのほか重要でしかも危険度の高い役割については、参謀本部第八課から派遣されていた陸軍中野学校出身者が担当していた。まず最初は久木田幸穂軍曹であり、つづいて土本義夫《つちもとよしお》軍曹ら八名の諸君であった。現地からの要請によって、毎月少なくとも二回、長崎経由で上海までのピストン輸送が開始された。

私が、その久木田と会ったのは、『謀略戦・ドキュメント陸軍登戸研究所』を書くために取材協力してもらった人物で、元登戸研究所の第三科で偽造法幣の印刷部門で働いていた大島康弘（明和グラビア株式会社会長）の紹介であった。

久木田を取材したのは、平成一八（二〇〇六）年春で、場所は東京郊外の自宅で会った。彼は大正七（一九一八）年一月生まれで、取材当時八八歳になっていた。久木田はこのとき、「部外者に『偽造作戦の実態』を語るのは初めてのこと」と、念を押した。

まず、久木田の経歴を本人の説明から書いておこう。

「私は鹿児島の中学を出てから会社勤めをしましたが、二〇歳で現役徴兵されて一兵卒になり第七一連隊に入営しました。連隊は熊本の第六師団が上級部隊です。上等兵のとき連隊長の推薦で教導学校に入学し、在学中に中野学校に選抜されて中野に入学したんです。私の期は丙種で丙一の学生は第一期でした。入学したのは昭和一四（一九三九）年一二月で卒業は翌年の一〇月でした。同期生は五〇人ほどいました」

久木田は丙種の第一期生であったと語っている。第一章でも説明したが、「丙種学生」の教育期間は一〇カ月と短く、昭和一四（一九三九）年一二月に入所して翌年一〇月に「中野学校」を卒業している。

また、久木田は同期生の数を五〇人ほどと答えているが、戦後（一九七八年）に陸軍中野学校の教職員と卒業生が集まって編纂した、いわば学校史ともいえる大部の『陸軍中野学校』によれば、この期の卒業生は七八名で戦死者一六名を出し、行方不明者七名も出していた。そして、『陸軍中野学校』には久木田の卒業期は「二丙」と記録されていた。それと後任の土本義夫軍曹は久木田と同じ教導学校出身で「六戊」の卒業生であった。

杉工作の実態とは

ところで、「杉工作」とは一体どのような作戦であったのか。その背景を知るために、前出の山本が遺したメモ書きの「対中国通貨謀略史」を紹介しておく。実務担当者が遺した記録だけに実相が詳細に明かされている。

日中戦争における経済戦の最大の目標は、いかにして法幣の価値を崩して敵の抗戦力を減殺《げんさい》するか、すくなくとも、できるだけ多くの法幣を獲得して、いかに多くの物資を調達するかということにしぼられてきた。

ここに果然と言うべきか、「法幣」をめぐる問題が、日中戦争をめぐる主役として登場してきたのである。そして、法幣対策、とくに法幣の偽造工作となると、単に中国に対する挑戦のみならず、この法幣そのものが米国や英国において製造されているため、これと同等以上のにせものを作るということは、米英の印刷技術以上の技術を持たなければならないということであった。

日中戦争は蔣政権（中国国民党）との戦いで、国民党政府が発行していた法定通貨は「法幣」と呼ばれていた。その法幣の偽物を作って敵の抗戦力を減殺することが杉工作の目的であった。前掲メモには物資の買付けや流通経路についても綴られていた。

上海の陸軍部（筆者注：第一次上海事変以降、陸軍は上海に数多くの特務機関を設置したが成果が上

山本憲蔵主計大佐と「杉工作」現場責任者の阪田誠盛（提供・山本憲蔵氏）

がらず、運用もうまくいかなかったため、昭和一七（一九四二）年九月に既存の特務機関を統合して再編されたのが支那派遣軍直轄の上海陸軍部で、初代部長は派遣軍総参謀副長兼任の永《なが》津《つ》佐《さ》比《し》重《しげ》中将・陸士二三期の適宜必要なる輸送協力を得て、民華公司（杉工作のため設立）の流通経路に乗せて法幣地区内に登戸製法幣を送り込んだ。民華公司の外に華新洋行の出先機関である広東《カントン》の松林堂（板垣清嘱託）に送り、南支産金條（金の延べ板）、及びタングステンの購入にも充てられた。又、寧波《ねいは》の和平部隊（謝文達《しゃぶんたつ》）の工作資金として交付、儲備券《ちょびけん》（南京政府発行の紙幣）の価値維持に使用され、杭州《こうしゅう》金華方面に於いては梅機関の工作資金として交付し、桐油、牛皮、タングステンを敵地区内より買付けに成功した。

又、海軍の使用商社萬和通商（社長・児玉誉士夫《こだまよしお》）の収買資金としても融資し、米の収買資金に使用したこともあった。その他、法幣による儲備券の価値維持等にも使用したが、最も大量に使用されたのは湘桂《しょうけい》作戦の際、部隊が現地物資を購入するために使用した時であろう。（中略）この作戦は上海が基地になっていて、実行組織は松機関。責任者は支那派遣軍第二課の岡田中佐であった。そして、現場は中国通の阪田誠盛《さかたしげもり》君が采配した。

（カッコ内は筆者）

杜月笙の青年時代

メモには児玉誉士夫《よしお》や阪田誠盛の名、それに梅機関や松機関などの特務機関の名も記されている。杉工作を上海で主導したのは「松機関」であった。

松機関は支那派遣軍参謀部第二課の岡田芳政《よしまさ》中佐参謀（陸士三六期）を機関長として昭和一七（一九四二）年九月に発足したが、現地上海では秘匿名として用いていた。また、第二課は「情報、謀略、宣伝」を担当し、課員のほとんどは中野学校出身者で占められていた。

松機関の現場責任者は、秘密結社〝青幇《チンパン》〟のボスで上海のゴッドファーザーとも呼ばれていた杜《と》月笙《げっしょう》とも親交のあった北京民国大学出身の阪田誠盛で、彼は満州時代に関東軍の物資輸送を手がけていた関係で岩畔豪雄大尉参謀とも親しく、松機関の現場責任者に推薦したのは岩畔といわれている。

それと「梅機関」だが、この機関は南京臨時国民政府主席汪兆銘《おうちょうめい》（汪精衛《おうせいえい》）の帰順工作（梅工作）を主導するために作られた特務機関で、機関長には参謀本部第八課長の職にあった影佐《かげさ》禎昭《さだあき》少将（昭和一四年八月に昇進）が就いていた。本拠地は四川路に面して建つ東和洋行ビル近くに置かれ「梅華堂」を名乗っていたが、一般的には梅機関の名で通っていた。

主要任務は汪兆銘帰順工作であったが、それ以外にも米国義勇隊フライング・タイガース（飛虎隊）の基地破壊や重慶《じゅうけい》政府のテロ組織（軍統局が運用していた藍衣社《らんいしゃ》）に対するアンチ・テロ工作、偽法幣を使った軍需物資（タングステンや桐油、アンチモンなど）の買付けなどを行っていた。

いわゆる、松機関同様の謀略機関で中野学校出身者が多く配属されていたのが、ユニットの一つで杭州に本部を置いた「中島機関」。このユニットは大川周明《おおかわしゅうめい》が立ち上げた満鉄東亜経済調査局付属研究所（大川塾）出身の中島信一中尉が指揮官で、中国側の協力者は国民党政府軍統局のテロ機関（藍衣社）を離脱して日本側のテロ組織（ジェスフィールド七六号）に寝返った丁黙邨《ていもくとん》であった。

前出の久木田幸穂軍曹は上海陸軍部からこの中島機関に派遣されていた人物であった。ここで久木田の証言を記しておく。

久木田証言

杉工作は最高機密の作戦でした。この作戦は武力戦ではなく、蔣政権を偽法幣を使って経済的に追い詰めていくという経済謀略戦でした。この作戦が参謀本部で決定したのは第二次上海事変が収束した二年後と記憶しています。登戸で法幣の真券と瓜二つの偽物が完成したのは昭和一六（一九四一）年の春ごろでした。

私は中野を卒業すると参謀本部の第八課勤務を命ぜられ、そこから登戸に派遣されて第三科長の山本主計中佐の部下になり、山本さんの家に下宿しました。上海へは私が輸送指揮官になって長崎から上海丸で運びました。もちろん、私服です。

梱包は木箱で札束は一〇元、二〇元、五〇元、一〇〇元を額面ごとに束ねて一箱に二〇万元詰め込んで、一回の輸送は木箱五個でした。総額は一〇〇万元。現在の日本円に換算すると一〇億円相当になります。

列車に積むときは一般客車の小荷物扱いとして輸送しましたが、問題は船への積み替えでした。長崎港も憲兵が乗船客を厳重警戒していて何度も不審尋問を受けましたが、言い訳には苦労したものです。事実を話せないので……。木箱は携帯品として申告していたので開けて中味を検査されることはありませんでした。

逆に上海のほうは陸軍部から憲兵隊に連絡が入っているのでまったくのフリーパスで運び込むことができたんです。最初の輸送は昭和一六年の五月でした。

久木田の語る「陸軍部」とは、前出の山本がメモに残した「上海陸軍部」のことで、同陸軍部は市内の主要道路の一つ、静安寺路に面した旧イギリスカントリークラブの跡地に建てられていた。久木田は輸送指揮官の任を解かれると、終戦までこの上海陸軍部に属して現地で偽法幣の流通に関わっていくことになる。

では、上海での偽法幣の宰領者《さいりょうしゃ》は誰であったのか。また、偽法幣はどこに運び込んだのであろうか。久木田の証言は続く。

宰領者は上海の秘密結社・青幇のボス杜月笙とも親交のあった軍嘱託で、松機関の責任者だった阪田誠盛氏。この人は海軍に出入りしていた児玉誉士夫さんを顎で使っていた大人《たいじん》です。当時、松機関の本部は四馬路と江西路が交差する道路の西側に建設大楼という一七階建てのビルがあり、そのビルの五階にありました。四階は民華公司です。看板は華新洋行という偽装商社の看板を掲げていました。

華新洋行は旧フランス租界の愚園路に社員を寄宿させる「田公館」という屋敷を持っていて、敷地の中に倉庫を用意していました。その倉庫に、偽法幣が詰まった木箱を運び込んだのです。倉庫に運び込んだ札束は額面ごとにバラして真券の法幣と登戸製を混ぜて、あらためて帯封をつけて木箱に戻しました。真券と登戸製の札を混ぜ合わせる作業は現地在留の日本人の奥さん方に協力してもらいました。日本から運ばれた偽法幣は月に一億元から二億元に達していました。

山本のメモにもあるように、児玉誉士夫は上海で海軍の御用商社・萬和通商の社長をやっていたようだが、資金の調達には「松機関」を頼っていた。自伝（『悪政・銃声・乱世』廣済堂出版）によれば、児玉は開戦直前の昭和一六（一九四一）年一一月に海軍航空本部の嘱託になり、上海で軍需物資の調達に奔走。三一歳のとき「児玉機関」を作ったことになっている。当時、どんな素顔の持ち主であったのか。久木田の証言を続ける。

児玉さんは阪田氏を訪ねてよく華新洋行に来ていましたよ。事務所では法幣の札束を受け取っていました。彼は、その金を使って海軍の物資を買い付けていました。児玉さんは、私よりも七歳年長でしたが、当時、まだ三〇代の若輩で上海で一旗揚げる機会を探していたんでしょう。それと意外と几帳面《きちょうめん》なところがあって、出納帳《すいとう》まで作って、渡した金と買い付けた物資の数量をキチッと阪田氏に報告していました。

また児玉機関設立の経緯については、私が中島機関にいるときに聞いたんですが、児玉さんは海軍が上海で運用していた水田機関で物資の買付けを手伝っていたようですが、水田機関長が暗殺されたので後任に児玉さんが抜擢《ばってき》されて後を継ぎ、児玉機関を立ち上げたそうです。それで〝暗殺の下手人《げしゅにん》は児玉ではないか〟という噂が広まっていました。あくまでこの話は噂に過ぎませんが……。

また児玉は戦後、国際ジャーナリストの奔《はし》りといわれた大森実《みのる》のインタビューに「児玉機関」のことをこう答えている。

石油、工作機械、木綿、砂糖、タングステン、アルミニュームの原料になるボーキサイト、砂金などあらゆる物資です。集めたのは上海、北京、広東、シンガポール、全域です。全部、買いました。（大森実『戦後秘史1』講談社文庫）

児玉がどこまで真相を語っているのかは、判然としない。たとえば、物資の購入資金については大森の質問にも「全部、買いました」と答えるだけで、資金の出所も金種も答えていない。もちろん、偽法幣のことも……。児玉誉士夫と松機関の関係は久木田の証言ではからずも素顔が見えてきたが、肝心の偽法幣はどのようにして敵地に運ばれたのか。久木田の証言に戻ることにする。

久木田証言2

田公館で再包装された法幣は木箱に詰め直して、上海陸軍部が発行した搬出移動証明書を使い、民華公司の流通ルートに乗せて敵地区へ運んでいったんです。面白いことに杭州では蔣介石の重慶政府の指定商社になっていた通済公司と民華公司が、お互いに必要な物資の交換をしたり、代金決済に偽法幣を使うわけですが、その時に砂糖や綿布をサービスに付けたこともありました。相手は、こっちが代金決済に使う偽法幣を知っていたのではないかと感じることも多々ありました。なにしろ、インフレの時代でしたから法幣の価値は下がりっぱなし。そこへ、市場に資金を供給する如く登場した登戸製は歓迎されたんでしょうな。

ほかの地区では浙江《せっこう》省の寧波に駐屯して日本軍に協力する民国暫編（臨時）十師団の謝文達の軍隊にも戦費として渡したし、梅機関の工作資金として手交《しゅこう》したこともありました。それと、陸軍専属の商社「昭和通商」にも、物資の調達資金として交付していました。私が、終戦まで中支方面で扱った偽法幣は三億元を下らない額であったと記憶しています。

さらに久木田の証言は戦後にまで及び、「もう、時効なので阪田氏と児玉さんの戦後の関係も話していいでしょう」と、二人の意外な関係を語ってくれた。

阪田氏は戦後、上海で漁船を雇ってその漁船に大量の金塊と貴金属を積み込んで日本へ脱出したんです。そして、その物資を元手に銀座に裕誠ビルを建てて、土建業を看板にした裕誠社の社長として活動を始めています。一方、児玉さんは巣鴨プリズンを出所すると阪田氏の許《もと》を訪ねて、上海時代に隠匿《いんとく》して日本に持ち帰ったダイヤや金塊の売却を頼んだのです。それが、いわゆる〝児玉資金〟と世間で評判になった政界工作の軍資金で、鳩山内閣擁立の資金になった金なんです。児玉さんの〝政界の黒幕〟の原点は、上海から持ち出したダイヤと金塊にあったわけです。

児玉の政界工作資金の出所は、過去に何度も取り沙汰されたことはあるものの、真相はいま一つはっきりしなかった。だが、久木田から聞かされた話で、疑問が一挙に氷解した。これだけの内情を知っていれば、児玉の生前には語ることができなかったであろう。まさに秘話であった。

久木田の証言は思わぬ展開になってきたが、ここで本題の「杉工作」の続きに戻ることにする。

上海時代、久木田は南方に何度も「登戸製品」を運んでいた。舞台は戦前、東南アジアで唯一の独立国であったタイの首都バンコクで、ここに印度《インド》ルピーを運んでいたという。

久木田証言3

バンコクには華僑が多数生活していて、蔣政権の情報を集めるのにも適地だったんです。それと〝印度ルピー〟を持ち込んだのは中野学校の創設に関わった岩畔大佐がバンコクに印度国民軍を支援する岩畔機関を立ち上げ、チャンドラ・ボースの印度国民軍を後方支援するために必要な資金としてルピーを持ち込んだわけです。もちろん、このルピーは登戸製ですから偽札です。登戸では法幣以外にもルピー、ソ連のルーブル、米ドルなども作っていましたが、法幣以外はさほど、現地で役立ったとは思えません。

久木田が初めて明かす戦中体験の中で、最も実戦経験の長かった上海の経済謀略戦の戦果について、最後に数字でその結果を語ってくれた。

偽造法幣は昭和一四年から終戦までの七年間に、約四〇億元製造されました。この金額を現在の貨幣価値に換算すると二五〇億円くらいの価値になるでしょうが、戦地で流通したのは二五億元程度でした。

杉工作を展開中も国民政府は登戸製の法幣が流通していることは先刻、承知していたと思います。回収しなかったのは真券のコストを考えたからでしょう。登戸製は出来がいいので敢えて国民に偽造法幣の情報を流して不安感を煽《あお》るよりも、そのまま流通させて真券として使わせていたと思います。

その感覚こそ実利を優先する支那人ですよ。結果として、杉工作は蔣政権に経済的なダメージを与えることはできなかった。その理由は急速に進む法幣マーケットのインフレという、支那側の経済事情があったからなんです。

終戦時の国民党政府が発行した法幣残高は二五六九億元。登戸製法幣は約四〇億元製造され、流通したのは二五億元とされる。だが、この二五億元は法幣マーケットのハイパーインフレに飲み込まれてしまい、本来の主目的であった「法幣市場の崩壊」、つまり偽造法幣を使って経済謀略を成功させるという作戦は不調に終わってしまった。

しかし、杉工作は日本陸軍始まって以来の「経済謀略戦」であることに変わりはなかった。また、この作戦に従事したのが、主に陸軍中野学校の卒業生であったことが、久木田証言から明らかになった。

それと、この作戦を利用して中国で収買したダイヤや金塊が密かに戦後日本に運び込まれて、政界の工作資金に使われていたことも明かしてくれた。

杉工作の主務者であった山本憲蔵は前出の自著で、作戦の結果について次のように書いている。

登戸研究所で作った偽券の総額は四十億、また、実際に流通した二十五億元という額は、抗日戦当初の二、三年の中国側の戦費に相当するものであり、少なくとも昭和十四年現在の法幣発券額に相当する甚大なものである。この大量の偽造券が中国の経済に大きな衝撃を与えたことは想像にかたくない。ことの理非は別として、成果はあったと自負している。(前出『陸軍贋幣作戦』)

主務者として精魂を傾け、真券と瓜二つの偽造法幣を生み出した当事者は、経済謀略戦が初期の段階では成功していたことを確信していた。

しかし、現地で偽札を使って金融市場を混乱させていた久木田幸穂の言葉は、杉工作がハイパーインフレという経済事情に飲み込まれて、作戦の後半では、実体として偽造作戦は成功しなかったことを裏付けてくれた。

久木田の証言は現地で登戸製法幣をばら撒《ま》いた当事者の言葉として、杉工作の真相を初めて明かしてくれた意味では、貴重な証言と評価できるのではあるまいか。ちなみに、中野学校出身者が支那派遣軍以下、方面軍（HA）、軍（A）、師団（D）、派遣軍（SA）、特務機関に勤務した総数は前掲の『陸軍中野学校』によれば二六七名に達していた。その中で「松機関」と「杉工作」関わった卒業生は一七名と記されている。

杉工作のアイデアはナチスにあったのか？

私が山本憲蔵を取材したのは二六年前になる。当時、私は何度も東京郊外にあった山本の自宅や御徒町の日本宝石鑑別協会の事務所を訪ねて「杉工作」の実態について話を聞く機会を得ていた。内容は杉工作の責任者が語ってくれた秘話だけに、興味津々の話ばかりであった。

いまあらためて当時の取材ノートを繰《く》り、取材テープを聞き直してみると、山本が杉工作のヒントにした陸軍経理学校同期（主計候補生一五期）の佐藤末次《すえつぐ》の論文のことが語られていた。取材テープの内容を再現すると次のようになる。

私が参本（参謀本部）の兵要地誌班に移動になったのは昭和一三（一九三八）年の春でした。階級は主計少佐で、前任者が佐藤君でした。彼は、ヨーロッパの戦時経済に関心があり、『陸軍主計団記事』という雑誌に研究の一端を発表していたんです。私の記憶では、佐藤君は論文にドイツの通貨戦争のことを書き、それと偽札事件、これはヒットラー政権下で〝アンドレアス作戦〟という英国ポンドの偽造作戦を手掛けたラインハルト・ハイドリッヒのことも論述していたと記憶しています。

それに、対支経済戦争についても書いていました。その内容を一言でいえば、アンドレアス作戦の日本版。具体的には〝偽造法幣を用いて支那経済を崩壊させる〟という経済謀略戦の実現でした。終戦時、私は登戸の三科長をやっていましたが、佐藤君は大阪の被服支廠長でした。

偽造法幣

山本は戦後の昭和五九（一九八四）年六月に前出の『陸軍贋幣作戦』を出版している。その中で、佐藤のことについては次のように触れていた。

私の着任は、兵要地誌班（参謀本部第七課・通称支那課）にいた同期生の佐藤末次主計少佐の後任であった。当時すでに彼が立案していた対支経済戦要領は、終戦時に焼却してしまったので、的確な原文を再現することはできないが、骨子は次の通りであった。

骨子は四項目書かれていて、山本の心を捉えたのが、「対法幣謀略としての偽造券による法幣崩壊工作の実施」であったという。

山本は二六年前の取材時にも、筆者にこの作戦のことを話してくれたわけだが、前出の自著には「アンドレアス作戦」と佐藤論文のことは一切触れてなかった。私と会ったときは気軽な気持ちで語ってくれたのか。それとも、不用意に話してしまったのか、今となっては本人に確認しようもないが、杉工作の実施にはナチス第三帝国の「ポンド偽造作戦」が、ヒントになっていたようだ。

おそらく、佐藤主計少佐が想定した「対法幣謀略としての偽造券による法幣崩壊工作の実施」という私案は、山本が語っていた「アンドレアス作戦」を参考にしたものではなかったのか。

では、アンドレアス作戦とはいかなる作戦であったのか。

今でも思い出すが、生前、山本は私に一冊の本をプレゼントしてくれた。

それは筑摩書房が昭和三八（一九六三）年五月に刊行した、世界ノンフィクション全集第42巻のアンソニー・ビリー『ベルンハルト作戦』（笹川武男訳）であった。プレゼントされた時はありがたく押しいただいたが、その後はページを開くこともなかった。

今回、二十数年ぶりに、その本を開いてみた。山本が私に、この本をプレゼントしてくれた真意が、どこにあったのか検証してみたい気になったからである。すると、この本には「アンドレアス作戦」のことが書かれていたのだ。

……ラインハルト・ハイドリッヒは軍の諜報機関と警察の諜報機関を一手におさめたナチス親衛隊情報部の長官である。ハイドリッヒは一九三〇年代初め、ポンド札偽造計画を〝アンドレアス作戦〟と名づけた。このニセ札づくりは、普通の偽造や模造ではない。英国の紙幣鑑定専門家が調べても、本物とぜんぜん区別がつかないような、完全な模写でなくてはならない。

部下の親衛隊技術課長アルフレッド・ナウヨックス少佐はこのたいへんな仕事を始めるに当たって、有能な協力者で、秘密を守れる人を探した。親衛隊情報部内の偽造書類課長ベルンハルト・クリューガー大尉のことを考えた。偽造書類課は中央情報部が国外に送り出すスパイのために必要な旅券、自動車免許証、卒業免状、大学学位、その他公式、非公式の書類をなんでも巧みに偽造した。まず五ポンド紙幣から偽造することにした。

作戦発動は一九三〇年代と記されている。一九三〇年代といえば、年号では昭和五（一九三〇）年から一四（一九三九）年までの期間である。前出の佐藤末次主計少佐が「アンドレアス作戦」について論述したとしたら、それは昭和一三（一九三八）年以前ということになる。

山本の記憶を頼りに『陸軍主計団記事』に掲載されたという佐藤論文を探してみたのだが、残念ながら探し当てることはできなかった。

そこで私は、取材テープから山本の証言を再度、聞き直してみた。

私は戦後、この本（『ベルンハルト作戦』）を買いましてね。佐藤君が兵要地誌班にいるときに、アンドレアス作戦のことをどこで調べたのか、聞く機会を逸してしまいましたが、事実、ドイツではポンド紙幣の偽造作戦が実施されていたことを興味深く読んだものです。彼が法幣の偽造作戦を想定したのは、このアンドレアス作戦がヒントになったことを、私は確信したものです。

昭和一三年初頭、華南の広東、香港、マカオに出張して、現地の銭荘《せんそう》（中国の伝統的な金融の決済機関で銀行業に相当）や両替商を偵察しました。そして法幣の現物を入手し、流通事情を調査したんです。現地で最も多く流通していた紙幣が〝中央、中国、交通〟の各行で発行している法幣であることがわかりました。帰国後、私は佐藤君が提唱した法幣の偽造紙幣が作れるものなのか、本格的に研究を始めました。軍では篠田さんの陸軍科学研究所（後の登戸研究所）に相談に行ったんです。

私は『謀略戦・ドキュメント陸軍登戸研究所』を書くときに、この山本の証言を見逃していた。あらためて、当時の取材ノートを繰《く》ってみて山本発言の重要な意味に気づいたのである。それは、法幣偽造のヒントをナチスドイツが実行した「アンドレアス作戦」にあったという事実。

しかし、アンドレアス作戦の結末は前出の『ベルンハルト作戦』によれば、偽造したポンド紙幣は五ポンド、一〇ポンド、二〇ポンド紙幣で総額五〇万ポンドを製造した段階で、内部の権力争いから中止され、作戦は挫折したという。そして、ポンド偽造作戦は「ベルンハルト作戦」に引き継がれていくことになった。

この作戦を指揮したのは前述の偽造書類課長のベルンハルト・クリューガー大尉で、本人の名を取って「ベルンハルト作戦」と名づけられた。偽造工場はベルリンから北に位置する場所、ザクセンハウゼン収容所に置かれた。

ここに集められたのはインキ、印刷、製版、彫金等偽造ポンド紙幣を作るための各分野のユダヤ系囚人技術者たちで、作戦が発動されたのは一九四三（昭和一八）年九月であった。そして、第三帝国が崩壊するまでの約二年間の間に、ナチスドイツがここで刷った偽造ポンドは総額で一億五〇〇〇万ポンドといわれ、他にも米国ドルが数千万ドル印刷されていた。

戦後、「ベルンハルト作戦」が白日の下に晒《さら》されたのは偶然のきっかけからであった。それは、一九四五（昭和二〇）年五月のある日、ドイツとオーストリアの国境沿いを流れるトラウン川に浮かんでいた木箱の梱包から大量のポンド紙幣が流れ出し、気づいた地元の漁師が紙幣を回収したことに始まった。この回収作業に協力したのが米軍であった。

回収したポンド紙幣は総額数百万ポンドに達し、驚いた米軍は現物の一部をワシントンに送り、専門家に鑑定を依頼。米国は事態をイギリスにも伝えて共同で犯人探しに当たった。製造した場所がザクセンハウゼン収容所であることはすぐに判明。

イギリスは、ナチスドイツによるポンド偽造作戦が実行されていたことに驚愕したのはいうまでもない。ちなみに当時の一億五〇〇〇万ポンドは現在の日本円に換算して約三〇七億五〇〇〇万円であった。

「ベルンハルト作戦」は一九四三年九月に発動され、一九四五年四月にナチスドイツの崩壊で終わった。それでは法幣の偽造はいつごろから着手されていたのだろうか。前掲の山本メモ（対中国通貨謀略史）には次のことが書かれていた。

偽造紙幣の印刷に使われたザンメル印刷機

　昭和十五年に至り、ようやく所内（登戸研究所）の一隅に製紙工場が完成し、伊藤覚太郎《かくたろう》中尉の配属を受け、最初、約三十人で北方班を編成し運転を開始した。その後、逐次抄《しょう》紙機《しき》を改良し昭和十七年頃には漉《すき》入りの証券用紙が製造できるようになった。南方班は内閣印刷局より転属して技術少佐に任官した川原技師を長とし、同じく印刷局より転属の山口中尉及び技術研究所生えぬきの谷技師を中心とした写真撮影に始まり、拡大修正さらに製版後、針または彫刻刀により版に手彫りの鋭さを与え数回乃至《ないし》数十回の試験刷りを行い、原版を製作した。

製紙工場が完成し、紙幣に近い資質の証券用紙の製造もでき、原版の製作も印刷局の協力で仕上がり、試し刷りの紙幣も成功したことが、記されている。工場生産が始まったのは一九四〇年であった。

　つまり、「ベルンハルト作戦」が実行される三年前に法幣の偽造が始まっていたわけだ。山本は「ベルンハルト作戦が存在したことは戦後になって知った」と話していたが、情報源は、多分、私にプレゼントしてくれた本であったのだろう。

　だが、「ベルンハルト作戦」を知らずとも、それ以前に発動されていた「アンドレアス作戦」については、陸軍経理学校の同期生である佐藤末次の論文で承知していた、と考えられるのだが……。そして「杉工作」の原点になったのが「アンドレアス作戦」であったといえるのではないか。

山本は自著の中で偽札作りについてこう述べている。

現行の日本刑法第十四条は「行使ノ目的ヲ以テ通用ノ通貨、紙幣又ハ銀行券ヲ偽造又ハ変造シタルモノハ無期又ハ三年以上ノ懲役ニ処ス」と規定し、この種の犯罪をきびしく処罰し、その社会的責任を追及している。しかし、それが国家的行為、戦争手段の謀略となると、その責任は問われないのみか、成功すれば、我方の戦局を有利に展開させるという大いなる功績に直結するのである。

大日本帝国とドイツ第三帝国は第二次大戦下に「紙の爆弾」を使って、相手国に経済謀略戦を仕掛けた。おそらく、国家の意思として偽札を大々的に戦争目的に使ったのは、この二つの国だけではなかったのか。

宮城占拠の密議――近代史の一片が刻まれた「駿台荘」

昭和六三（一九八八）年一〇月一六日付の「産経新聞」に次のような記事が載っていた。

一人の女性が重い病の床にある。犬塚雪代さん、八十五歳。戦前戦後を通じて、多くの政治家、文士、学者に愛された旅館『駿台荘《すんだいそう》』を女手ひとつで切り盛りしてきた。この旅館を舞台に、さまざまな近代史が繰り広げられてきた。（以下略）

駿台荘は昭和元（一九二六）年に創業しており、記事にあった犬塚雪代が女将として一代で築い

謀議の舞台となった駿台荘

た名物旅館であった。ちなみに当時の住所は神田区裏猿楽町二丁目であったが、昭和四八（一九七三）年に廃業している。旅館は二階建てで崖地に建てられおり、道路面が一階部分で裏手から見ると雛壇のように客室が作られていたという。晴れた日には部屋から富士山が望めたそうだ。

私は、平成二二（二〇一〇）年晩秋、この場所を訪ねてみた。場所は中央線水道橋駅と御茶ノ水駅のほぼ中間だが、私は水道橋から皂角《さいかち》坂を歩いてその場所に向かった。坂道の途中で「とちの木通り」を右折。女坂の横がかつて旅館が建てられていた場所であったが、住所は千代田区猿楽町二丁目になっていて、今日では六階建てのマンションに様変わりしていた。屋号の「駿台荘」は駿河台の地名からとったのであろう。

路上にはサイカチの落ち葉が舞っていた。もちろん、マンションを訪ねたわけではない。新聞記事にもあるように、駿台荘時代、旅館は近代史の舞台にもなっていた。その舞台になった名物旅館の跡を一度、見ておきたかったからである。

六五年前、この駿台荘では中野学校の卒業生たちが、宮城《きゅうじょう》占拠という一大事を謀議していたのである。未遂に終わったが、ポツダム宣言受諾を拒否して、クーデターを起こすかどうか、白熱の議論が交わされていた。まさしく、歴史から消されてしまった近代史の一片が、駿台荘に刻まれていたのである。

太平洋戦争末期、小磯國昭《こいそくにあき》内閣の後を継いで首班に指名されたのが、枢密院議長職にあった海軍出身（海浜一四期）の鈴木貫太郎《かんたろう》であった。内閣は昭和二〇（一九四五）年四月七日に誕生。鈴木内閣の国策は「戦局収拾」が最大の政治目標であった。いわゆる、対米和平の模索である。

この時代、日本の国策決定の最高機関は「最高戦争指導会議」で、メンバーは政府、統帥部を代表して首相（鈴木貫太郎）、外相（東郷茂徳《とうごうしげのり》）、陸相（阿南惟幾）、海相（米内光政《よないみつまさ》）、参謀総長（梅津美治郎《うめづよしじろう》）、軍令部総長（豊田副武《とよだそえむ》）の六人であった。

和平工作は「ソ連の仲介」に頼っていた。その理由はポツダム会議の前に、天皇の親書を、形式上は日本に対して中立の立場を取っていたソ連のスターリンに渡して、「連合国との和平」交渉を仲介してもらう目的があったからだ。

しかし、この和平工作はソ連に完全に無視されて、「ポツダム宣言」は米国（トルーマン大統領）、英国（チャーチル首相）、中国（蔣介石中華民国政府主席）の三国の共同宣言として日本時間、七月二六日に発せられた（ソ連はのちの八月九日の対日参戦後に宣言に加わった）。内容は一三カ条でまとめられていた。以下の六項目は日本側にとって、最も重要な項目であった。

第六条　軍国主義勢力の永久除去
第八条　日本の主権は本州、北海道、九州及び四国ならびに諸小島に限定
第九条　日本の軍隊は武装解除後各自の家庭に復帰し、平和的生活の機会を与える
第十条　戦争犯罪人の処罰、民主主義復活に対する障害の除去、言論、宗教及び思想の自由並びに基本的人権の確立
第十一条　再軍備の禁止と自活のための産業と貿易の容認
第十三条　日本国軍隊の無条件降伏宣言を迅速かつ完全に行うべし

日本がポツダム宣言を突きつけられたのは終戦の二〇日前であった。対日宣言は新聞に発表された。しかし、軍部から「ポツダム宣言断固反対の声明を出すべきだ」との強硬な意見が出たため、鈴木首相は「ポツダム宣言は黙殺する」旨の談話を七月二八日に発表。しかし、鈴木の心中は別のところにあった。

それは、ポツダム宣言の再検討であった。だが、三国の首脳は鈴木首相の談話を「戦争継続」と理解した。トルーマン米国大統領は鈴木談話の機会を捉えて日本への原爆投下の意思を固めていた。この時点で原爆実験がポツダム会議の前に成功していたという軍事的、政治的な背景があったことを忘れてはなるまい。

八月三日以降、なるべく早い機会に特殊爆弾第一弾を投下すべし。(『トルーマン回顧録』堀江芳孝訳・恒文社)

一発目の原爆(ウラン型原爆)が広島に投下されたのは、ポツダム宣言が発せられてから一一日後の八月六日、ソ連が満州に侵攻したのが、二発目の原爆(プルトニウム型)が長崎に投下されたのと同じ九日であった。

トルーマン大統領が原爆使用を決断したのは鈴木談話が遠因とも言われているが、原爆の威力を試すため使用したことは明らかで、極端な言い方をすれば、無辜《むこ》の広島市民、長崎市民は「モルモット」にされたといっても過言ではあるまい。

日本政府はポツダム宣言を受諾するか拒否するかの最終結論を、最高戦争指導会議に諮《はか》っていた。

会議は九日の午前一〇時三〇分から総理官邸で開かれたが、一六時間に及んでも結論が出ず、議題は御前会議に付されることになった。

しかし、宮城の防空壕内の一室で開催された御前会議でも受諾、反対の意見が割れて、最後は国体護持を条件とするポツダム宣言受け入れが決定した。

時間は一〇日の午前二時三〇分になっていた。散会後、阿南陸相が市ヶ谷台（陸軍省・大本営・参謀本部など陸軍の中枢組織が集まっていた場所）に戻ったのは夜が明ける時間になっていた。

ここまでの時間の流れを整理してみる（日本時間による）。

七月二六日　米英中三国によるポツダム宣言発表される。
七月二八日　鈴木内閣ポツダム宣言を黙殺。
八月六日　午前八時一五分、広島に原爆（ウラン型）投下される。推定死者数一四万人。
八月九日　午前零時、ソ連軍事前通告なしに満州に侵攻・対日参戦。
八月九日　午前一一時二分、長崎に原爆（プルトニウム型）投下される。推定死者数七万人。
八月九日　午前一〇時三〇分から首相官邸で最高戦争指導会議開かれる。午後一一時五〇分から場所を宮城内の防空壕の一室に移して、天皇臨席の許にポツダム宣言の内容を諮る。
八月一〇日　午前二時三〇分、国体護持を条件として政府はポツダム宣言受諾を決定する。
八月一〇日　午前八時、国体護持を条件としてのポツダム宣言受諾をスイス、スウェーデンの日本公使館を通じて三国に伝達。

これは歴史書に書かれた終戦をめぐる政府、統帥部の動きだが、実はこの動きには、隠された裏面史ともいうべき封印された真実が、同時進行していた。

語られたクーデターの謀議の真相

中野学校の在京将校を中心に日本の運命を決めるクーデター計画が動き始めたのである。その謀議が連日続けられたのが、「駿台荘」であった。

まず、八月一〇日のポツダム宣言を受け入れた当時の市ヶ谷台の情景を、中野学校第一期生の猪《いの》俣甚弥《またじんや》少佐（平成一八〔二〇〇六〕年、八九歳で没）が、かつて中野校友会の東北支部の記念講演で語っていた。

その講演録があることを教えてくれたのは前出の石川洋二である。彼は中野校友会東北支部の幹事をやっている俣四出身の高橋重夫《しげお》を紹介してくれた。私が高橋と福島市内の県立美術館で会ったときに、猪俣の講演録のプリントを渡してもらった。講演録の表題は「陸軍中野学校の終戦」と付けられていた。

高橋の話によると、この講演会は東北支部の中野校友会の会員を対象に行われたもので、会員以外の聴講は断っての講演会であったという。また、渡されたプリントは講演会を録音したのちに、話し言葉をそのまま活字に起こしたものであった。したがって、猪俣の講演内容は口語体で記されている。

工作に直接関わった者だけに言葉は当時の雰囲気を髣髴《ほうふつ》とさせてくれる。貴重な証言なのでその内容の一部を掲載しておく。

この日十日（八月）の午前九時三十分、阿南陸相は省内各課の部員を集めて御前会議の内容を説明されましたので、昼ころまでには部局各課の中堅将校の大部分が終戦決定（ポツダム宣言受諾）を知ることになり、市ヶ谷台上は殺気をはらんで騒然とした空気に包まれました。昼近くのことと思うのですが、畑中健二《はたなかけんじ》少佐が部屋の入り口に立ち、部屋内の者に向かって、阿南陸相の訓示を涙ながらに話しました。陸相は「無条件降伏に異を唱えて越軌暴走しようとする者は、それをさえぎる私を先ず斬ってから、屍《しかばね》を乗り越えて進め」というようなものだったと思います。（中略）

大臣訓示の内容伝達がどうであろうと、どうでもいいことで、午後になると現地軍の中堅将校が続々と市ヶ谷台上に駆けつけ、和戦に対する統帥部の真意や各課部員の本音を聞こうと、参謀本部や陸軍省内を血相変えて歩き回り、廊下を踏み鳴らす靴音や、脚に巻きついて邪魔あつかいされる軍刀の鞘音で騒然としてきました。

私は、そんな異常な雰囲気の中で第五課長室に入りました。白木《しらき》課長（白木末成《ともしげ》大佐）は「中野はどうする？」と聞かれました。私は「中野の戦《いくさ》はこれからです」と答え、次いで「無条件降伏で唯一の条件として申し入れながら、聞き入れてもらえなかった天皇陛下に対する取り扱いが、どのようなものになるかを監視するための、地下組織を作ることをまずやらなければなりません。国体の護持が第一です、しかもそれは、日本軍が解体される前、占領軍が日本本土に足を踏み入れる前に、防衛通信網を通じて各地に連絡をとり、組織の完了を図らなければなりません。大至急です。（中略）

占領軍に猛省を促すため、全国各地に分散進駐するであろう部隊の指揮官だけを狙って、全国一斉に暗殺を決行します。この暗殺は天皇家に対する扱いが、正しく改められるまで続けます。暗殺の目的は連合軍総司令部に届けねばなりません。（以下略）

猪俣の講演内容が事実であるとすれば、占領軍に対するゲリラ戦を、猪俣はこの時から私案として考えていたことになるが、「駿台荘」での謀議は、クーデター計画に対する中野学校の去就が命題であった。

「駿台荘」に集まった中野の将校は猪俣はじめ、阿部直義《なおよし》少佐、丸崎義男《まるさきよしお》少佐、秦正宣《はたまさのぶ》少佐、日下部《くさかべ》一郎《いちろう》少佐ら幹部十数名に富岡の本校から招集された若手の将校らであった。八月一〇日、午後八時から謀議は始まったが、この時間を遡《さかのぼ》ること五時間前に、猪俣と阿部は東京北多摩郡石神井《しゃくじい》村（現練馬区）の三宝寺《さんぽうじ》池近くに設営されていた「離島作戦特務隊本部」に村上多央《ただお》少佐を訪ねていた。目的は事前に「駿台荘」での会議の進行を相談するためであった。

猪俣の講演原稿を続ける。

会議の目的は、椎崎《しいざき》中佐（陸士四五期）（クーデター計画の首謀者の一人で陸軍省軍務課員の椎崎二郎《じろう》中佐）は中野をまとめてクーデター計画に参加させることでしょうし、日下部少佐は椎崎中佐に同調する方向に会議を引っ張って行くでしょう。

集まる人数の半数を越えると思われる中野本校からの者たちは、同行して来るであろうと思われる国体学の吉原《よしはら》教官に、しっかりネジを巻かれているだろうから、クーデター参加は当然のような顔つきかもしれない。参謀本部が気になるが、クーデター反対と見ていいのじゃないか。それで猪俣、阿部、村上の三少佐の意見は、陸軍中野をクーデターに参加させてはならないということで一致しました。

駿台荘会議が始まる前に猪俣、阿部、村上の三人は、中野学校がクーデターに参加しないよう、事前にシナリオを作っていたわけだ。だが、会議は、そう簡単に決着がついたわけではない。猪俣の講演に出てくる「国体学の吉原教官」とは、昭和七年（一九三二）五月に陸海軍人と右翼が共闘して起こした五・一五事件に参加して反乱罪で裁かれ、四年の禁錮刑に処せられた吉原政巳《まさみ》のことで、代々木の衛戍《えいじゅ》刑務所に服役中、当時東京帝大の国史科助教授で、のちに皇国史観のリーダーとなる平泉澄《ひらいずみきよし》教授の門下生となった。

皇国史観とは、天皇を天照大神の末裔と位置づけ、日本国家は天皇を中心に成立しているという歴史観で、吉原は平泉の書物から国体学を学び「吉原国体学」を創案した人物として、学生のカリスマ的存在であった。平泉は戦後ＧＨＱによって追放され、故郷の福井に蟄居し、白山神社の宮司に就いている。

吉原を中野学校に招聘《しょうへい》したのは陸軍省で、学生に「国体学を教授」するという目的であった。教官に就いていたのは昭和一五（一九四〇）年四月から五年有余で、その間に学んだ学生の数は本校だけでも五〇〇人になっていた。いわば、中野学校の精神教育の中心的人物であったわけだ。

吉原政巳

猪俣の講演は裏面史の真相を語るもので、聴衆は固唾《かたず》を呑んで聞き入っていたという。中野学校が「宮城占拠」事件を起こすために、クーデターという実力行使の計画に深く関わっていたことに、聴衆が驚いたのも無理からぬことである。猪俣の講演は核心に迫ってきた。

日下部少佐は会議の議長を希望するだろうが、彼は椎崎中佐の紹介と、同中佐がこの会議に出席するに至った経緯の報告をすることになる。議長は村上少佐とし「中野学校はご聖断に従い、事態の推移を静視する」ことを提案する。しかし、こんなことでこの会議が収まるはずはありません。議長は意見のある者にどんどん発言させ、頃合いを見て猪俣少佐に発言させる。

無条件降伏―武装解除―軍の崩壊の道を辿るにしても、クーデター―陸軍大臣応急治安出兵―本土決戦―降伏―武装解除―軍の崩壊の道を辿るにしても「その後に備えるもの」がない。武装解除されました、軍隊は崩壊しました、もう、打つ手はありません。何をされても仕方がありません。ではなく、そのためにこそ「その後に備えるもの」でなければならないのです。いま陸軍中野のやるべきことは、大急ぎで後備えの準備をすることであって、クーデターではないのです。と述べてこの意見についての賛否を求める。

白熱する会議の様子も猪俣は語っていた。中野学校が「クーデター計画」に参加するかどうか、瀬戸際の会議である。現場にいなければ語れないディテールが伝わってくる。

予期せぬ展開

阿部直義少佐が進行役で、「只今より会議に入ります」という阿部少佐の開会の言葉で会議になりました。議長村上少佐を中にして、その右隣に猪俣少佐、左隣に阿部少佐、猪俣少佐の右前寄りに椎崎中佐、その右隣に久保田少佐（日下部）が位置し、富岡の中野本校から会議出席者に同行した国体学の吉原教官が、椎崎中佐の向かい側で廊下への出入り口の壁際に立ったままの姿勢といった形。集合する者約四〇名の熱気で広間の中は蒸れるような暑さでした。椎崎中佐のクーデターの絶対的必要性とその計画内容の説明はさすがで、重厚な語り口は聞く人を自然に引き込むような味のあるものでした。が、会議はまったく予期しなかった展開を見せました。

この予期せぬ展開とは、会議の山場になった「中野はクーデターに参加するか、不参加とするか」の重大な局面での議論であった。参加を強く主張したのが日下部一郎少佐で、自制して態勢を見守ることを主張したのが秦正宣少佐であった。『陸軍中野学校』には、次のように記されている。

まず椎崎中佐から「鈴木総理、米内海相は、ポツダム宣言受諾を主張している。しかし、阿南陸相を始め陸軍首脳は徹底抗戦の決意を堅持している。われわれは、陸相を擁してクーデターを実行し、徹底抗戦を期したい」との発言があり、これを受けて日下部少佐から「無条件降伏は国体の破滅であり、民族の滅亡である。いまや一億玉砕の覚悟をもって徹底抗戦を期する道しか残されていない。これこそ悠久の大義に生きる道であり、英霊に報ゆる道でもある。われわれ中野同志は、クーデターに率先呼応参加したい。諸官はどの程度の兵力を掌握動員できるか、自己紹介を兼ねて提示して欲しい」と所信を表明した。日下部少佐の熱弁は若い後輩に強い共感と感銘を与えたことは想像に難くない。

この時参謀本部第五課のドイツ担当秦正宣少佐が立ち上がり、「二期の秦です」と冷静な口調で発言した。「総理がどうだ海軍がどうだというが、ポツダム宣言受諾の動機を提起した陸軍は軍備的にはどうにもならないといった陸軍省軍備局長ではないか。自分はドイツの敗戦を見てきた。日本もドイツの敗戦末期と同じ様相だ。クーデターをやったところで失敗する。終戦末期の余燼《よじん》に過ぎない。むしろ敗戦後の国家再建策を検討すべき段階ではないか」。秦少佐の頭脳明晰と説得力は仲間の間でも有名である。彼が信念をもって諄々《じゅんじゅん》と説く意見に、始めのうち、「国滅んでなんの再建ぞ」と、強い反発を示していた一座の空気も次第に冷静を取り戻し、しばし、沈黙が続いた。

会議はこのような雰囲気の中で深更《しんこう》まで続いたが、時を見計らって議長の村上少佐が発言した。猪俣の講演原稿より引用する。

村上少佐は左右にいる阿部少佐と猪俣少佐に小声で「この辺で」と言ってから、議場の広場を見渡して、「冷静に事態の推移を見極めてからもう一度集まるから、それまではお互いに自重すること」にして散会を宣しました。壁際に始めから立ち通しだった吉原教官の憮然《ぶぜん》とした顔、やはりだめだったと言わんばかり、気のせいか肩を落としていたように見える椎崎中佐の後ろ姿が印象的でした。

謀議は八月一〇日の午後八時から始まり、深夜まで続いた。秦と日下部の白熱した議論は二時間にも及んだ。結論は後日に持ち越されたものの、この日の会合で「中野はクーデターに不参加」という雰囲気が決定的であったそうだ。
もしこの日の謀議で「中野はクーデターに参加」という結論が出たとしたら、表の歴史も大きく変わっていたのかも知れない。しかし、クーデター計画の首謀者であった軍務局の中堅将校が最後に頼ったのが、中野学校であったことが表の歴史に記録されることはなく、裏の歴史として封印された。

八月一〇日の駿台荘会議で「中野はクーデターに不参加」という流れになった。そして、後日の第二回会議は「占領軍監視地下組織」の構築について話し合いが行われた。
ところで、スイス経由とスウェーデン経由で、国体護持のみを条件にしたポツダム宣言受諾の回答をした八月一〇日以降の政府、統帥部の動きはどうであったのか。

八月一二日　午前〇時二〇分、海外放送受信所は連合国の「国体護持」に関する回答（天皇と日本政府の統治権は連合国軍最高司令部の制限下に置かれ、日本国政府の最終的形態はポツダム宣言に従い、日本国民の自由な意思に基づき決定されるという内容。アメリカ政府のバーンス国務長官の名を採ってバーンス回答と呼ばれる）を受信する。
八月一二、一三日　閣議が開かれて米国回答を政府、統帥部で緊急に検討。しかし、戦後の統治形態についてとくに「国体護持」の保障が曖昧《あいまい》ということが問題とされた。
八月一四日　最後の最高戦争指導会議が召集される。場所は宮城の防空壕内。会議に先立ち、天皇は午前一〇時に「杉山元《すぎやまはじめ》第一総軍司令官、畑俊六《はたしゅんろく》第二総軍司令官、永野修身《ながのおさみ》連合艦隊司令長官」の三人を召す。
八月一四日　午前一〇時三〇分、御前会議始まる。ポツダム宣言を受け入れての終戦についての議論が始まるも結論が出ず、最後に天皇の聖断を仰ぐ。結果、聖断により日本の終戦が決まった。
八月一四日　午後一一時、官報で「終戦の詔書」を交付発表した。
八月一四日から一五日　クーデター計画が動き出す（陸軍省軍事課の参謀と近衛師団の参謀が決起。森赳《もりたけし》近衛師団長殺害される）
八月一五日　クーデター失敗。首謀者たちは自決。

八月一五日　正午、天皇の玉音《ぎょくおん》放送（終戦の詔書が読み上げられる）。

不発に終わった八・一五事件

クーデター未遂事件の詳細を外務省編『日本の選択　第二次世界大戦終戦史録（下巻）』に見てみる。

十四日にいたり、陸軍省、参謀本部の中堅幹部のある者はついに近衛師団参謀の一部と相諮《あいはか》り、近衛師団を中心として、クーデターを起こし、もって聖旨をひるがえさんと計画した。首謀者は畑中健二、井田正孝《いだまさたか》、椎崎二郎、古賀秀正《こがひでまさ》等の中、少佐級であった。はじめ彼らは陸相、参謀総長その他首脳部の積極的意見の一致を前提としたもののごとくであったが、軍首脳部は前記申し合わせたごとき態度であったので、十四日夜十一時頃、直接、森赳師団長に面会し、師団長の賛意を強要した。

森師団長は、特に近衛師団長としての理非を明らかにし、断固としてその強要を斥《しりぞ》けた。畑中等は、そこで森師団長を殺害し、偽近衛師団長命令を発した。偽命令によって一部近衛連隊は、宮城と放送局に乱入した。玉音放送の録音終わって、宮城を退出せんとした下村《しもむら》情報局総裁等の一行は、たまたまこれに遭遇し、とらわれて二重橋畔の衛兵詰所に監禁された。蓮沼蕃《はすぬましげる》武官長もまた軟禁され、木戸《きど》内府、石渡《いしわた》宮相は地下金庫室にあやうく難を避けた。一部将校等は、玉音放送の録音盤を捜査し、下村総裁、放送局の矢部《やべ》理事、徳川義寛《とくがわよしひろ》侍従等は録音盤の在所について取り調べられた。録音盤の所在発見し得ざるうちに十五日未明となるや、田中静壱《しずいち》東部軍司令官の手によってこれら反乱軍は説得、鎮圧せられた。これ、世にいう八・一五事件である。

この事件を外務省は「八・一五事件」として位置づけている。決起した将兵のうち、宮城に乱入したのは、近衛歩兵第一連隊と第二連隊の一部将兵であったが、その兵力は一〇〇どまりであった。もしこの兵力に中野学校の一〇〇〇単位の兵力が動員されていたとしたら、「八・一五事件」の展開は、また違ったものになっていたであろう。

決起グループが最後に期待したのが中野学校の兵力であったことが、歴然としてくる。公式記録に「駿台荘」の謀議など一切、記されることはなかった。当然であろう、他の文献にも「中野学校」のクーデター謀議に関する記録はなく、記してあるのは『陸軍中野学校』の中に書かれた「中野集会」の記録と猪俣の講演録だけである。

また、猪俣はクーデター失敗後の陸軍省の様子も、講演で語っていた。

八月十五日の未明、クーデターの成否を確認してから、作法通りの割腹自殺をされた阿南陸相の遺体は市ヶ谷台上に運ばれ、野戦の方式により茶毘《だび》に付されました。そして、ご聖断に背を向け、陸軍大臣、参謀総長の強い拒否にもかかわらず、近衛師団長を射殺してまで師団命令を発して事を起こそうとした椎崎、畑中両参謀の自決遺体も、ひっそりとここで茶毘に付されました。陸軍大臣と同じ場所の、ここです。椎崎さんと畑中さんは坂下門と二重橋の中ほどの芝生の上で、天皇陛下の放送があるその前時間の自決でした。両参謀の遺体が市ヶ谷台に移され、陸相と同じ形で茶毘に付されたことは、両参謀に対する同僚の限りない愛惜《あいせき》の情が見られると言うべきでしょう。

中野学校は一〇日の会議でクーデター不参加を決したが、その四日後の終戦前日の会議は猪俣の言うところの「後備え」のための「皇統護持工作」を相談するための会合であった。それと一三日には、「占領軍監視地下組織」に関する計画書が富岡の研究部教官の太郎良定夫《たろうらさだお》少佐から白木末成参謀本部第五課長（陸士三四期）に提出された。猪俣は、その経緯を簡潔に語っていた。

八月十三日午前十一時ごろに、中野学校研究部教官の太郎良定夫少佐が、西部軍管区司令部に出張の途中参謀本部第五課に立ち寄り、同期の秦正宣少佐の意見に従って九州行きを取りやめ、秦少佐の紹介で五課長の白木大佐に引き合わされ、白木大佐の要請によって直ちに「占領軍監視地下組織計画」を書き上げて提出し、その日の午後四時には若松《わかまつ》（只一《ただかず》）次官を通じて、阿南陸軍大臣の決裁を得た。

決裁を得た計画書には、次の内容が記されている（概要を記しておく）。

本計画の概要は、占領軍が国民の意思に反して国体の変革を強行するとか、日本民族に対して組織的又は政策的な虐待行為等を行う等、「ポ」宣言（ポツダム宣言）並びに国際法に違反する行為をした場合、秘密的特殊の方法によって之に警告を与え、又は所要の抵抗措置をとり、それが中止されるまで執拗に続行する為の秘密組織を作る。但し、本組織を以って地下武力組織とせず、努めて平和的市民生活を営みつつ、基盤の強化と向上を計り、占領政策の監視と対応策を研究し、必要な場合の具体的工作の実践に当たる。（『陸軍中野学校』、カッコ内は筆者）

中野の「後備え」とは、「占領軍監視地下組織」にしろ「皇統護持工作」にしろ、終戦後の激変する国内事情に合わせた計画や、他にも一部の卒業生が参加した「暗殺計画」、あるいは占領軍の中に潜入して「情報蒐集」をするなどの、中野学校本来のプロ集団としての活動も行うことであった。これこそ、中野学校の隠された戦後秘史の真相なのである。

ちなみに「占領軍監視地下組織」は、GHQ（連合軍最高司令官総司令部）の占領政策が大きな混乱もなく進んだため、発動されることはなかった。しかし、他の計画は実行されていた。

駿台荘会議に参加した上級階級の猪俣、日下部、阿部、渡辺、丸崎、秦らはすべて亡くなってしまい、今日、この駿台荘会議を語れる中野学校卒業生はほとんどいなくなってしまった。中野学校一期生の牧沢義夫《まきさわよしお》は当時、台湾軍参謀部情報班長（少佐）の職にあって駿台荘会議には参加していなかったが、以前、私が取材した際に、この駿台荘会議について次のように話したことがある。

「駿台荘会議、この歴史に秘められた会議が、日本の行く末を決めたターニング・ポイントになったと思っています。中野学校がクーデターに不参加の決意を固めたことが、八・一五事件を不発に終わらせた理由の一つになっていると、私は理解しているのです」

私は、この章を書きながら牧澤の言葉を何度も反芻《はんすう》していた。牧澤の言うごとく、駿台荘会議は、終戦の結末に一石を投じたことだけは間違いない。これこそ、封印された裏面史の真実なのではあるまいか。

六五年前に「駿台荘」で開かれた謀議。この謀議は表の歴史時間と、同時進行しながら進められた。参加したのは中野学校の関係者と軍事課の将校一名を含む四〇名余りであった。駿台荘、今は何も残っていない。かつてさまざまな近代史が繰り広げられていた旅館で、歴史がひっくり返るような謀議があったことなど、知る者はほとんどいない。「とちの木通り」を往来する通行人は、「女坂」にも、目をやらない。駿台荘会議は歴史の中に封印されてしまったのである。

皇統護持工作——戦後の国家再建構想から生まれた計画

「皇統護持工作」と名付けられた極秘作戦とは、いかなる作戦であったのか。この工作が発動されたのは、終戦直後の昭和二〇（一九四五）年八月であったが、それが具体化するまでにはポツダム宣言を受諾するか拒否するか揉めていた陸軍の動向と深く関係していた。

当時、中野学校の在京将校は陸軍省、大本営陸軍部（参謀本部）、兵器行政本部、登戸研究所などに勤務していて、下士官の卒業生を含めると数百の兵力を有しており、群馬県富岡の本校には在学生も含めると一〇〇〇人単位の実働部隊も控えていた。

御前会議では受諾派と拒絶派の意見が拮抗して結論が出ないいまま、最後は天皇の「受諾」の聖断によって態勢は決まった。

この御前会議のさなか、中野学校の在京将校数十人が御茶ノ水にあった「駿台荘」という旅館に集まり、今後、中野学校が採り得るべき方策を密議していたことは、前述した通りである。そして、集まった卒業生は眦《まなじり》を決する議論を続けていた。

そんな殺気だった雰囲気の中を訪ねてきたのが、陸軍省軍事課の椎崎二郎中佐であった。椎崎は議論に参加し、こう発言したという。

「徹底抗戦を貫徹するためにクーデターを起こす。中野の諸君もぜひ参加してもらいたい」

この意見に無条件で賛意を表したのが、参謀本部第七課（支那課）に在籍していた第一期生の日下部一郎少佐で、彼は、

「無条件降伏は国体の破滅であり、民族の滅亡である。いまや一億玉砕の覚悟をもって徹底抗戦

を期する道しか残されていない」

と発言した。だが、日下部の意見に異を唱えたのが乙Ⅰ長出身で第五課（ロシア班）に勤務の秦正宣少佐であった。彼は、

「クーデターは失敗する」

とドイツの例を挙げて説明し、代わりに、

「中野は戦後の国家再建に手を貸すべきではないか」

と自論を述べたといわれる。

ドイツ駐在の経験がある秦少佐のこの冷静な情勢判断が、参加していた卒業生に受け入れられて、中野学校のクーデター参加は否定され、八月一四日の宮城占拠は椎崎らの手で実行された。しかし、宮城占拠の戦力として頼みにしていた近衛師団と東部軍は動かず、クーデター計画は失敗。こうして日本の長い一日は明けて、八月一五日を迎えた。ここまでの終戦史は「中野学校の駿台荘会議」の部分を除くと、歴史の一コマとして多くの人に記憶されている。

この時代、参謀本部の組織は総務、第一部、第二部、第三部で構成されており、第二部には第五課（ロシア課）、第六課（欧米課）、第七課（支那課）、第八課（謀略課）が置かれていたが、第八課は昭和一八（一九四三）年一〇月に第四班に縮小されて昭和二〇（一九四五）年四月に廃止されている。

駿台荘会議は終戦の前日まで続けられていた。この最後の密議には、本校から学生に国体学を教えていた吉原政巳教官に引率された、複数の代表も参加していた。先述したように、その時の様子を、密議に参加していた日下部と同期の猪俣甚弥少佐が、講演録に遺していた。

私の心配は、当然、椎崎中佐は中野をクーデターに参加させるために、会議に出席して一席ぶ

ち上げるでしょうし、日下部少佐は彼の性格からしてこれに同調して、中野がクーデターに参加するような方向に会議をもって行くだろう、と言うことにありました。ましてこの会議には富岡の中野本校から、研究部員で国体学の教官吉原政巳先生が出席し、発言を求めて強烈な意見を述べることにでもなれば、会議はクーデターに向かって走り出す可能性があったわけです。

事実、吉原は中野学校の精神訓話を持ち出してアジテーターになり、吉原国体論を滔々《とうとう》と論じたという。議論は白熱し、軍刀の柄に手を掛ける参加者もいた。だが、前出の秦少佐の発言で会議は冷静さを取り戻し、クーデターには不参加ということが全員で確認されたのである。

次いで密議は「中野学校の戦後採り得るべき方策」が議題の中心になった。そして戦後の対応の一つに、阿南惟幾陸軍大臣の秘書官を務めていた広瀬《ひろせ》栄一《えいいち》中佐から「皇統護持工作」の話が持ち出されたのである。

広瀬は、終戦で軍人は腑抜けになるか、狂信的になるかのいずれかのグループに分けられるが、中野学校の卒業生は時代の推移を冷静に分析し、隠密工作はお手の物ではないかと期待して、説得したそうだ。

結論は早かった。会議で「皇統護持工作」を実行することが決定した。参加する人員は六名であった。この工作の中心人物になった日下部少佐は、クーデター未遂事件の共謀者として憲兵隊に取り調べられているが、軍法会議にもかけられず釈放されて元の職場である参謀本部第二部第七課に復職していた。

大正二（一九一三）年生まれの日下部は九州の出身で、久留米輜重《しちょう》第一八連隊から東京世田谷にあった陸軍自動車学校に推薦され、昭和一三（一九三八）年三月に卒業。その後、原隊から陸軍省兵務局付として転属し、中野学校の前身である後方勤務要員養成所に第一期生として入所。

卒業後は参謀本部第二部第七課に配属されて、最初の任地が北支那方面軍参謀部第二課であった。この時から、日下部は諜報将校として中国各地を転戦、主に北京の六条胡同《フートン》に置かれた袁世凱《えんせいがい》の屋敷「六条公館」を舞台に謀略工作を担当していた。

東京に戻ったのは昭和一八（一九四三）年一月で、古巣の参謀本部第二部第七課であった。この時大尉に進級し、終戦の年に少佐に昇進という経歴の持ち主であった。九州男児の熱血漢といっていいだろう。

駿台荘での密議は五時間にも及んだが、散会する前に出席者全員で確認した中野学校の戦後の対応は、以下の三項目であったという。

一、皇統護持工作は、今後、中野学校出身者たちの生涯の職務とし、具体的な方策は一期生に一任する。
二、終戦後は各人全国各地に分散して潜伏活動に入るも、地区別に責任者を設けて密接な連絡をとる。本部は石神井の離島作戦特務隊本部に置く。
三、進駐してくる占領軍に対する地下監視組織を構築する。

石神井公園の三宝寺池の裏手にある日銀グランドの石神井倶楽部を接収していた陸軍中野学校は、ここに在京の秘密機関「離島作戦特務隊本部」を置いていた（戦後、建物は取り壊され、グランドに整備された）。この秘密機関は中野学校本校をはじめ、国内の方面軍や軍、師団に派遣されていた卒業生との連絡の拠点にもなっていて、倉庫には兵器や食料が大量に備蓄されていた。

最後の駿台荘会議が終わってからまだ一週間も経っていない八月二〇日の未明、会議で確認された「皇統護持工作」を実行する中野学校の卒業生が本部から軍用トラック二台に乗って密かに出発した。荷台には野営道具、寝具、自転車、大量の野戦食が積まれていた。二台の軍用トラックが目指す先は新潟県六日町《むいかまち》と長野県大町《おおまち》であった。

六日町班には軍服に階級章を付けた一期生の日下部一郎少佐と猪俣甚弥少佐、それと六丙出身で教官を務めていた田中寛少尉の三人が同乗し、大町班も同じ服装の一期生村上多央少佐と阿部直義少佐、それと二乙短出身の岩男正澄《いわおまさずみ》大尉の三人が同乗して、それぞれの目的地に向かった。日下部少佐と岩男大尉が持つ軍用鞄には機密費から支出された一〇万円（新円切り替え前の現金なので現在の価値で三〇〇〇万円相当）の札束が、詰め込まれていた。

東京はいたるところに瓦礫《がれき》の山が残されていた。旧国道九号線（中山道）を北上した二台のトラックは高崎で別れ、大町班は大町の山間部にアジトを設営すべく碓氷峠《うすい》を目指し、六日町班は三国《みくに》街道を通行するため三国峠に向かった。

日下部らが六日町に向かった理由は、この地で翼賛《よくさん》壮年団新潟県副団長として活躍していた今成拓三《いまなりたくぞう》（当時三六歳）を訪ねることにあった。この組織は国策によってできた大政翼賛会の地方組織で、都道府県市町村単位にまで作られた壮青年を主体とした団体であった。

六日町は南魚沼郡の中心地でもあった。今成を紹介したのは本工作の発案者であった広瀬栄一中佐といわれている。それと、広瀬は皇統を継ぐ人物として北白川宮《きたしらかわのみや》家の道久王《みちひさおう》をすでに選んでいた。後述するが、それには理由があった。

勝沼に疎開していた北白川宮道久王

ところで、肝心の皇統護持工作とはいかなる計画であったのか。その詳細については、実行部隊の中心人物であった日下部は『昭和史の天皇 8』（読売新聞社）で語っていた。

日本は負けて占領軍が入ってくるが、占領政策がどのようになるかわからぬ。それ故、陛下とそのご一統の運命がどのようになるかもわからぬ。しかしわれわれとしては、天皇家のお血筋を守り通せねばならない。そのため、その一人である北白川の若宮殿下を隠匿して、万が一のために皇統を護持する。それが、本作戦の主旨である。

要するに、占領軍によって天皇家が断絶させられた場合、代わって天皇家を継ぐ人物を隠匿しておくという作戦を、少数の中野学校の卒業生たちが極秘に進めていたのである。それも、終戦からまだ五日しか経っていない時期である。マッカーサー連合国最高司令官が厚木飛行場に降り立ったのは、その一〇日後の八月三〇日であった。

北白川の若宮殿下とは、北白川宮家第五代当主の道久王のことで、当時学習院初等科に通う八歳の少年であった。父親の永久《ながひさ》王の母君・房子《ふさこ》内親王は明治天皇の第七皇女で、昭和天皇の叔母にあたる血筋。道久王は女系の明治天皇の曾孫という血脈であった。

広瀬がこの作戦を計画したのは、永久王とは陸士で同期（四三期）の関係で北白川宮家に信頼されていたことと、道久王の年齢が八歳で、宮家の家族は昭和一九（一九四四）年夏から山梨県の勝沼に疎開して東京を離れていたこと、それで世間には目立たぬ存在であったことが道久王を「次代の天皇」に選んだ理由のようだ。

昭和30年代の勝沼町。甲州街道沿いに並ぶ民家

道久王が生活していた田中家

この話を広瀬から聞かされ、内諾を与えたのは房子内親王一人であったという。父の永久王は昭和一五（一九四〇）年九月に任地の蒙古で飛行機事故に遭い、亡くなっていた。北白川宮家を継ぐのは道久王だけで、ご一家は母君の祥子《さちこ》妃と妹の肇子《はつこ》女王、それに房子内親王の四人だけであった。

私は、道久王が生活したというブドウ栽培で有名な甲州《こうしゅう》市の勝沼《かつぬま》を平成二二（二〇一〇）年、晩秋の平日に訪ねてみた。この土地と北白川家とは縁があったようで、父君の永久王は富士の裾野で行っていた陸軍の演習の道中に、土地の大地主であった田中家の屋敷で度々、休息していたという。

そんな関係から北白川宮家は勝沼に疎開して、田中家の世話になっていた。町の南東を通るのが現在は県道三四号線になっている旧甲州街道。道路に面してかつて田中家が経営していた山梨田中銀行（昭和一一〔一九三六〕年七月に廃業）の建物が国の登録文化財として保存されていた。ボランティアでガイドをしている婦人（七八歳）に話を聞いてみた。

「終戦の前年でした。東京から宮様一家がこの土地に来て、田中家の本邸に住まわれていたんです。それで、宮様一家を護衛するために甲府の連隊から兵隊さんと、背広を着た人たちがたくさん詰めとりました。この建物は銀行が廃業した後、空き家になっていて、宮様お付きの侍従で水戸部さんという方が住まわれていました。宮様が近くの国民学校に通学するときなんぞは、街道に出ることが禁じられていた。よう、覚えております。二階には北白川宮家のお品が展示してあります」

婦人は二階に案内してくれた。六畳の部屋にはブロンズの小楠公《しょうなんこう》像が飾られていた。桐箱には北白川家と墨書してあった。隣の八畳間には葵紋が描かれた桐ダンスがあった。葵紋は永久王妃の祥子の実家で男爵家の徳川義恕《よしくみ》の家紋。これらの品は宮家が田中家に世話になったお礼に下げ渡されたものだという。

北白川宮家が田中家に贈った
小楠公像

当時、疎開していたのは道久王の他に三人のご家族であった。道久王が勝沼に疎開して一年余。日本は降伏し、房子内親王は一足先に東京の仮寓《かぐう》に帰られた。残ったのは道久王の他に二人のご家族であった。

しかし、一方では、道久王を世間の目から隠すための作戦が中野学校一期生らの手で、密かに進められていた。では、六日町班の動きはどうであったのか。前出の田中寛少尉は内々の座談会で次のように証言していた。

終戦時、私は群馬県富岡に疎開中の中野学校の教官だったが、日下部さんに呼ばれて上京、石神井の秘密機関（離島作戦特務隊本部）に行き、いっしょに（日下部少佐と猪俣少佐）六日町に向かった。途中、三国峠をトラックが通れぬので法師《ほうし》温泉に行き、そこから高崎に引き返し、碓氷峠を越えて湯田《ゆだ》中《なか》温泉に入った。先を急がねばならぬということで、日下部さんと二人で汽車で先行、今成宅へ行った。日時は八月二〇日過ぎ、九月に入っていなかった。着いた日、私は、バー・モウさん（終戦時に日本に亡命したビルマの国家元首）に会わなかったが、翌日、薬照寺《やくしょうじ》でバー・モウさんをはっきり見たことを覚えている。

六日町班は東京を発つと旧国道九号線を通って新潟に向かったわけだが、田中の証言では途中で引き返している。そして、大迂回《うかい》して長野県の湯田中に出ると、その先は猪俣を湯田中において日下部と二人は汽車で現地に向かった。

汽車利用となれば飯山線であろう。上越線に接続する駅は終点の越後川口。そこで上りの上越線に乗り継いで六日町に到着したことになる。それと、六日町に着いて間もなくして合流したのが近隣の十日町に帰省していた同じく中野学校一期生の腰巻勝治《こしまきかつじ》少佐であった。

腰巻は東京外国語学校を卒業すると会社勤めをしている間に、現役兵として徴兵されて関東軍に引っ張られ、部隊から幹部候補生として千葉の歩兵学校に派遣された。そこで、学校から推薦されたのが後方勤務要員養成所（のちの中野学校）であった。

卒業すると上海が任務となり、現地では電話盗聴や郵便物の開封など中野学校で学んだ諜報技術を生かして情報活動を行っているが、任務が終了すると、母校中野学校の教官として帰国し、終戦まで富岡校に勤務して学校の解散式に立ち会っていた。

では、彼はどのような経緯から「皇統護持工作」に、参加したのであろうか。当時二八歳で妻帯していた腰巻。彼は参加の経緯を『昭和史の天皇8』の中で語っていた。

復員したものの生きる張り合いがない。食うだけなら、土方《どかた》をしてもやっていく自信があるが、精神的虚脱感はどうしようもない。そこへ八月一七日か一八日だったと思うが、湯田中に来ていた日下部君から使いが来て、皇統護持を手伝ってくれ、という話があったのです。さし当たって、生きる目標もなくブラブラしていたので、すぐにその話に乗ったのです。そして、六日町に乗り込んだら、バー・モウさんが亡命してきていました。

腰巻が取材に応じたのは三二年前だが、彼は「皇統護持工作」への協力を日下部から頼まれたのは終戦から二日ないし三日後と記憶していた。しかし、この日付はどうやら腰巻の記憶違いのようである。それは、まだこの時期、東京では工作の準備が進められていた段階で、準備が完了して秘密部隊が東京を離れたのは八月二〇日であった。いずれにしても、腰巻の参加で六日町班の要員は四名になった。

石打村にバー・モウが亡命していた

それと、前出の田中の証言にある今成と薬照寺のことだが、今成とは本工作を発案した広瀬栄一中佐と知り合いの今成拓三のことなのか。また薬照寺が本工作と、どのように関わっているのか、バー・モウのことも気になったので、私は勝沼から戻ると六日町を取材してみることにした。

まず、最初に訪ねたのは薬照寺であった。最寄駅は冬場になるとスキー客で賑わう上越線石打《いしうち》で、寺は駅から歩いて三〇分ほどの場所にあった。南魚沼市君沢八五一が現在の地番である。真言宗智

石打の薬照寺山門

山派の古刹《こさつ》の境内からは君沢の集落が見渡せた。本堂の裏手には上越線が走っている。事前の連絡なしで寺を訪ねたのだが、住職の羽吹広一《はぶきこういち》師（六二歳）は気軽に会ってくれた。

「中野学校とバー・モウさんのことは先代の住職、私の父ですが、いろいろと聞かされています。バー・モウさんは戦後、当寺に半年ほど隠れていたそうで、中野学校の人たちも、当寺で宮様を隠匿する相談をしていたそうです。それと、バー・モウさんを匿《かくま》うために活躍したのが六日町の名士だった今成拓三さんで、今成さんは中野学校の計画にも協力したようです。中野学校がどうして、宮様の隠匿工作と関係があるのか、父も、詳しくは知らなかったようですが、一応、こちらで作った年表には中野学校のことを記しています」

私は寺で作ったという「バー・モウ年表」を見せてもらった。八月二五日（昭和二〇年）の日付に、「陸軍中野学校諜報部隊美津野少佐、部下Y氏少尉皇統護持北白川宮を守り一大軍事地下組織を作る。会議に協力要請せまる」と、記されていた。私は人名について、羽吹住職に確認してみた。

「こちらの名前は先代から聞かされて書いたもので、実名か変名かは、私にはわかりません。間違いですかね」

私は、持参していた高橋有恒『バー・モウ長官の逃亡―終戦秘話』（恒文社）という小説を見せて、年表の中にある「美津野少佐と部下のY氏少尉」という二人の名がこの小説に出てきているが、これは小説なので仮名にしてあることを説明し、この人物に相当する中野学校関係者の実名を知らせておいた。住職は怪訝《けげん》な表情で、私を見つめた。

バー・モウといえば、日本軍の後押しでビルマ国の国家主席の地位に就いた人物のはず。そのバー・モウが薬照寺に隠れ住んでいた。皇統護持工作とバー・モウの亡命とが、どんな関係があるのか。田中少尉も腰巻少佐もバー・モウのことを証言し、取材で語っている。それと、田中寛少尉が証言した今成とは今成拓三本人であることが、羽吹住職の話からはっきりしてきた。

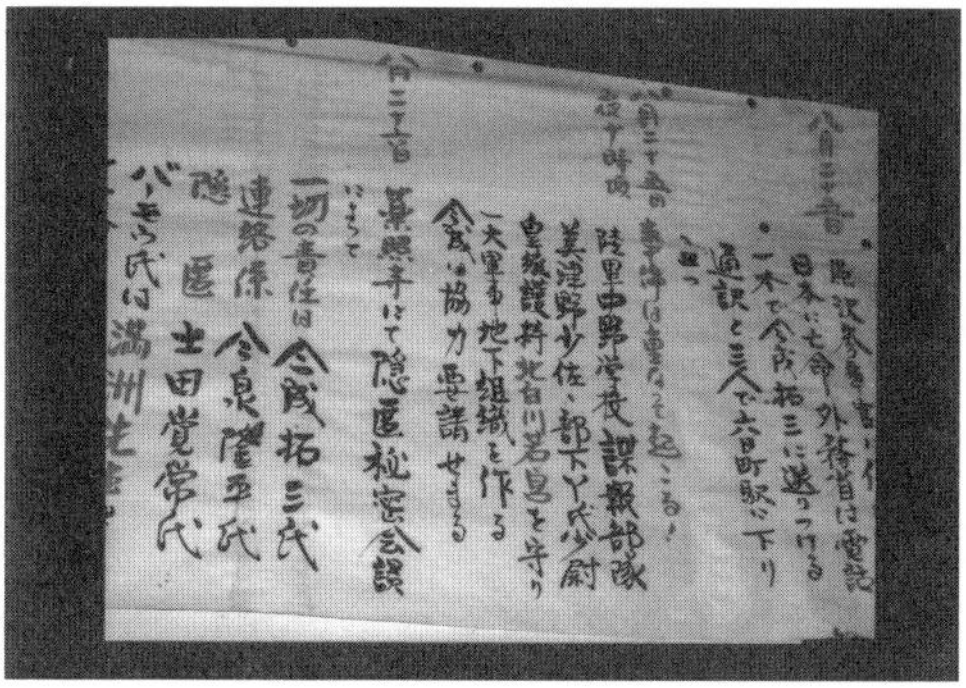

薬照寺にあった年表

寺を辞して私が次に訪ねたのは、南魚沼市の郷土史編纂室であった。会ってくれたのは細矢《ほそや》克郎《かつお》で、彼から今成拓三とバー・モウの関係をいろいろと教示してもらったが、中野学校のことはあまり知らなかった。

「今成拓三さんといえば戦前、この土地で知らぬ者はいなかったでしょう。事業も盛大に興していて、畜産会社や縄製造会社、それに物産会社も経営していた土地の名士でした。それと、今成さんは翼賛運動にも熱心な方でしたよ」

細矢は傍らに置いていたタブロイド版の地元紙「魚沼新報」のコピーを見せてくれた。日付は昭和二一年九月一五日。紙面には八分の一を割いて今成畜産と越南精機の広告が載っていた。事業は繁盛していたのだろう。

それと細矢は「何かわかるのでは」と、地元で戦前から営業している「越前屋」という旅館を紹介してくれた。

郷土史編纂室には古文書に混じって近現代の新聞資料や近隣町村の郷土史誌なども置かれていた。郷土誌の一冊に今成拓三の小論が掲載されていた。その中に、六日町にやってきた日下部らとの出会いが書かれていた。

バー・モウさんが家に来られて取り込み中に、突然、中野学校の話が持ち込まれて面食《めんく》らったが、へたに話をこじらせては元も子もないと思い、向こうの話にも協力するが、こちらの話にも協力を頼み、二つの仕事を平行してやることを約《やく》したのです。そのとき日下部氏は、バー・モウさんを占領軍から守り抜くのを「東《あずま》工作」、皇統護持の方を「本丸工作」と呼ぶことにしようと、提案しました。

連載の続きには、具体的なことが書かれていた。

私の頭の中は、バー・モウさんの扱いもさることながら、中野学校対策でいっぱいでした。中野学校と聞くと、素人にはなんとなく薄気味悪い存在です。日下部、田中両氏が六日町に来てから数日後には、トラックに物資を山積みにした本隊がやってきて、中野学校組は総勢六、七人になったと思う。はじめは越前屋に泊まっていたが、長く旅館住まいも出来ないので、ちょうど、戦時中から店を閉じたままになっていた当たり矢という間数のある料理屋を、連中の宿舎にあっせんした。彼らはここを本拠に、本丸工作と東工作に乗り出した。

中野学校の秘密部隊が六日町にやってきたことは間違いなかった。だが、その時期は判然としていない。前出の田中は昭和二〇（一九四五）年八月二〇日から末日の間と証言しているが、今成は郷土誌の中で八月二五日と書いている。

日下部は『謀略太平洋戦争―陸軍中野学校秘録』の中で、今成宅に着いた日をこう書いていた。

猪俣を湯田中に残し、田中だけを連れて六日町に到着したのは、二六日（昭和二〇年八月）の正午である。東京を出てから実に六日を経過していた。今成は突然の来訪をいぶかしんだが、意図（皇統護持工作）を聞くと、目を見開いて、共感の意を表した。

おそらく、日下部らが今成宅を訪ねたのは八月二六日であったのだろう。東京を発ってから六日後に六日町に着いたということは、石神井の秘密機関を出発したのが八月二〇日ということになる。

当時、今成邸は六日町の中心地であった仲町にあり、屋敷の裏手には魚野川が流れていて屋敷の広さは六〇〇坪あったという。

バー・モウと今成の関係は、どのようにして始まったのだろうか。前述したように日下部に今成を紹介したのは広瀬なのだが、広瀬も今成がバー・モウの隠匿工作に手を貸していたことなど、知る由もなかった。

今成は日下部と初対面のとき会話を交わしているが、そのとき、日下部からバー・モウ隠匿を「東工作」と呼び、皇統護持を「本丸工作」と称するよう提案された、と郷土誌に書いている。ということは、日下部らの秘密部隊がバー・モウの六日町隠蔽工作の情報に接したのは、今成からの情報であったわけだ。

奇しくも、六日町で「本丸工作」と「東工作」が同時に進行したのだが、「東工作」をセッティングしたのは外務省ルートであった。そして、バー・モウを隠匿する場所として考え出されたのが石打村の薬照寺で、「東工作」に協力したのは、今成と親しかった薬照寺の土田《つちだ》覚常《かくじょう》住職と新潟県議の岩野《いわの》良平《りょうへい》、翼賛壮年団六日町支部員遠藤栄三《えんどうえいぞう》、六日町商工会長の杉田《すぎた》一雄《かずお》、越南精機専務の関口常正《せきぐちつねまさ》、石打村役場書記の今泉隆平《いまいずみりゅうへい》、それに今成の実弟雄志郎《ゆうしろう》ら八人であった。

バー・モウの日本亡命問題は終戦直後のビルマで始まった。当時、ビルマからタイに移動していた石射《いしい》猪太郎《いたろう》ビルマ大使と行動を共にしていたバー・モウは、日本への亡命を希望していた。石射はバー・モウの希望を日本側に受け入れてもらうため、本省に外交電で何度も亡命の請訓をした。

交渉には紆余曲折があったものの、最終的に外務省はバー・モウの亡命を了承。バー・モウが北《きた》沢直吉《ざわなおきち》参事官らと最後の日本軍機でサイゴンを出発したのは八月二三日、途中台湾の台北に一泊。翌日は福岡の雁ノ巣《がんのす》飛行場で給油して、立川飛行場に着いたのが二五日の夕方であった。

東京に到着してからバー・モウの亡命に関係した外務省官僚は、石沢豊《いしざわゆたか》南方局長と甲斐文比古《かいふみひこ》政務課長。それと、今成拓三を知っていた石井喬《いしいたかし》事務官ら五、六人であった。最初、石井事務官がバー・モウ受け入れの相談を今成拓三と始めたが、今成に拒否されてしまう。

時間が迫っていた。最後はバー・モウを連れて北沢参事官と佐藤日史事務官が直接、今成宅を訪ねて説得した。さすがの今成も、バー・モウ本人を見てしまった以上、引き受けざるを得ず、バー・モウの隠匿工作に協力することになった。バー・モウが外務省の役人と今成宅を訪ねたのは八月二六日。その日の情景を同行していた北沢参事官が語っている。

……清水トンネルを抜けて、六日町に着いたのはもうその日（二六日）の夜だった。（『昭和史の天皇　8』）

北沢の話も、微妙な食い違いを見せている。日下部らが今成宅を訪ねた時間である。日下部は自著の中で時間を「二十六日正午」と記している。この時間が正しければ、バー・モウたちはまだ六日町には着いていない。となれば、北沢か日下部のいずれかが、日時の記憶違いをしていることになるのだが、まあ、時間は瑣末《さまつ》なことなので、これ以上、触れる必要もあるまい。

それと、北沢はバー・モウを今成に紹介するときに、名を東亜毅男《あきお》、職業を満州の大学教授と触れ込み、関係者には「東さん」と呼ぶよう、頼んだという。

それより重要なことは、今成の記憶の方で、彼は日下部らと直接会って問答を交わしたとしている。そして、日下部らにバー・モウが自邸に滞在していることを告げた。今成の記憶によれば、それから先は、数日して中野の秘密部隊が今成宅を訪ねて紹介してもらった越前屋旅館に止宿。その後、秘密部隊は旅館から〝当たり矢〟に移って、東工作と本丸工作を同時進行したという。

今成は六日町に来た秘密部隊の要員を六、七人と書いているが、それは日下部、田中、それと途中から参加した腰巻。湯田中から遅れて到着したサブリーダー格の猪俣と部下の二人であった。日下部は猪俣が到着すると、「東工作に協力することを今成に約束した」と、伝えた。だが、猪俣は、「バー・モウの件は初めて聞く。皇統護持工作とはなんら関係のない案件。協力することはできない」と日下部の申し出を断った。日下部は猪俣に協力することを迫った。こうして、二人の激論は数日、続いたという。

だが、最後は猪俣が折れて東工作に協力することになった。二人の間で交わされた確認事項は、次のようなものであった。

一、腰巻をバー・モウ担当者とし、工作名を「東工作」と名づける。
二、猪俣を皇統護持工作の担当者とし、工作名を「本丸工作」と名づける。
三、日下部を広瀬中佐との連絡役とし、「東工作」と「本丸工作」を統括する。
四、六日町周辺に道久王ご一統が生活できる隠れ家を探す。
五、大町班の村上、阿部の両君は工作資金の調達を担当。

「本丸工作」と「東工作」の行方

バー・モウが六日町の今成邸を離れて薬照寺に隠されてから一〇日余り経った九月六日、薬照寺に今成ら地元の有志五人と日下部、腰巻が集まって「東工作」「本丸工作」の進め方について協議していた。その時の様子を、当時石打村役場の書記をやっていた今泉隆平が日記に遺していた。それによると中野学校のことが次のように記されている。

東条大将が秘蔵としたスパイ部隊が協力するといってきた。隊長は日下部一郎といい、猪俣(甚弥)、腰巻(現・越村勝治)、田中(寛)、みな陸軍の将校で、その部下は何百、何千といるそうなので、この連中を使って、バー・モウさんが出て来たビルマの情報を探ってもらっている。

また、この日記には「東工作」を担当した腰巻の次のような言葉が記してある。

バー・モウさんを寒いお寺に一人で置いておくわけにはゆかない。またお寺では、なんといっても人目につく。暖かい、そして人里離れた山奥の温泉へでもお移ししようというので、今成氏らが赤湯《あかゆ》温泉に旅館を一軒、冬季だけ借り受けるという契約をしたのですが、十月にはいって、そろそろ寒くなるから、一度現地を見ておこうというので、今成氏の同志の一人、石打の関口君と二人で出かけたのです。

中野学校組の私が同行したのは、理由は簡単、私は英語が出来たからです。当時の赤湯というところは、交通不便なところでした。しかし、バー・モウ氏の赤湯移転の話は、うやむやになってしまったのです。それに、そのころ、本丸工作、つまり皇統護持の方の話が、もはやその必要が薄らいだということになり、なんとなく気合が抜けてきたこともあります。

バー・モウの潜伏先として赤湯温泉の件は沙汰止みになったが、浦佐《うらさ》の五箇の家も用意されつつあった。

これは、バー・モウさんのために、新築中の家を買ったのではなく、皇統護持で、北白川宮若宮殿下をお迎えするために物色したものでした。それと、小さな六日町で徒食《としょく》しているわけにはいかない。かえって人目につく。だから、土地に定着するということで七洋工芸という会社を設立したのです。その会社の役員としての自宅が必要です。そうすれば、皇統護持のカモフラージュにもなるというわけで、今成氏らと相談して、浦佐村五箇に建てかけの家があることに注目し、金は日下部君が都合して買い取ったのです。しかし、家はなかなか完成しない。そのうち、肝心の陛下が、戦犯になるという心配が薄らいだ。まして北白川宮若宮殿下をおかくしする意味はさらにない。そうこうしているうちに、バー・モウさんが自首する羽目になり、五箇の家の話もうやむやになったのです。

金に関する問題といえば真相は分からぬが、日下部は回顧談に今成のことを書いている。

バー・モウの隠れ家を浦佐に求める件に関して、十万円を他に流用した。関口、岩田（岩野の誤りか）の両名に手渡すように頼んだ工作費をそっくり使い込んだ。外務省からバー・モウの隠匿資金として五万円を受け取り、それを私事に使った。若松陸軍次官から、日下部の名を利用して四十万円受け取り、それを自分が経営するハム工場の増築資金に当てた。（『謀略太平洋戦争』）

どうやら、金をめぐって日下部と今成の間には問題が生じたようだ。だが、今泉の日記によれば、バー・モウが今成邸から薬照寺に移って一〇日たらずして、バー・モウの隠れ家と北白川宮道久王を住まわす家の手配が、進められていた。しかし、腰巻の話によれば、東工作も本丸工作も途中で空中分解してしまう。その上、バー・モウは自首している。

経緯は、後述するとして、この工作に要した資金は一体、どの程度のものであったのだろうか。外務省ルートは日下部の数字では五万円になっているが、過半は陸軍の機密費から捻出していた。陸軍の機密費は陸軍省の次官が扱っており、事務手続きは軍事課予算班が担当していた。終戦時の予算班長は稲葉《いなば》正夫《まさお》中佐（陸士四二期）で稲葉はバー・モウ事件で後日、逮捕されて巣鴨プリズンに収監される羽目になる。その稲葉が貴重な資料を遺していた。

資料名は「昭和二十年度機密費使用計画一覧表」とある。主な支出先は次の通りになっている。

部局	二十年度配当	摘要
陸軍省	四、七七〇、〇〇〇	次官使用二〇〇万ハ二十年度ニ含ム
参謀本部	一、〇〇〇、〇〇〇	召募用四四万ヲ含ム鉄司、中野技陸大分含ム（筆者注：鉄司とは鉄道司令部で中野は中野学校。技は陸軍技術研究所、陸大は陸軍大学校のこと）
教育総監部	七〇、〇〇〇	
航空本部	一〇〇、〇〇〇	
兵器行政本部	一二〇、〇〇〇	二割増
憲兵司令部	一、三〇〇、〇〇〇	編成増、治安対策重視
軍事資料部	七〇〇、〇〇〇	
登戸研究所	二五〇、〇〇〇	

（『日本の謀略』楳本捨三　秀英書房）

この表に見るかぎり、陸軍省の予算配当は最も多く、決済の権限は次官が握っていた。また、稲葉は「本丸工作」に関して機密費のことを次のように証言している。

バー・モウ関係で出した金というのは、直接、そのためというのではなく、ある日、広瀬君が来て、六日町の今成君に、粉食《ふんしょく》（穀物などを粉にしてから加工した食品）の研究費として二〇万円出してやってくれ、といってきたのです。（中略）中野学校組の二〇万円は、どういうことだったのか、よく覚えていないが、機密費は大部分が〝次官渡し〟で、その実際は秘書官の広瀬君が取り仕切っていたわけです。（『昭和史の天皇 8』）

この二〇万円が先述した六日町班と大町班に渡された金であったわけだ。当然、広瀬はこの資金の使い道を稲葉には話していなかった。だが、二〇万円の工作資金は腰巻の話にもあるように、有効に使われることはなかった。これで、六日町における「本丸工作」は中止というよりも、挫折してしまった。〝当たり矢〟のアジトも解散して詰めていた秘密部隊も自然消滅という結果になった。

だが、一人行動を起こしたのが猪俣甚弥少佐であった。猪俣はアジトを出ると実家のある会津若《あいづわか》松《まつ》に向かった。昭和二〇年一一月のことである。猪俣は任務貫徹の責任を果たすために秘策を用意した。それが、道久王の戸籍を新たに作るという奇策であった。

この奇策を試みた猪俣甚弥とはどんな経歴の持ち主なのか。彼は大正六（一九一七）年に会津で生まれている。兵役は二〇歳で歩兵第二九連隊（会津）に現役徴兵され、その後、千葉の陸軍歩兵学校に幹部候補生として入校。卒業すると学校から推薦されて後方勤務要員養成所に入所。同期の一八名と共に卒業したのが昭和一四（一九三九）年八月。卒業後、最初に配属されたのが参謀本部第二部の通称ロシア班と呼ばれていた第五課であった。

この課の担当はソ連の軍事、政治経済、産業などに関する情報蒐集と分析、それと兵要地誌の作成が主な仕事であった。猪俣は第五課に半年勤務すると、初めて、外地の関東軍参謀部第二課に転属させられたが、赴任すると間もなくして、閑院宮載仁《かんいんのみやことひと》参謀総長から「ドイツの英本土上陸作戦実施時期判断資料」を収集せよという訓令を受けて、外交伝書使《がいこうでんしょし》（クーリエ）の資格で渡欧している。

外交伝書使とは外交特権を持つ資格で国際的に認められており、携帯品は税関でもフリーパスで通過できた。身分は外務省職員であるか軍人であるのかは、所持している公用旅券からは分からなかった。彼の旅券には伊東真二の名が書かれていた。

猪俣はソ連からフィンランドを経由してドイツに入っている。関東軍司令部の置かれている新京から満鉄線に乗ってハルビンに向かい、そこから北満鉄道で満州里に出るとシベリア鉄道の支線に乗り換え、チタで本線に入るとモスクワに向かった。モスクワからはソ連の鉄道を利用して陸路ヘルシンキに出たわけである。その行程は一週間であった。

これは余談だが、猪俣はベルリンで中野学校の創設者の一人である秋草俊大佐と会っていた。当時、秋草は昭和一五（一九四〇）年一月に発覚し未遂に終わった、陸軍中野学校関係者による神戸の英国総領事館襲撃計画、いわゆる〝神戸事件〟の責任を取って、満州国公使館理事官兼ワルシャワ総領事としてベルリンに駐在していた。

そして、猪俣は秋草から食事に招待されて、食後の雑談の中で「中野学校が一〇年早くできていたら、戦争は起きなかったであろう」との独白を聞いていた。秋草はベルリン駐在中に「星機関」という諜報組織を立ち上げたようなのだが、その活動の実態は、今日でもまったくわかっていない。

二カ月のヨーロッパ出張から戻った猪俣は、関東軍参謀部第二課からハルビンの情報本部に転属。そこで第四班の諜報、謀略、宣伝セクションの中の、対ソ威力謀略を担当している。この威力謀略の任務は、ゲリラ戦による敵地への潜入と破壊工作が主な仕事で、要員の訓練も併せて行っていた。いわば、特攻部隊の編成であった。ゲリラ戦は遊撃戦と称して中野学校の得意とする戦術でもあったわけだ。

この時期、猪俣は大尉に進級していた。ハルビンを離れて東京に戻ったのは太平洋戦争が開戦して一年目で、転属先は兵器行政本部総務部第三課であった。ここでは登戸研究所の連絡将校となり、次いで、陸軍省軍務課に席を置いて「国民義勇隊」の錬成と全国的な組織の構築に参加。だが、猪俣自身、この職務には、疑問を感じていたようだ。それは〝竹槍訓練〟で、対米戦に勝てるかという疑問であった。

軍歴の最後は少佐で、陸軍省軍務課であった。このときに宮城占拠のクーデターに参加するよう誘ったのが椎崎二郎中佐であったという。終戦直前の七月から八月にかけて、先述したように在京の中野出身者は御茶ノ水の駿台荘に集まって謀議を行っている。会議の内容については冒頭で論じているのでここで触れないが、猪俣は謀略のスペシャリストとして「本丸工作」の最後の実行者となったのである。

猪俣の考えた奇策

第一章でも記したが、私は中野学校の取材で、九丙出身の石川洋二に世話になり、彼から数多くの資料提供を受けていた。その資料の中に猪俣が遺したと思われる「本丸工作」に関する資料もあった。手書きのコピーは感熱紙で文字が薄れているが、なんとか、一部は判読できた。表題には「覚書」とある。

工作期間ハ概、半年ト設定ス
若宮ノ新戸籍ヲ編成スルタメ、原爆被災地ノ広島ヲ新タナ工作拠点トス
新戸籍編成ノ氏名ハ別途、思慮スルモ取得シタルトキノ後ハ、若宮ニハ当分ノ間、一市民トシテ、都会カラ離レタ場所ニテオ過ゴシイタダク
此ノ工作ハ占領軍ノ動静如何ニ依リ、途中テ変更モ可也

若宮ヲ御連レスル場合ハ、別働ノ阿部、渡辺両君ニ護衛監視ヲ頼ム

猪俣の考え出した次なる一手は、なんと、道久王を広島の原爆孤児として戸籍を再生して、一市民として過ごさせるという奇策であった。ヒントは広島市の戸籍再調整の新聞記事であったという。覚書といってもメモ程度の内容である。主旨は理解できても、工作の詳細はまったく見えてこない。おそらく、覚書の全文には、より具体的な内容が記されているのだろう。確認できないのが残念であった。

だが、この工作は失敗に終わってしまった。申請書が不備で役所が受理しなかったのである。

猪俣は、道久王の戸籍再調整を諦めて一カ月後に帰京するが、途中、新潟県の新津《にいつ》に立ち寄っていた。広島から満員列車に揺られて新津に着いたのは昭和二一（一九四六）年二月であった。だが、疲労困憊《こんぱい》して新津に着いた時は高熱を発して、知り合いの翼賛会の知人の家で床に臥《ふ》していた。新津行きは潜伏が目的であったが、猪俣は、バー・モウが上京してGHQに出頭していたことなど、まったく知らなかった。

猪俣少佐は陸軍次官《ママ》秘書官の広瀬栄一（戦後自衛隊陸将・退職時北部総監）から、北白川宮の若君道久王（初等科一《ママ》年生）を、間もなく上陸してくる占領軍の目から、隠してしまうことを相談され、断りきれずに引き受け、挙句の果てにはビルマからの亡命首相バー・モウ博士まで抱え込むことになって占領軍の追跡を受け、結局は逮捕されて巣鴨の戦犯収容所に送られてしまいました。

（講演録より抜粋）

薬照寺での送別会。下段の中央がバー・モウ。その上で立つ人物が今成

猪俣が広島から新津に向かう途中、バー・モウは薬照寺を出てGHQに出頭したわけだが、その経緯を今成は前出の郷土誌に書いていた。

北沢さん（バー・モウに同行してサイゴンから帰国した北沢直吉参事官）が捕まれば、MP（憲兵）が六日町にやってくる。とても逃げおおせるものではない。逮捕という形では条件が悪くなる。むしろ、こちらから自首して出た方がいい。

この日付は昭和二一（一九四六）年一月一二日になっている。東京と六日町の間でバー・モウの自首について、何度も、時間の調整が図られていた。出頭の日時が決まったのは三日後で、その日は一月一八日と決した。

一五日、薬照寺では送別会が開かれて前述した今成ら隠匿グループの有志が集まった（写真は薬照寺に保存されている）。そして、一七日にバー・モウに同行して上京したのは井口という今成が懇意にしている大工、ただ一人であった。

上野駅に着くと外務省の職員が待機しており、二人は車に乗せられて北沢らが待つ上野池之端《いけのはた》の料亭に向かった。

出頭の日はあらかじめ一月一八日と決めていた。前日、バー・モウは、すでに上京していてGH

Qに同行する今成と、世話役の北沢らと一緒に丸の内ホテルに止宿。そして、翌一八日、外務省が用意した車でGHQに向かった。

バー・モウの自首と仲間の逮捕

四日後、バー・モウ出頭の記事は新聞各紙に掲載されたが、それはほんのベタ記事扱いであった。

ロンドン十七日発ロイター共同。元ビルマ傀儡《かいらい》政権主席バー・モウ博士は日本降伏以降行方不明を傳へられてゐたが、十七日突然単身でマックアサー司令部へ自首、當局の拘留を受けた。

(「東京朝日新聞」一月二二日付)

だが、同行した今成の話ではバー・モウはGHQでは逮捕されていない。出頭先を指示されたのは英国代表部であった。バー・モウはビルマを出国したときから重要戦犯として英国から指名手配されていたのである。

GHQが「英国代表部に行け」と指示したのもうなずける。代表部で待っていたのは代表部付武官のフィゲス中佐であった。バー・モウはフィゲス中佐に引率されて一人で代表部に入っていった。これが、バー・モウ出頭時の様子であった。

「東京朝日新聞」は出頭日時を一月一七日としているが、「読売新聞」はGHQの発表が「一月十八日」にあったことを伝えていた。だが、この後に、バー・モウは尋問でとんでもない自白をしたのである。それが、猪俣ら中野グループの大がかりな探索へと繋がっていくことになる。

では、その自白とは、どんな内容であったのか。関係者の話をまとめると、以下のようなことであった。

「日本には地下に潜った反連合軍組織がある。メンバーは陸軍軍人、革新官僚、青年義勇隊で、彼らは新潟方面に秘密組織を作っている」

バー・モウの自白を信じたのが、英代表部から連絡を受けたGHQであった。まず、逮捕、拘留されたのが、外務省組と薬照寺グループ合わせて六人。六日町に残っていた土田、岩野、杉田、遠藤、関口、今泉らの七人は逮捕、拘留を免れていた。日時はバー・モウが英代表部に出頭した一八日であった。そして、日系二世で編成された対敵課報部隊（CIC）の第四四一支隊が、関係者の尋問を巣鴨プリズンで始め、中野学校関係者の名前や潜伏先などを自白させている。六日町で逮捕された前出の日下部少佐の話を紹介しておく。

バー・モウ隠蔽工作に関わった日下部少佐（右の軍服姿）

「私が捕まったのは、同僚の腰巻君が逮捕（一月一九日）された翌日、六日町駅前でした。その日はたしか日曜日だった。東京へ金策に出て、同行していた腰巻君が、一足先に帰ったが、まさか彼が、私に先んじて捕まっているなんて知らない。第一、バー・モウさんが自首したことも知らなかったのである」
日下部の記憶は正確であった。逮捕されたのは一月二〇日、間違いなくその日曜日であった。東京で尋問を受けていた関係者の中で、中野学校関係者のことを最もよく知る人物は今成拓三である。彼が、CICの手で尋問されたのは先述したように一月一八日である。それから、一〜二日置いて腰巻と日下部が逮捕されている。

そして、日下部は翌日、進駐軍の専用列車で東京に護送されて、巣鴨プリズンに収容されてしまった。六日町署で日下部を取り調べたのは日本語の達者な英代表部のフィゲス中佐であった。

日下部が東京に連行されたころ、当時、GHQとの折衝窓口になっていた政府機関の終戦連絡中央事務局の政治部長をしていた曾弥益《そねえき》がCICのボス、E・R・ソープ准将に呼び出されて「反連合軍地下組織」について、厳しく質問されていた。そのとき、ソープ准将は天皇問題まで持ち出して、曾弥にブラフをかけたという。

「連合軍に対する反逆者であるバー・モウを、日本政府が匿《かくま》うということは、明らかに反抗である。外務大臣の首が飛ぶどころか、内閣もぶっつぶす。お前たちがそのつもりなら、天皇の地位も保障できない」と言われたと、語っている（『昭和史の天皇 8』）。外務大臣は幣原《しではら》内閣の吉田茂である。

この問題では、後日、日本側も検察団が取調べをしているが、その際は、吉田茂とバー・モウが日本に亡命したときの外務大臣・重光葵《しげみつまもる》も取調べを受けていた。CICが徹底的に調べたのは工作資金の出所と地下組織の存在、それと、隠匿しているであろうと疑った、武器、弾薬の貯蔵場所であったという。

バー・モウの自白は、思わぬところに波及し、GHQは日本側に調査の命令を出すことになる。その結果が、吉田茂や重光葵の取調べとなったわけである。当時、吉田を取り調べた大審院検事局の井本大吉検事正は後年、この取調べについて「バー・モウ隠匿事件に関する報告書」の中でこう語っていた。吉田外相は、「満州国の学者に、金を出す必要があって機密費から出したが、それがバー・モウとは知らなかった。バー・モウが日本に来ているなんて、全然知らなかった」と答えたというが、吉田一流の、とぼけではなかったのか。

このバー・モウ事件で、巣鴨プリズンに収監された軍人は陸軍省の広瀬栄一中佐と稲葉正夫中佐、それと、中野学校の日下部一郎少佐、腰巻勝治少佐、猪俣甚弥少佐の五人であった。では、この事件に関する検察団の結論は、どのように出たのだろうか？

検察団の一人であった玉沢光三郎検事も前出の報告書の中で、こう記している。


バー・モウ氏を匿う資金が政府から出たのが問題だが、その、出所を明らかにすることで、よい。外務省から出た二十万円は、甲斐氏の証言にもあるように、生活費以上のものではない。又、広瀬、稲葉両中佐が出した陸軍の資金も、皇統護持計画そのものが終戦前のもので、本土決戦に備えたものであって、終戦後に、皇統護持計画を立てたものではない。皇統護持イコール反米地下組織とは関係ない。依って、両計画が反米地下組織と連動しているとは、いい難い。


このような結論を出して、検察団はこの事件に幕を引いたのである。

では、「本丸工作」を一人で続けた猪俣だが、彼は、先述したように自分がＣＩＣから指名手配されていることも、バー・モウが自首したことも、まったく知らずに新津に潜伏して高熱を発し床に臥していた。

猪俣が新津に潜伏しているという情報を最初に得たのは東京のＣＩＣ本部で、その情報は直ちにＣＩＣ新潟地区隊に通報され、隠れ家に急行したのは、新潟のＭＰ分隊と新津署の警察隊であった。ＭＰ分隊を派遣したのは、猪俣が「反連合軍地下組織」の首謀者として、部下たちと潜伏しているとの情報があったためで、逮捕時の抵抗を予想しての派遣であったようだ。しかし、猪俣は一人、病床に臥していて、抵抗もなく逮捕された。二月二〇日のことであった。

一方、バー・モウは英国代表部でフィゲス中佐から簡単な事情聴取を受けた後、一旦、釈放されたが、直ぐに再逮捕されて巣鴨プリズンに送られている。プリズンで生活した時間は半年に及ぶが、最終的には無罪放免されて七月三〇日に釈放され、一旦、英国大使館に送られて、アルベリー・ダグラス大使からビルマに送還されることを告げられた。日本を発ったのは英軍の軍用機で、同日の午後であった。

では、中野学校組の取調べは、いかなるものであったのか。猪俣の証言によれば、取調べは二、三回くらいで「地下組織」のことや「バー・モウとの関係」を聞かれた程度であり、また「皇統護持工作」について聞かれることはなかったという。

中野学校組が釈放されたのはバー・モウが日本を出国して三日後の八月二日であった。その時は、他にも今成や外務省関係者ら八人全員が一緒に釈放された。

私は、中野学校の卒業生が始めた「皇統護持工作」の真相を追ってきたが、途中から「バー・モウ隠匿」事件と関わってしまった卒業生たちの苦労が、不謹慎な言い方をすれば、何か滑稽《こっけい》に思えてきた。

本来の目的であった「本丸工作」も、準備不足の感を免れない。しかし、終戦で荒廃した日本にあって、中野学校卒業生のほんの一部の人間とはいえ、真剣に次代の天皇になるべき人物としての北白川宮道久王を匿うことに、情熱を燃やした面々がいた事実は、何か、とてつもないロマンも感じさせる。

ところで、六日町班と別行動を取った大町班のその後だが、阿部と村上、それに岩男の三人は日下部らと高崎で別れて以来、大町のアジトでひっそりと暮らしていたが、一度、村上だけが日下部の許を訪ねている。

日下部から状況を聞いた村上は、そのとき前途に不安を感じたという。それは「東工作」にも関わってしまったという、六日町班の予定外の行動にあったようだ。

そして、その報告を受けた二人も、やはり「本丸工作」の前途に不安を抱き、三人は合議の末、大町のアジトを畳んで東京に戻ることを決意している。その時期は、昭和二〇年の年末であったらしい。

その後、大町班の三人は東京で解散して、それぞれの故郷に帰っていった。ＣＩＣに追及されなかったのは、六日町班の同志が一言も喋《しゃべ》らなかったことで、三人の存在が明るみに出ることはなかったからであった。

ところで肝心の道久王の戦後は、どんなものであったのか。

道久王が勝沼から東京に戻ったのは昭和二一（一九四六）年春で「本丸工作」は未完に終わっていたが、戦後の日本は旧皇族の身にも大変革をもたらすことになる。

それは昭和二二（一九四七）年一〇月に開かれた「皇室会議」で、秩父宮、高松宮、三笠宮の三直宮《じきみやけ》家を除く旧宮家の五一人が、皇籍離脱して一国民として再起するという「臣籍降下」の決定であった。

当然、その中には旧宮家の北白川宮家も含まれており、そのときから道久王は「北白川道久」を、名乗ることになった。一〇歳の時である。東京での生活は、当時「竹の子生活」といわれたように、文字通り竹の子の皮を一枚ずつはいでいくような、身の回りの物を売って暮らしていく生活であったようだ。

北白川道久は、成人して学習院大学を卒業すると東京芝浦電気（のちの東芝）に勤め、退職後は、伊勢神宮の大宮司の職を七年間勤め、社団法人霞《かすみ》会館理事長の職に就いている。一方、「本丸工作」に参加した中野学校卒業生の七人は、すべて故人となってしまった。戦後、道久王と七人の卒業生は、一度も邂逅《かいこう》することはなかった。道久は平成三〇（二〇一八）年八月、八一歳で逝去。道久の死で北白川家は男系男子が断絶した。

皇統護持工作に隠された意図

なぜ、中野学校の面々は新天皇候補として北白川宮家の当主を担ぎ出そうとしたのか。

実は、この「皇統護持工作」で次代の新天皇として北白川宮家の当主を担ぎ出した深層に、意外な事実が隠されていることを示唆してくれた人物と接触することができた。その人物によれば、護持工作は、「皇統の継続だけが目的ではなかった」というのである。その人物から提示された取材条件は、実名を出さないこと、そして写真撮影には応じられないの二つであった。

小松馨（仮名・取材当時九二歳）は中野学校三丙出身であった。中野学校の卒業者名簿に小松の実名は確かに記載されていた。

私は小松に会うため金沢に出向いた。取材場所は保存されている小松の母校（四高）の教室であった。

「生まれは金沢で新兵教育は第九師団の伝統ある第七連隊でした。ここで甲種幹部候補生に志願して豊橋の陸軍第一予備士官学校に入りました。昭和一五年のことでした」

私は、三丙出身で戦後ＧＨＱに潜入した小俣洋三（生前に取材。後述）について尋ねてみた。

「小俣君のことはよく知っています。一昨年亡くなりましたが、彼はマッカーサー暗殺計画とも関係していたことを戦後になって聞かされたことがあります。富岡（中野学校の疎開先の群馬県富岡町）では泉部隊の教官もしていましたね」

小松は小俣の盟友だったのだろうか。

「彼とは卒業後配属されたセクションが違ったので、戦時ではお互いに会うこともありませんでした。私は陸軍省の軍事資料部に配属されました。この組織は表向き兵務局の所管でしたが、大臣直属の極秘組織でカウンター・インテリジェンス（防諜）を担当していました。あなたもご存じの〝ヤマ機関〟の司令塔で参謀本部とも密接な関係があったセクションです。中野学校に入学したのは昭和一六（一九四一）年九月で、日米開戦前でした。卒業は翌年一一月で卒業と同時に、軍事資料部に配属されました。軍事資料部には優秀な下士官出身の戊種学生たちも勤務していましたね」

小松は人生の記録ともいうべき「個人史」を、初対面の筆者になんの衒《てら》いもなく語ってくれた。その真意を尋ねてみた。

「あなたの書かれた『陸軍中野学校極秘計画』や『幻の特務機関ヤマ』を読みましてね。よく調べたと思います。とくに『極秘計画』では猪俣（甚弥少佐・皇統護持作戦の現場責任者）さんたちの活動を興味深く拝見しました。懐かしかったのは石神井にあった〝離島作戦特務隊本部〟のくだりでした。私も軍事資料部の次に配属されたのが、あそこだったんです。大尉でした。作戦本部は参謀本部の直轄で第五課の肝いりで作られた秘密組織で、全国の拠点部隊に在籍する卒業生とのネットワークの本部になっていたんです。あなたにお会いしたら、個人史を話すつもりでした。それと、皇統護持工作の真相は広瀬さんの発案となっていますが、私が知る工作の深層は別のルートで進められた計画であったと承知しています。それは、参謀本部のロシア課長だった白木大佐と阿南陸相が直結した極秘の計画でした」

阿南惟幾といえば、日本陸軍最後の陸相で終戦の日に「一死以て大罪を謝し奉る」の遺言を残して自決し、中野学校設立にも関与した人物である。

私は白木大佐の名を聞かされて猪俣のことに思いをめぐらした。それは、戦後、猪俣が日本郷友連盟の会合に出席した際、終戦時の参謀本部第二部長の職にあった有末精三から聞かされた話として、こう証言したからである。

「戦後の後事を中野学校に託すため、有末に国家再建資金の決済を求めたのが第五課長の白木大佐であった」

猪俣少佐が白木大佐と邂逅《かいこう》したのは終戦二日前の八月一三日、参謀本部第二部のロシア課長の部屋であった。

「猪俣さんは、白木大佐が陸軍省に出向いて計画書を大臣に手交《しゅこう》したことは承知していたと思いますが、陸相の部屋で何が話されたのかは知らなかったでしょう。私が、石神井の本部で聞かされたのは、白木大佐が陸相に具申《ぐしん》したのは、〝国家再建資金〟の件と〝時代の新天皇には北白川宮道久王を推戴すべき〟という件だったそうです。あなたもご存じかと思いますが道久王の曾祖父は能久《よし》王《ひさ》ですから……」

〝東武皇帝〟の血脈という切り札

猪俣は現場の責任者として、道久王の身を隠せる安全な場所を探し、占領軍から若君を隠してしまうことに精力を注いだはずである。次代の新天皇として道久王に白羽の矢が立ったとしても、猪俣の任務には直接関係のないことだった。小松の話を聞きながら私は、広瀬中佐が北白川宮家と親しい関係にあったからという理由だけで、次代の新天皇候補として道久王を房子内親王から託されたという秘話は、何やらできすぎた巷説に思えてならなかった。なぜ、北白川宮家に新天皇の白羽の矢が立ったのか。小松は「道久王の曾祖父は能久王ですから」と言った。

道久王の曾祖父・能久王は「輪王寺宮《りんのうじみや》を名乗ったこともあり、また、京都の天皇家に叛旗《はんき》を翻した人物で、一時は「東武《とうぶ》皇帝」として担ぎ出された皇族である。

「輪王寺宮」は〝東の天皇〟という位置づけで、徳川幕府のいわば〝切り札〟であった。そして、中野学校の〝切り札〟が、その輪王寺宮の曾孫に当たる道久王だった。終戦という事態は天皇制と天皇家の存在が脅かされ、同時に当時の状況は「新天皇」の擁立には、千載一隅の機会であったともいえる。

この国体に関わる超極秘情報を小松はどのようにして得ることができたのか。

「石神井には参謀本部との間に電話の直通回線が引かれていて、本部長に白木大佐から事情説明があったことを、後日、通信担当の司令から聞かされました」

私は、小松の話を聞きながら「皇統護持工作」の深層が「終戦」という千載一隅のチャンスを捉えて、新天皇擁立に結びついていた可能性があったことに戦慄する思いだった。

東武皇帝の再来を道久王に求めたとされる白木大佐の陸軍大臣に対する具申。だが、小松の証言を裏づける文書などの資料はいっさい存在しない。しかし私は、小松が「離島作戦特務隊本部」に在籍し、通信司令からの情報として白木大佐の極秘情報を得ていたことを重要視した。さらに、小松は「占領軍監視地下組織」と「マッカーサー暗殺」計画についても語ってくれた。

「地下組織の計画書を起案したのは先輩の太郎良（定夫）少佐でした。太郎良氏は中野学校の研究部で教官をされていた方で、計画書は太郎良氏が直接白木大佐に提出したもので、阿南大臣が決裁されたそうです。マッカーサー暗殺計画については戦後、小俣君に再会したとき本人から聞かされましてね。彼は、終戦直後にＧＨＱ（連合国最高司令官総司令部）のＥＳＳ（経済科学局）に潜入したそうです。目的はＧＨＱの占領目的を探ることと、マッカーサーの動向を調べることだったそうです」

小松の話す「地下組織」については前出の「中野学校の戦後採り得るべき方策」の三項にあり、「マッカーサー暗殺計画」はこの三項目に連動した計画であった。「地下組織」については猪俣も承知しており、こう証言している。

八月一三日午前一一時ごろに、中野学校研究部教官太郎良定夫少佐が、西部軍管区司令部に出張の途中参謀本部第五課に立ち寄り、同期の秦正宣少佐の意見に従って九州行きを取りやめ、秦少佐の紹介で五課長の白木大佐に引き合わされ、白木大佐の要請によってただちに〝占領軍監視地下組織計画〟を書き上げて提出し、その日の午後四時には若松次官を通じて、阿南陸軍大臣の決裁を得た。

二日後は終戦である。国内では終戦に反対する一部将兵の散発的な抵抗はあったものの、占領軍を迎え撃つという組織内に計画された兵力は存在しなかった。だが、陸軍中野学校は秘かに占領軍に対する実力行使を想定した計画を練っていたのである。それが「中野学校の戦後採り得るべき方策」であったのだ。

東武皇帝の復活と新天皇擁立という極秘計画

私は陸軍中野学校が駿台荘会議で決した前途の三項目の方策について反芻してみた。もし、ＧＨＱが天皇制を廃し、天皇家を廃絶する占領行政を実施したとしたら、中野学校は躊躇せずに前述の二と三の項目を実行するために、ゲリラ部隊を主力とする隠密部隊を全国各地に編成して、占領軍に抵抗したであろう。だが、そうなれば内戦であり、まさに、それは、一五〇年近く前、薩長《さっちょう》を中心とする官軍と幕軍（奥羽越列藩同盟）が戦火を交えた様相と重なる。

幕軍は敗れ、東武皇帝として盟主に推戴された輪王寺宮は捕われの身となり、実家の伏見宮家に幽閉された。そして、蟄居《ちっきょ》が許されると北白川宮家第二代当主に就いた。この人物こそ道久王の曾祖父・能久王であった。終戦後、内戦が起これば中野学校は道久王を新天皇として、占領軍と戦火を交えたのではないか。薩長を中心とする官軍を占領軍、そして幕軍を中野学校と見立てれば、その構図はより鮮明となる（日清戦争後、台湾征討軍の近衛師団長として出征したが、現地で病没。享年四八。国立近代美術館の近くに騎馬像が建立されている）。

北白川宮家の当主は、能久王以降、三代・成久《なるひさ》王（パリ郊外の交通事故で三五歳で薨去《こうきょ》）、四代・永久《ながひさ》王（蒙古で演習中に飛行機事故に巻き込まれ三一歳で薨去）と早世したため、北白川宮家は〝悲劇の宮家〟と呼ばれた。この一連の悲劇については、「東武皇帝の血筋を絶やすための謀殺ではないか」との穿《うが》った見方もあるが、真相は不明である。だが、この血筋は明治新政府にとっては脅威だった。なぜなら、〝もうひとりの天皇の血筋〟だったからである。だからこそ、終戦直後、占領軍の出方次第では、究極の〝切り札〟となり得たのだ。

そして、阿南陸相が裁可し、陸軍中野学校が匿おうとした新天皇は、かつて東武皇帝を名乗り、輪王寺宮家の血統を継ぐ北白川宮家第五代当主道久王以外にはあり得なかったのではないか。皇統護持工作の深層は、皇統護持だけでなく、東武皇帝の復活と新天皇擁立という極秘計画だったのではないか。

陸軍中野学校には南朝の忠臣・楠木正成を祀《まつ》る「楠公社《なんこうしゃ》」が設けられていたが、日本陸軍の学校で独自の楠公社を持っていたのは中野学校だけだったとされる。中野学校の教育理念の主柱とされた南朝思想は、中野学校の精神教育の中心的人物だった吉原政巳が創り上げたものである。吉原は、士官候補生のときに「五・一五事件」に参加して反乱罪で裁かれ、禁固四年の刑に処せられた経験を持つ。その吉原の思想が色濃く反映されていたであろう〝皇統護持計画〟の深淵にあったのは、はたして何だったのか。なぜ中野学校は北白川宮家を次代の新天皇として担ぎ出そうとしたのか。

第三章 特殊工作の真実

樺太・対ソ情報戦――北緯五〇度線を挟んだ熾烈な戦い

北緯四五度五四分～五四度二二分、東経一四一度三八分～一四四度四五分に位置する南北約九五〇キロ、面積七万六四〇〇〇平方キロの細長い島、樺太《からふと》。明治政府の樺太開拓使がこの島の開拓を始めたのは明治三（一八七〇）年のことだった。しかし現地では日露間の紛争が頻発したため、日本は樺太の領有権を放棄する代わりに千島《ちしま》列島全島をロシアから割譲させるという「樺太・千島交換条約」を明治八（一八七五）年に締結した。

以後、樺太はロシア領になったが、日露戦争で日本軍は樺太に侵攻してこれを占領。戦後の明治三八（一九〇五）年一〇月に結ばれた日露講和条約（ポーツマス条約）により南半分の北緯五〇度以南が日本領になった。この五〇線を国境とした面積約三万六〇〇〇平方キロの南樺太の経営は太平洋戦争終戦までの四〇年間続いた。樺太最南端の西能登呂《にしのとろ》岬と北海道の宗谷《そうや》岬との距離は四三キロで、そのあまりの近さから「マラソン距離」ともいわれていた。

この南樺太に最初に置かれた官衙《かんが》は樺太民政署だが、明治四〇年に政府直轄の樺太庁に改編。庁舎は当初、大泊（コルサコフ）にあったが、翌年八月には豊原（ウラジミロフカ）に移り、昭和四（一九二九）年六月に拓務省の所管となった。

日米開戦後の昭和一八（一九四三）年三月、南樺太は内務省直轄となって内地に編入。行政機関は、編入当時には一本庁四支庁（豊原市の樺太庁本庁と豊原支庁、真岡《まおか》支庁、敷香《しすか》支庁、得須取《えすとる》支庁）となって、この組織は終戦まで存在した。南樺太の最盛時の人口は昭和一六年一二月の国勢調査で四〇万余。この中には朝鮮人、ウイルタやニブフなどの先住民族、白系ロシア人も含まれていた。

南樺太、北海道、東北四県（青森、秋田、岩手、山形）の防衛を担当する「北部軍」（軍司令官・浜本喜三郎中将・陸士一八期）が札幌近郊の月寒村《つきさっぷむら》に創設されたのは昭和一五（一九四〇）年一二月の

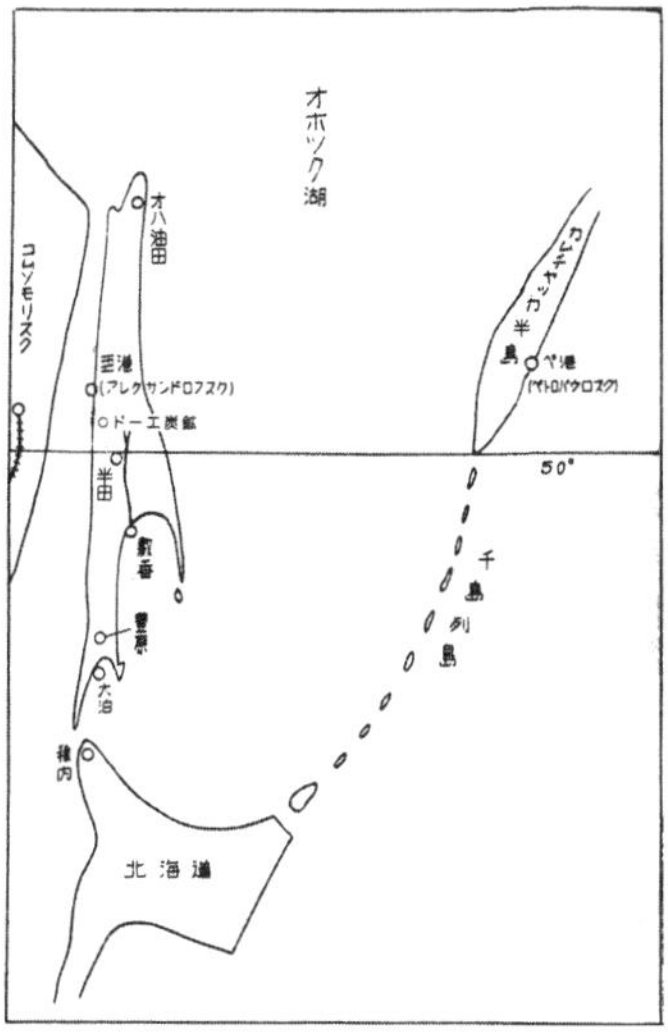

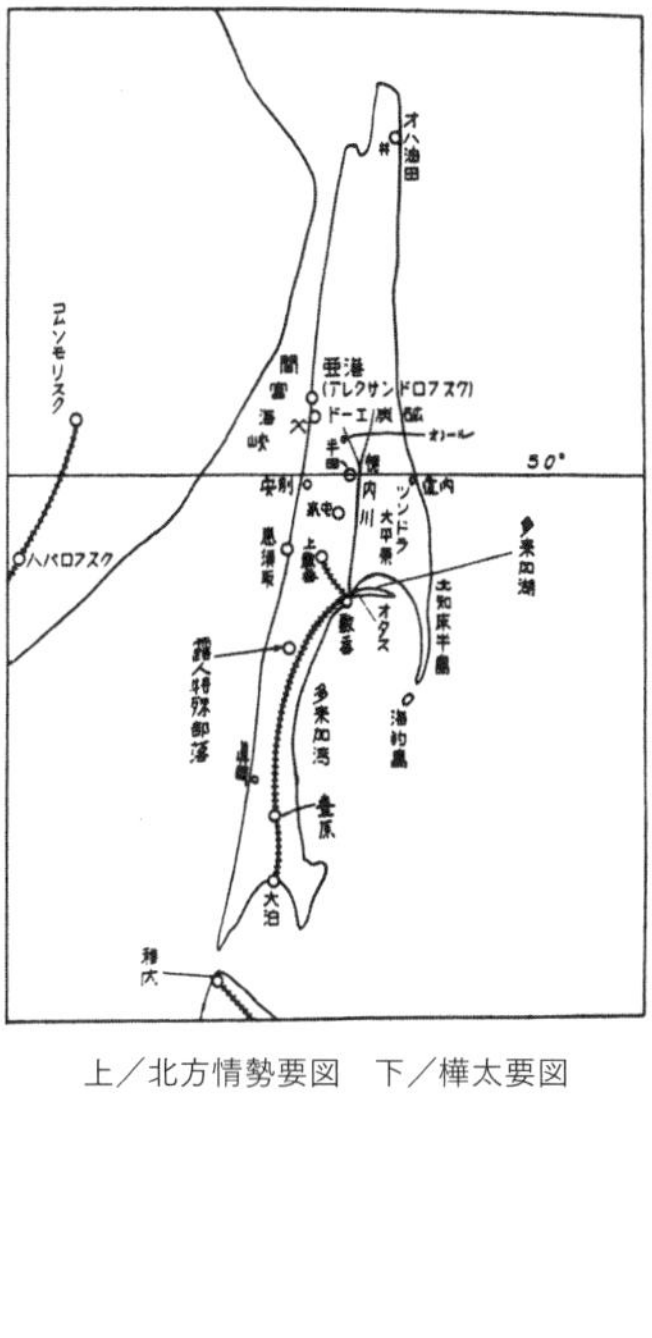

上／北方情勢要図　下／樺太要図

ことだが、昭和一八年二月には「北方軍」（秘匿名・達）に改組され、軍司令官に樋口季《き》一郎《いちろう》中将（陸士二一期）が親補された。このとき大本営直轄の北海守備隊を編入している。

昭和一九年三月、北方軍は南樺太、北海道、千島列島を担当する第五方面軍（達）に改編され、方面軍司令官には樋口が横滑りした。北方軍の戦力は昭和一九年四月時、地上兵力は千島方面に二個師団と二個混成旅団、二個海上機動旅団、北海道に三個師団と二個警備隊、樺太には一個旅団、航空兵力は第五、第二〇、第二五の飛行団を基幹とした一個飛行師団が帯広に展開していた。また、軍管区司令部（後方警備、徴兵、動員など管轄地区の業務を担当した）の人事は大半が方面軍の軍人が兼務していた。

一方、南方戦線の激化で方面軍の部隊は逐次、南方に抽出されて昭和一九年一〇月の時点で地上兵力は五個師団プラス二個混成旅団に独立重砲部隊などで一五万を超えていたが、航空兵力は二個戦隊（五四機の戦闘機）が配備されているにすぎなかった。

南樺太の情報活動の始まり

樺太の近代史と防衛態勢について駆け足で述べてきたが、昭和一〇年代以降、陸軍では南樺太での対ソ情報戦を開始する。そして、太平洋戦争中の昭和一七年になると樺太特務機関が設けられ、本格的な情報戦を展開していく。この特務機関で中心となって情報戦を担ったのが陸軍中野学校卒業生たちであり、実際にその手足となって動いたのが、ニブフやウィルタなどの現地先住民たちであった。以下、知らぜらるその情報戦について紹介したい。

樺太における情報戦は、昭和一〇（一九三五）年六月に樺太連隊区司令部に「情報係」が新設されたことに始まる。陸軍中野学校の関係者が戦後になって編んだ『陸軍中野学校』によれば、この

「情報係」で実際に情報収集活動を行ったのは、樺太在住の先住民たちであった。彼らは昔からの習慣で、狩猟や縁者訪問のために国境を自由に行き来しており、彼らから国境地帯のソ連軍の情報などを入手していた。同書には以下の記述もある。

「このほか、樺太庁警察部はは国境警備のために警察官を配置し、常時警戒、巡察をおこなっていたので、この種の情報の取得ができた。また、樺太憲兵隊では、島内の治安対策と防諜上の情報収集、工作活動を行っていた。但し、その組織、人員は小規模で消極的なものであった。昭和一二年、日華事変（筆者注：支那事変）の勃発を期として、対ソ情報収集の必要性から、参謀本部は、北樺太および沿海州方面のソ連軍情報を考慮し、太田軍蔵少佐（陸士三一期）を主務者として任に就かせた」

このように、昭和一〇年頃から始まったとされる樺太における対ソ情報収集活動は、現地レベルでは憲兵隊と警察が担っており、「情報専門職」の軍人は配置されていなかった。北部軍が編成された昭和一五年一二月、同軍司令部に専門の「情報班」が創設されたが、まだこの時期は参謀部内に一〇余名が勤務する小規模な編成にすぎなかった。

最初に中野学校卒業生が派遣されたのは士官学校卒業で二甲出身の神田泰雄大尉（陸士四四期）。続いて「関東軍特種演習」（関特演）を実施した昭和一六（一九四一）年七月以降から翌年三月にかけて、将校の乙短、乙長出身者と下士官の三戊出身者の二〇名が派遣され、「情報班」の陣容は年々強化された。さらに、北部軍改編後の北方軍では情報班は参謀長（少将）直轄の「情報部」に昇格し、昭和一七年四月、南樺太の豊原に新たに「北方軍情報部樺太支部」（機関長・斎藤浩三大佐・陸士三三期）が創設されて、本格的な対ソ情報の収集（及び工作）に専念する体制が構築された。

樺太における対ソ情報収集の中心となった樺太特務機関の活動は以下のことを重点項目としていた。

①先住民族工作の強化と防諜拠点の整備及び要員の獲得
②ソ連の放送傍受
③国境近郊のソ連側軍用有線の傍受
④管内兵要地誌の調査

後述するが、この四項目の活動について詳細な手記を遺したのが樺太特務機関「敷香《しすか》支部」の機関長を拝命していた扇貞雄である。樺太特務機関は本部の置かれた豊原以外にも、南樺太の北部に扇が赴任した東の敷香と、西の恵須取《すえとり》に支部が設置されていた。私が樺太における北方工作の詳細について取材したのは平成二七（二〇一五）年七月で、その機会となったのは神戸護国神社で慰霊祭が催されたときである。この慰霊祭は、「大戦殉難北方異民族慰霊之碑」と彫られた石碑の前で行われ、主催者代表は扇進次郎（当時六八歳）。この碑が建立されたのは昭和五〇（一九七五）年五月で、施主は父親の貞雄であった。

碑文には「過ぐる大戦に於いて無数の白系ロシア人、ギリヤーク人、オロッコ人が中野の子等と共に理想に参加し、非情なる最後を遂げ、帰るに安住の祖国さえなき事実を知らざる者、今日余りにも多い」と彫られている。扇貞雄少佐が中野学校一期生出身であることは以前から知っていたが、樺太特務機関に勤務したいたことは知らなかった。

当時二六歳の扇が樺太と縁ができたのは大尉時代の昭和一七（一九四二）年三月で、それ以前は関東軍参謀部第二課に三年余り勤務していた。その間には上海に派遣されて白系ロシア人の元将校等を工作員として協力させ、上海在住白系ロシア人の動向調査に当たっていたが、この時代の重要な任務はコサック出身のアタマン（指導者、将軍）の懐柔工作であった。

この任務を解かれると、次の任地となったのが南樺太のソ連との国境に近い敷香の二代目特務機関長であった。任地に発つときの心情を、工作の実態を記録した『ツンドラの鬼・樺太秘密戦―中野諜報将校の手記』（扇兄弟社）という手記に遺している。

北方軍司令官樋口中将は在外情報勤務体験者（筆者注：昭和一二年八月～一三年七月にハルビン特務機関長を務めている）だが、それ以外は一人の参謀本部情報出身者がなく中野学校、下士官の扱い方も知らず、全くとわどうばかりで、すべてわれわれの要求のまま作命を出してくれた。とかくするうち、一日も早く樺太敷香特務機関へ赴任することになり、妻子を伴い稚内《わっかない》より大泊へ連絡船で上陸。豊原特務機関で着任の申告、機関長斎藤大佐は参謀本部兵要地誌班長時代、中野兵要地誌学教官であった人だけに親身の迎えようで、まことに心強いかぎりであったが、私の赴任後一月余りで参謀本部に転補された。同夜の歓迎宴で中野の弟達（後輩）より敷香情勢の困難性を口をきわめて教示され、同志一同の期待を一身にうけ、翌朝単線列車で一路任途につく。

新天地の敷香に向かうときの心情が率直に記されている。その心中は上海時代に成功した特務工作の「樺太版」を実現する期待で胸がいっぱいであったのだろう。

先住民とその工作の実態

扇が現地で最初に手がけた工作は、「トッカリ漁」を生業とするニタブンとトナカイ猟に長けたウィルタの活用であった。北緯五〇度線以北のソ連側情報入手のための諜報活動である。先住民を使った対ソ工作。その実態について扇は、先述の「ツンドラの鬼」に詳細に遺していた。以下、同手記に基づいて論じてみたいと思う（引用文中、現在では使われない語句を一部改めた）。

まず、敷香支部の組織はどのようになっていたのか。図は扇が昭和一七年五月に作成した組織図だ。将校は扇以下六名。（見習士官を含む）下士官四名、兵六名、事務職および運転者など内勤者四名、先住民の工作要員五～一〇名とあり、敷香支部には二五～三〇名の勤務者がいたが、戦力の中核となったのが先住民であった。また、先住民の素性についても記している。

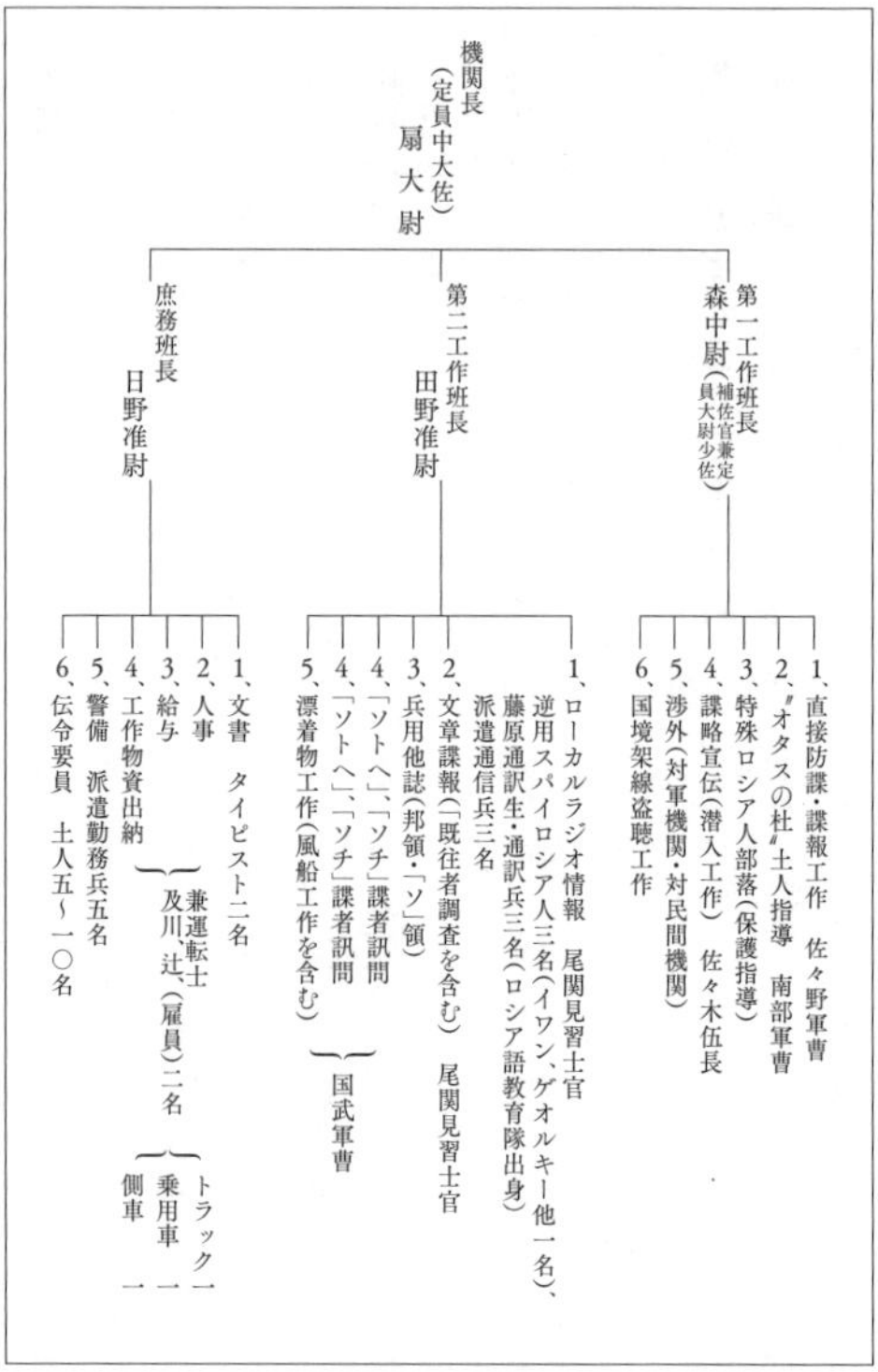

敷香陸軍特務機関編成表

全樺太先住民の八、九割は敷香支庁管内（南樺太）にあり、戸籍を有していない彼らの正確な数は把握できなかったが、機関において直接使役指導中のものは三百名を超え、彼らの大部分は常に南樺太の数倍にのぼる北樺太在住の親族と国境を越えて自由に往来し、敷香特務機関の重要な情報源工作対象となっていた。

当時の国境線の警備状況と諜報活動、先住民について、『樺太終戦史』（樺太終戦史刊行会編）にはこのように書かれている。

> 長い国境線の警備は、国境警察のほかに旅団編成後（昭和十四年五月、上敷香に兵力一万二〇〇〇の樺太混成旅団を編制、昭和二十年二月に旅団を基幹として第八十八師団に改編）、歩二五連隊からも少数の兵が、国境線越にソ領の小都市オノールを望む三〇五高地などから常時監視に当たっていた。しかし、その程度のことでソ連の動向をつかむことはできず、諜報活動がおぎなった。中央低地のツンドラ地帯の幌内川、ソ領ツイム川の流域には水草の民、遊牧《ママ》民と呼ばれるオロッコ、ニタブンなどの部族がいた。敷香にはほかに特務機関があって、これらの部族を使い情報収集を行っていたのである。
>
> 樺太の先住民はアイヌ、ニタブン（ギリヤーク）、オロッコ、キーリン、サンダー、ヤクートの六種族で、アイヌ人（二百五十一戸、一千二百七十二人）は昭和八年戸籍法を施行して内地人に包含し、ほかに外国人としては白系ロシア人（三十戸、百四十人）、ポーランド人（十一戸、四十六人）などがいて酪農をやり、あるいはパンを作って売り、羅紗の行商などで生計をたてていた。

樺太庁は先住民の人口調査を行っており、昭和一六年の調査では先住少数民族の数を「二クブン二七戸＝九七人、オロッコ五五戸＝二八七人、キーリン五戸＝二四人、サンダー四戸＝一五人、ヤクート一戸＝二人」と、五種族で四二五人が生活していることを報告している。

扇は工作要員として教育訓練中の先住民の数を「三百名を超え」と記しているが、その通りであれば五種族の大半を宣撫《せんぶ》していたことになる。また、日本語を理解させるための教育も施していた。

オタスの森に置かれた小学校の授業風景。先住民に日本語を教えていた

私の着任前よりオタスの森には機関の南部軍曹（中野下士官学生二期、二十五歳の最優秀下士官）を先住民指導係として常駐派遣し、川村先生という一見全く先住民たる老人がオタス先住民小学校校長として教育に涙ぐましい献身をされ、二人協力して先住民の父親、母親がわりの指導を行っていた。

それと、民族の特性についても記している。

魚漁民族ギリヤーク――、狩猟民族オロッコ――も、ともにヤクート族のワルワラ嬢（筆者注：左頁の写真）を首長と仰いでいた。ワルワラ嬢は祖父の代より進歩的指導者としての役割を果たしており、テント住まいの先住民の中にバラックながらもロシア人風な小屋に住まい、父死後は年若い大女のワルワラ嬢が首長として実権を握っていた。

ヤクートの首長・ワルワラ（右から二人目）

こうした先住民の狩猟技術についても記されているのが興味深い。

彼ら男子の射撃の技術は、けだし神技に近く、飛ぶ鳩の右眼を、大木の上に動くリスの左眼をと命ずれば、必ず確実に右眼左眼に命中させ、はずれることがない。樺太海獣業者は伝馬《てんま》船の先頭に一人のギリヤーク人射手を配置し、トッカリ、オットセイ、ラッコ等を船が満船で沈みかかるまで毎日獲って帰っていたが、ギリヤーク人の代わりにアイヌ人射手を配すると、その漁獲量はとても先住民の半分にもおよばないとのことであった。

樺太海獣業者は彼らによって繁栄していたのであった。彼らは子供のときから波に動く漂流木片を目標に自家製の粗末な弾丸（わずかな火薬と鉛で毎日作る）と旧式村田廃銃（日露戦争時代の日本陸軍の廃品）とで海獣の鼻の上のところを狙って仮死状態にしてしまう練習を重ねていた。狙い損じて死亡すれば海獣は水中に沈んで浮き上がってこないのであるから、生活の必要上神技でなくてはならぬところである。

扇はニタブンの狩猟現場を実見し、その射撃術の正確さに驚嘆して彼らをスナイパーとして起用することに着目した。敷香支部での教育、訓練についても詳細に記している。

毎年、夏季教育、冬季教育と称して優秀な青年を三十名ず

工作員として訓練を受けていたニブフの人々

つ全樺太より特務機関招集令状により招集教育することが機関の重要行事となっていた。ゲリラ戦教育期間中は、敷香郊外の速成キャンプ場に将校一名、軍曹一名、伍長一名、兵二名が起居をともにして主として軍規訓練〈兵士として順守すべき『歩兵操典』記載の内容を簡略にした訓練〉と遊撃戦術教育を行ったが、この理解応用力には日本軍中の遊撃戦術の専門家である中野学校出身者でさえ舌を巻くほどで、生まれながらの遊撃戦士であり、冬季の犬橇《そり》、トナカイ橇作戦、夏季の丸太舟作戦等はみごとの一語に尽きた。

扇は教育カリキュラムで遊撃戦について記しているが、遊撃戦術は中野学校の基礎的な科目になっていた。

> 遊撃とは、あらかじめ攻撃すべき敵を定めないで、正規軍隊の戦列外にあって、臨機に敵を討ち、あるいは敵の軍事施設を破壊し、もって友軍の作戦を有利に導くことである。したがって遊撃戦とは、遊撃に任ずる部隊の行う戦いで、いわゆるゲリラ戦のことである。

中野学校の遊撃戦教範には、このように解説されている。扇はこの教範に則って選抜したニタブン、ウイルタ等の青年たちを教育していた。さらに、手記には生々しい実戦の情報戦も記されている。

邦領（五十度線以南）樺太在住先住民数よりソ連領樺太在住先住民の方が数倍多かったが、親族関係を利用してソ連側国境警備隊や日本側監視警察官の目をのがれ、ソ・邦間を往復する先住民を機関（敷香支部）は常に三〇〇名は握っており、これは樺太秘密戦勤務の特色であった。工作苛烈となるや、ソ連側先住民が邦領に侵入、首を斬って帰るや、日本側先住民もまたソ連先住民に復讐して帰り、国境線で戦い、あるいはまた彼我とも女、子供を人質として拉致して帰るなど、血なまぐさい戦いは連日連夜の如く繰り返し行われたものであった。

扇は樺太の南北で生活する先住民の〝国境地帯〟での死闘をこのように記しているが、この他、ソ連逃亡兵や逃亡越境民（前者は「ソトへ」、後者は「ソチ」と呼ばれていた）の帰順作戦も行っている。これは、ソ連兵や北樺太の先住民が越境して日本領内で休息する場所などに食料や生活物資を用意してプレゼントする工作で、何度か同じことを繰り返し相手に信用させたところで南の先住民が説得して「ソ連情報」を聞き出すという方法であった。相手が拒否した場合は、工作の事実を隠すために殺害することもあったようだ。

中野学校の教えは〝謀略は誠なり〟とあり、教育の神髄を戦地で実践していたのだろうが、現実の戦場はこんな甘い精神訓話など無用であった。敵の情報を入手するために工作員は生きるか死ぬかの情報戦を繰り広げていたことを、扇は手記で率直に明かしている。この現実が戦場の実態であった。それも、樺太の戦場に投入されたのは「北海道土人保護法」にも指定されていない少数民族から選抜された若者たちなのである。犠牲の大半は彼らだったのだ。

ロシア人も使った情報収集

過酷な情報戦について扇はさまざまな実体験を記しているが、その中にはロシア人を利用したことも書いている。

スパイ「アナスターシア」のことに言及しておく。われわれ夫婦は（扇は妻同伴で赴任していた）かつてソ連スパイであった、彼女を親身の妹のように愛した。彼女は北樺太で一、二を争う大トナカイ（馴鹿）を飼育しているコルホーズの場長であったが、トナカイの出産率低下、ノルマ不良により反政府的勤務者として矯正労働所に入れられ、日ならずして、若く優秀なる彼女に目を付けた「ゲーペーウー」（秘密警察）により邦領にスパイとして潜入するなら無罪にすると強制され、これを承知するや、国境警備隊のスパイ養成所で一ヶ月ばかりの速成教育ののち越境したのであるが、わか冬季防諜拠点工作に引っかかって、最後に機関で尋問の結果、機関逆利用工作員とすることになったものである。彼女の頭脳はよく、ラジオ傍受工作の優秀な速記者として役立った。常にロシア語教育隊の通訳兵と二人で勤務させ、日本人通訳の聞き取りにくい点や語学力の差をよく補ってくれた。

敷香支部では扇の着任前からウラジオストック、アレクサンドロフスク、コムソモリスクなどから発信されている極東シベリア放送を傍受しており、また、有線電信電話の傍受にも成功していた。『陸軍中野学校』にこんな記述がみられる。

前機関長（筆者注：扇の前任者瀬野赴中佐・陸士三二期）時代より引き続き、敷香支部の任務として続行された。これは、極東シベリアのローカルラジオの傍受工作であったが、一見無価値のような情報でも丹念に収集整理・分析を続けることにより、相当貴重な情報源として、有力な判断資料となった。十八年頃からは、従前より更に、資材を充実し、また人員も、新たにソ連軍から寝返った婦人諜者アナスターシアを加えるなど増加し、豊原本部より尾関少尉（筆者注：元関西学院英語助教授・ロシア語教育隊出身）を配して、電波傍受班長とした。

扇は機関長在任中に参謀本部命令でソ連領への「特殊偵察勤務」に就いていた。特殊偵察勤務とは「身分を秘匿して外国内に入り諜報活動に就く」ことで、扇は旅券に関東軍参謀部第二課勤務時代に使っていた「大木定敏」の変名で昭和一八年六月から一カ月間にわたり、外務省通訳生の身分でソ連領北樺太のアレクサンドロフスク、オハ、カムチャツカ半島のペトロバヴロフスクで特殊勤務に服した。目的は北樺太、カムチャツカ地方のソ連の軍情、民情の視察、兵要地誌作成に必要な地勢の研究などであった。

渡航前の五日間は現地事情の研究に没頭したという。以下、手記から抜粋する。

上司は外務省、北洋漁業会社、ドーエ石炭鉱業所、オハ石油鉱業所等に対する必要な連絡、利用船舶等のすべての手続きは準備してくれており、外務省名を満州国外交主事として特殊偵察勤務に服した時代に使っていた変名と同じ大木貞敏としてビザを準備し、作成戸籍の理解の努力をなす。実に驚いたことに私の向かう北樺太亜港〈アレクサンドロフスク〉総領事館の前任通訳生は私の中野時代のロシア語教官戸崎大尉で、同生は写真撮影の現場を押さえられ、目下シベリアの監獄に収容されていると聞き、私もとうてい無事帰任できまいと背筋にいっそう寒々としみいるものがあり、同生の無事を祈るとともに、困難の自覚に夢中になって資料室の資料に取り組む。

戸崎大尉がソ連にスパイ容疑で逮捕されたのは日米戦が開戦したのちのことだが、日ソ間には日ソ中立条約が締結されていた。しかし「スパイの摘発」について、ソ連はまったく容赦しなかった。外務省通訳生という外交官の身分を持っていても、現場を押さえてしまえば、「戦時活動」として拘束するのは国際法上、問題はなかった。つまり「スパイ行為」の中身が問題なのだ。その後、戸崎大尉の行方はまったくわからなかったという（ハバロスクのラーゲリで死亡との情報もある）。

中野学校でロシア語の教官をしていた戸崎辰夫は、陸軍省の併任教官で東京外国語学校の卒業生であった。中野学校名簿の教職員の部には陸士三八期の戸崎の名は載っているが、戦死扱いになっていた。

扇の在任中最後の任務は樺太の最東端に位置する北知床半島（現在の名称はテルペニア岬）の兵要地誌を作成することにあった。貴重な現地報告なので長いが抜粋して引用する。

長年日本人がなしえなかった不毛、未知の北知床半島の兵要調査と防諜拠点工作であった。多《タ》来加《ライカ》湾の深部のツンドラ地帯はまったくの未調査地帯でギリヤーク、オロチョンの世界。時たま密猟者や犯罪者の隠れ場所となり、わずかに海岸地帯が海獣業者をはじめ警察官等の基地として利用されるくらいで、系統だった学術的参考資料の蒐集をはかることはなかった。北海道帝国大学より学者を招聘しても、すべて敷香までで、さらにその奥へ行く希望者もなく、やむなく機関から自ら全力を挙げて工作拠点の開設を兼ねた兵要地誌調査をすることになった。

ソ連の諜略分子、一般諜報員が手薄なベーリング海より、北知床半島伝い南樺太に潜入、先住民を主とするソ連の工作員の一人舞台となり、邦領土先住民も彼らにしてやられるという情報を再三うけているので、逆に北知床半島の調査を決意し、一か月分の燃料、食料、工作物資を猟用の発動機汽船に積み込んで出発した。（中略）

ツンドラ平原の行軍は一歩ごとに五センチくらいブクブクとくい込み、足の疲れはとうてい想像もできない困難さで、一時間一キロ行軍はよい方という有様。トナカイに乗馬しても、日本軍馬とは異なり反動を抜くことができないことからコトコト身に直接響き、長時間乗馬することはできず、二十分乗って二十分歩くという行軍だが、先住民は全然疲れを知らないのには敬服する。

移動休止する際、同行の下士官は地図作成と兵要調査報告書資料整理に兵は地質、植物資料の蒐集に没頭する。（後略）

この北知床半島の調査報告書は後日、参謀本部陸地測量部に提出され、北知床兵要地誌の基本資料になったそうだ。

樺太特務機関敷香支部

その後の特務機関の活動

昭和一七年三月から樺太の敷香支部の機関長として勤務した扇は、翌年の八月には南方総軍司令部付（司令部はシンガポールに置かれていた）の情報将校として転出し、少佐に進級する。扇が転出した後の樺太の対ソ情報工作はどのような状況にあったのか。

格好な資料があった。前出の『樺太終戦史』である。

十九年初めころは方面軍情報参謀でもある浅田三郎中佐（筆者注：昭和二〇年三月、関東軍参謀部第二課長・大佐として転出。陸士三六期）が支部長（樺太特務機関本部）で、敷香、得須取などに支所があった。機関長の名をとり浅田公館、瀬野公館（敷香は瀬野赴中佐）などと人は呼んだ。終戦直前の情報部支部長は蟹江少佐であった。対ソ情報収集のたに特務機関員とともにオロッコ、ギリヤークなど先住民を使ってソ連の配備、動向のキャッチに努めたが、国境の北、ツイミ《ママ》川流域のアダツイミ付近にはギリヤーク人の集落が点在しており、同族の集落に潜入することができた。

扇が南方戦線に転出したのちも、樺太特務機関では先住民族を使った情報収集を続けていたが、国境線を越えて来る北からの潜入工作員に手を焼いていた。その状況を樺太警察部が昭和一九年一〇月に資料「治安月報」としてまとめている。それによれば「北樺太亜港諜報部ノ対日諜者ハ三十八名ニ上リ、之等ハ常ニ五〇線ヲ越境、我方ノ機密偵諜ニ狂奔シツツアル」とある。

また、この諜者のほとんどが先住民であり「彼等ハ原始林ノ跋扈ニ慣レ、厳寒ノ下ニ野宿シ、粗食ニ耐エ、ソノ行動ノ敏速等之カ捕獲ハ容易ナラザルモノアリ」と記し、また、この年の一月から六月末までに先住民の諜者二名、ソ連軍正規兵一名を逮捕したと記録されている。

扇が敷香特務機関長として勤務したのは一年五カ月であった。その間に工作要員として活用した少数民族五〇余名を失っていたが、前掲の『陸軍中野学校』には、一切記録されていない。中野学校卒業生による「北方民族工作」の実態は、扇の部下であったウイルタのダーヒンニェニ・ゲンダーヌ（日本名・北川源太郎）が戦後になって自身の体験を公表しているが、扇貞雄という異色の一期生が遺した手記がなければ、全貌が明かされることはなかったであろう。

ニブフ、ウィルタの樺太情報戦における多大な貢献に対して戦後、中野学校関係者は組織として彼らを支援することはなかった。しかし、扇は、一個人として彼らに対して扇なりの恩義を〝慰霊碑の建立〟で報いたかったのではあるまいか。碑の末文には「この碑の祈念するところは、あまりにも報われることのない、故、北方異民族同志への鎮魂であり、盤石深く刻み込まれたものは祖国への永遠の安泰であり、平和の二文字である」と刻まれていた。

ちなみに終戦時、樺太特務機関の本支部に勤務していた中野学校出身者は三二名で、そのうち一九名がシベリアに抑留され軍事法廷で一〇～一五年の重労働の判決を受けている。敷香支部最後の機関長は一乙短出身の橋本豊富大尉で、橋本も一五年の判決を受けて沿海州の監獄で服役した。

神戸護国神社境内に建立された
「大戦殉難北方異民族慰霊之碑」（筆者撮影）

平成二七（二〇一五）年七月上旬、慰霊祭の三カ月後に筆者は進次郎から父親の思い出話を聞かせてもらう機会があった。

「私の記憶にある父は、クリスチャンにしては意外と一神教にこだわらない人だったということでした。父が入信したのは子供のころで、『道会』の

大尉時代の扇貞雄

会員でした。この組織は異端のキリスト教の一派で、主宰者は松村介石《かいせき》という人なんです」

松村介石は、プロテスタント系の新宗教の指導者だが、キリストを唯一の「神」としては信じておらず、その思想は日本のキリスト教界からは批判された。組織から追放された松村は、自ら「道会」を立ち上げた。日本のキリスト教の世界では、植村正久《まさひさ》、内村鑑三《かんぞう》、田村直臣《なおみち》に続く〝四村〟として名を遺している。

「父から聞かされたのは、中野学校の面接官であった伊藤佐又さんという教育主事の人が、〝中野には、こんな変わった経歴を持つ人間がいても、役に立つだろう〟と入校を推薦したそうです。父は戦時中も道会の教典をよく読んでいたそうです」

当時タブーともいえた天皇についての議論も教育の一端としていた中野学校に、異端のキリスト教徒が入校した。学校関係者も知らない真実である。扇貞雄は昭和二一（一九四六）年六月に南方から復員した。戦後は地元神戸で文具商を営み、事業は成功した。そして一九年後にに自戒の念を込めて手記を記し、私財を投げ打ち奔走して賛同者の協力を得て、「大戦殉難北方異民族慰霊之碑」を建立した。亡くなったのは平成九（一九九七）年。享年八一であった。

※『ツンドラの鬼・樺太秘密戦』には「土人」と表記した箇所があるので、本書ではすべて原住民と少数民族に置き換えて記述した。慰霊碑以外の写真は、扇進次郎氏提供。

勇猛な台湾「高砂族」と陸軍中野学校の関係

『陸軍中野学校』は、高砂族について簡単に触れている。

終戦により第三国人となった高砂義勇兵および台湾勤労兵は、最優先で本国に帰還させることになったが、軍としては五〇〇余名の人員輸送であり、各種の問題発生も予想される困難な業務だけに、参謀に補佐官二名をつけて引率することとなった。（中略）高砂義勇兵のニューギニアにおける労苦と数々の功績にも拘わらず、終戦後三十余年を経た今日でも、日本政府はこれらに対して何ら報いることをしていない。

学校史が編纂されたのは昭和五三（一九七八）年三月。その時点で、戦後も三三年が過ぎていた。「第三国人」なる言葉は、日本の終戦で解放国民となった日本国籍を有しない朝鮮人、台湾人を差別する呼称として昭和三〇年代ころまで使われていたが、学校史でも使うとは、いささかアナログ感覚ではないか。

参謀本部の狙い

現在、台湾の少数民族は「平地原住民」と「山地原住民」に区分されており、日本が付けた山地原住民の「高砂族」の名称は「高山」族に代わり、種族は「アミ族」「ブヌン族」「タイヤル族」が七〇パーセントを占め、台湾南東部に多く生活圏を持っている。戦前「高砂族」と総称された少数民族の多くは「アミ族」と「タイヤル族」の出身者であった。そして彼らは「皇民化教育」を受け、多くの高砂族出身者が志願して日本軍に協力し、南方戦線に派遣されていた。

参謀本部第二部が彼ら高砂族に目を付けたのは、「勇猛な戦闘力と驚異の視力、ジャングルにおける行動力」といった、天性の特性に期待してのことであった。日本軍はジャングル戦、いわゆる「遊撃戦」にはまったく無知で、戦術すら確立していなかった。

参本から命ぜられて遊撃戦計画を立案したのが「陸軍中野学校」で、遊撃戦教育を受けた秘密戦士たちを指揮官にしてジャングル戦を実行したのである。

私はかつて、東部ニューギニア戦線（一期生の新穂智中尉は西部ニューギニア戦線で特殊工作班の「神機関長」を拝命し、横断記を遺していた）で、高砂族の第二特別義勇隊（所属は第二〇師団の中井支隊）の隊長を務めていた三内出身の故小俣洋三大尉（GHQに潜入した本人）を取材していた。

「私は米軍の投げた手溜弾を体に受けてしまいました。重症でした。今でも、破片が左の肺を中心にして、六カ所に埋まっています。摘出しないのは助けてくれた高砂族の部下のことを忘れないためです。今の時代にこそ、台湾高砂族の活躍を語り伝えることが大事で、語り部になることが私の使命なんです」と語っていたことを思い出す。そして高砂族の優秀さを「勇敢でジャングル戦では天性の戦闘力を発揮していました」と当時の戦場を回顧している。

門脇朝秀の証言

その小俣を取材した折に紹介してくれたのが、長年「高砂族に対する国家補償と慰霊事業」を続けてきた一〇〇歳になる門脇朝秀《ともひで》で、二〇一四年九月に川口市内の自宅で取材する機会に恵まれた。一〇〇歳といえば大正三（一九一四）年生まれである。門脇の軍歴は以下のようなものであった。

「私は朝鮮京城（現在のソウル）生まれで、学校は大阪外国語学校（現・大阪外国語大学）支那語科を卒業して徴兵は京城の歩兵第七九連隊でした」

七九連隊といえば龍山に司令部を置く第二〇師団の基幹連隊で、太平洋戦争では東部ニューギニア戦線に出兵していた。

「兵卒を満期除隊すると上官から〝お前は支那語ができるので、関東軍の奉天特務機関に推薦するので軍属として働いたらどうか〟と、特務機関行きを薦められました。支那語が役に立ったんです」

奉天特務機関は対支情報の収集と謀略工作の中心機関で、昭和八（一九三三）年には土肥原賢二少将が機関長に就任していた。門脇が特務機関員として採用されたのは昭和一一（一九三六）年で機関長は三浦敏事《としわざ》（陸士一九期）少将の時代であった。機関員として務めたのは足かけ五年であったが、謀略工作などについては言葉を濁して、あまり語らなかった。その後、特務機関が廃止されると、満鉄に務めて終戦まで奉天（現・瀋陽市）や大連での生活が続いた。

門脇朝秀氏

「内地に引き揚げてきたのは昭和二一（一九四六）年で、戦後生活は塗炭《とたん》の苦しみを味わいました。しかし、妻と子ども三人は無事内地に帰還できました」

私は門脇から満州時代の話を三時間に渡って聞かされた。そして「高砂族」との関わりに話が変わった。

戦後高砂族との邂逅

「私が、高砂族の皆さんと初めて会ったのは、三七年前に台北で開かれた『歩兵七九連隊の戦友会』の席でした。七九連隊は東部ニューギニア戦線で奮戦した部隊で、ここには『高砂族』出身者も配属されていたんです。七九連隊は私の原隊ですが、私は満州にいてニューギニア戦線には従軍していないんです。戦友会で初めて『高砂族』について聞かされ、彼らが戦後に〝日本に捨てられた〟と知り、なんとか彼らのために役に立ちたいと思い立ち、今日まで微力ながら高砂族の方たちの慰霊運動をしてきました。もう、三〇年が過ぎました」

門脇が「あけぼの会」を立ち上げて三七年が経った。この会は当初「高砂族の慰霊」を目的に私費で作ったものだが、機関誌の月刊「あけぼの」は創刊以来、門脇が一人で編集を続けており、四五一号まで発行されてきた。

「中野学校と高砂族の関係について私が知ったのは、会の賛同者であった小俣洋三さんを知ったのがきっかけでした。彼は数年前に亡くなりましたが、〝戦地で高砂族の部下には何度も窮地を救ってもらった〟と話していましたね。小俣さんの話によると高砂族はジャングル戦では無敵の活躍をしたそうです。私も、台湾で彼らの活躍を随分聞かされました」

小俣の原稿は「あけぼの」に掲載されていた。

ニューギニアにおける高砂族が展開した遊撃戦闘に関しては、最初の編成からこれに参画して、訓練と戦闘の間、彼らに生命を助けられて、今日迄生き延びてきた恩義を、片時も忘れることはできません。ただ、私が指揮していた五十二名中、一人も犠牲者が出なかったことは、心の重荷が軽いと言えます。（後略）

小俣を取材した門脇は、「小俣さんは、命の恩人を探すため、戦後、二回渡台して本人を探したそうですが、〝探すことはできなかった〟と話してました。私は小俣さんが探していた人物と屏東《ぺいとう》県の來義《らいぎ》で会うことができました。彼はパイワン族の『イリシレガイ』さん、日本名は「平山勇」さんでした。所属は義勇隊第二小隊第二分隊で、戦功を賞れて感状を授与されていました」と語った。

ところでジャングル戦で勇猛果敢な戦闘を繰り広げた高砂族は、いったい何人が志願兵として出陣したのだろうか。現在では正確な数を把握することは困難だが、「陸軍特別志願兵制度」には以下のような数字が見られる。

高砂族ノミノ陸軍特別志願兵乎ヲ昭和十七年度ニ於テ五百余名、昭和十八年度ニ於テ五百余名、昭和十九年度ニ於テ八百余名採用セラレタルヲ以テ、本制度実施後現在ニ至ル迄ノ陸軍特別志願兵総数ハ約五千余名。

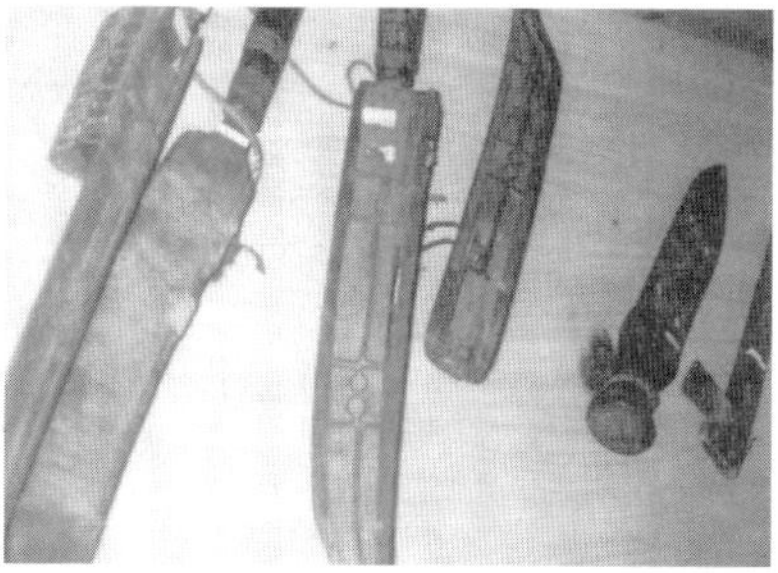

高砂族の必需品「蕃刀《ばんとう》」（提供・門脇朝秀氏）

この制度が実施されて完了するまでの間に、高砂族出身者は約五〇〇〇人が志願兵として日本軍に徴兵されている。しかし、戦地での戦病死者の正確な数は確認されていない。

「高砂族の戦後補償や靖国から分祀して台湾に御霊を戻す『遠我祖霊』という儀式は、一度は靖国の計らいで実現しましたが、一回だけの分祀だったんです。それと戦後補償は一部の人たちには実行されていますが、大半の人は給与の未払や軍事郵便貯金の返還は受けていない状況なんです。理由は『日本と台湾の間には国交がない』というのが、政府の解釈なんです。日台関係の実体を無視した、政府の言い訳に過ぎません」

門脇は、ここで、茶卓を叩いて、何度も声を荒らげた。とても、一〇〇歳の声とは思えなかった。ほとばしる熱気が伝わってきた。

前述したが、高砂族は「勇猛果敢な部族」として南方のジャングル戦では抜群の戦果を挙げている。主戦場はフィリピンとニューギニアであった。選抜された一部の特別空挺隊員の兵装は日本兵と変わらなかった。「あけぼの」には次のように記されていた。

高砂兵は左右の袖に濃緑のシャツ、国防色のズボン、鉄カブト、前に雑のう、右後ろに水筒、小銃、同銃弾六十発、手榴弾、七日分の食料を携行した。

そして全員「義勇刀」と称した「蕃刀」を持参していた。この「義勇刀」こそ、高砂族を象徴する武器であった。ジャングル戦には日本軍の銃剣、いわゆる「ごぼう剣」はまったく役に立たなかった。その点、「義勇刀」は樹木や蔦《つた》を切ったり、獣を斃《たお》したり、木の実を割ったりと万能の武器であった。

東部ニューギニアの戦場における高砂族の働きを「あけぼの」から、拾ってみる。

熱帯雨林に入っての方向感覚に至っては、夜の視界は勿論、米軍機の爆音にしても、日本兵は機体を見てから音を聞くのが順序。だが、高砂義勇兵は爆音から敵機の位置を察知する。また、靴をはいたまま椰子の木に登って実を落とす作業も、日本兵にはできない。

銃剣は人を突く以外、何の役にも立たず、ジャングルの蔓草《つたくさ》を切って進むのにも、サゴ椰子《やし》の

烏来に建立された慰霊碑

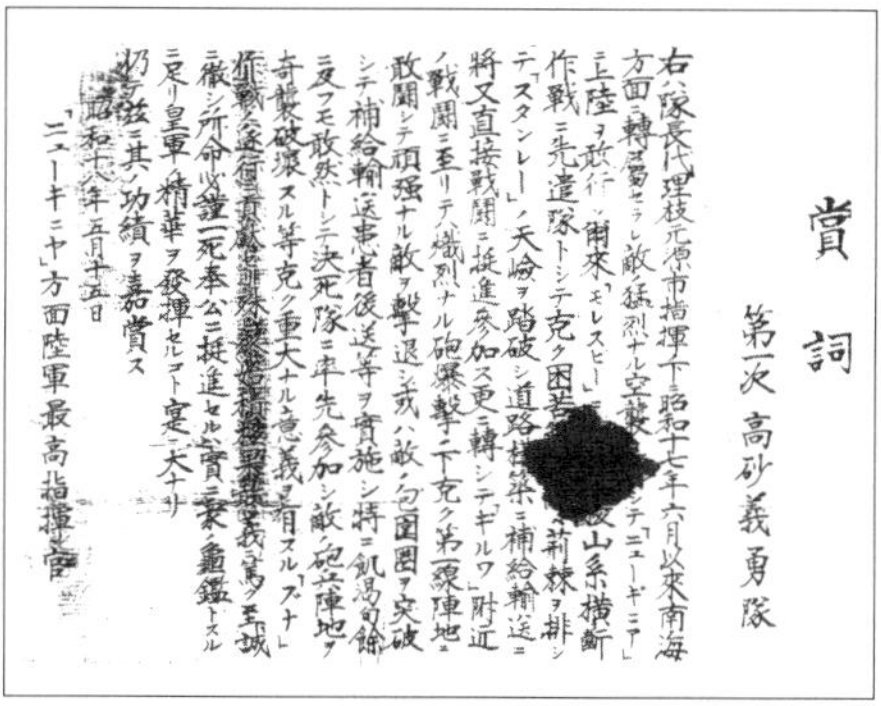
賞詞
第一次　高砂義勇隊

右ハ隊長代理枝元源市指揮下ニ昭和十七年六月以来南海方面ニ轉戦セラレ敵ノ猛烈ナル空襲[illegible]シテ「ニューギニア」ニ上陸ヲ敢行シ爾来「モレスビー」[illegible]山系横断作戦ニ先遣隊トシテ克ク困苦[illegible]荊棘ヲ排シテ「スタンレー」ノ天険ヲ踏破シ道路構築ニ補給輸送ニ将又直接戦闘ニ挺進参加ス更ニ轉シテ「ギルワ」附近ノ戦闘ニ至リテハ熾烈ナル砲爆撃ノ下克ク第一線陣地ニ敢闘シテ頑強ナル敵ヲ撃退シ或ハ敵ノ包囲圏ヲ突破シテ補給輸送患者後送等ヲ實施シ特ニ飢渇ノ[illegible]ニ及フモ敢然トシテ決死隊ニ率先参加シ敵ノ砲兵陣地ヲ奇襲破壊スル等克ク重大ナル意義ヲ有スル「ブナ」[illegible]至誠ニ徹シ所命必達一死奉公ニ挺進セル實ニ軍ノ龜鑑トスルニ足リ皇軍ノ精華ヲ發揮セルコト寔ニ大ナリ
仍テ玆ニ其ノ功績ヲ嘉賞ス
昭和十八年五月十五日
「ニューギニヤ」方面陸軍最高指揮官

高砂義勇隊に渡された賞詞。ニューギニア方面陸軍最高指揮官は第一八軍司令官安達二十三《はたぞう》中将（陸士二二期）。（提供・門脇朝秀氏）

幹を切って澱粉《でんぷん》をとるにも、野豚を調理するにも、台湾古来の蕃刀がなくては何ひとつ作業ができないのである。

これは、ほんの一例に過ぎないが、ジャングル戦に天性の能力を発揮したのが高砂義勇兵たちであった。おそらく、戦場では高砂義勇兵に命を救われた日本兵が無数にいたであろうことが、想像できる。門脇が戦友会で高砂族の働きを聞かされ、彼らの戦後について日本政府が「不当な扱い」をしていることに義憤を持ったことが、高砂族の救済に半生をかけた理由であった。訪台は一〇〇回を超えていた。取材は四時間を過ぎてしまった。門脇がだいぶ咳き込んできた。

「斎藤さん、一度、機会を作って、烏来《ウーライ》に作られた高砂族の慰霊碑を拝んでください。これは、私からのお願いです」（門脇との約束をいまだ果たしていないが、何れ訪ねたいと思っている）。

これで門脇の話は終わった。涙腺が緩んできたようだ。

烏来（台北から南東に二九キロ。烏来風景特定区に指定された観光地）に建立されている慰霊碑の碑文には、日本語で次の文言が彫られていた。

西暦一九四一年、一九四五年、第二次大戦勃発するや、我等熱情剛直なる高砂族青年六千余名は日本軍に徴召され、南太平洋群島の戦役に参加、其の勇猛果敢なる戦績は、正に日本正規軍を凌ぐ所、誠に賞賛に値する所なり。不幸にして犠牲者、参千余名に達し、英魂は、戦野各地に戸惑い首丘を顧みず、此れ誠に人生の惨絶にして、我等の思はざる所なり。（後略）建立されたのは一九九二年一一月であった。

中野学校の卒業生は樺太や東西ニューギニア、フィリピン戦線で「少数民族」の彼らを情報収集や偵察に使い、実戦にも投入した。そして日本兵では手も足も出ない過酷な作戦を遂行させていた。しかし、戦後になって彼ら少数民族を日本政府は救済すること拒んできた。門脇は、一民間人として彼らの戦後補償運動を長年続けてきた稀有な人物ではないのか。その門脇も一〇二歳で他界し、「あけぼの」も終刊した。

余談だが、戦後二九年経った一九七四年一二月に東インドネシアのモロタイ島で発見され、救出された高砂義勇隊員に日本名「中村輝夫」がいる。彼は「アミ族」出身で民族名は「スニョン」。捜索隊の団長は中野学校一甲出身の川島威伸《たけのぶ》（陸士四八期）であった。川島は「輝第二遊撃隊」隊長としてモロタイ島で戦かっているが、部下の一人に「中村輝夫」がいた。川島は戦後、自衛隊に就職して陸自の「調査学校」研究課長や業務学校副校長などを歴任して、陸将補で退官した。

終戦直後の富岡校の動向

私が群馬県立富岡高校に足を運んだのは四年ぶりであった。日時は平成二二（二〇一〇）年八月の中旬で、猛暑を超えて炎暑といってもいい、無風の日であった。目的は、この地に疎開した陸軍中野学校の、終戦時の情況を知りたかったからである。

ダルマ市で有名な高崎と蒟蒻《こんにゃく》の産地、下仁田《しもにた》を結ぶ上信電鉄に揺られて四〇分ほど、下車したのは無人駅の「上州七日市《じょうしゅうなのかいち》」であった。駅から五分も歩くと国道二五四号線にぶつかり、目の前が富岡高校であった。

この地は昔、上野国《こうづけのくに》と呼ばれ、隣の「一の宮駅」近くには、上野国一宮の貫前《ぬきさき》神社が鎮座している。夏休みのため、高校の門は閉まっていたが、日直の教師に頼んでこの富岡高校の学校史を見せてもらった。そこには次のような記述があった。

> 疎開に際しては富中一、二年生（三年生以上は小泉に勤務動員中）および在郷軍人富岡分会が勤労奉仕に当たった。学校（中野学校）から八月十一日（昭和二十年）には、早くも解散準備が命令され、十三日夕から重要書類、秘密兵器・通信器材の焼却破棄が開始された。十五日終戦の日には、東京中野から遷座《せんざ》された楠公《なんこう》神社が焼却された。この中野学校終末の炎は、しばらくの間、近郷から望見された。翌十六日には、一部の残務整理班を残して解散した。（中略）
>
> その後も、前橋進駐の米軍政部およびＣＩＣの、中野学校に対する追及調査は激しく、隠匿兵器の摘発、関係者の召還などがあった。（『富岡高校75年史』）

ＧＨＱの組織で占領初期に地方行政を担当していたセクションは軍政部で、この組織は地方軍政本部の下に府県単位に軍政中隊を置き、前橋地区は第七七軍政中隊が管轄していた。

一方、戦犯の捜査や逮捕を行っていたのがＣＩＣ（対敵諜報部）で、前橋には第二七地区隊を置いていた。両チームが占領初期の早い段階で群馬県富岡町（現・富岡市）に来ていたということは、中野学校のことを事前に調べていたからなのであろう。学校史には「追及が厳しかった」と、記されている。

学校史の記述は、中野学校が東京中野から富岡町にあった富岡中学校（現・富岡高校）に移転してから半年ほどで終戦を迎え、さらに戦後、間もなくの情況までを記したものだが、文章は簡潔で記述は正確であると思われる。

誰か、中野学校の関係者が資料を提供したのではあるまいか。また、同校史には当時、幹事代行を務めていた坂本亮雄《つねお》中佐（陸士四〇期）の言葉も、記してあった。

中野学校は東京の中野にありましたが、昭和十九年の後期より、東京周辺の爆撃が激しくなり、日常の教育訓練に支障を来したため、適地を物色致しおりましたが、御地が付近の情況等を勘案して最適と判断せられました。

坂本は陸軍士官学校を卒業して中野学校に入校しており、期別は「一乙短」で富岡時代は教育部長を兼任していた。坂本の言葉に疎開先を富岡中学校に選んだ理由が「付近の状況を勘案して最適と判断」と、書かれている。「付近の状況」とは、いかなる地理的条件を検討したのであろうか。

その辺りの情況を、筆者がかつて取材した村井博（一乙短出身）が『姿なき戦い　スパイ、ゾルゲはいかにして日本を敗戦に追い込んだか』（丸善京都出版サービスセンター）の中に書いていた。

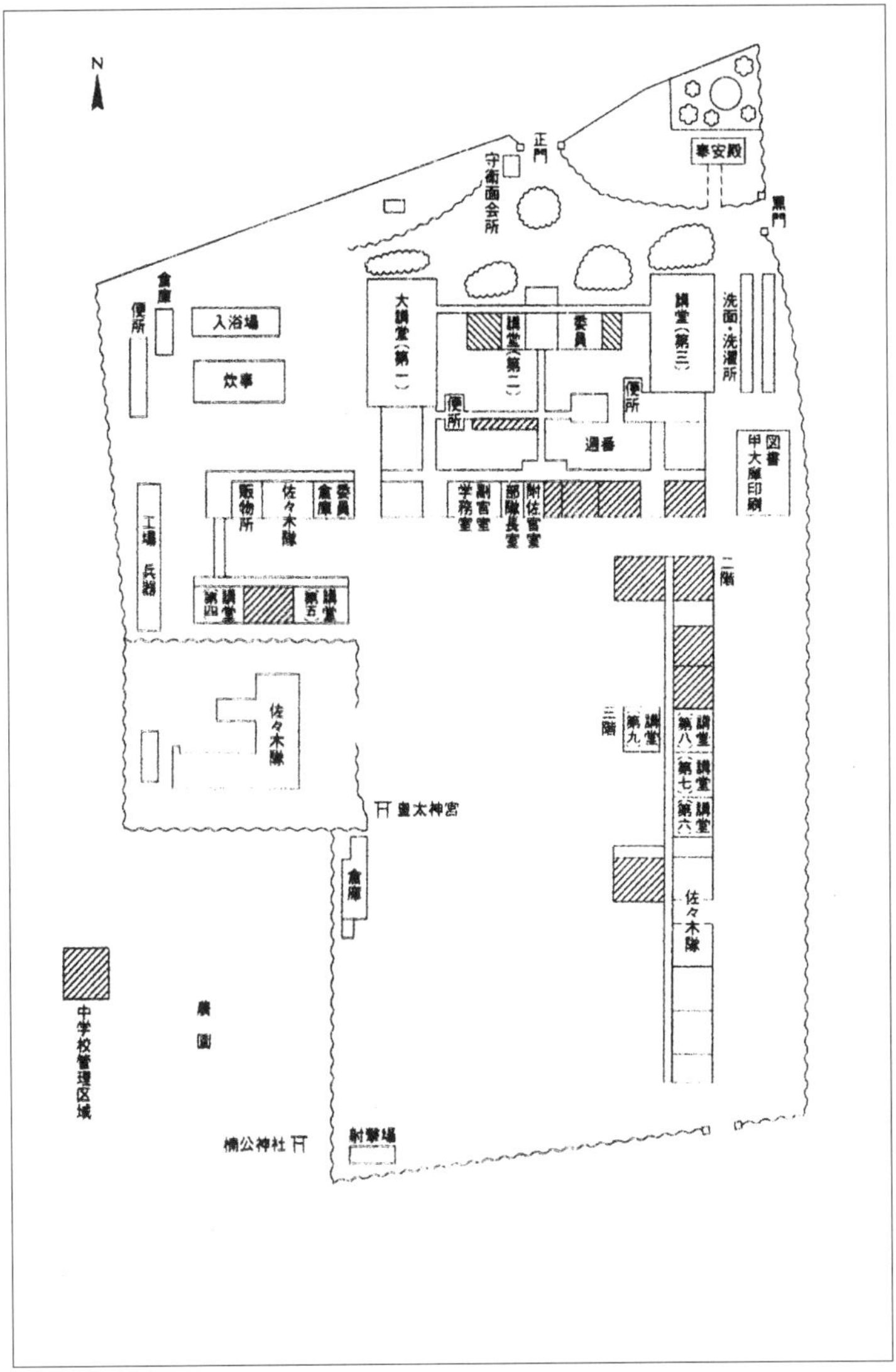

富岡に移転した陸軍中野学校配置図（昭和20年4月）

校庭の一隅に建立されていた楠公社の社

「中野学校の国内遊撃戦の総本部となり、遊撃隊を各正規軍の翼側に配置して、その翼側を援護することを主眼とし、かつ敵の背後を攪乱する」という構想のもとに、昭和二十年四月、本校は中野より群馬県富岡町に移転して、主として学生に遊撃戦幹部としての教育を行った。疎開の候補地は富岡の他に郡山（福島県）、沼田（群馬県）、軽井沢（長野県）などがあったが、将来大本営が松代（長野県）に移転される構想の下に、その連絡などに便利な富岡町に選定された。

坂本の言葉にある「付近の状況」とは、大本営候補地の松代（第四章の天皇専用特別装甲車を参照）との距離に関係があったようだ。地理関係と言えば、富岡町から松代までは約一二〇キロ、高崎までは三〇キロ。東京へは約一〇〇キロの距離で、平野の外周が峻険《しゅんけん》な山岳地帯に囲まれているため、遊撃戦の展開には理想的な地形に富岡町は位置していた。戦争末期になってくると、中野学校の教育は実戦を想定した遊撃戦、いわゆるゲリラ戦を目的とした訓練が主になっていた。

さて、本章の主人公、小俣洋三《おまたようぞう》がなぜ、GHQに潜入することになったのか。私は小俣をかつて取材しており、最初の取材は平成一五（二〇〇三）年の晩秋であった。その時は、「戦後のことは話せない」と取材を断られた。私はその後何度も大阪府下の自宅を訪れたが、会ってはもらえるものの、真相はなかなか明かしてくれなかった。

しかし、その後の取材で、小俣がどのような理由からGHQに潜入することになったのか、真相

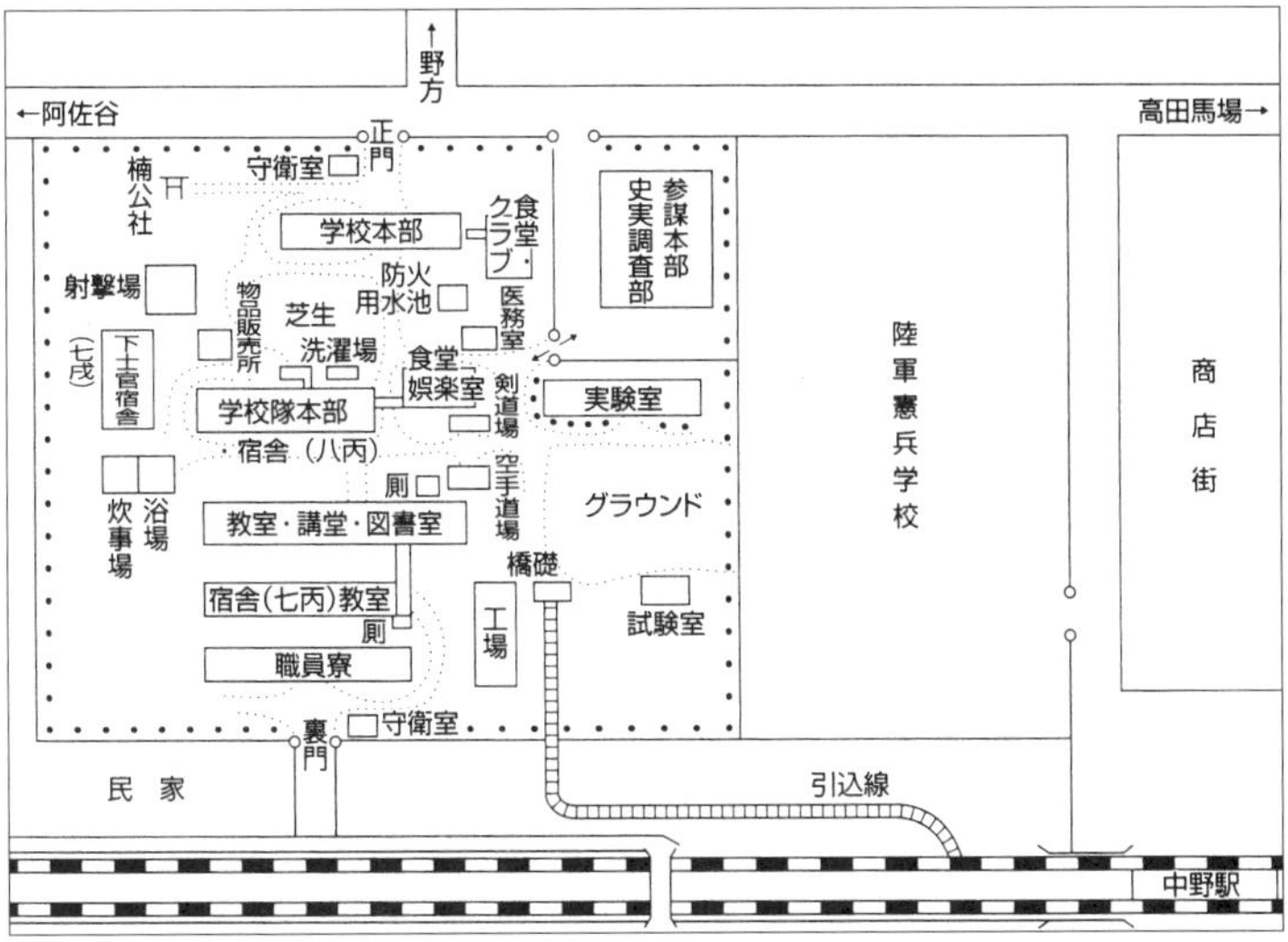

昭和20年当時の陸軍中野学校の配置図

が明らかになってきた。スタートは、中野学校の終戦からであった。

　この原稿を書いている現在（平成二二〔二〇一〇〕年一〇月）、小俣は九一歳になっているはずだが、最初に取材した当時に、聞かされた軍歴は次のようなものであった。

　大正九（一九二〇）年九月生まれ。出身地は山梨県甲府市。甲府連隊に新兵として徴兵後、推薦されて盛岡の予備士官学校入校。卒業後、連隊の隊付将校から陸軍省兵務局付となり、中野学校に入校したのは昭和一六（一九四一）年九月。卒業は翌年の一一月で、期は三丙、この期は教育期間が最も長く、所属したのは「南方班」。第四章で詳述する江田三雄とは同期で、江田は「北方班」に属していた。実科のカリキュラムは主に工作員としての専門教育と実戦訓練であった。

　卒業後は参謀本部第二部第七課の兵要地誌班に配属されて、外地に出たのは昭和一八（一九四三）年八月であった。任地はソロモン、ニューギニア作戦のために編成された第八方面軍指揮下の第一八軍参謀部情報班。小俣は情報班から最前線の部隊に転属。そこで、ジャングル戦に長《た》けた高砂族の義勇隊で編成された「特別義勇隊」の第二隊長に就く。戦闘中、米軍の手榴弾を上半身に受けて瀕死《ひんし》の重傷を負い、後送されて野戦病院で治療を受けた後、内地に送還されたのが昭和一九（一九四四）年一一月。静養の後、復帰したのが中野学校の教官としてであった。

以下に紹介するのは、小俣が初めて明かした富岡校の終戦前後の記録である。表題には「終戦秘話」と、記されている。この記録は陸軍中野学校二俣分校出身の卒業生と在校生が戦後組織した俣一会の会報として、昭和四八（一九七三）年に発行した『俣一会報』第四号に記されたもので、この会報を送ってくれたのは石川洋二であった。少し長いが、真相を追うための重要な秘話なので引用する。

中野学校の組織は第一章で説明しているので、詳細は省くが、小俣は終戦直前には学生隊（隊長は陸士二八期・佐々木勘之丞《ささきかんのじょう》少将）最後の副官を務めており、一方で本土決戦を想定してゲリラ戦を展開する極秘部隊「泉部隊」の教官も兼ねていた。

八月十四日当時、小生は学生隊副官及「泉工作」班の教官及遊撃戦の指導に当たっていた。遇々《たまたま》当日は週番士官を命ぜられ、先輩（特に名を秘す）に、今夕トラック二台及軽機《けいき》二丁の準備を命ぜられ、その使用目的は薄々感ずるところあるも準備完了し、明朝まで東京より報告のあるまで一睡もせず明日の終戦処理の方法を考えており十五日を迎えた。

朝八時学生隊長佐々木勘之丞少将は小生を呼び、学生全員に旅費及び食料を支給し一刻も早く全員をこの富岡より去る様準備せよ、但し緊急を要するので判断は副官に一任する。但し責任は全部学生隊長が執る旨を云われたので安心して独断専行を決心。玉音放送を聞く前に学生数の確認（戊種学生は三百名前後、丙種学生は九・十・十一期約二百名前後と外に泉工作要員等約六百名前後の学生）に旅費については遠近を問わず一律一万円（百円札）と軍足二足、約四キロの米を糧食班に命じ準備し放送を待つ。

　次の処置は中野学校の痕跡を残さぬ様完全に焼却、武器等については埋め、十八日までは黒煙が校庭を覆っていた。（『俣一会報』第四号）

小俣はトラックや軽機（軽機関銃）を用意させた上官の名は秘しているが、これらのトラックや軽機関銃は後日、「マッカーサー暗殺計画」を実行するために用意されたものと思われる。詳細は後述する。

いずれにしても、終戦時に富岡校には一〇〇〇名以上の卒業生と在学生が武器、弾薬を携行した完全武装の姿で待機していたのである。中でも、不気味な存在は泉部隊の戦闘工作員六〇〇名に及ぶ学生たちであった。

　小俣はゲリラ戦のエキスパートである。前述のように前任地の東部ニューギニア戦線で米軍の第七師団と英軍グルカ師団の混成部隊と死闘を繰り返して負傷し、戦地の野戦病院で治療後、内地に送還されてのちに教官として転属を命じられている。その理由は混成部隊と交戦したときにゲリラ戦の指揮官として戦った経験を、学生たちに教育することを期待してのものであった。

遊撃戦の教官として迎えた終戦

第一章で触れたように、遊撃戦を中野学校では次のように解釈していた。

遊撃とは、あらかじめ攻撃すべき敵を定めないで、正規軍隊の戦列外にあって、臨機に敵を討ち、あるいは敵の軍事施設を破壊し、もって友軍の作戦を有利に導くことである。したがって遊撃戦とは、遊撃に任ずる部隊の行う戦いであって、いわゆる「ゲリラ戦」のことである。

遊撃戦は一見武力戦の分野に属するかのように見えるが、その内容は、一時的には武力戦を展開するが、長期的にはその準備および実施の方法手段を通じて主として秘密戦活動を展開するのである。したがって遊撃戦の本質は、秘密戦的性格が主であって、武力戦的性格が従である。


（『陸軍中野学校』）


また、中野学校では、昭和一九（一九四四）年の春に実験隊付で宣伝、謀略の教官・村松辰雄《たつお》中佐（陸士三七期）をビルマ方面軍に派遣して、遊撃戦の資料を収集させていた。そして、集めた資料を元に独自の「国内遊撃戦の参考」なる教本を作成していた。

中野学校のゲリラ戦に対する教育は、卒業生たちが実戦を通じて学んだ貴重な体験をベースにして実戦訓練をしていたからこそ、教育の成果は大いにあったという。それと、先述した〝不気味な存在〟の「泉部隊」。小俣はこの特殊部隊の教官も兼ねていた。小俣は、三回目の取材をした四年前に、私に「泉部隊」の精神をこう語っている。

「泉部隊員は完全に地下に潜り、身分、行動を秘匿して個人、または少数のものが、全国至るところで地下から泉のように尽きることなく湧き出て、敵を相手にゲリラ戦を展開することが目的であった。部隊の存在は学校でも、関係者には緘口令《かんこうれい》が敷かれていたので、中野の卒業生でも知る者は、ほとんどいなかった」

要するに「泉工作」とは米軍の本土上陸を想定して、遊撃戦の教育、訓練を受けた秘密戦闘員を全国に分散配置し、民間人有志を指揮してゲリラ戦を展開するという作戦であった。隊員の編成は卒業期「六～八期」の丙種卒業生と二俣校一期生の中から選抜されており、既に戦地で謀略活動に就いていた実務者ばかりであった。

教育終了後、彼らは出身県に戻って拠点配置に着く予定であった。小俣は、遊撃戦のエキスパートで、実戦で学んだ戦術は誰よりも熟知していた。先述の「終戦秘話」に、こんなくだりがある。

先輩（特に名を秘す）に、今夕トラック二台及軽機二丁の準備を命ぜられ、その使用目的は薄々感ずるところあるも準備完了し……。

しかし、先輩の名は明かしておらず、トラックと武器の行方についても、書いていない。当然、理由があってのことと推察できるが、小俣は富岡校が解散したあとの行動も書いている。

戦犯指名を免かれぬものと思い帰省する見習士官に小生の死亡届を持たせ出身地の役場に届出をさせた。当時父親は役場よりの死亡を伝えられたので取る物も取り敢えず参謀本部まで出向き、せめて遺骨なり、渡してほしい旨を届けたがその時、面接した参謀より今は本当のことは言えぬから至急帰り葬儀を行うように云われ、父には他言を禁じたので死ぬまで誰にも話していなかった。

小俣の父親が相談した参謀とは、ハルビン特務機関時代から中野学校と深く関わっていた第五課長（ロシア課）の白木末成大佐と思われる。その根拠とは、白木が、研究部の太郎良定夫少佐（一乙長出身）らが計画した「占領軍監視地下組織」の実施案を積極的に支援した人物で、資金も用意していることだ。その計画書には第二章で紹介した通り、次のことが盛り込まれていた。

本計画の概要は、占領軍が国民の意思に反して国体の変革を強行するとか、日本民族に対して組織的又は政策的な虐待行為等を行う等、「ポ」宣言（ポツダム宣言）並びに国際法に違反する行為をした場合、秘密的特殊な方法によって之に警告を与え、又は所要の抵抗措置をとり、それが中止されるまで執拗に続行する為の秘密組織を作る。

それと軍資金については一期生の山本政義《まさよし》少佐が興味ある記録を『中野校友会誌』に遺していた。

（昭和二〇年八月一五日）午後四時から、将校一人ひとり校長（山本敏少将・陸士三四期）に呼ばれ、坂本中佐立会いの上、将来のことについて内示あり。工作資金として金一封宛てを、又秘密通信用として、インク及び特殊便箋が渡された。この金こそ、太郎良君たちが話していたもので、参謀総長は将来の国家再建工作資金として、中野学校に一括交付、坂本中佐が代表して受領した金であったと思う。

（『中野校友会誌』第二九号、カッコ内は筆者）

この文章には〝国家再建工作資金〟と呼んだ軍資金の金額には触れていないが、小俣が富岡校の解散式当日に学生一〇〇〇人余りに旅費として支給した金額は一人一万円と書いている。単純に計算すれば一〇〇〇万円である。だが、〝国家再建工作資金〟は、この旅費以外に用意された軍資金であることは容易に想像できる。

果たして、どの程度の金額であったのか。その具体的な数字は今もって不明だが、白木大佐が富岡校に送った金額は相当な額であったのだろう。具体的に分かるのは小俣の数字だけだが、私が調べた在校生の数は六七三名になっていた。

前出の太郎良少佐は、この計画実施案（国家再建工作と呼ぶ）を前出の参謀本部第二部第五課長の白木大佐に提出していた。国家再建工作案は若松只一陸軍次官（陸士二六期）を通じて阿南惟幾大臣の許に上がり、大臣がこの実施案に承認を与えたのは終戦二日前の八月一三日であった。

それと、前出の『富岡高校75年史』には、中野学校の解散準備命令が出たのは、八月一一日であったと記されている。この解散準備命令を出したのは白木第五課長であったが、このような重要機密を学校側が事前に知ることなどあり得ぬことで、この情報は戦後になって学校史に中野のことを寄稿した前出の、富岡校の幹事代行で教育部長をやっていた坂本中佐の回顧談を、編集して記したものであろう。

ここで、再度、小俣の「終戦秘話」の内容に戻ることにする。上官が小俣にトラックと軽機関銃の用意を命じたのは八月一四日。この日は、「クーデター参加の可否」と「皇統護持工作」の実行について東京・御茶ノ水の「駿台荘」に集まった在京将校数十名が、激論していた日に当たる。

東京からの報告とは謀議の結果についての報告のことであった。この重要な情報は第四章で記す「特殊機材の実験隊」の土屋四郎からのものである。

土屋が記憶していた人物は前出の白木大佐と坂本中佐。太郎良少佐。それと八木《やぎ》大尉の四名であった。八木大尉とは、調べてみると陸士五六期出身の八木正三郎《しょうざぶろう》のことのようで、八木は富岡校で小俣と同じく泉部隊の第三班で教官をやっていた人物であった。

小俣が、トラックや軽機関銃のことを詳《つまび》らかにしないのは、当時の同志の名誉に関わることをおもんぱかってのことなのであろう。おそらく、命じたのは階級が小俣と同じ大尉であった八木で、陸士出の八木を先輩と表現したのではあるまいか。

また、小俣は取材の時に、終戦前後のことは「国家の秘密に関することなので話すことはできない」と、詳細を明かすことを拒否しているが、その「国家の秘密」とは、「マッカーサー暗殺計画」のことではないのか。

それと「東京からの連絡を待っていた」と小俣は書いているが、その後の取材で東京からの連絡とは、どこからであったのかが分かってきた。それは石神井公園の三宝寺池の裏手にあった日銀の施設を接収して作られた中野学校の秘密機関（離島作戦特務隊本部）からであった。

秘密機関は中野学校が終戦を見越して極秘に立ち上げた、全国各地に展開する中野学校の同志と連絡を取るための情報ネットワークの本部になっていた。しかし、東京から入った連絡は「中野学校はクーデターには不参加」というものであった。

GHQ潜入工作は組織がバックアップ

終戦から半月後の昭和二〇（一九四五）年八月三〇日の天候は快晴であった。この日、ダグラス・マッカーサー元帥が日本占領の連合国最高司令官（SCAP）として、神奈川県の厚木飛行場に降り立った。

サングラスをかけた元帥が愛用のコーンパイプをくわえて専用機のバターン号から降りてくる姿は、翌日の新聞各紙に写真入りで発表された。国民は、そのラフなスタイルにあらためて、青い目の日本の支配者を否応なく意識させられたのである。

厚木飛行場にマッカーサーとその部下（通称バターン・ボーイズ）一行を出迎えたのは、進駐軍連絡委員会委員長の有末精三《ありすえせいぞう》参謀本部第二部長（陸士二九期）らであった。有末らが危惧したのは厚木基地に駐屯していた海軍の精鋭部隊（第三〇二航空隊）の動向であった。ここには、小園安名《こぞのやすな》司令（大佐）が指揮する六〇〇名からの完全武装の将兵が「徹底抗戦」を主張して、不穏な動きがあったからだ。だが、反乱は危惧に終わった。

マッカーサー一行にはまだ、GHQ参謀部第二部長（G－2）のC・A・ウィロビー少将は同行していなかった。有末は後日（昭和二二〔一九四七〕年五月）、ウィロビーと親しくなってG－2の歴史課に勤めることになるが、その時は、旧軍人の将官、河辺虎四郎《かわべとらしろう》参謀本部次長（陸士二四期）と、大佐、中佐クラスの服部卓四郎《はっとりたくしろう》参謀本部作戦課長（陸士三四期）、杉田一次《すぎたいちじ》作戦班長（陸士三七期）などをウィロビーに紹介して歴史課に押し込んでいた。

ウィロビーが有末を買ったのは、旧軍時代の参謀本部第二部長というポストを評価したようだ。有末らが歴史課に勤めると、まず最初にやった仕事は「特務機関（中野学校も含まれていた）、軍の研究所、憲兵隊、特高警察」などに勤務していた軍人、研究者、官吏たちの動向調査であったという。

一部の中野関係者には、「有末は戦前のポストを利用してGHQに取り入り、中野関係者を売った男」と、手厳しく批判する者もいる。中には、戦犯指名の情報は「歴史課」がG－2に上げたのではないか、と疑っている者もいた。

有末自身はウィロビーとの関係をこう語っている。

「連絡（終戦連絡中央事務局）の仕事も辞めるつもりでいたら、ウィロビーが承知せずに、いわば私を進駐軍の顧問という形で、「日本陸軍に対するハイ・ポリシー（最高政策）に関しては有末だけと話す」と言いだすんです。まあ、強引な男でしたからね。そこで、私は、進駐軍による調査活動に、G－2があったあの郵船ビルで協力することになった。それが二一年の六月です。
（『朝日ジャーナル』一九七六年五月七日号）

事実、中野学校関係者も逃亡したり、戸籍を消して行方を隠した者も多くいた。小俣は終戦後、自らの戸籍を原籍地の役場に「死亡」と、届け出た。その理由を私は追跡してきたが、答えは小俣自身が出していた。それは手記に書かれていた。

東京で一番安全の所は何処か一番危険の場所は何処かを考えた末、最も安全な場所はマッカーサー司令部であるとの結論に達し早速マ司令部に就職の活動を始めた。当時、日比谷では連日マ司令部要員の採用をしており下見をした結果これを受ける決心をし申し込んだ。名前も職歴等一切創作で面接試験を受けた。担当は日系二世大尉と終戦連絡事務所職員（外務省）とでおこなわれた。内容はほとんど忘れたが一つだけ覚えていることは「君は英語は出来るか」という質問であった。なぜこんな質問をするか考え、トッサに英語は全然解らないと答えた。不思議にも数百名の応募者の内十名採用全員英語が解らぬ者であった。勤務場所、マ司令部経済科学局ESSマーカット少将の傘下で、三菱中八号館《ママ》であった。（「終戦秘話」）

小俣は単独行動でESSに就職したのだろうか。いや、就職できたのはなぜなのか。小俣は、英語が解らぬと答えたので就職できたというように書いているが、GHQに就職したのは目的があってのこと。

その目的を果たすためには「木を隠すなら森へ」の喩《たと》え通りに、森（GHQ）に木（小俣自身）

を隠してしまった。大胆な行動である。小俣の行方はＣＩＣとＭＰが必至に追っていた。また、小俣は中野学校の解散式の後は、職任を得るために東北地方を彷徨《ほうこう》したと書いている。そして、その時期は昭和二〇（一九四五）年の八月末までであった。おそらく、そのように指示したのは元中野学校の仲間たちで、小俣が実体を明かさない「国家の秘密」を共有するメンバーであったのだろう。

それは「マッカーサーに関係する情報蒐集」と「中野出身者の戦犯容疑」について、調べるための潜入工作ではなかったのか。小俣にはバックアップする中野の組織が東京西部の奥多摩に温存されていた。それが、解散した秘密部隊の「離島作戦特務隊本部」に所属していたメンバーたちが組織した、支援グループであった。

序章で書いた取材協力者の故石川洋二と同期（九丙）の牛窪晃《うしくぼあきら》が、驚くべきことを手紙で知らせてくれた。牛窪が私に手紙をくれたのは、平成一六（二〇〇四）年一〇月であった。

その内容は、私が九丙の同窓会に出席して関係者を取材したい旨、石川を通じて申し込んだ結果が、私の意に添えなかったことの事情説明であった。そして同封してあったのが同年一〇月に富岡市で開かれた「九丙会」最後の大会資料と牛窪自身の富岡時代の思い出であった。よほど私のことを気にかけていてくれたのであろう。実は、牛窪はこの同窓会が現地解散して帰宅途中に突然、駅のホームで脳梗塞で倒れてしまい、帰らぬ人になってしまったが、私が彼の逝去を知ったのはかなり後のことである。

さて、私は牛窪が送ってくれたその思い出を読んで、その中のある文面に釘付けになってしまった。次の文言である。それは思い出の文面の末尾に簡潔に記されていた。

十三日（昭和二〇年八月）早朝、私は二人の同志と軍装を整え、静かに宿舎（富岡校）を脱出した。マッカーサーが若《も》し天皇を排したら彼を暗殺するためである。十五日、終戦の詔勅を聞いたのは奥多摩山中のアジトであった。

牛窪は九丙の出身で、同期生は富岡校に残留して天皇の終戦の詔勅をラジオで聞いていたが、牛窪自身は同志二人と共に終戦二日前には富岡を離れて奥多摩に向かっていた。それも、牛窪の手紙にはその行先は「奥多摩のアジト」と書かれている。

牛窪はまだ在学中で学校を卒業していないため、階級は見習士官に過ぎなかった。その見習士官三人が、同時に、終戦前に学校から無断で消えたとは考えられない。当然、暗黙のうちに学校を離れることを許可した上官がいたことは推測できる。それも、奥多摩のアジトを目指しての行動であった。

すなわち奥多摩には事前に用意されていたアジトがあったわけで、そのアジトこそ「離島作戦特務隊本部」の、第二拠点であったのではないか。そして、命令を出したのが小俣大尉、あるいは小俣の同志・八木正三郎大尉ではなかったのか。

私は取材の経過を知らせるために小俣に連絡を取ったが、小俣は「会いたくない」と、取材を断ってきた。私は「ことの次第」を、率直に小俣に伝えた。小俣は「調査の内容がすべて正解とはいい難い」と語り、付け加えて「的は外していない」とも、感想を語った。

小俣は潜入工作で何をやったのか

私は小俣を取材した時に、占領初期の時代にESSの幹部が写った写真のコピーを見せて人物を確認してもらったが、小俣の記憶に残る人物はいなかった。この写真に写るESS局長は初代の

初期のＥＳＳスタッフ。前列／I.G. オーク（財政顧問）、J.R. ミード（軍属部長）、J. クラーク大尉（人事部長）、S.W. ウィーラー少佐（反トラスト・カルテル課長）、R.A. メイ（輸出入課長）　中列／R.R. バー中佐（政策実施担当官補佐）、W.T. ライダー大佐（政策実施担当官）、R.C. クレーマー大佐（初代局長・退官予定）、R.S. スコット大尉（調達担当官）、C.F. トーマス（財務部長）、A..J. ローチ大佐（総務課長）　後列／M.D. エイブラムズ少佐（法規課長）、J.W. オブライエン准将（科学技術課長）、R. ブラウン大尉（図書館司書）、W. カルビンスキー少佐（労働課長）、J.Z. リディ海軍少佐（調査課長）、W.F. マーカット少将（2代目局長・就任予定）、W.S. エゲキスト大尉（価格統制配給課長）、ウィアスマ中佐（統計調査課長）、J.A. オゥハーン少佐（工業課長）

R・C・クレーマー大佐で、任期は昭和二〇（一九四五）年一二月まで。オフィスはGHQが入居していた第一生命ビルの裏手にあった農林中金ビルに置かれていた。

小俣は昭和二〇年八月までは東北地方を彷徨していた。帰京して、職探しをしていたとはいえ、直ぐにESSの仕事にありついたとは考えづらい。仮に同志が探してきたとしても相当、慎重に選んだことが考えられる。これはあくまで推測だが、就職するまでは数カ月の時間を要したのではあるまいか。

となれば、その時期は昭和二〇年の年末から翌年春にかけてということになる。小俣も書いているように、この時代のESSのボスは二代目のW・F・マーカット少将で、オフィスは農林中金ビルから三菱八号館に移っている。

それと、その時代の東京の食糧事情なども小俣は記していた。

東京に潜入を図る。当時東京への転入禁止に加えて配給手帳のない者は食料も購入出来ない全部ヤミの生活であった。

終戦直後の東京は銀座から富士山が見えた。都内には満足な建物はほとんどなく、都民は焼けたビルや防空壕、神社仏閣の軒下などで雨露をしのぐ生活を送っていた。路上には焼けたバスや自家用車が放置され、巷《ちまた》には親を失った子どもたちが浮浪児となって彷徨《さまよ》っていた。配給米はわずかなもので、成人一人に一日二合一勺《しゃく》（約三一五グラム）に過ぎなかった。もちろん、配給米を買うには配給手帳がなければ米屋は売ってくれない。都民は飢えていた。足りない分は芋、芋のツル、大豆、澱粉などの代用品で補うしかなかった時代である。そんな飢餓状態にある東京に、小俣は、職を求めたのである。使命は、重要なものであった。

昭和二〇年末から翌春といえば、日本政府は戦後初の東久邇宮《ひがしくにのみや》内閣が倒れて幣原《しではら》内閣の時代であった。GHQは「覚書」という形で政府に命令して官僚機構を徹底的に利用し、日本の非軍事化と民主化を進めていた。いわゆる間接統治を執ったのである。公職追放令が発せられたのは昭和二一（一九四六）年一月四日であった。戦後初の総選挙を延期してまで行われた追放令の実施であった。覚書で指名された対象は、戦争犯罪人・職業軍人・大政翼賛会など政治団体の有力分子・軍国主義者と極端な国家主義者など七項目に該当する個人と団体であった。

小俣も当然、この追放令についての情報は、新聞などで得ていたはず。だが、ESSに潜入してしまった。

ESSはGHQ幕僚部の指揮下にあり、他には民生局（GS）、民間情報教育局（CIE）、天然資源局（NRS）、民間諜報局（CIS）、統計資料局（SRS）、法務局（LS）などの部局が組織されていた。

また、R・K・サザーランド参謀長直轄の組織として参謀部が第一部から第四部まであり、中でも前出のC・A・ウィロビー少将が率いる参謀第二部（G－2）は課報、保安、検閲を担当して、CCD（民間検閲支隊）やCIC（対敵諜報部隊）を動かして活発な情報活動を行っていた。

対するGSはE・R・ソープ准将がボスで、ここは憲法改正や警察行政、地方自治、選挙制度改革など日本の戦後民主化を推し進める部局で、スタッフには大学教授、法律家、新聞人などの民間人を多数起用していて、「ニューディール派の巣窟《そうくつ》」などと、G－2からは非難されていた組織でもあった。

だが、この組織は占領初期の段階では戦争犯罪人の追及、治安対策、警察、刑務所行政も担当していたので、極めて、強大な権力を持っていた。それゆえ、GSは情報蒐集の現場ではG－2と常に、対立構造にあった。

小俣が就職したESSの占領業務は経済、産業、財政、科学の分野でGHQに対して助言と提言を行い、財閥解体や税制改革を通じて経済の民主化を図ることにあった。当然、GHQ首脳部との情報交換も頻繁に行われていて、膨大な情報の整理と事務処理には最新式のIBM製のパンチカード・システムを持ち込んでいた。他部局との間で最も人事交流があったのは、G－2とGSのスタッフであった。小俣は「終戦秘話」に、ESSに就職（潜入）したときの様子も書いていた。

仕事は、三十三台のパンチカード機に英文で書かれた各種資料を打刻する日本人女性の監視及び資料の流出防止であった。元来、この仕事に甘んずる意味がなく夜勤には黒人のMP（米軍の憲兵）の寝ている間に資料を盗読することは怠らなかった。

小俣は自分が働いていたセクションは記していないが、三三台のパンチカード機があったことは記憶していた。だとすれば、小俣の働いていたのは情報分析室になる。そこは外部から集まってくる生の情報（タイピングされた文書）を処理するためにパンチング作業を行っており、整理するために紙製のカードが使用されていた。

私が小俣を取材した時、彼は、ESSでの仕事を「終戦秘話」に書かれている以外のことは語らなかったが、思い出を話してくれたことはあった。それは食べ物の話に終始していた。

「仕事に慣れてくると兵隊やシビリアン（民間人）からよく、チョコレート、ガム、コンビーフ缶などをもらったもんですよ。それらの土産は、日本人はビルから持ち出せないので、仕事場のヤンキーたちが持ち出してくれて、それを、外で受け取って、下宿に持ち帰ったもんです」

手土産をプレゼントされたということは、それだけオフィスに勤める軍人や民間人に気に入られていたということなのだろう。当然、信頼もされていたのではないか。

オフィスに於ける小俣の仕事は、前述のようにタイピストを監視し、資料がオフィスから持ち出されるのをチェックすることにあった。しかし、小俣の本来の目的は、オフィスに飛び交う文書類を読み込むことであった。中には、シークレット指定の文書もあったろう。小俣は、それらの文書を、どのようにして読み込んでいたのか。

「夜勤のときが多かった。オフィスは二四時間体制で動いており、監視の黒人のMPが仮眠する時間帯を狙って、デスクに置かれた英文書類を盗読するわけです。カメラでの盗撮は、一切やってません。万が一、発見されればアウトで、拘束されて身元を調べられれば、一巻の終わりですから……」

盗読とはいえ、中野流のスパイ・テクニックは役に立っていたのであろう。だが、カメラでの文書撮影は危険が伴っていた。小俣は、敢えてその方法を使うことを避けていたわけだ。仕事は、単純作業であったという。昼間の勤務はオフィスの中を巡回してキーパンチャーの打つ書類を盗み見し、夜勤の時はMPが仮眠をとっている間に、書類棚に積まれた資料を読み込んで要点だけを頭に叩き込み、勤務が明けて下宿に帰るとノートに記憶していたことをメモしていたという。小俣は英語を完全に理解していたわけだ。

小俣の正体は暴《あば》かれることはなかった。それは彼が書いている「四年」という期間を情報分析室で働いていたことからも、窺《うかが》うことができる。

昭和二十四年夏に戦犯リスト並その調査資料を見つけ自分の名前も郷里に行っての調査の記録もあり驚き且不思議に思え、之以上マ司令部に居ることは身辺の危険もそう遅くない時に来るように思い、昭和二十四年のクリスマスの休みを利用し無断でマ司令部を退職し、宿泊していた当時の下宿先には東北の親類に身を寄せる旨を告げ身辺の資料を焼却した。(「終戦秘話」)

ESSを無断で辞めた理由を「戦犯リストに自分の名前があったから」と簡単に記しているが、果たして事実なのだろうか。「終戦秘話」には当たり障りのないことしか、書かれていないのではないのか。

小俣は「戦犯リスト」に驚いている。そして、クリスマスの日を選んで無断退職した後の、下宿に於ける撤収作業は鮮やかなものである。身辺の資料を、焼却していた。その資料の中には勤務中に暗記した重要事項をノートに転載した資料もあったはず。そのノートとは、中野時代に使っていたインクが消えてしまう「秘密通信用」の用紙ではなかったのか。それとインキ、溶剤には鉛塩液が使われていて、文字を再現するには硫化水素を使っていた。紙に現れる文字の色は黒色であった。

小俣は、情報分析室から集めた資料は「戦犯リスト」と書いており、他にどのような資料を集めていたのかは、取材でも明かしていない。

「戦犯リスト」は当然としても、他にG－2やGSが集めていたGHQの対日占領政策に関する資料などもあったのではないか。それと推測するに「マッカーサー元帥」の、スケジュールなども集めていたのではないか。そして、集めた資料は定期的に支援グループの連絡役に渡していたのではないか。

先述した奥多摩のアジトに、牛窪らは半年近くも潜んでいる。連絡役は終戦の二日前に富岡校から消えた牛窪らが、担っていたのだろう。アジトには、八木大尉がトラックと軽機関銃を持ち込んでいたと思われる。

ここで、小俣洋三のGHQ潜入工作を整理してみることにする。

私の調査では、中野学校で関係した人物として、小俣洋三、八木正三郎、牛窪晃の三名は分かったが、解散した「離島作戦特務隊本部」のメンバーが、奥多摩のアジトに合流したのかどうかは、確認できていない。

しかし、小俣はこの本部から、中野学校が「クーデターに不参加」という連絡を無線電話で受けていたことは先述した通りで、小俣と本部は密接な関係にあった。本部に詰めていた卒業生としては、第二章で書いた第一期生の他にも「丙種」出身の将校や下士官出身の「戊」学生が数十人、残務整理で終戦後まで残っていた。彼らの中に同調者がいて、本部が持っていた通信器材や食料などを本部が解散した後に、奥多摩のアジトに運んだことは容易に想像できる。

「木を隠すなら森へ」の喩えを実行するのは、決して小俣一人のアイデアではなかったはずである。サポートする組織があって初めて、小俣は潜入を決断したと思うのが、現実的な解釈ではなかろうか。

おそらく、GHQ潜入工作は一部の中野学校卒業生が組織的に展開した工作であったと思う。そして、この潜入工作は「マッカーサー暗殺計画」へと、リンクしていくことになる。まさに「マッカーサー暗殺計画」こそ、小俣が「国家の秘密」と一切語らなかった、真相なのではあるまいか。

マッカーサー暗殺計画始動

東京で五年七カ月、天皇を超えるカリスマとして日本に君臨したダグラス・マッカーサー連合国最高司令官が日本を離れたのは、昭和二三（一九四八）年八月一三日にソウルで行われた韓国独立記念祝典にジーン夫人と日帰りで出発した日と、昭和二五（一九五〇）年六月二九日にソウルで開かれた朝鮮戦争の作戦会議に日帰りで出席した日、それと九月一五日の米韓合同軍の仁川《インチョン》上陸作戦を前線指揮するために三日間仁川《インチョン》に滞在した、この三回だけであった。

厚木に降り立ったマッカーサー元帥が、一時滞在していた横浜から東京に入ったのは昭和二〇（一九四五）年九月八日、宿舎は虎ノ門の米国大使館に決めていた。GHQの置かれている第一生命ビルで執務を始めたのは一〇月二日であった。この日からマッカーサーは解任されて離日する昭和二六（一九五一）年四月一六日まで、五年七カ月の間、先に記した日を除いては、米国大使館とGHQの間、四・六キロを一日も休まずに往復している。まるで、時計の振り子のように……。

そのマッカーサーの日常生活をG－2部長のウィロビー少将は、自らの回顧録に次のように記している。

マッカーサー元帥は毎日九時から一〇時ころ虎ノ門の米大使館を出て、軍の護衛なしでいつも同じ道順をたどって自動車で第一生命ビルに通う。彼は午後一時半か二時ごろまで執務し、それから夫人が彼の帰宅するまで温かくしておく昼食を取りに大使館にもどる（中略）。

それから昼寝、マッカーサーにとって欠くべからざるものであった。第一生命ビルに戻るのは四時ごろで、ふつう執務時間は午後八時まで。日曜日も他の曜日より一時間ばかり短かったとはいえ、執務していた。五年間を通じて、マッカーサーは、宿舎の大使館と、この第一生命ビルのふたつの場所をつなぐ道路以外には、日本をほとんど見知らなかったといってもいいくらいだ。

（『知られざる日本占領　ウィロビー回顧録』番町書房）

マッカーサーの一日を整理してみる。

午前九時　朝食
午前一〇時　大使館出発（専用車35年型キャデラックで第一生命相互ビルに出勤）
午後一時三〇分～午後二時　昼食と昼寝のため大使館に戻る
午後四時　大使館出発（午後の勤務）
午後八時　勤務を終えて大使館に戻る

軍人とはいえ、マッカーサー元帥は能吏タイプの完璧主義者であったようだ。日本人に対して神秘のベールで包まれた姿で、占領軍の支配者としての権威づけを演出していた。一挙手一投足が〝役者〟の振る舞いであった。

大使館とGHQとの間を元帥の階級章である「ファイブスター」のプレートを付けたキャデラックで往復するマッカーサーの通勤コースは決まっていた。テロを警戒する護衛もまったく付けなかったそうだが、実は元帥に分からぬように隠れた警護部隊は付いていた。しかし、死角はあった。その間隙を縫ってマッカーサー暗殺を計画した、日本人グループがいたとしたら……。

これは、歴史の〝イフ〟ではない。「マッカーサー暗殺」は、新聞記事に載ったのである。

昭和二一（一九四六）年五月一日付の「読売新聞」の見出しは「マ元帥暗殺企《くわだ》つ」とあり、さらに「事前に発覚・逮捕手配中」の文字もあった。その記事の内容は次のようなものであった。

【渉外局発表】五月一日のメーデーにおける行進および集会に際し連合軍最高司令官マッカーサー元帥を暗殺せんとする陰謀計画が未然に発覚した。陰謀の首謀者はトカヤマ・ヒデオ（あるいはタカヤマ音読）で身柄はまだ逮捕されていない、トカヤマ以外にも連累者《れんるい》があり、その氏名も判明しているが目下逮捕手配中である。

また、六月八日の続報には「マ元帥暗殺計画・共犯新井の自白」が載っている。

【ニューヨーク六日発UP】（共同）メーデーを利用してのマッカーサー元帥暗殺未遂事件の共犯容疑者アライ・テルナリは日本側警察の手により東京北西方六十マイルの渋川駅で逮捕された。アライは列車の中でマッカーサー元帥を殺すべきだと放言し、これをきいた旅客が警察に密告し逮捕となったものだ。アライは東京都に住む失業者でタカヤマ・ヒデオを首魁《しゅかい》とするメーデー暗殺計画に関与したものと見なされていたが共犯たることを自供していない。なお元神風特攻隊長たる主犯タカヤマはまだ逮捕に至っていない。

マッカーサー暗殺計画の記事はここまでで、この日以降のGHQ発表記事は消えてしまった。続報ではタカヤマ・ヒデオなる人物のプロフィールが「元特攻隊長」と書かれているが、この続報でもタカヤマの年齢は報じていない。

この、GHQ発表の「マッカーサー暗殺計画」は、実体のない囮《おとり》記事ではなかったのか。続報によれば、アライは逮捕後に精神科医の診察を受けている。そもそも、アライが「マッカーサー暗殺」を口走ったのは、東京から渋川に出向く途中の列車の中である。そして、乗客の通報で逮捕されている。首魁と目されたタカヤマとは何ら関係のない男であった。このGHQ発表の記事の背景には、謀略的な意図が見え隠れする。狙いは「マッカーサー暗殺計画」の〝本星〟たるグループの動きを封ずるための、意図的な発表であったと推察できる。

では、本星の「マッカーサー暗殺グループ」とは、一体、どんな組織であったのか。本稿では、中野学校の卒業生であった小俣洋三の「GHQ潜入工作」を書いた。私は取材を通じて感じたのだが、小俣の言葉がどうしても、引っかかっていた。

それは「国家の秘密」という言葉であった。それと、取材時に私はESSに潜入した期間を彼に尋ねているのだが、小俣は「一年くらい」と答えていたことがノートに記してある。

取材時には、その期間についてはさほど意識してなかったのだが、「マッカーサー暗殺計画」をあらためて取材し直してみると、中野学校の卒業生たちの手で計画され、実行寸前まで関係者が動いていたことが分かってきたのである。

小俣の「GHQ潜入工作」は、九州と東京、そして奥多摩がリンクしていた。関係者は少なくとも一〇名からのグループを結成して「マッカーサー暗殺計画」を練り上げていた。その中心的な人物が泉部隊の教官・小俣洋三大尉と同じく泉部隊の第三班長であった八木正三郎大尉ではなかったのかと、私は確信したのである。

小俣が残した「終戦秘話」を、何度も読み返してみた。いちばん、引っかかった箇所は小俣がESSを辞めた時期である。「昭和二十四年のクリスマスの休みを利用してマ司令部を退職……」。この箇所であった。私の調査によれば、小俣がESSに就職したのは昭和二〇（一九四五）年から翌年の春にかけての時期である。それと、小俣は勤めていた期間を「一年くらい」と答えている。となれば、二〇年一二月から翌年の一二月までESSに勤めていた勘定になるが、「終戦秘話」には

「二十四年のクリスマスに辞めた」と書いてある。

だとすると、その期間は四年間ということになるのだが、単なる記憶違いで日時を記したとは思えない。しかし、私はそのタイムラグを埋めるだけの真実を小俣から聞き出すことはできなかった。

だが、本稿で紹介した牛窪晃からの手紙で「マッカーサー暗殺計画」が実際に存在したことを確信し、さらに、取材を進める中で斎藤聡《さとし》を探し当ててからは、中野グループの計画した「マッカーサー暗殺計画」の真相に、近づいたことの手ごたえを感じ取ったのである。それは小俣洋三らと結びつく真実の発掘であった。

斎藤聡の証言

私が斎藤聡の名前を知ったのは、慶應大学の現役、OBたちで作る「三田《みた》空手会」の会報の記事であった。その会報は慶大出身の卒業生を取材したときに、相手がたまたま雑談の中で、「この会報に中野学校のことが書いてありますよ」と見せてくれたものである。そして、それが後日、斎藤本人への取材に結びつくことになったのだ。

平成一五（二〇〇三）年発行の会報第五二号には、「私の思い出」という興味を引く随筆が投稿されていた。投稿者である斎藤本人の経歴は、「慶應大学法学部在学中の一九四三年十二月一日に学徒出陣で陸軍に入営。配属されたのが近衛第一師団野砲兵連隊。その後、選抜されて甲種幹部候補生試験を受けて合格。第七航空通信連隊に転属、航空見習士官に任官。任地は浜松の第一航測連隊」であった。そして、本文には次のような思い出が書かれていた。


浜松から九州の西部軍（第十六方面軍）に転属になったのが昭和二十年六月でした。司令部で配属されたのが作戦室。ここは、全九州と四国、中国地方の全域をカバーする通信ネットワークの中枢で、作戦室には有線、無線の軍用回線が引かれていて、各地に展開している電探基地からの暗号の受信と解読を専門にやっていた。所属は航空総軍直轄の第三十六航空情報隊であった。

さらに、思い出の話は次の文章へと続いていた。

終戦の日の夜、中野学校の将校五、六名に作戦室の屋上に呼び出され、大本営の命令だ、徹底抗戦のクーデター計画に参加しろと強制された。私が総ての通信網を握っていたからである。計画に反対する上級将校は暗殺すると言う。激論の末、私は断り彼らは手榴弾と拳銃をもって去っていった。彼らの中に慶應経済学部の学生D君がいた。

この記事を読んだ時、私は斎藤が中野学校の卒業生だと思い込んでいた。そして、卒業生名簿で西部軍に配属された卒業生で「D」のイニシャルを持つ人物を探してみたが、該当する人物はいなかった。

昭和二〇(一九四五)年六月当時の中野学校卒業生の九州地区への配属は第一六方面軍、西部軍管区司令部、九州七県の地区司令部などに一〇〇余名であった。私は、斎藤に会えば何か情報を得ることができるのではと思い、斎藤を探し始めた。

予想していたよりも、斎藤の連絡先を探すのに手間はかからなかった。手がかりは「三田空手会」から「日本古武道振興会」に結びつき、彼の自宅を訪ねたのは平成一七(二〇〇五)年の一一月上旬、日曜日のこの日は秋雨前線の影響で東京は朝から雨の降る寒い日であった。

都営地下鉄三田線の沿線に斎藤聡の自宅はあった。私は駅の公衆電話から連絡を入れてみた。十数秒、コール音が鳴っていただろうか、相手が受話器を取った。

「斎藤さんって、あの本（『昭和史発掘　幻の特務機関「ヤマ」』新潮新書）を書いた斎藤充功さんですか。私も貴方に会いたくて午前中に手紙をご自宅に出したんです。奇遇ですね。今、どちらにおられますか」

私は駅の公衆電話の場所を伝えた。

「分かりました。私が迎えに行きますので、その場所にいてください」

斎藤聡と私との出会いは、彼が出した手紙よりも先に私が先方を訪ねて実現した。斎藤は八三歳になっていたが、矍鑠《かくしゃく》としていた。武道での鍛錬の証《あかし》が、肉体にも現れていたのだろう。隙のない動作で自宅まで案内してくれる。一人暮らしであった。

一刻、武道の話に花が咲いた。斎藤は「根岸流手裏剣術宗家」第五代目で、弟子を取って道場で手裏剣《しゅりけん》術を教える武道家であった。そして、話は本題に入った。私はDのことをまず質《ただ》してみた。

「D君のことですか。彼の名は大工原武司《だいくはらたけし》といって、私と同じ慶應の出身で経済を出ていました。随筆にも書きましたが、終戦の年、八月一五日に大工原たちのグループが深夜、拳銃と手投げ弾を持って作戦室に押しかけてきて『中野学校は決起してクーデターを起こし、米軍に徹底抗戦する』と、拳銃を突きつけて参加を強く求めたんです。私は、決起に反対して、大工原たちと屋上で言い争いになりました。しかし、最後は大工原の方が引いて、作戦室を退去して行きました。その時、大工原は『クーデターが成功しなければ、東京の同志が地下に潜ってマッカーサーを暗殺する。自分も、メンバーの一員だ』と、はっきり言い残したんです。私は、その時、大工原が西部軍に派遣されていた中野学校出身の情報将校であることを、初めて知ったんです」

斎藤は作戦室で大工原らに拳銃を突きつけられてクーデター参加を強制されたという。そのクーデターとは、「駿台荘会議」で中野学校が参加するかどうか謀議した宮城占拠計画であった。終戦直前の八月一四日の重要機密が九州の西部軍にまで達していたということは、中野学校の情報ルートがいかに完備されていたかという証左であろう。

では、西部軍の作戦室とはどんな情況にあったのか。当時、当直将校として勤務していた中野学校二俣分校第一期生出身の山本福一《ふくいち》少尉が、『俣一戦史』に書いていた。

部付室に帰ると既に自らの処理（勤務者が命令により担当職務の点検を行っている）に当たっているもの、連絡に走るもの、参謀や副官の慌しい出入り、そうこうしているうちに中庭では書類の焼却が始まっていた。全くあっけない西部軍の大命順応の流れであり、いつしか自分もその中の一人となっていた。

この情景は八月一五日である。山本も書いているように、当日は混乱して収拾がつかない情況にあったことが推察できる。

私は斎藤の話に引き込まれていった。斎藤は終戦後の昭和二一（一九四六）年六月に東京で大工原と再会していた。

「そう、偶然でした。あの時は三田の校舎で会ったんです。私は、復学の手続きを取るために大学に行ったんですが、大工原も同じ理由で大学に来ていたんです。最初に聞いたのは気になっていた『地下に潜ってマッカーサーを暗殺する』といっていた、その話の続きでした。大工原は『ああ、あの計画は新聞記事のこともあったんで中止した』と手短に語ると、立ち去って行きました。それ以来、再会したのは二十数年後で、個展の案内状が届いたんです。彼は、画家になっていました」

私は、気になったので再会した年月を確認してみた。

「日にちまでは記憶にありませんが、昭和二一年の六月に間違いありません」

私が、なぜ、再会の年月に拘《こだわ》ったのかといえば、先述の「読売新聞」の記事に理由がある。「マッカーサー暗殺未遂」事件が報道されたのは、昭和二一（一九四六）年五月一日である。それと、斎藤の記憶が正確であれば、大工原と再会したのは六月である。そこで、大工原は斎藤に対して「あの計画は、新聞記事のこともあって中止した」と答えたという。

斎藤聡からは得がたい情報を、もらうことができた。

三つのグループの繋がり

大工原武司は中野学校の卒業生であったのか。帰宅して『陸軍中野学校』を繰《く》ってみると、付録のページに大工原の氏名は記されていた。だが、そこには連絡先は書かれていなかった。しかし、戦死や病死していないことだけは斎藤が証言してくれた。

さらに前回調べた卒業者名簿よりも新しい名簿を開いてみた。すると、「タ」の項に本人の氏名は載っていた。卒業期は「八丙」であった。住所は都内になっていて電話番号もある。連絡を取ってみたが、電話番号は二六年前のもの、持ち主はすでに代わっていた。とはいえ、卒業期が「八丙」であることが分かっただけでも、光明が射した思いであった。

私は、大工原の同期生を探すのと平行して、九丙出身の牛窪晃が奥多摩のアジトに潜行したという、その場所と関係者の消息を探し始めていた。この時点で、私が描いた「マッカーサー暗殺計画」の構図は、以下のようなものであった。

Oグループ（小俣らの同志）
Tグループ（特務隊本部の同志）
Dグループ（大工原らの同志）

この三つのグループは有機的な繋がりを持ち、それぞれの分担を決めて「マッカーサー暗殺」の計画を進めていたのではないか。そのために、三グループのリーダーは定期的に会合を持って情報交換などを行っていたのではないか。

だが、この三グループに属していた卒業生の人員が、何人であったのか、その正確な数は特定できていない。しかし、少しずつ集まってきた断片的な資料を分析しただけでも、「マッカーサー暗殺計画」が確かに存在していたことだけは裏付けられてきたと思った。私の取材は続いていく。

気になっていたのは山本政義少佐の言葉にあった「国家再建工作資金」なる、活動資金の出所であった。小俣は在学生全員に一人一万円を支給したと証言しているが、その総額はおよそ一〇〇〇万円になる。しかし、この数字は小俣の記憶違いなのではないか。それは、次の資料から類推したものである。

六百万円を出すことに異存はないが、その保管、使用の責任は少将一人（中野学校最後の校長になった山本敏少将）に、貴方がまとめて持っておられ、必要に応じて適宜分配お使いになる、もし使われなくても、また焼却消滅されてもご自由という条件で決済した。その後どんな風に使われたか、どうなったかは全然知らない。

この文章は「皇統護持工作」で苦労した猪俣甚弥少佐が戦後、元参謀本部第二部長の職にあった有末精三から直に聞いた話として、中野校友会東北支部の講演会で語っていた「六百万円」の決済についての経緯である。

戦後の後事《こうじ》を中野学校に託すため、有末に活動資金の決済を求めたのは、前述の参謀本部第五課長の白木末成大佐であった。猪俣は昭和五七（一九八二）年一月に開かれた社団法人日本郷友連盟の会合の後に、この話を有末から聞いていた。

「国家再建工作資金」――。原資は参謀本部の機密費から支出されたものであった。しかし、私は、この金額に少し引っかかるものがあった。それは、小俣が終戦当日に富岡校に在校していた一千名余の学生たちに、総額一〇〇〇万円の帰郷旅費を支給したという、その数字である。支給の原資は当然、参謀本部から手当てされた秘密資金から支給したものであろうが、総額が一〇〇〇万円ではあまりにも多すぎはしないか。小俣は、一人当たり支給した額を勘違いしているのではないか。たとえば、かつて取材した故石川洋二と同期の名古屋に住む九丙出身の松沢賢二《まつざわけんじ》は、私の質問に、「秘密資金として一〇〇円札を一枚渡されました」と答えている。

この松沢の証言が事実とすれば、小俣の「一人一律一万円（一〇〇円札）を渡した」という「終戦秘話」の記述は、間違いということになる。一〇〇円札一枚を受け取ったとされる松沢本人が、一〇〇枚受け取ったことを勘違いしているとは考えづらい。

在校生が秘密資金を受け取ったのは昭和二〇（一九四五）年八月一五日。翌年二月には幣原内閣がハイパー・インフレを抑制するために金融緊急措置令を発して、三月に旧円の流通を中止させている。旧円が市場で使えたのは六カ月の間であった。

松沢の証言にあるように、富岡校で在校生が受け取った金額が一〇〇円とすれば、総額で一〇万円である。そして、六〇〇万円の残りの金が、ズバリ「国家再建工作資金」として、使われたのではないか。小俣の「終戦秘話」では、その事実を隠蔽《いんぺい》するためにあのような記述になったのではないのか。

もちろん、小俣が個人的に、その金を秘匿したのではなく「国家再建工作資金」としてストックし、その一部の資金を「マッカーサー暗殺計画」の活動資金として使ったことが、充分考えられるのである。

ところで、Dグループのリーダーと目される大工原武司の戦後だが、前出の斎藤聡は「大手銀行に勤めて退職後は山岳画家として大成した」と語っている。かつて、取材のパートナーの石川洋二に調べてもらったところ、大工原は平成一六（二〇〇四）年一一月に故郷の長野県佐久《さく》市で亡くなっていることが判明した。享年も大手銀行の経歴も斎藤の話の通りであった。大工原から「マッカーサー暗殺」計画の詳細を聞き出すことは、不可能になってしまった。

私が、次に考えたのは「八丙」同期の人物に聞いてみることであった。この期の入校者は昭和二〇（一九四五）年一月に入学して七月に卒業している。教育期間は七カ月で授業の大半は「遊撃戦」の教育と訓練であった。卒業者は一四三名で、行方不明者三三人を出していた。

そこで、私が連絡をとった人物は、五年ほど前に取材したS（事情により実名は伏す）であった。彼は中野学校に関する貴重な資料を提供してくれた人物である。同期の彼なら何かを知っているかも知れない。

再度の訪問は平成二二（二〇一〇）年の九月であった。Sにまず尋ねたのは大工原の戦後の消息と「マッカーサー暗殺計画」についてであった。

「中野学校も終戦直前に『占領軍監視地下組織』を作っていたという話を、校友会の会合で耳にしたことはあります。『マッカーサー暗殺計画』があったとしても、不思議ではありませんね。でも、初耳です」

「大工原さんの戦後の消息ですか。まったく分かりません。名簿に載っていても、戦後は付き合いのない同期生もたくさんいますから……」

私はここで、取材で得た情報の一部を話し、大工原が長野の佐久市出身であることを告げた。

「佐久市ですか、そこには知り合いはいませんが、長野では松本に一人、終戦当時、富岡に在学していて玉音放送も学校で聞いていたと思うIさんという人がいます。私、卒業して東部軍管区司令部（第一二方面軍司令官兼任・田中静壱大将）の指揮下にある新潟地区司令部に派遣されました。玉音放送は司令部で聴いたので、富岡の終戦時のことはまったく知らないんです。Iさんに聞けば、何か、終戦時の富岡のことが分かるかもしれませんね」

Sの話していたIという人物。存命で年は八七歳になっているという。ここで、取材の糸は、かろうじて長野県の松本に繋がったが、果たして、その人物は大工原のことを知っているのだろうか。ともかく、本人と会ってみないと、取材の方向性が決まらない。日をあらためて、松本に出向くことにして、私は、S宅を辞した。

九月でもこの地区では稲刈りがすべて終わっていた。田んぼから涼しい風が吹いてくる。取材ノートには情報が溜まってくるのだが……。

Iはグループのメンバーなのか

中央本線・八王子駅からスーパーあずさ11号に乗ったのは、新潟から戻って一〇日後であった。Iと会う約束をした時間は午後一時、松本駅前の喫茶店であった。私は、取材時には必ず「中野学校卒業者名簿」を、カバンの中に入れていた。座席で取材ノートを点検してみる。Sは、これから私が訪ねるIに関してこんなことを語っていた。

「Iさんの本名は分かっていますが、戦後は中野の人たちと付き合いがないと言っていますので、実名は本人に確認してから書くなりしてください。迷惑がかかると申し訳ないので」

卒業者名簿には、確かにIの氏名は載っていない。本人に会って、実名で書くことの了解を得なければ、イニシャル表記にせざるを得ないだろう。それと、前出の牛窪の手紙も持参していた。牛窪が富岡校の宿舎を脱出したのは、終戦二日前の八月一三日、同志二人と一緒に奥多摩のアジトに向かっているが、その、同志の名もイニシャルになっていた。松本で会う予定のIは、どんな経歴の持ち主なのか。期待の反面、雑談に終わることも覚悟していた。

スーパーあずさ11号は定刻通りに停車駅の発着を繰り返して、一二時三一分に松本駅の四番線ホームに到着した。

駅前の喫茶店は山小屋風の造りで、直ぐに分かった。ビルの谷間に北アルプスの山塊が垣間《かいま》見えた。時計は約束の時間の一〇分前を示している。私は、道路側に面したテーブルに座っていた。見知らぬ老人がテーブルに近づいてくる。

「斎藤さんですか。私は、二〇分前に来て、待っておりました。雰囲気で他の客とはちょっと違う。ジャーナリストの匂いがしたので、それで、声を掛けてみました。私の眼力も衰えてませんな」

「Iさんですか。どうぞ、お座りください。びっくりしました。僕を観察していたんですね」

そう言ってIの顔を見つめると、彼の眼は笑っていた。私は、ほっとした。

「観察というか、中野時代の習性が身に付いているんですな。未知の人に会うときは事前に相手の挙動や服装を観察してしまうんです。一週間前に、Sさんから連絡がありました。富岡の終戦時のこととか、大工原さんのことをお知りになりたいとか」

こんなやり取りの後、私は、Iに「マッカーサー暗殺計画」の話を切り出した。それと、実名で書いていいのかどうか、確認した。Iは、紙袋の中から一冊の本を出した。それは、私が持参している「卒業者名簿」と同じものであった。

「どうです、このIの項に、私の名は載っていないでしょう。それも、理由があってのことで……。ですから、実名を出してもらっては困ります」

理由とはなんだろう。私は緊張よりも、そのことを早く知りたくて、Iに、催促してしまった。その時の雰囲気は今でも思い出すが、「そんなに先を急ぐな」と嗜《たしな》められるような感じだった。私は牛窪の手紙を見せていた。

「牛窪晃、懐かしい名前です。彼は、私と同じ九丙の在学生でした。斎藤さん、貴方の名は、以前出版された『諜報員たちの戦後』で知っていました。石川君には、だいぶ協力してもらったようですな。牛窪君、彼は四年前に群馬の磯部温泉で開いた『九丙会』の親睦会に出席した後、帰宅途中に倒れて亡くなったと聞いています。彼がこんな手紙を貴方に出していたんですか、ここに書いてある同志のIとは、私なんです」

絶句してしまい、次の言葉が出なかった。目の前の温厚な老紳士が牛窪の同志の一人であったとは……。ボールペンを握る右手が固くなる感じであった。

「戦後は、私にも、いろいろありまして、中野の同期生たちとは一切、交流を断ったんです。それで、私の連絡先が空白になっているんです。付き合いといえば、Sさん、この方とは年に一度は賀状で近況を知らせていました」

それにしても、旧友との付き合いを断ってきたIが、どうして牛窪が亡くなったことを知っているのだろうか。私は、身構えてしまった。頭が混乱してくる。それでも何とか体勢を取り直して、頭の中で整理してきた「マッカーサー暗殺計画」グループにO、T、Dの三グループが存在したのではないかという推理を、Iにぶつけた。Iは目を閉じて、少しの時間、沈黙していた。そして、おもむろにこう言った。

「これから話すことは牛窪君の供養《くよう》にもなるでしょう。初めて話すことです。彼の手紙にある奥多摩のアジト、私は、そこへ牛窪君と一緒に行きました。命令を出したのはY大尉です。小俣大尉のことは知りませんでした」

私の推測は当たったのだろうか。Y大尉といえば、取材の過程で知り得た人物。八木正三郎大尉のことではないのか。話は、奥多摩のアジトになっていた。

「アジトが奥多摩に作られていたことなど、私は、その場所に行くまでまったく知りませんでした。地図を持っていたのは牛窪君で、彼の後について富岡を出たんです。終戦二日前で、学校は相当混乱していて、兵器や重要書類などは在校生が手分けして、校庭の隅に穴を掘って埋めたりしていました。それでも、武器、弾薬は相当な量でしたから一日や二日では全部処分できなかったと思います」

私は、昭和二〇年代の鉄道地図をテーブルの上に広げて、奥多摩までのコースをIに質してみた。地図を食い入るように見つめ、指は路線図をなぞっている。

「軍服姿で戦闘帽を被り、背中にはリュックを背負って携帯口糧《こうりょう》を詰め込んでいたんです。南部式の拳銃と弾も二箱くらい持っていました。そうそう、電車は、この駅から乗ったんです」

彼が指差した駅は、上信電鉄の「上州七日市」駅であった。

「駅は学校の近くにありまして、上信電鉄です。三人で高崎に出ると、そこから国鉄の八高線《はちこうせん》に乗り換えて、もちろん、蒸気機関車です。三時間以上かかったと思います。さらに青梅《おうめ》線に乗り換えて終点の氷川《ひかわ》（現・奥多摩駅）で降りたんです。木造のうらぶれた駅舎が印象に残っています。富岡を早朝に出発して氷川に着いたのは午後の三時ごろでした。あの時代は、列車も時間がかかり、なかなかダイヤ通りには走っていませんでしたよ。アジトまでは日原《にっぱら》川に沿って二時間以上歩きましたか、樵《きこり》小屋に着いたときは陽も落ちていました。確か当時、氷川辺りの地番は西多摩郡古里《こり》村と呼ばれていたはずです（正確には氷川村で、古里村は氷川の隣村）」

Iは鉄道地図を見ながら、六五年前の若きころの自分に思いを馳《は》せていたのだろうか、記憶は、驚くほど正確であった。

「私は一九二三年九月生まれで今年、八七になりました。富岡に在学していたのは二二の時ですから、若かったし、〝マッカーサー暗殺計画〟を牛窪君から聞かされても、それほど驚きはなかったですな。奥多摩のアジトには複数の同志もいて計画は進んでいると、思っていました。終戦の詔勅を聞いたのはアジトでした。山奥でも、ラジオはオールウェイブの米国製でしたから、天皇の声ははっきり聞こえました。Y大尉が、アジトに到着したのは終戦から一〇日くらい経っていたと思います。私たちは毎日、やることがないのでアジトの樵小屋で過ごしていました」

牛窪の名が出たついでに、富岡から奥多摩アジトに向かったもう一人の人物について聞いてみた。

「名前はまずいですな。その人物は、まだ生きているので、明かせません。上田に住んでいます。

紹介といっても、本人に連絡を取ってみないと……」

驚くべき真相

私は質問を変え、当時のアジトの情況について聞いてみた。

「アジトに着いて一〇日くらいすると、Y大尉と、自分の知らない同志が三、四人、やってきました。自己紹介は『東京の特務隊本部』から来たと、話していました。私は、中野の組織に、そんな部隊があったなんて、その時、初めて知ったんです。Y大尉に指示されたのは、銃器の手入れと周辺の警戒、要するに不審者の発見ですな。といっても、めったに人が入り込まないあんな交通不便な場所に、人が来るなんて地元の里人《さとびと》くらいでしょう。発見すれば、相手はこちらを不審者と思いますね。近くには、修験道《しゅげんどう》の聖地になっていた日原鍾乳洞《しょうにゅうどう》があったんですが、当時、修験者は誰も来ていませんでした。銃器といえば九九式狙撃銃二丁、それと九九式軽機関銃二丁に三八式歩兵銃、一四年式の拳銃でした。弾丸は六・五ミリと七・七ミリが木箱に四箱くらいストックしてありました。銃器も木箱に詰めていたんです」

相当、重武装していたことが窺える。これらの兵器はどこから誰が持ち込んだのだろうか。そのことをIに確認してみたかったが、私が気になったのは、「九九式軽機関銃」を確認したというIの言葉であった。

前出の小俣は「終戦秘話」に「軽機二丁の準備を命ぜられ、その使用目的は薄々感ずるところがあった」と書いているが、軽機関銃の種類は触れていない。が、Iが確認した「軽機二丁」とは富岡校から運び込まれていた九九式軽機関銃のことではなかったのか。

二五三頁に掲載したスケッチは私がIの証言を元に取材ノートに書いた樵小屋の見取図だが、外にリヤカーが置かれている。おそらく銃器や弾薬、食料などはトラックが入れない先の道を、そのリヤカーを使って樵小屋の奥多摩アジトまで運んだのであろう。小俣は奥多摩アジトの存在を終戦以前から、知っていたのではあるまいか。

「武器類はどこから運び込まれたのかは、牛窪も知りませんでしたね。特務隊本部の同志が来た時には、リュックサック一つで、武器類は持っていませんでしたから、どこから集めていたのかは分かりません。それとも、特攻隊本部の同志が事前に、あのアジトに運び込んでいたのでしょうかね。私は、気にしていませんでしたが」

Iは銃器のことを正確に覚えていた。それもそのはずである。Iは陸軍兵器学校を卒業していた。九九式狙撃銃といえば、九九式小銃を改良して四倍率の狙撃スコープを着装できる日本陸軍最高の狙撃銃といわれた代物で、射程距離は一五〇〇メートル、七・七ミリ弾を使用している。それに、九九式軽機関銃も七・七ミリ弾を使用する重量九・九キロのマシンガンで、優れた精度を持っていた。このような武器を「暗殺グループ」はどこから集めてきたのだろうか。残念ながらIは、そこまでは知らなかった。

私は武器の数を聞いてみた。

「全部で一〇丁くらいあったかも知れません。いちばん記憶に残っているのは九九式狙撃銃が二丁あったことです。それを見て思ったことは、場所は分かりませんでしたが、マッカーサーをどこかで狙撃するということだけはピンときました。いま思えば、それらの武器は富岡校の校庭に埋めたものを、掘り返して持ち込んだのではないかと思いますね」

Iの想像した武器の調達方法と、私が推測したこととは一致しないが、次々と驚嘆すべきことを語ってくれる。銃器類にしても全部で一〇丁あったということは、いちばん軽い三八式歩兵銃でも

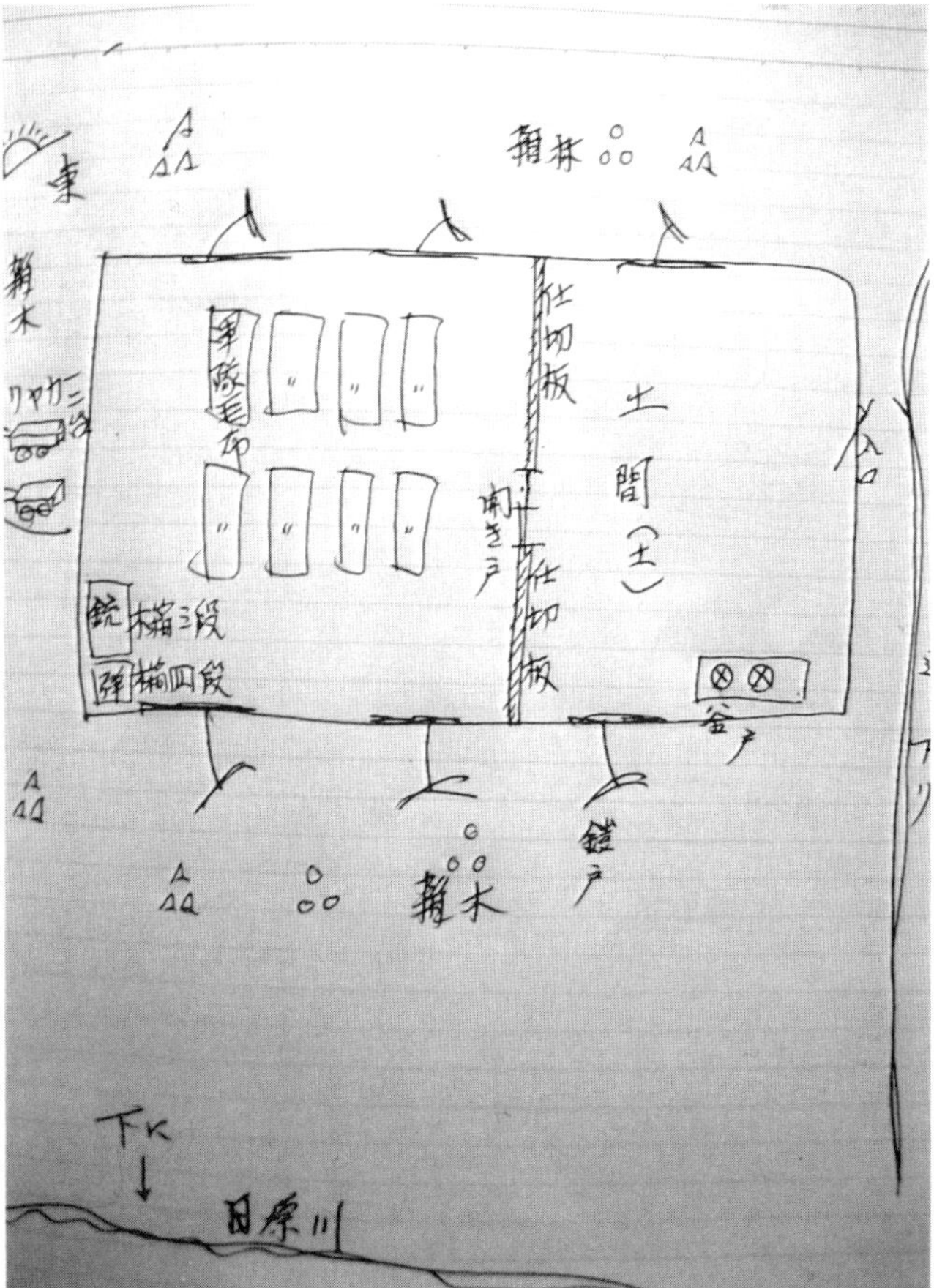

樵小屋の見取図

重量が四・一キロ。最も重い九九式軽機関銃は九・九キロもある。

少なくとも総重量は木箱の重量を入れれば六〇キロを超えているだろう。それに、弾薬箱四箱で八〇キロ。銃器と弾薬の合計で一四〇キロになる。だとすれば、トラックから積み替えた品々を運ぶのにリヤカーが使われたことは間違いあるまい。

取材は牛窪からSに繋がり、そして、目の前のIに行き着いた。私は、時間の経つのも忘れてIの話に聞き入っていた。

「各種銃器の試射は山中で四、五回やっていました。時間は日中と薄暮の時間帯で、試射の目的は銃器の精度を調整することにあったんです。担当したのは私一人で、指名された理由は、私が銃器の取り扱いに慣れていたからでしょう。牛窪がマッカーサー暗殺計画に私を誘ったのも、兵器学校を出ていたことに理由があったんですね。それと、私自身、占領軍の日本統治に憤慨していましたから、メンタルなところで牛窪に同調していたと思います。二二歳という若さのなせるところだったんでしょう」

質問は核心に迫ってきた。大工原たちのDグループと小俣たちのOグループ。そして特務隊本部のTグループ、この三グループの関連についてであった。

「組織を作って活動していることは分かっていましたが、私たちの奥多摩グループが、斎藤さんの話されているTグループやDグループと連携していたなんて、まったく知りません。それと、佐久で亡くなったという八丙の大工原さん、この方とは面識がないんです。むしろ、私の方が聞きたいのですが、大工原さんは本当にマッカーサー暗殺計画を立てていたんでしょうか」

私は、東京で取材した斎藤聡の証言をあらためて、Iに説明した。

「そうですか、東京でも、別のグループが計画を練っていたんですか。初耳です。大工原さんは西部軍にいたんですか。話を聞いていて、一つ心当たりがあるんです。それは、大工原さんが暗殺計画を中止した理由が、新聞記事にあったと話されましたね。その新聞記事は、多分、戦後初の宮城前広場で行われたメーデーに関した記事のはずです。その記事のことは、奥多摩のアジトを閉鎖して各人が帰郷した後に、牛窪から聞かされたんです。GHQ発表の記事は囮だったんですな。それと私と牛窪、もう一人、富岡から来た同志三人は奥多摩に来てから半年ほどで、帰郷を命ぜられたんです。それから先の奥多摩アジトがどうなったのか、他の同志が何をやっていたのかは、私は分からないんです」

私の体は熱くなっていた。Iが、大工原のことは知らなくとも、私が思いつくままに付けたOグループ（奥多摩アジト）が存在していたことが、Iの証言から明かされたのである。

そして、間違いなく「マッカーサー暗殺計画」が、中野学校の一部の同志たちの手で、進められていたことが分かったのである。

窓から見える街灯には明かりが点いていた。喫茶店に入って四時間は過ぎていた。紅茶のお替りは三回になっていた。

私の最後の質問は「マッカーサー暗殺計画」の可能性についてIの当時の心境を尋ねることと、歴史の闇に埋もれてしまった「マッカーサー暗殺計画」を、なぜ語ってくれたのか、その二点であった。

「最初、斎藤さんから連絡をもらったときは、正直、断ろうかと思いました。貴方の本を読んでもマッカーサー暗殺に関係する文章は、取材に行き詰まっている印象を受けました。それなら別に私の体験を話さなくてもいいと思ったんです。ですが、気になったのは牛窪の手紙を持参するという、貴方の言葉でした。その一言が、妙に気がかりでした。しかし、結果は、斎藤さん、貴方と会えていろいろ話せたことを、こちらが感謝したいくらいです。封印してきた過去を話せたのは、貴方の聞き上手な態度と、取材の実績に感心したからなんです。それと、マッカーサー暗殺計画には中野学校のいろいろな人たちが関係していたことを聞いて、戦後のあの時代に同じ考えを持った同志がいたことを、私は誇りにしたいと思います」

ここまで話したＩは突然、「ちょっと電話してきますので……」と椅子から立ち上がった。時間にすれば五分ほどか、戻ってきたＩの顔色は冴えなかった。

「最初に話した、上田に住む〝戦友〟、彼は私と奥多摩のアジトで生活した人物です。連絡を取ったんですが、『取材は遠慮したい』という答えなんです。説得したんですが、残念です」

私は、Ｉの好意に感謝した。初対面のＩと、いつのまにか心が通じていたようだ。牛窪の手紙が、Ｉの気持ちをほぐしてくれたのだろうか。

「奥多摩アジト」――Ｉの具体的な話から、その存在と実態が分かった。これで、取材の方向性も固まってきた。

後はＴグループとＤグループの関係性、それと、小俣のＧＨＱ潜入工作がこれらのグループと、どう関わってくるのかを調べることであった。

私は、Ｉを見送った後、しばらくの間、取材ノートにメモした内容を整理していた。別れる時のＩの表情は穏やかな老紳士の顔に戻っていた、そんな印象であった。

ウエイトレスが「注文は、ございませんか」と、声をかけてきた。時刻は午後六時になろうとしていた。

暗殺は終戦直前に計画された

前述した「占領軍監視地下組織」の計画は、富岡校の一部教官、将校たちの手で極秘裏に進められていた。中心になった人物は研究部の乙Ｉ長出身の太郎良定夫少佐であった。太郎良は、この計画書を参謀本部第二部第五課長の白木末成大佐に提出した。計画書は若松只一陸軍次官を通して阿南惟幾大臣の許に上がり、大臣がこの計画に承認を与えたのは終戦二日前の八月一三日であったという。

だが、この計画は結局、ＧＨＱの占領政策が大きな混乱もなく進んだため、発動されることはなかった。しかし、当初この計画を「駿台荘会議」に諮《はか》ったときは、是非をめぐって内部では対立があった。

それは、占領軍による占領政策が明確に示されていないため、相手の出方を見極めてから態度を決するという方針が、参加していた在京将校の間で、合意されないことにあった。しかし、占領軍の日本進駐まで残り時間は二日しかなかった。謀議の末、出た結論は「占領行政を監視しながら推移を見守る」という条件で、反対派も計画の中止に賛成したという、きわどい選択であった。

しかし「占領軍監視地下組織」の構築は中止されたものの、そこから先に別の計画が進められていたことは、「駿台荘会議」に参加した、ほんの一握りの卒業生しか知らなかった。それとその先の計画は、本稿で詳述した石神井公園の三宝寺池近くに作られた「離島作戦特務隊本部」の通信網を通じて極秘に学校本部をはじめ、西部軍などに連絡された。

その次なる計画こそ「マッカーサー暗殺」に他ならなかった、と私は推測した。その根拠は、小俣の「ＧＨＱ潜入工作」の実体を追い続けてきた成果と、牛窪の手紙からＩに行き着き、彼から「奥多摩アジト」の詳細を聞かされた、その取材結果から導き出された結論であった。

歴史の闇に埋もれた中野学校卒業生による「マッカーサー暗殺計画」。私は、この計画には複数の組織があり、その組織をDグループ、Oグループ、Tグループと呼んできたが、Iの証言によれば、これら三つのグループは有機的に結びついた一つの「秘密組織」として活動していたのではない、という。しかし、本当にそうなのか。三グループがまったく繋がりもなく行動するとは私にはどうしても思えないのである。

「マッカーサー暗殺計画」が具体的に動き始めたのは、「占領軍監視地下組織」の発動が中止された、昭和二〇（一九四五）年八月一四日ではなかったのかと、私は推論した。

そして、その計画を具体化するための千載一遇のチャンスが富岡校の解散式であった。学校は混乱状態にあった。資金も武器も弾薬も豊富に持っていた学校である。それに「徹底抗戦」を主張する教官や学生もいた。事前の準備は進んでいた。それと石神井公園の三宝寺池近くにあった「秘密本部」との連絡も、遅滞なくできていた。牛窪、Iら三人が終戦前に学校を離脱できたのも指示命令する者がいたからである。

三つのグループは、それぞれ、分担を決めて動いていた。Oグループは小俣のGHQ潜入工作をサポート。Tグループは奥多摩にアジトを構えて実力行使に出るための準備として、GHQの建物周辺や米国大使館周辺を偵察していたのではあるまいか。小俣が潜入したESSの建物はGHQから二ブロックと離れていない、三菱八号館に置かれていた。小俣とDグループの大工原は頻繁に連絡を取り合っていたものと思われる。

しかし、どうしても解明できない事実がある。それは、最終的に「マッカーサー暗殺計画」を中止した理由が、新聞の囮記事なのである。発表されたのが戦後第一回のメーデー当日である。記事は昭和二一（一九四六）年五月一日に掲載された。

さすれば、前年の終戦直前から始まった計画はすでに九カ月の時間が経過していたわけで、その間、暗殺グループは奥多摩アジトで待機していたのだろうか。前出のIは「半年間、アジトに留まっていた」と語っているが、その後のグループの行動については把握していない。それと、Iは後日、牛窪から新聞記事の内容は聞いていた。他の同志は九カ月間、どこか別の場所に潜んで暗殺の機会を狙っていたのであろうか。

私の取材は、ここまでであった。しかし「マッカーサー暗殺計画」は、確かに存在した。大工原武司が斎藤聡に語った「新聞記事で暗殺は中止した」と、言い残して去っていったという事実。その新聞記事は「マッカーサー暗殺計画」に参加した中野学校のメンバー全員が共有した、危険信号であったのかもしれない。

奥多摩アジトに隠していた九九式狙撃銃と九九式軽機関銃、三八式歩兵銃と一四年式拳銃、それと大量の弾薬はその後どのように処分されたのだろうか。今となっては、永遠の謎になってしまった。だが、敗戦で生きる目的を失ってしまった日本人の中に、占領軍最高司令官を暗殺するという企てをした、一握りの軍人たちがいた、それも、中野学校の卒業生であったという事実。歴史は彼らの行動を封印をしてしまった。だが、いつの日か真実に光が射す日が、来ることを私は念じている。

戦後、極秘に作られた〝白団〟

高崎市内に住む八五歳の水村三喜は(二〇〇六年時点)、背筋をピンと伸ばした姿勢には往年の軍人の面影が残っており、現在は夫人と愛犬とともに自適の生活を送っていた。彼は近衛師団の下士官教育隊に在籍しているとき、隊長の推薦で中野学校に入校。五戊の学生として同期生七八名と共に一九四四(昭和一七)年二月に同校を卒業している。

卒業後は、支那班の一六名が南京の支那総軍参謀部付として発令され現地に赴任。つづいて、去《さる》川初男《かわはつお》、板室輝久《いたむろてるひさ》の二人とともに広東に司令部を置く第二三軍参謀部に派遣され、水村は二三軍の各部隊から選抜されてきた一般将兵にゲリラ戦を教育する「甲部隊」の教官助勤として任務についた。

その後、甲部隊を離れると、広東省内に設置されている五つの情報機関のうちの一つで、最も規模の大きかった「沙面《サメン》機関」に転属した。この機関は蔣介石の重慶政府の情報を集めることを目的に作られた特務機関で、機関長は第二三軍参謀長を兼任していた富田直亮《なおあき》少将（陸士三二期）、補佐官が三丙出身の荒武國光《あらたけくにみつ》大尉であった。

私が水村に会いたいと思ったのは、校史に荒武が寄稿していた「重慶側情報機関長の送還工作」という一文の中に、この送還工作を実行した彼のことが書かれていたからである。

実は、この元日本軍の参謀長と中野学校出身の情報将校の二人は、日本が占領下にあった一九四九（昭和二四）年暮れから独立後の六九（昭和四四）年の年初までの約二〇年間、台湾に存在した〝白団《パイダン》〟という蔣介石総統率いる国民党政府軍の軍事顧問団と、深く関わっていた。

というよりも、この〝白団〟は、日本人将校が中心になって台湾に作り上げた組織で、先述の荒武は〝白団〟が正式に活動を開始する一年前に、先遣隊の一人として神戸から香港経由で台湾に密航していた。

密航を手引きしたのは「沙面機関」時代に面識があった、汪兆銘南京政府の広東要塞司令官の副官をしていた寥宗龍《りゅうそうりゅう》中佐で、彼は戦後、国民党政府の保安司令部に勤務していた。戦時中はどうやら、南京政府に潜入していた国民党の情報機関で戴笠《ダイリー》局長が指揮する軍事委員会調査統計局（以下、軍統局と称す）の工作員であったようだ。

その寥中佐が台湾保安司令部の情報局長で、かつて軍統局の第一部長をしていた上司の姚敏生《ようびんしょう》

サメン機関の本部前で機関員を写す。右端の水村は立ち姿で軍刀を持つ（提供・水村三喜氏）

将軍の密使として来日した。目的は旧日本軍将校による軍事顧問団編成について、荒武國光に相談することであった。

重慶側要人の送還工作

「私のことをよく調べてこられましたね。沙面機関時代のことは、関係者以外に話したことはありません。それに、私は〃白団〃に参加していませんので、実態といっても、中国名・白鴻亮《パイホンリャン》を名乗っていた富田団長（筆者注：第二三軍参謀長の富田直亮少将）の秘書役をやっていた中野の先輩で、中国名〃林光《リンクアン》〃の偽名を使っていた上官の荒武さんに聞いた程度ですが……」

水村は前置きを語った後、「沙面機関」時代の思い出を語りはじめた。

「私は姚将軍を重慶側へ送り届ける命令を出したのは荒武大尉で、任務は田中久一軍司令官の和平親書を姚将軍に託して蔣介石委員長に手渡すことでした。時期は昭和二〇年五月でした。護送は私一人でした。大尉からは『相手は将官なので日本軍人の将官と同じ態度で接すること』を申し渡されました。姚将軍は、死刑を覚悟していただけに態度は立派で、途中、逃亡するそぶりは一度も見せませんでした」

護送コースは船で珠江《たまがわ》を遡り、肇慶《ちょうけい》で憲兵隊に拘束されていた姚夫人を釈放してもらい、さらに梧州まで遡上。そこから敵地区の尋州に入って姚夫婦を解放した。その間、沙面と尋州《じんしゅう》の往復に一〇日間を要したという。「田中親書」は姚敏生の手から蔣介石委員長に手渡されたが、結果は国民党政府との和平交渉は実現しなかった。

水村が日本に引き揚げてきたのは一九四六年六月で、戦後は一時、故郷の埼玉県秩父で開拓農民の生活を送っていた。そして五年後には高崎に転居して銀行に就職。また元上官だった荒武大尉とは戦後一五年目の一九六〇（昭和三五）年夏に再会していた。それも、荒武が高崎に住む水村を訪ねての再会であったという。

「荒武さんは当時すでに台湾で〝白団〟の参謀役として活動していて、現地で〝林光〟を名乗っていることを聞かされたんです」

水村が台湾を初めて訪問したのは、銀行を定年退職した年の一九七八年四月であったが、姚敏生はすでにその二年前に亡くなっていた。水村は姚と再会する機会はなかった。

荒武が戦後に関係した〝白団〟はすべての任務を終えて現地台湾で解散したのが一九六九年四月、参加したメンバー八三人のうち最後まで残ったのは団長以下五人であった。荒武は台湾から帰国してからも、水村とは親しくしており現在八七歳になるが、壮健で宮崎で元気に暮らしているという（白団については、中村祐悦『白団』〔芙蓉書房出版〕に詳述されている）。

水村の戦中史は中野学校の卒業生の中でも、稀な体験であったといえるだろう。部外者にこれを話したのも初めてであるという。そして戦後、台湾に軍事顧問団を組織して、その名を団長の中国名から〝白団〟と名乗り、中野出身の情報将校が参加していたことも水村の口から明かされた。

他にも、陸軍中野学校が戦中、戦後に行ってきた諜報・謀略工作は、まだまだ明かされていない真実があるはずである。これから先、関係者が真相を語ってくれることを大いに期待したい。

卒業生の国外工作

陸軍中野学校は、存在した七年間に二一三一名の卒業生を送り出した。卒業生は日中戦争の時代から終戦まで、日本軍が戦ったほぼ全戦域に派遣され、現地で情報、諜報、謀略、宣伝工作を行っていた。

樺太、満州、中国、朝鮮、台湾、東南アジアの各地で行われた各種工作には成功した作戦もあれば、失敗した作戦もあるが、成功例として相当成果を上げたといえるのは、樺太の北方少数民族工作や、「岩畔機関」「藤原機関」「南機関」などによるインドやビルマ（現・ミャンマー連邦）の「独立運動工作」であった。これは両国民の反英運動に火をつけるプロパガンダ工作でもあった。

また、インドネシアにおけるオランダ語とインドネシア語を使った「謀略放送」では、オランダ軍将兵に対する心理作戦として成功し、インドネシア国民に反オランダ感情をもたらした。

任地の陸軍武官室付を発令された卒業生は、現地で国内情報だけを収集する情報戦に徹していた。派遣国はアフガニスタン、ドイツ、ポルトガル、スペイン、ルーマニア、メキシコ、そして遠く南米のコロンビアやブラジルまで及んでいた。

ただし、太平洋戦争で敵国となる米国には卒業生は派遣されておらず、ソ連領はチタに置かれていた満州国領事館に数名の卒業生が配置されているに過ぎなかった。だが、チタでの情報活動は場所がソ満境に面した都市だけに、クーリエ（伝書使。外交官資格を持ち、秘密文書などを運ぶ役）の中継基地として重要な役割を果たしていた。また、情報戦の世界ではたとえ同盟国といえども、平時での謀略工作は絶えることがなかった。

新穂少佐の遺した「西部ニューギニヤ横断記」

任務の中には戦闘地域の地理や地形を調査して兵要地誌を作成することや、現地住民への宣撫工作といった重要な仕事があった。

これらの任務遂行中に戦死したり、病死したりした中野卒業生が四百余名おり、戦死者の中には〝刑死〟した者が数名含まれている。これから紹介する一期生の新穂智少佐も刑死者の一人で、彼は戦後の一九四八年一二月八日に、最終任地の西部ニューギニア・ホーランジャ（現・インドネシア、イリアンジャヤ州ジャヤプラ）で、オランダ軍によって処刑された。理由は「部下が米軍捕虜を処刑したのを見逃した」というものであった。

しかし、真実は「上官として部下の責任を負っての刑死」であったという。その新穂少佐の遺族のもとに遺品がオランダ軍の弁護士から届けられたのは、処刑された翌年の三月であった。

「遺品といっても届いたのは木箱に入った印鑑、お守り、飯盒、遺髪だけで遺骨はありませんでした。それと、陸軍の用箋に書かれた六冊の現地の観察記録で、これはフィールド・ノートのような元でした」

遺品の観察記録を保存していたのは七五歳（二〇〇五年時点）になる弟の士朗《しろう》である。記録には「西部ニューギニヤ横断記」と表題がつけられていて、記録した期間は、昭和一八（一九四三）年一一月二三日から同一九年六月六日までの約七カ月間。戦闘地域のジャングルの様子を記した貴重な記録であった。探査した土地の地形、原住民の風俗、習慣、冠婚葬祭、儀式、動植物の生態などがスケッチ入りで詳細に記録されており、「博物誌」といってもいいほどの兵要地誌であった。

未踏の地を調査している間、新穂はかたときもこの記録を手放さなかったことが、文章の行間から伝わってくる。六二年ぶりに陽の目を見る「西部ニューギニヤ横断記」。中野学校の卒業生にも「博物誌」に関心を持った情報将校がいたことも驚きだが、それにもまして「ジャングル戦」を戦うときに必要な、現地の情報を博物誌として記録した新穂の観察眼には驚かされる。また、署名は「新田敏朗」を用いていた。

「変名は兄弟の一字を使っています。『朗』は士朗の私。『田』と『敏』は兄の一字です。中野の一期生は変名を使って戦地に派遣されていたんですね」

実弟の士朗は兄の署名についてこのように語っている。しかし、当時バタビアと呼ばれた「蘭領印度支那」に入国するときの新穂智のビザ（二七三頁の写真）は、本名で申告していた。

第三號

卒業證書

陸軍歩兵少尉　新穂　智

右後方勤務要員養成所特種勤務ノ課程ヲ卒業シタルコトヲ證ス

昭和十四年七月二十一日

後方勤務要員養成所長
陸軍歩兵大佐従五位勲三等　秋草　俊

新穂智の卒業証書

新穂智という人物

この博物誌を遺した新穂智は大正五年（一九一六）五月に鹿児島県日置郡上伊集院村直木で八人弟妹の長男として生まれた。

旧制中学は鹿児島の私立「鹿児島中学」を卒業。一時教員をしたが、満鉄に就職するため渡満した。兵役は現役徴兵で台湾の歩兵第一連隊に入営し、甲種幹部候補生に推薦されて見習士官となる。昭和一三（一九三八）年七月、少尉任官。特殊勤務者として内地に転属し、中野学校の前身である後方勤務要員養成所に入所、情報工作員としての教育が始まった。

卒業後最初に配属されたのは参謀本部第六課で、スマトラのパレンバンとジャンピの石油事情調査を命じられた。新穂が運命の地、西部ニューギニアに転任したのは昭和一八（一九四三）年一一月であった。部隊は豊島房太郎中将（陸士二二期）の指揮する第二軍で、情報班の「特殊工作班」が編成する「神機関」の機関長を命ぜられた。特殊工作班は「神機関」以外にも「虎」「鰐」「龍」などの名を冠せられた工作班が六班編成されていた。

「横斷記」は一一月二三日の命令受領の日を次のように記している。

貴隊ハ速カニ「ホーランジャ」ニ前進シ「ホーランジャ」地区ヘノ前進部隊ト同地区居住民トノ間ノ摩擦ヲ避ケシメ、却ツテ原住民ヲシテ日本軍ニ協力セシムル如ク前進部隊到着以前ニ対原住民宣撫工作ヲ実施スルト同時ニ同地区将来ノ作戦ヲ有利ニ展開セシムル為兵要地誌調査ヲ実施ノ上、四月末日迄ニ報告スヘシ

現地調査は作戦に必要な地理、地形の状況を調べる〝兵要地誌〟の作成が目的であった。そして、新穂は現地の事情に精通した「パプア人」を同行して、人跡未踏のジャングル地帯に入っていくことになる。

兵要地誌は「博物誌」

新穂が遺した「博物誌」の一部を紹介しよう。

二月十日記（スケッチ入り）

アルソ続ノ風習

一、人「アルソ族ハ身長ハ普通デ頭髪ハ縮レテ眼光ハ鋭イガ性質ハ温順デアル。一般ニ男子ハ頭髪ヲ伸バシテ居ルガ女子ハグリグリ坊主ニナッテ居ルノガ多く我々ノ世界ト反対ダ

二、衣「全部裸体デアル。各部落ノ村長ヤ通訳ガ民政府出張所ヨリ被服ヲ貰ッテ着用シテ居ル事ガアルガ之ハ郡役所等ニ出頭スル時デアッテ普通ハ裸体ノ方ガ体ノ調子ガ良イト見エテ裸体デアル

1　男子

男ノ体ニ着ケテ居ルモノト云ヘバ小型瓢箪ニ陰茎ヲ挿入シテ居ルダケデアル。之ノ瓢箪ヲ「パプア」ハ「ワロー」ト称シテ居ルガ之ハ小型瓢箪ニ陰茎ノ挿入出来ル様ナ小サイ穴ヲ開ケ之ノ穴ニ陰茎ヲ挿入シテ居ルノデアルガ色々ノ型ノ瓢箪ヲ使用シテ居ル者モ居ル。又中ニハ「ワロー」ニ彫刻ヲ施シテ居ル風流者モ居ル。用便ノ時ハ「ワロー」ハ外シテ、終了セバ又掛ケルノダガ彼等ハ良ク飛廻ッテ居ルノニ「ワロー」ガ落チナイモノダト感心スル。挿入孔ヲ開ケル時余程小サク開ケルノデアロウ

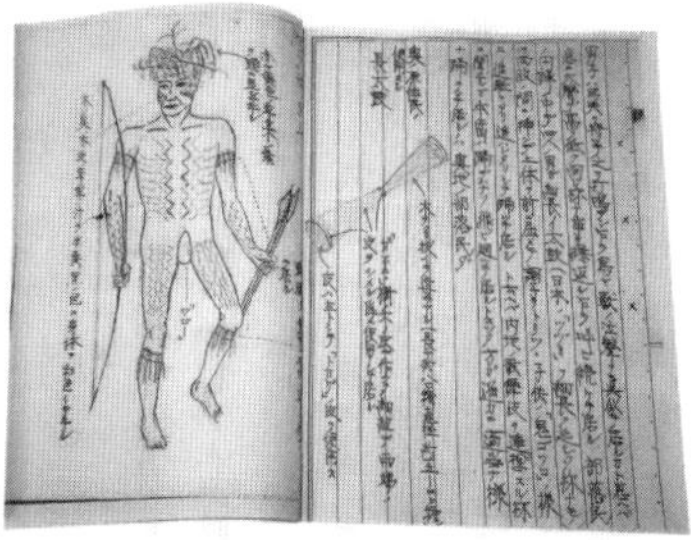

新穂がスケッチした現地アルソ族（男性）の姿

2　女子

女ハ「男子」ノ「ワロー」ニ相當スル腰ミノヲ用イ陰部ヲ隠シテイル。此ノ腰ミノハ「サゴ」椰子ノ若葉ト「ガネモ」樹ノ靭皮部デ細紐ヲ作り之デ長サ約三〇糎ノ「簾」ノ様ニシテ作ッタモノダ。

女ハ腰「ミノ」ヲ三、四枚同時ニ腰ニ枚テ居ルノデアル

またスケッチは「ワロー」の形状と腰ミノを書き、「ワロー」は彫刻までも書き込んでいる。そして家屋についても説明がなされている。

アルソ族ハ一家族毎ニ一家屋ヲ持ツテ居ル。家屋ハ丸型屋根デ軒ガ低ク垂レ下リ出入口ガ一カ所アツテ其ノ他周囲ハ「ガバガバ」（サゴ椰子ノ葉幹）デ張ツテアル。屋根ハ「アタツプ」（サゴ椰子ノ葉ヲ重ネテ長サ約一米ニ編ンダモノ）デ葺イテアル。柱ハ丸木ノ皮ヲ剝デ其儘ヲ使用シテ居ル。（以下略）

やはりこの家屋についてもスケッチで細かな説明がつけられている。つづいて風習、宗教、農耕、弓矢、サゴ椰子の利用方法などパプア裸族の生態を詳細な観察記録として遺している。

昭和一九年二月三日にホーランジャを出発した新穂隊は、西ニューギニアのジャングルに分け入り、大河マンベラモ河を下って七月七日にビオネルビフクに到着。五カ月かけて友軍の鰐機関との接触に成功した。その間の人跡未踏のジャングルの生活を新穂は「横斷記」として記録したわけだが、内容は兵要地誌というよりも「博物誌」として価値が高い記録になっている。

四月五日「矮小族ノ國へ進入」
（フロワシ河支流）河幅ハ約四〇米モアルガ、ココニモ此ノ様ナ立派ナ吊橋ヲ架設出来タモノト感心サセラレル。此ノ小吊橋ハ「ドブー」唯一ノ名物デアロウ……。全員無事集結ヲ完了シタノ

ハ午後四時三〇分デアッタ

スケッチの説明には「ドブー名物・藤ノ吊橋」とあり、構造に細かな注釈がつけられていた（左上の写真）。

四月十一日「名物火喰鳥」

火喰鳥ヲ見タ事ノ無イ者ハ想像ガ付カナイカモ知レナイガ、駝鳥ノ羽根ヲ全部落シテ更ニ翼（駝鳥ノ翼モ相当ニ退化シテ井ルガ）ヲ切リ落トシテ体全面ニ真黒ナ墨ヲ塗布シタ恰好ガ火喰鳥デアルト見レバ間違イナイ。

火喰鳥ノ卵ハ駝鳥ノヨリ大キク濃緑色デアルガ疎ラニ白イ小サイ斑点ガアル。殻ノ表面ハ鶏卵ノヨウニ滑デナク小サイ凹凸ガ無数ニアッテガサガサシタモノデアル。

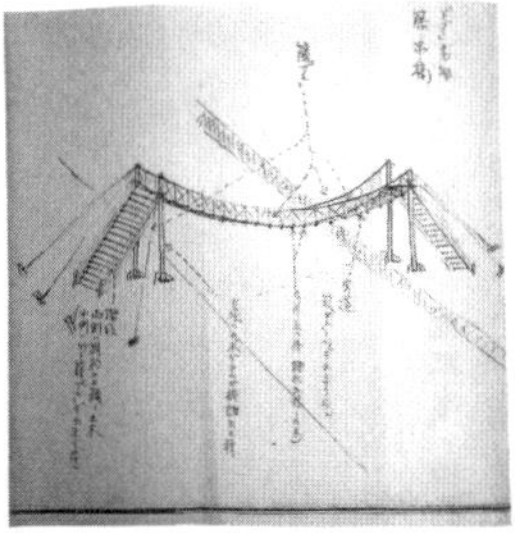

新穂がスケッチしたドブーの名物
「藤ノ吊橋」

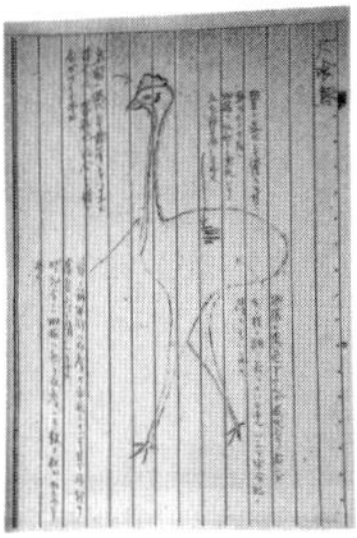

新穂がスケッチした「火喰鳥」

火喰鳥ノ巣ハ土地ノ乾燥シタ然モ大木等ガ自然ニ倒木シテ枝ヤ小枝ガ累積シテ居ル所ニ更ニ小枝等ヲ集メテ粗末デアルガ細ナル住家ヲツクッテ井ル。

火喰鳥の観察もスケッチ入りで詳細に記している。他にも、植物の植生などもスケッチが添えられ

行動経路

ニューギニア
(破線内を拡大)
タナメラ湾
デムダ
ゲニム
ドロメナ
タブラスハ
ヤナセ
プングラン
海岸周辺宣撫工作
結成時の神機関
ホーランジャ
(現ジャヤプラ)
飛行場
オイナケ
ヴァニモ
アルソー
アンパス
大密林踏破経路
湖水平原
ナワ河拠点
最後の大転出発地点
モロフ
ドブ

（出典・深津信義『鉄砲を一発も撃たなかったおじいさんのニューギニア戦記*』）

ていた。新穂が情報班から与えられた任務は命令にある通りだが、その後のジャングル踏査はさらに重要な任務を負っていた。『陸軍中野学校』は、その任務を次のように記録している。

ホーランジャ南方地区のジャングル地帯に潜入、九州の面積にも匹敵するマンベラモ河流域およびセビック河上流地域の原住民工作と、情報の収集や兵要地誌の調査に当たり、投入を予期される高砂族を主体とする第一遊撃隊七コ中隊の、活動の温床を作ることが任務であった。

この高砂族の遊撃隊編成は東部ニューギニアでも実行されて、彼らのジャングル戦に慣れた隠密行動は幾多の戦果を上げていた（東部ニューギニア戦は中野四戊出身の田中俊男が書いた『陸軍中野学校の東部ニューギニア遊撃戦』に詳述されている）。

新穂隊の工作活動は二次にわたって行われ、先述したようにマンベラモ河を下った部隊は三五名のうち、一名の戦死者を出しただけで生還した。この「横斷記」を新穂家で発掘した九丙出身の石川洋二は読後感を知らせてくれた。

（前略）全く未経験の将兵たちが、後方からの支援は無し、食料は少々、精密な地図もなく、磁石一つを頼りの踏破であった。明日の命も判らぬ戦場下に大密林の行軍は精神的にも肉体的にも憔悴と疲労困憊の中にも拘らず、新穂機関長は克明な日記の記録を残していた。

今でも余り知らぜらるニューギニア奥地のパプア裸族の習性などを克明に記録してあり、人文科学の分野に於て貴重な資料文献になり得るものと思われます。（中略）

思えば、大東亜戦争と云う大本営の無謀な作戦を強行されて、多くの日本軍将兵が比島、ニューギニアのジャングルの中を彷徨して多数の餓死者を出し、ニューギニアに於ては一部隊三千名の将兵が、いずことも無く消息を断ったまま、六十年を経る惨事もある。

一方、新穂機関長は、後方支援無し、食糧欠乏の密林行に、パプア原住民の能力と知恵を借りて食料を補給しつつ、四カ月に亘る密林行を全員無事踏破している。このように部下の命を大切にする作戦を実行した中野学校の大先輩の勇気と理性に敬意を表します。

一期生の固い結束

石川が知らせてくれたように「横断記」を読み込んでゆくと、そこに記録された現地情報は作戦に必要な兵要地誌としての情報もさることながら、パプア・ニューギニアの博物誌としても貴重な情報が記されている。中野学校がここまで、教育として現地事情の調査を学生にブリーフィングしていたとは驚きだが、それにもまして新穂智という情報将校の新鮮な感覚に驚嘆するばかりである。また、部下の命を大事にしたという新穂の人柄を垣間見せてくれる記録であった。

バタビアに入国する際の新穂のビザ

「横断記」は昭和一九年六月六日で終わっているが、七月七日に「鰐機関」と接触するまでの未完の部分は、隊員の一人であった衛生軍曹の深津信義が『ニューギニア回顧録』（私家版）で書いている。文中にこんな記述がある。

世界中探してもあの大密林を踏破、マンベラモ河をモートルビハクから、丸木舟で下った人間は我々以外には居ないであろう。その我々ももう何人も生き残っては居ない。書いておきたいと言って居た親友木田も三年程前に死んだ。

深津は親友のためにも書き残しておきたいと、西ニューギニアにおける神機関の活動を記した『鉄砲を一発も撃たなかったおじいさんのニューギニア戦記』（日本経済新聞社）を上梓した。帯には「お前たちは決して死んではならん」とある。それは新穂の部下に対する言葉であった。

いま、新穂家には三重の木盃《もくはい》が遺されている。この木盃は中野第一期生が卒業して任務についた後、留守家族を慰労するために当時の参謀総長閑院宮載仁殿下が小宴を催し、そのおりに家族に下付されたものであった。新穂が刑死して六〇年近くになる。命日は処刑の日ではなく、八月一五日に定めているという。

新穂は還らぬ人となったが、内地で親しくしていた女性がおり、彼女との間に男の子が生まれた。戦後、彼女は嫁ぐこともなく新穂の遺児を一人で育て上げた。一期生の有志は遺児のために物心両面でなにくれとなく世話を焼き、同志である新穂の「子供を頼む」という遺言を実行してくれたという。ここにも、中野学校同志の固い結束が象徴された秘話が残されていた。二〇〇六年三月現在、一期生で残っているかつてのオールド・コマンダーは四名になってしまった。最年長者は九三歳になっている。

＊「横断記」に添付されていた『行動概要図及パプア種族分布図』は不鮮明なので、深津信義が著作で作図した「神機関の行動経路」を使用させてもらった）

英国総領事館襲撃計画

諜報員にとって破壊工作は重要な任務の一つで、陸軍中野学校では、敵地の工場や発電所、ダムなどに潜入して爆薬を仕掛けて破壊する破壊演習なども実際に行われていた。

次に紹介するのは、未遂に終わったが、神戸の英国総領事館を襲撃する計画の全貌《ぜんぼう》である。この事件は、中野学校の卒業生でもほんの一部しか知らない極秘の計画であった。

今回、私は取材の過程で事件の全貌を記した手記を入手した。この手記を遺《のこ》したのは第一期生の井崎喜代太《きよた》で、「神戸事件」として聞き書きのスタイルで書いていた。事件に関わる重要な部分を紹介しておく。六五年前の事件は、いかなる結末を迎えたのか……。

「神戸事件」と称される事件が憲兵隊に未然に発覚したのは、昭和一五（一九四〇）年一月四日であった。事件の首謀者は当時、中野学校の教育主任を務めていた伊藤佐又少佐だ。

彼はかねてからの反英、反ユダヤ思想の持ち主で、当時の国家機密であった五相会議（昭和八年一〇月に五回、首相、外相、陸相、海相、蔵相が集まって日本の基本国策と軍拡に関する問題を討議した会議）の内容がイギリスに漏れていると確信し、その情報ソースが、なぜか東京から離れた神戸の英国総領事館にあると信じていた。

伊藤少佐は、中野を卒業して間もない一期生三名（中尉）と在学中の二期生五名（少尉）、それに一期生の下士官学生四名の総員一二名を選抜して、総領事館を襲撃する計画を立てていた。だが、その計画について「聞き書き」は、このように断じている。

伊藤少佐の厳な秘密保持と巧妙な兵力の分断使用で、参加者で計画の全貌を把握したものがない。全く指揮、計画者である伊藤少佐の胸三寸に発する独断的発想に基づく独り舞台に終始していることが、本件に於《お》ける非常な特徴である。どう見ても、目的達成を強く確信する万全の計画に基づく乾坤一擲《けんこんいってき》の挙ではなかったと判断せざるを得ない。

では、このように独断的発想を以《もっ》て英国総領事館襲撃計画を立てた伊藤少佐とは、いかなる人物なのか。

彼は先述したように反英、反ユダヤ主義者で、イギリスに対して実力行使に出たのは、実は神戸事件以前にも例があった。それは、一期生と共に満州へ戦術旅行に出かけたときに、天津《てんしん》近郊で起こした事件であった。戦術旅行は昭和一四（一九三九）年七月から八月にかけて実施されたが、奉天（現遼寧《りょうねい》省瀋陽《しんよう》）で現地解散になった。

伊藤はその後、単独で河北省一帯を廻《まわ》り、当時の北支那方面軍の特務機関（機関長・茂川中佐・陸士三〇期）の協力を得て地元の日本人民間有志を動員し、イギリスが権益を持っていた開欒炭鉱（天津の北東に位置する粘結炭の炭鉱）の襲撃を企てた。しかし、この事件も未遂に終わった。この未遂事件はその後、茂川中佐の奔走もあって北支那方面軍憲兵隊の協力のもと内々に処理され、表面化することはなかった。

伊藤が起こしたこの未遂事件について、井崎は上海に出張したおりに、事件に参加した民間人から情報を得ていた。そして、この民間人から神戸事件の背景も聞かされていた。

彼中村武彦に拠《よ》れば、伊藤が神戸総領事館から獲得した証拠書類を中村が東京へ運び、彼の親分（彼らの愛国運動の指導者）天野辰夫氏に渡し、天野氏は此《これ》を近衛文麿《このえふみまろ》公に届け、近衛公は参内して天皇陛下に上奏、天皇の御意によって政治一新を図るという計画であったという。

天野氏は東京帝大時代からの上杉慎吉門下で、早くより愛国運動の理論的指導者の一人として高名、昭和八年七月の神兵隊事件に於てはその最高指導者となった。中村武彦は国学院大学予科在学中に事件に参加、その後天野氏に最も近い立場にあった。私とは大学入学当時から同じ松永材教授門下として親しい同志的間柄であった。

伊藤少佐は愛国運動家らとも親交があり、神戸事件の背後には右翼との連携があったようだ。神戸事件の背後に愛国運動団体が存在していたことは、この聞き書きで初めて明かされる事実である。

神戸事件と中野学校

では、神戸事件は具体的にどのように計画されたものなのか。井崎は、同期の牧澤義夫中尉から次のような証言を得ていた。

実際行動についてやや細かく聞くことができた。彼（牧澤）によれば、参加者たちが畝傍《うねび》御陵を拝して連判状に署名したが、伊藤少佐は実施計画については幹部と目される一期生達にさえ謀《ママ》ることもなく、武器の入手は、参加部隊はと質問されても明確性に欠け、終始曖昧《あいまい》のまま押し通した模様である。姫路師団の一カ大隊が出動、実力を以て総領事館を包囲制圧する計画とか、東京組の武器は神戸高等商船学校の兵器庫から奪うとか打ち明けられたと云う。

牧澤の証言によれば、伊藤少佐は襲撃計画で最も重要な部隊の動員と兵器の調達については曖昧な答えしかしなかったという。上官とはいえ一少佐の計画で「兵が動く」などとは、信じられなかったのであろう。重大な軍規違反である。

姫路師団（第一〇師団）の一個大隊の動員に関しては、後日、上海の支那総領事館に勤務していた二期生の若菜二郎が井崎に、こう語っている。


伊藤さんは、これからかねて自分の理解者である姫路第十師団長の佐々木到一中将（陸士一八期）を説得して、師団の兵力を動員して貰《もら》うと云って出かけた。（カッコ内は筆者）

伊藤少佐は自分を理解している姫路師団長を説得すると若菜に語ったというが、師団長の佐々木到一は伊藤よりも四階級も上の将官である。そのうえ、伊藤とは軍の組織や命令系統も異なり、上官と部下の関係でもない。二人の接点といえば、前述の開欒炭鉱爆破未遂事件で、当時北支那方面軍憲兵司令官の職にあった佐々木に、事件を内々に処理してもらったことだけである。その恩義ある佐々木中将に、私的に「兵を動かす」という叛乱罪《はんらん》にも等しい決起行動を相談したとは、私にはとても思えないのだが……。万に一つその事実があったとしても、憲兵司令官の職にあった佐々木は伊藤を叱咤《しった》して、計画の中止を迫ったのではないか。伊藤の計画が事前に憲兵隊に洩《も》れていたのも、案外、佐々木の線からではなかったのかと想像する。

井崎はこの未遂事件について、次のような結論を出していた。

1　神戸事件は伊藤少佐の独断独走の独り舞台に終始している。
2　従って本件は瞭《あき》らかに共同謀議に拠るものではない。
3　参加者全員が計画の全貌について告知されていない。

4　殊に入校したばかりの学生はただ上司教官の指示に従って参加したに過ぎない。

さらに井崎は、この事件で処分された中野関係者の顚末《てんまつ》をも、調査して記録していた。

1　本件は極秘に扱われて未公表に終わる。

2　一行は先《ま》ず神戸憲兵隊に逮捕され、東京憲兵隊に護送取り調べ。

3　伊藤少佐と幹部と目される一期生三名は東京衛戍《えいじゅ》刑務所（代々木）に拘置、約三カ月法務部の取り調べも受けたが全員不起訴。

4　学生（将校、下士官）は復学。

5　牧澤は参本に復した後、コロンビア公使館勤務（書記生）に転出。十七年八月、交換船で帰国。再び欧米課勤務。亀山は中野学校付（二期生係長）から参本勤務を経てアフガニスタン公使館、外務省に転出。丸崎は同じく学校付（一期下士官学生係長）から参本勤務を経てジャバ《ママ》へ。

6　伊藤少佐は五月待命、その直後に予備役編入。

7　後方勤務要員養成所所長秋草俊大佐は監督の責任を負って三月在ベルリン星機関長（満州国《マ》公使館理《マ》事官兼ワルシャワ総領事）に転出。幹事役の福本亀治中佐はそのまま勤務となった。

この事件で、後方勤務要員養成所三役の秋草、福本、伊藤のうち一挙に二名を失う結果となったが、右のように伊藤少佐の予備役編入を除き、全て処罰的人事異動だけという穏便な処置で収拾された。この処置の背後には、省部の特別の配慮が働いたものと思われる。この時期、養成所はなお陸軍省の管轄下にあったが、参謀本部も動いていた。ことに第八課がその衝に当たり、藤原岩市大尉が東奔西走していた。

事件の処理は学校の将来や対英関係など、極めて高度の判断に基づくものだったであろうことは、推察に難くない。もしも本事件が共同謀議によって綿密な計画の下に遂行され、襲撃が成功していたならば、その影響の及ぶところは甚だ大であったろう。

真相とは何であったのか

しかし、最終目的とする国家革新は期待のようには進展しなかった。緊迫した国際情勢下、いよいよ激化する世界列強の展開する秘密戦に、遅ればせながら参入を試み、ようやく緒についたばかりの日本陸軍の秘密戦士養成、外に向けるべき秘密の兵力を内に向けて使用するなど、伊藤佐又少佐の行動は一個人による〝統帥権干犯〟という重大犯罪ではなかったのか。

この聞き書きを遺《のこ》した井崎は神戸事件には直接参加していないが、陸軍中野学校の存亡を問われた〝大事件〟を、戦後になってこつこつと調べていた。それは、本人が襲撃事件のメンバーとして連判状に名を連ねていたという誤解を解くためだった。

神戸事件の真相が明かされるのは、これが初めてであろう。また、井崎が戦後の自衛隊クーデター未遂事件の計画を練ったといわれる「三無事件」に関係する自衛官と親しくしていたとは、意外な人間関係を垣間見た思いであった。彼は国学院大学予科から騎兵学校に進み、推薦で中野学校に入学していた。

なお、文中に登場する牧澤義夫は井崎と同期の一期生で、私は『昭和史発掘　開戦通告はなぜ遅れたか』（新潮新書）の中で書いた元三井物産社員の春見一三男について聞くために、彼を取材していた。彼は台湾軍参謀部情報班長時代に春見一等兵を部下として使っていたが、終戦直前に捕虜になった米軍パイロットを春見に命じて虐待したという罪で、台湾軍の軍法会議に付され有罪判決を受けていた。のちに、その審判判決が牧澤の運命を大きく変えることになる。

聞き書きの内容から判断すると、英国総領事館襲撃未遂事件における伊藤少佐の行動は、綿密な計画の元に実行されたものではなく、個人的判断によって〃兵を私物化〃した軽挙妄動と批判されてもいたしかたない。伊藤少佐の計画は、井崎も指摘しているように、二・二六事件での叛乱軍将校らの決起に通じるものがあったようだ。また、伊藤少佐の行動は事前に憲兵隊に把握されていたというから、未遂に終わったのは当然の結末であった。

憲兵隊といえば、当時、東京憲兵隊特高課長の職にあった大谷敬二郎中佐（陸士三一期）が戦後著した『昭和憲兵史』（みすず書房）の中で、この神戸事件に触れている。

大阪憲兵隊の事件調書を見ると、ただ名前が書いてあるだけである。被疑者たちは、完全に黙秘戦術に出て、この事件については一言も述べていなかった。もともとこの事件は東京憲兵としては全く視察外におこったものであるから、事件の全貌《ぜんぼう》については何もわかっていない。僅《わず》かに神戸分隊が逮捕した前後のことはわかっているが、どんなたくらみで、どんな行動に出たのか、伊藤少佐については全く見当もつかなかった。その上秋草学校といえば、中野学校の前身で、スパイ養成の学校。だからこのような逮捕された場合の対抗処置まで、十分な訓練を受けているので、一層始末が悪い。とにかくこの捜査は難しいものだった。

第四章　一四人の証言

証言1　戦犯になった一期生

私が陸軍中野学校に関心を持ち、卒業生の戦後史を追い始めてから一〇年になるが、その間に知己を得た卒業生は一〇〇人を超えていた。だが、個人史を語ってくれる卒業生は少なく、説得のため何度も本人の許に足を運び、インタビューを申し入れた。

やっと最初に応じてくれたのが、一期生出身の牧澤義夫で、自宅を訪ねたのは平成二一（二〇〇九）年の年末であった。

牧澤は九四歳になっていたが、記憶もしっかりしていて、何よりも論理的な話し方をする思考回路は驚きであった。

「一期生は一八名卒業しましたが、現在仲間で生きているのは私の他に亀山、杉本両君の二人になってしまいました。でも、この二人も病気で臥せっていて、なんとかやっているのは私一人のようです」と穏やかな口調で近況を語ってくれた（二〇一六年一一月、百寿を一歳超えて亡くなった）。

まず、牧澤の経歴を紹介しておこう。

大正四（一九一五）年三月三日生まれ。山口県防府《ぼうふ》中学学校（現県立防府高等学校）卒業。山口高等商業学校（現山口大学経済学部）に進学。卒業後小野田セメント会社入社。昭和一二（一九三七）年現役召集兵として歩兵第四二連隊（山口）に二等兵として入営。徴兵中に甲種幹部候補生の試験に合格し見習士官となる。その後、千葉の歩兵学校通信隊に派遣され五カ月間の教育を終了し、後原隊に戻り将校として兵の通信術科の教育を担当。昭和一三年七月陸軍省兵務局付となり上京。「後方勤務要員養成所」に入所。

三宅坂の陸海軍将校集会所での記念写真。中央が初代学校幹事の福本亀治中佐。後列は第１期生で、右端が牧澤義夫氏。（1939年10月）

牧澤は、軍隊に入る前、サラリーマンとしての生活体験もあった。

「卒業は昭和一四（一九三九）年の八月でした。学校は九段から中野に移転していました。卒業すると参謀本部第二部の欧米課（第六課）アメリカ班に配属され、担当した仕事は米国及び南米の一般事情研究でした。民情や政情、あるいは資源調査といったものです。海外任地はコロンビアとエクアドルで身分は外交官。肩書きは外務書記生でした」

牧澤は、中野学校を昭和一四年八月に卒業すると、参謀本部の欧米課アメリカ班に情報将校として配属されたという。この時代の学生は卒業期別がなく単に第一期生と呼称され、卒業生は一八名に過ぎなかった。牧澤の海

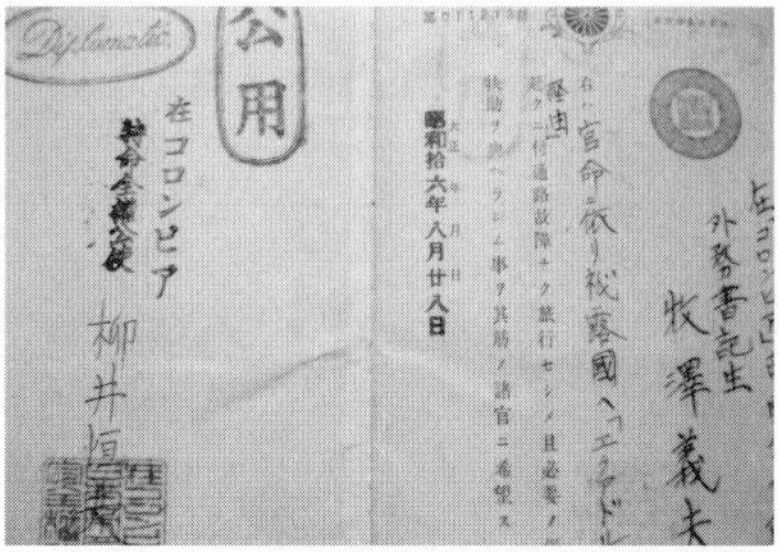

牧澤氏の外交官旅券

外任地は、コロンビアとエクアドルであった。

「日本を出発したのは一九四〇年八月で、乗船した船は日本郵船楽洋丸だったと記憶しています」

そして、着任早々の現地の様子を次のように語った。

「国語はスペイン語。一般家庭に下宿しました。スペイン系の家庭の人々は皆、底抜けに明るかったです。現地ではまず英字新聞、雑誌を購読して経済事情を研究しました。スペイン語の家庭教師を頼み、下宿の人たちに案内してもらって、市場での買い物、公園や博物館に出かけ、ドライブなども楽しみ、二五歳の独り者として一見万事気楽な生活を装っていました。スペイン語をいくらか理解できるようになってきても、できるだけ軍事に関する情報の入手は避けていました。私の任務は、エクアドル国内および隣国のペルーに出張して重要戦略物資の日本への託送の督励《とくれい》でした。積出港はリマのカヤオ港でした。親日的な現地人の協力には感謝しました。日米開戦後は日本を支持してくれて、ビーバ・ハポン（日本万歳）、グリンゴ（南米人が悪意を込めて呼ぶアメリカ人の蔑称）をやっつけてくれてありがとうなどと、現地の人たちに大いに感謝されたものです。しかし、通信網は米英系に独占されていたため、開戦と同時に本国その他隣接国に置かれていた日本公使館との通信は途絶えてしまいました」

「私は外交官の身分で公使館に勤務していましたが、現地では比較的自由に動き回りました。視察や見学は情報収集が目的でした。他の一期生は、任地では商社マンや新聞記者などに身分を偽偏して活動していたようです。パスポートは偽名ではなく、私の名義で発行されました」

牧澤がコロンビアに赴任していた期間は、一年八カ月であった。その間に危険な密命を受けたことはあったのだろうか。

「一度だけありました。コロンビアで密かに調達した三〇キロの希少金属を粉末にして五つの袋に小分けして、外交文書を入れる行李《こうり》に入れて隣国のペルーまで運び、カオヤ港から日本に送り出した時です。その時の協力者は、領事の渡辺さんでした」

牧澤は希少金属の具体的な品目は語らなかったが、「領事の渡辺さん」とは渡辺登のことだろう。彼は戦後『コロンビア移住史五〇年の歩み』という冊子に掲載された「極秘にプラチナ買い付け外交官特権で苦難乗り切る」と題するエッセイの中で「帝国海軍の命令により飛行機必需品である『プラチナ』入手方を依頼されたので、八方手を尽くして極秘裏にこれらを買い付けて同年（一九四一年）九月これらの輸出禁止品をスーツケースに入れ、公使館員の牧澤君と共にペルー国リマ市に飛び、カヤオ港に寄港中の日本郵船平洋丸船長に託送することに成功しました（後略）」と書いていた。

コロンビアのボコダ公使館に赴任していた当時の牧澤氏（中央、1941 年）

牧澤が希少金属と話したものは、プラチナであった。プラチナは、当時のコロンビアでは禁輸品に指定されていた。プラチナ三〇キロは、現在の価値に換算すると、小売価格グラム四九〇〇円として、ざっと一億四七〇〇万円の金額になる。三〇キロのプラチナを密かに運ぶには、細心の注意を払っていたのだろう。運搬の道中についてこう語った。

「危険はありませんでしたが、困ったのは税関でした。港では一時、係官が保税庫で預かると強硬に主張しましたが、外交行李であることを盾に税関には渡さず、船の出航まで在リマの領事館で保管することで、税関とは話をつけたんです。税関の立会いの時は緊張しました」

ともあれ、プラチナの日本への船積みは成功した。では、開戦後、牧澤はどうしたのか。

「開戦後はニューヨークからスウェーデンの交換船グリプスホルム号で帰国しました。その時、米国駐在武官の磯田少将も乗船していて、先輩の木村竹千代大尉と石井正大尉もおりました（筆者注：二人とも一乙長出身）。途中、船はリオデジャネイロ港に寄港しましたが、そこでブラジル派遣組の安部市次大尉、西田正敏大尉（筆者注：二人とも一乙長出身）の二人も乗船してきたんです。総勢五人の中野出身者が交換船に乗りまして、お互い久しぶりの再会でした。船はポルトガル領のロレンスマルケス港でイタリア船籍のコンテベルデ号に代えられて、シンガポールを経由して横浜に帰国したのは昭和一七年（一九四二年）八月二〇日でした。日米戦が始まって半年を過ぎていましたね」

牧澤の話から、日米開戦前に中野出身者が米国には派遣されていなかったことがわかる。コロンビアの牧澤とメキシコの木村、石井、それとブラジルの安部、西田がそれぞれ諜報員として派遣されていたことは初めて聞かされた。

さて、帰国後、牧澤はどのような勤務に就いたのか。

「帰国後はアメリカ班に戻りましたが、昭和一九（一九四四）年七月、参本第二部長の有末精三少将に呼ばれて出頭すると、転属命令を口頭で伝えられました。『サイパンも堕ちた。次は南方方面だ。フィリピンか台湾のどちらかに行ってくれ』と内示を受けたんです。私は、高商時代に野球の遠征で台湾に行ったことがあるので、即座に台湾を希望しました。辞令は「台湾軍参謀部情報班長」で、当時の階級は少佐でした」

台湾時代の話になると、言葉に力が入った。

「台湾時代、私にとっていちばんの名誉は参謀総長名で『貴君の情報は、迅速にして、的確、機宜に適し、一般戦況極めて重大なる時にあたり、全般的判断を正鵠《せいこく》ならしめたり』と感状をもらったことです。これは、海軍の台湾沖航空戦がまったく戦果がなかったという事実を、参謀本部に報告したことに対する感状でした。今でも一言一句、記憶しています。それと、反対に不名誉な記憶として残っているのは、米軍捕虜虐待の罪で台湾軍の軍法会議にかけられたことですが、真相はこうです。尋問した捕虜のうちただ一人、官姓名の他は一切こちらの尋問に答えないパイロットがいました。相当強い言葉で自白を迫りましたが、なかなか口を割りません。そのうち、部下の春見一等兵がタバコの火を捕虜の首筋に押し付けて『白状しろ』と、怒鳴ったんです。捕虜は答え始めました。その場には、他にA少尉もいました」

後日、この尋問の仕方が台湾軍司令部で問題となり、牧澤は台湾軍臨時軍法会議に付された。だが、捕虜の尋問に直接関わった春見一等兵とA少尉には罪が及ばぬように処置された。判決書には牧澤の強い要求で「両名共その後、戦死」と記されたのである。そして牧澤は、独断でA少尉に対して司令部から姿を消すことを指示した。いうなれば、脱走を命じたのである。一方、春見一等兵は現地除隊させて、徴兵前に働いていた三井物産台北支店に復職させた。臨時軍法会議は終戦後の昭和二〇（一九四五）年一一月に開かれているが、未だこの時期は第一〇方面軍（台湾軍）が組織として機能していたことになる。当時の方面軍司令官は、台湾総督を兼任していた安藤利吉大将であった。牧澤への判決は職権濫用罪で、禁錮一〇月であった。牧澤は日本の軍法会議で裁かれて、禁錮一〇月の刑を言い渡されたのである。

しかし、牧澤にはこれから先、さらなる過酷な運命が待ち受けていた。

「終戦の翌年、改めて米軍の裁判にかけられるため、上海に米軍機で護送されました。一月の上海は歯の根も合わないくらい寒くて、監獄では満足な食事も与えられませんでした。監獄はワード・ロード・ジェイル（華徳監獄）と呼ばれていました。裁判は春から始まり、罪状は捕虜の虐待でした。証人尋問では『台湾で虐待された』と主張する例のパイロットも出廷して私を責めたんです」

記録に遺された牧澤の起訴状には、日本語で次のような文言が綴られていた。

罪状項目・日本帝国陸軍の当時少佐牧澤義夫は一九四四年一〇月一九日頃、台湾台北において北米合衆国人俘虜 EDWIN・J・WALASEK に手指の間に鉛筆又ペン軸を挟み堅く握り又振り、モップの柄又木造の物を膝の後側に挟み強制的に正座せしめ、その上に圧力を加え、革バンドにて顔又は頭を猛しく打ち、又火の点いてある巻煙草にて頭又頚を焼く等の方法を以って故意、非法又残虐に拷問したる事。（後略）

牧澤は、この起訴事実が真実とは違い歪曲されていると猛然と抗議した。だが、裁判長の大佐は「いやしくもワラセック中尉（少尉から進級していた）は米軍の海軍中尉、しかも証言の前に『神に誓って真実を述べる』と宣誓している。虚偽や誇張はあるはずがない」と牧澤の抗議を一蹴し、法廷では一言も発言を許さず、情状は一切考慮されなかった。では判決はどうなったのか。

「中野学校について尋問されたことはありませんでしたが、宣告はいまでもはっきりと覚えています。ハードレイバー・サーティイヤーズ。重労働三〇年の判決でした」

牧澤は、ソファーに座って上海時代の体験を言葉強く語ってくれるが、フレーズは淡々としていた。しかしそのしゃべり方が、かえって事実の重みを伝えてくれる。筆者は、メモの手を休めて、話に聞き入っていた。

判決後、牧澤は三〇年の重労働の刑を勤めるために東京に護送された。

「一月に上海に護送されて以来、八カ月余を監獄で過ごしました。そして、刑期を務めるために東京の巣鴨プリズンに送られたのが昭和二一（一九四六）年一〇月でした。巣鴨での仕事は、プリズン内外の戦災の焼け跡の整理、整頓、石炭の積み降ろし、米兵が使う運動場の造成、農作業など、多岐にわたりました。服役して最初の減刑は講和恩赦で、七年減刑されました。忘れもしません、放免されたのはそれから三年後の昭和二九（一九五四）年二月一〇日で、巣鴨プリズンで過ごした期間は七年四カ月でした。台湾時代の職権乱用罪は前年に法務大臣によって特赦され、私の経歴から軍法会議の罪名は消えました」

出所の時、正門には中野学校の同期生や家族たちが牧澤を出迎えていた。東京で疲れを癒すと、しばらくして満員列車に揺られながら故郷の山口に戻っていった。

牧澤の本格的な就職活動が始まったのは半年後であった。

「小野田セメントからも復職の話があったんですが、兵役に取られる前に私は小野田に退職願いを書いていたので復職はしませんでした。代わりに系列会社を紹介され、そこに数年お世話になりました。その後、浪人している時に、参謀本部欧米課時代の上司、手島治雄少佐から、彼が総務部長に就いていた出光興産を紹介されて、定年まで勤めました。仕事は調査部で石油に関係する資源リサーチをやっていて、出光でのサラリーマン生活は三三年間になります」

戦後の牧澤は、中野学校で受けた教育とは無縁の世界で生きてきたが、実務で役立ったのは統計学と資源調査のリサーチ法であったという。その実務能力を活かせたのは出光時代で、中野で学んだことが役に立ったと述懐した。

私は、最後に中野学校の教育について質してみた。

「中野学校で受けた教育は、私の人生にとって決して無駄ではなかったと思っています。あの時代、日本人は『天皇や国家に忠誠を尽くす』ということが至誠とされていましたが、中野の教育で学生に求められたものは国体イデオロギーよりも『個としての資質』でした。資質とは『生き延びる諜報員は優秀である』ということなのです。それが、中野教育の基本であったと、私は理解しています」

敵国で生き延びる。それは、まさしく諜報員に求められる金科玉条の言葉ではないのか。

これで牧澤義夫の懐旧談は終わった。私の感想を一言述べれば「抜群の記憶力と戦後社会でも世の変転に対応できるだけの柔軟な思考回路を持ち合わせていた人物」それが一期生の牧澤であった。

付け加えておくと、牧澤が台湾時代に「戦死」扱いで処置した二人の部下は戦後、無事内地に帰還して戦犯として訴追されることはなかった。なお、そのうちの一人、A少尉には後日インタビューすることになる。

（二〇〇九年一二月取材）

証言２　処刑された米軍捕虜

進藤孝信と会ったのは、関門海峡に面した海岸通りの喫茶店であった。

取材内容は事前に知らせておいたが、前日に本人から「体調不良で会うのは難しい」と連絡があった。しかし、どうしても進藤に証言してもらいたい案件があった。それは、終戦直前に福岡市郊外で起きた米軍捕虜の処刑、戦後の戦犯裁判で『油山《あぶらやま》事件』と呼ばれた事件の真相についてであった。進藤はこの事件に直接関わった中野学校の卒業生であり、唯一存命している人物でもあったからだ。

私は現地に先乗りして、夫人を通じて進藤を説得してもらった。本人と電話を代わってもらい、改めてこちらの取材意図を伝えた。

「もう、門司《もじ》まで来られておるんですか……」

通話が一瞬途切れたように感じたが、次に発せられた言葉を聞いて安堵した。

「わかりました。指定の場所に家内の運転する車でまいります」

取材当日、進藤は夫人の運転する車で指定した喫茶店まで足を運んでくれた。

「この歳になると、体のあちこちにガタがきて、朝起きるのが辛い日が続くんです。歳も今年で八七歳（平成二一年の取材当時）になりました。中野は八丙の卒業なんです」

開口一番、進藤は身体の不調を訴えた。取材時間も限られるだろう。私は焦り気味に質問を始めた。

彼の略歴は次のようなものである。

昭和一八（一九四三）年八月学徒動員令により拓殖大学商学部を一年で中途退学。同一二月久留米の陸軍第五四部隊（輜重隊）に入隊。幹部候補生として陸軍予備士官学校（久留米）を経て陸軍中野学校に入校。昭和二〇（一九四五）年七月九州地区遊撃戦幹部要員として第一六方面軍（西部軍管区司令部）に配属される。同司令部において米軍B29爆撃機搭乗員の処刑執行者の一人として指名された。処刑は戦後『油山事件』と呼ばれた。昭和二三（一九四八）年一二月巣鴨プリズンに米軍捕虜処刑の戦犯として入所。昭和三〇（一九五五）年八月釈放される。

「仲間以外の人に、この処刑の話をするのは初めてです。事件が起きたのは終戦直前の八月九日でした。私は中野を七月に卒業すると、九州の防衛を担当していた西部軍管区司令部に配属されました。事件は福岡市郊外にある油山で米軍パイロット、この連中は日本軍に撃墜されたB29の搭乗員ですが、八人のうち一人を軍刀で処刑したんです。着任して一カ月足らずの見習士官が、命令とはいえ捕虜を処刑したんですよ、今でも、その時の光景は鮮烈に覚えています」

進藤孝信氏

八月九日といえば広島にウラン型原爆が投下された三日後で、長崎にプルトニウム型原爆が落とされた日でもあった。九州での米軍関係者の処刑といえば、戦後「九大医学部生体解剖事件」と呼ばれた事件が知られているが、進藤の語る処刑事件も、軍刀で米軍パイロットを処刑したという衝撃的なものであった。傍らの夫人も「初めて聞く話です」と、眉をしかめた。

しかし、インタビューが進むにつれ、進藤の口は少し滑らかになってきた。

「あの日、私は西部軍の司令部があった福岡城址《じょうし》の中に造られた営倉に入れられていた捕虜と一緒に、軍のトラックの荷台に乗って油山に向かったんです。捕虜は全員白人でした。司令部から一時間くらいかかって処刑場に着きましたが、現場にはすでに穴が掘られていました。当日はカンカン照りの暑い日で、処刑は午前中から始まり昼近くまでかかったと記憶しています。指揮官は射手《いて》園《その》達夫少佐、この方は中野の教官でした。他に法務将校二人、それと私と同期の予備士官が八人。処刑は軍刀と空手と弓矢を使って行われました」

気が付くと、夫人はいつの間にか席を外していた。

処刑の様子は、当時第一六方面軍の報道班員であった上野文雄が手記に残している。


福岡市油山の市営火葬場横の雑木林の中が臨時刑場となった。死刑執行指揮官は参謀見習いの少佐射手園達夫であった。この日、刀を揮《ふる》ったのはやはり腕自慢の法務大尉和光勇精、法務中尉吉田寛二、少尉楢崎正彦、それに遊撃隊員も加わった。処刑者は八名であった。いずれも目隠しされて一カ所に座らされ、そこから一人ずつ、処刑場になっている緑の雑木林の裏に連れていかれた。自分の順番を待つ間、彼らはもうりっぱに観念しているようで、騒ぐものもなかった（中略）。剣道五段の楢崎少尉は、肩からはすかいにきれいなケサ切で切った。（『九州8月15日』金星社）

油山事件の現場付近に建立された慰霊碑

上野の記録にある遊撃隊員の一人が、今回初めてこの事件について証言してくれた進藤信孝であった。証言はさらに続く。

「楢崎君は群馬の本校（中野学校の疎開先が群馬県富岡町であった）の同期生で、剣道の達人でした。戦後の横浜BC級戦犯裁判で私と同じように死刑の判決を受けました。そして、二人とも巣鴨プリズンに入れられたんです」

戦犯裁判については後述するとして、処刑時の様子についての証言をもう少し続ける。

「空手と弓矢は威力を試すためでしたが、処刑には役に立ちませんでした。穴の前に座った捕虜は後ろ手に縛られて、目隠しはしていませんでした。彼らは覚悟していたんでしょう。抗うこともせずに静かにしていました。私が処刑した捕虜は将校でしたが、処刑の寸前に私の顔をじっと見つめたんです。その顔は今でも忘れません。空手でやったんですが相手は拳で突いてもなかなか死にませんでした。次に軍刀を使いましたが、最初の一撃の刃先は頚の頚骨に入りましたが、落ちないんです。目をつぶってしまいました。私は焦りました。二撃、三撃も叩きつけましたが首は落ちないので、もう駄目だと諦めて、相手を穴の中に蹴落として喉を軍刀で刺しました。その時は無我夢中で『止《とど》めの作法』などまったく考えずに、処刑を早く終わらせたいという一心でした」

進藤は、斬る時の心境を「人間と思わずにモノと思っていた」と語る。だが、最初の一撃で首から噴出した鮮血を見て「卒倒しそうになった」とも語っている。

「最後の捕虜を切ったのは同期の楢崎君で、剣道五段の猛者でした。右から袈裟《けさ》斬り一太刀で相手は絶命しました。処刑が終わって我に返った時は、正気に戻ったんでしょう。油ゼミの合唱だけが辺りに響いていたのが、妙に印象に残っているんです。今思うに、あのセミの合唱は捕虜の悲痛な叫び声だったんですね。そんな気がしてならないんです」

進藤の語る言葉は最初のうち東京弁であったが、だんだん博多弁に変わってきた。話に夢中になるといつの間にか土地の言葉が出てしまう、と進藤は初めて笑った。彼は、処刑当日の現場の様子を鮮明に覚えていた。それは当然であろう。人生の負の遺産を戦後長らく胸に秘めてきたわけだから。進藤の話は続く。

「中野時代、ゲリラ戦の図上演習や訓練は受けていましたが、直接的な殺人は教育されませんでした。それが命令とはいえ、処刑という名の殺人を行ったんです。現場に立った時は正直、足が震え、持った軍刀の柄が脂汗《あぶらあせ》でヌルヌルして滑りました。額にも脂汗が噴き出していました」

進藤の告白は、懺悔の心情というよりも心の奥に溜まった澱を吐き出すといった方がいいような、沈鬱な叫びのように感じられた。処刑の様子は、もちろん新聞に報じられることはなかった。プレスコードがかかっていたのである。

「処刑の時の精神状態は、まるで命令に忠実なロボットでした。そして、止めを刺した時は、目の前が真っ白になりました。私は、一人殺《や》りました。その手応えは今でも両手に残っているんです」

ここまで語って、進藤は深呼吸すると暫くのあいだ瞑目し、身じろぎ一つしなかった。六四年前の処刑の現場を想起しているのだろうか。進藤のあまりにも衝撃的な告白に、私は次の質問ができなかった。

処刑が行われた昭和二〇年の夏、日本はまさに敗戦の淵に立たされていた。福岡がB29爆撃機の空襲で灰燼に帰したのは六月一九日。六月二三日には沖縄戦が終結し、以後九州各地は連日のように米軍機の空襲に晒されていた。そして、八月に入ってからは広島、長崎の悲劇が起きていた。このような戦況の中で、米軍捕虜の処刑は実行されたのである。処刑に当たって、上官にも部下たちにも報復の感情があったことは、否めない事実ではないだろうか。

進藤は、戦後の人生についても語ってくれた。

「戦後も辛い人生でした。油山事件は戦犯裁判になって、私たちは横浜のBC級戦犯法廷で裁かれました。昭和二三年一二月、復員していた郷里の実家で逮捕され、直ちに巣鴨プリズンに送られました。裁判はその年の秋から始まったと記憶しています」

『横浜弁護士会BC級戦犯横浜裁判調査』(横浜弁護士会編)には、次のように記されている。

横浜法廷には、軍事委員会の両脇に高さが四、五メートルもあろうかという大きな星条旗が置かれていた。傍聴席から正面を見ると、あたりを圧する迫力があった。まさに「星条旗の法廷」は、これが占領地における軍事裁判であることを誇示していた。

裁判はこのような雰囲気の中で始まったが、同記録は油山事件について「第二事件・空手、弓矢を試す」として解説している。

昭和二十年八月十日（原文ママ）、西部軍上層部の指示により、俘虜八名を福岡市内の油山まで連れて行って処刑した事件である。俘虜のうち五名は、日本刀によって斬首された。残りの三名のうち二名については、当時士官が訓練していた空手の効果を試すために、まず空手による処刑が実施された。しかしそれはうまくいかず、結局日本刀で斬首された。この空手の訓練というのは、米軍が本土に上陸した時に、一般市民を装って米軍を襲い、後方をかく乱する目的でおこなわれたものだった。また、残った一名も弓矢により処刑しようとしたが、これもうまくいかず、結局日本刀により斬首された。

この記録は進藤証言と異なっていた。進藤は「相手を穴の中に蹴落として喉を軍刀で刺した」と語っている。「斬首」と「喉を突き刺した」では、関係者に与える印象がかなり違ってくるはずである。進藤にそのことを質してみた。

「私の証言は無視されて、行為そのものは『斬首』で片付けられてしまいました。それよりも、裁判では誰が処刑の命令を出したのかという問題がクローズアップされました。組織上、最高ボストにいたのは第一六方面軍司令官兼西部軍管区司令官の横山勇中将（陸士二一期）で、その下に方面軍参謀長の稲田正純中将（陸士二九期）、法務部長の伊藤章信少将（法務官）、それと西部軍の参謀副長友森清晴大佐（陸士三四期）、後は法務部の大尉クラスの将校です。私は少尉候補の見習士官で、中野出身者は丙出身の将校と戊出身の下士官八名でした。裁判ではベタ金を付けていた将官や高級将校たちは「命令を出した覚えはない」「知らなかった」と言い逃ればかりして、醜い姿を法廷に晒していました。米軍の裁判官も、責任逃れをするかつての指揮官連中の証言を嫌悪していました」

取材時間は、既に三時間を過ぎていた。

横浜BC級戦犯裁判は一年後の昭和二四（一九四九）年一〇月二九日に結審した。油山事件で被告になったのは一五名で、絞首刑の判決は軍司令官横山勇中将以下六名に出された。その中には、楢崎や進藤も入っていた。だが、指揮官の射手園に対する判決は終身刑であった。しかし、判決後これらの被告は減刑されて「終身刑」または「重労働二〇〜三〇年」の有罪判決となった。進藤は終身刑に減刑された。結局、この油山事件で最終的に絞首刑に処せられた被告は、一人もいなかった。

衝撃的な告白は、裁判の実態にまで及んだ。

気が付くと、時間は既に夕暮れ時になっていた。進藤はマスクを外すと、ゼイゼイと肩で大きく息を吐いた。疲労の色が浮き出ていた。

「死刑判決から終身刑に減刑され、その間、巣鴨には実質七年二カ月入っていました。出所したのは昭和三〇（一九五五）年の八月でした。私は、その間に獄中で歌を詠んでいたんです。これが、その時の歌集です」

進藤が差し出した冊子には『巣鴨歌集』と表題が付けられ、二四の歌が詠まれていたが、その中で印象に残った歌を掲げておく。

母さんも見て欲しかった減刑の通知書送る今朝の便りを
鉄窓辺《まどのべ》の柿の残り実、陽に映えて幼き頃の乙女思ほゆ

「巣鴨を出所した日は、終戦の日と同じように暑い日でした。出獄の日は必ず迎えに来るといっていた父は三年前に亡くなっていました。私は一人で東京駅から郷里の福岡に帰りました。間もなくして世話する人がいて、地元の女性と結婚したんです。仕事は勤め人から始まりましたが長く続かず、その後は喫茶店をやったり不動産をやったりしましたが上手くいかず、家族にも迷惑をかけてしまいました。離婚も経験しました。現在の家内は、よく尽くしてくれます」

そして今は、夫人と二人で静かな余生を過ごしているという。夫人は進藤孝信の中野時代のことは、ほとんど何も知らなかった。彼もまた、夫人に中野時代のことは何も話していないという。帰り際に遊歩道で写真を撮らせてもらった。ファインダーの中の進藤は、きりっとして見えた。関門海峡は穏やかであった。

進藤の戦後は、決して恵まれた境遇にあったわけではない。だが、八七歳の陸軍中野学校の卒業生は、生きる矜持と誇りは失っていなかった。私は、進藤の告白が単なる回顧談に終始することなく六四年前の真実を語ってくれたと、その証言を素直に受け入れていた。考えてみれば、進藤自身が心に深い傷を負った戦争犠牲者なのかも知れない。

（二〇〇九年三月取材）

証言3　天皇専用特別装甲車「マルゴ車」

「この非常時だというのに、隣の部隊はいつも営門が閉められ、哨所には立番の兵もいないな。裏門には『東部第三三部隊』の看板が掲げられているが、一体、何の部隊なんだ。起床ラッパの吹奏も聞こえないなんて、軍の施設にしてはチト変だぜ」

「俺も、かねがね、隣のことが気になっていたんだ。たまに営門から出でくる奴を見るんだが、長髪に背広姿ばかりだ。軍人の雰囲気なんて、まったくない」

「俺も一度教官に聞いたことがあるんだ、隣のことを。教官は『俺も知らん。関心を持つな』って、怒鳴られたことがあるんだ」

中野学校の隣にあった憲兵学校

この三人の会話は寮舎生活を送っていた陸軍憲兵学校の学生が、自習後の休憩時間に交わしていた会話を再現したものである。話をしてくれたのは、埼玉県入間市で取材した大倉今朝男（八七歳）である。そして、会話の中に出てくる隣とは、陸軍中野学校のことであった。

陸軍中野学校と陸軍憲兵学校は、高い塀を境にして敷地が東西に分かれていた。戦後、この憲兵学校を卒業した学生の中には、憲兵学校の通称名が中野学校だと勘違いして「俺はスパイ学校の中野を出ている」と吹聴《ふいちょう》していた者もいたようだ。市川雷蔵主演の『陸軍中野学校』が上映された昭和四一（一九六六）年の頃であった。大倉は、映画のことは知らなかった。

『日本憲兵正史』（全国憲友会連合会本部編）では、中野学校について「学生隊兵舎の西側に塀を境に隣接していたのが、戦後特務教育で有名となった陸軍中野学校であった」と、ごく簡単に触れられている。

陸軍憲兵学校に入学するまでの大倉の経歴は、次のようなものである。

「私は、長野県の安曇《あずみ》村（現在は安曇市）の出身で、大正一四（一九二五）年九月生まれ、三男坊です。生家は農家でした。学歴は高等小学校、青年学校だけですが、憲兵学校に入れたことは今でも誇りに思っております。入校は昭和二〇（一九四五）年四月で、四カ月の短期教育を受けて八月に卒業しました」

大倉が誇りに思うと語る陸軍憲兵学校は、当時の現役志願者の下士官、上等兵にとっては憧れの学校であり、入学試験も難関であった。高等小学校卒の学歴では難解な出題が多く、受験勉強は兵営内でやり苦労した、と大倉は話す。憲兵学校の人気の高さは、支給される給与にあったようだ。当時の歩兵上等兵の月額八円三〇銭と比べると憲兵のそれは格段に多く、月額一〇〇円（憲兵加給、営外加給を含む）を支給されるほどの厚遇を受けていた。

憲兵とは、軍事警察（ＭＰ）である。その主な職務は、軍人の動向視察、軍事施設の警備、要人警護、間諜（スパイ）の摘発などであったが、私服での勤務もあり、軍人の思想調査なども行っていた。また、現役の憲兵将校が写真術や防諜技術などを中野学校で教えていたが、教官の名前は大倉の記憶になかった。

「兵の憲兵志願者は現役の上等兵から選抜されました。私は松本の第五〇連隊が原隊で、中隊から応募したんです。確か、上等兵の教習兵は『丁種』学生と呼ばれていました」

学校ではどんな課目を学んだのか。

「学んだのは憲法など法律関係が多かったですが、他の課目は覚えてないんです」

大倉は思案顔で記憶を辿っている。当時、学校では憲法の他に陸海軍刑法、軍法会議法、刑法、民法、憲兵服務例などを教えていた。

「座学は一日八時間と長時間でした。術科では逮捕術、柔剣道、馬術、拳銃射撃などがありました。憲兵は『乗馬本分』とされたので、馬術の訓練は盛んでした」

同期生は五〇〇人余いたが、大倉の卒業後の任地は長野県であったという。

「卒業時、階級は上等兵から兵長に進級したんです。下士官の最下級の位ですが、長野憲兵隊（筆者注：東部憲兵隊司令部の管轄で長野地区隊と称した）が私の任地でした。制服勤務で、憲兵は長靴に軍刀を下げ拳銃も携行（筆者注：支給品は九五式軍刀と一四年式拳銃）して、右腕には白抜きで『憲兵』と赤字で染めた腕章を巻いていました。軍刀（登録済み）は今でも記念として家に置いています」

大倉の長野勤務は一カ月にも満たなかったが、その間の思い出は彼の記憶の中に詰まっていた。いちばんの思い出は「松代の巡察」であったという。

「本部から同僚と軍用トラックで巡察に行ったんです」

松代に天皇陛下が動座されるという極秘情報は、東京から入っていました。大本営の建設が始まったのは、確か昭和一九年（一九四四年）秋頃からだと記憶していますが。現場には徴用された朝鮮人も多く働いていて、彼らの行動を監視することも我々の仕事でした。松代が特別な軍事施設であることを、現場の労働者は薄々わかっていたようです。松代出張は二回ありました」

この「松代大本営」建設には、中野学校も間接的に関係していた。

その頃、中野学校の在校生たちが米軍の関東上陸を想定した対敵ゲリラ戦訓練を行っていたのである。演習は妙義山を中心とした一帯で行われている。目的は「関東平野を深く侵寇せる敵米軍は信越線及上信電鉄に沿う地区の要点を確保し宣伝、宣撫工作を行うと共に近次特に活発なる討伐行動を開始せり」という米軍の作戦を阻止することにあった。

信越線と上信電鉄の間には中山道が通っている。碓氷峠の後背地にある妙義山は天然の要害。この演習は、米軍の「松代大本営」侵攻を阻止するための山岳ゲリラ戦の訓練であった。

ちなみに、中野学校が天皇の松代動座の情報を得たのは、参謀本部第二部ロシア課長の白木末成大佐からであった。だが、当然のことながら、大倉は中野学校の動きなどまったく知らなかった。憲兵隊は中野学校とは指揮命令系統がまったく異なる組織である。

大倉は、松代巡察で記憶に残る情景について語った。

「いくつもの山の地下に坑道を掘って、大規模な土木工事が進められていたことです。現場には飯場や酒場、慰安所がいくつも建てられ、土木作業員が群れていました。あんな山中に町が一つできたくらいの規模でしたから。飯場や酒場を覗くこともよくありました。憲兵腕章を巻いた公務なので、嫌がられましたよ」

私は、天皇動座のために製作された「マルゴ車」について質問してみた。

「それは、なんですか? 聞いたことはまったくありません」

マルゴ車と松代大本営の関係には、次のような秘話があった。

終戦直前、昭和天皇が宮城から信州の松代に動座するために密かに作られた「特別装甲運搬車」なる車両が存在した。その疎開先は、長野県埴科《はにしな》郡松代町の舞鶴山《まいづるやま》地区(現長野市松代町西条)。現在、その地は今回の東日本大震災でも精密な振動波形を記録した気象庁の「松代地震センター」となっている。この施設は、世界有数の地震観測システムを整備していて、世界の地震学者の間では

松代大本営（右の２枚は当時、左の２枚は現在）

「Mathusiro Center of Earthquake」で通じる研究施設である、センターは当然ながら山間部に造られていて、この施設を訪ねるための最寄駅は長野電鉄屋代線（平成二四年四月一日に廃止）の松代駅であったが、そこから南に五キロ離れた現地に行くにはタクシーか徒歩以外にアクセスはない。

この地を目指して皇居前広場から車で、国道一七号線と碓氷峠越えの国道一八号線、長野から国道四〇三号線を使って走ったのは平成二三（二〇一一）年の七月上旬であった。距離は約二三〇キロ。目的は「天皇が宮城からマルゴ車に動座して避難する場所として建設された御座所」を見学することであった。しかし通常、建屋は外から見学するのみで内部は参観できない。そこで、某学術団体の一員として参加させてもらい、建屋の内部と地下七〇メートルに造られた大本営跡を見学することができた。

地下に通じる坑道は厚さ数メートルのペ

トンで固められていて、夏でも一五度の温度。だが、ヒンヤリとする坑道の湿度は八〇%を超えていた。地下の見学が終わると地上に作られた「天皇御座所」の部屋を見学することになった。

職員の説明によると、完成当時の部屋は二〇畳の広さがあったそうだが、現在は二部屋に分けて保存しているという。資材が枯渇している時代に作られた御座所とはいえ、天皇が住まう部屋だけに建築資材には最高の材料が使われたそうだ。

地上の建屋は三棟で構成されていた。それは天皇用のI号庁舎と皇后用のII号庁舎、そして宮内省関係者が使うV号庁舎。これらの建屋は、現在も補修されてセンターの施設として再利用されている。

ともあれ、極秘に進められた松代大本営建設には、九カ月の間に延三〇〇万人の労働者と総工費六〇〇〇万円が投入された。そして、舞鶴山（ロ地区）、皆神山《みなかみやま》（イ地区）、象山《ぞうざん》（ハ地区）の三ヶ所の地下に、総延長一〇キロの坑道を掘り抜いたところで終戦となった。工事は約七五%まで完成していた。

この施設について戦後初めて報じたのは、県紙の「信濃毎日新聞」であった。見出しには「大本営や各省など洞穴に日本の首府。どこも檜づくりで唐紙には銀の菊模様。藁屋根の下に近代施設」とあった（昭和二〇年一〇月二六日）。

ところで、松代大本営とはどのような施設であったのか。

秘匿名「松代地下倉庫工事」は、「マ・三・二三工事」として昭和一九年一一月一一日に着工された。建設の目的は、本土決戦が始まった場合に備えて、陸海軍統帥部で構成される大本営と政府中枢機関、通信施設、そして天皇御座所を建設することであった。この計画を早い時期から知っていたのが、宮城の警護部隊である近衛第一師団の赤柴《あかしば》八重蔵《やえぞう》師団長（一九四三年一〇月～四五年四月）

であった。その頃、近衛騎兵連隊には肝心の乗馬する馬がいないため、騎兵連隊には九五式軽戦車（八号）一六両からなる戦車一個中隊が配備されていた。当時、騎兵連隊長だった伊東力大佐は「天皇の動座」について戦後、次のように証言している。

> 二〇年二月、赤柴中将から呼ばれ「松代に大本営を造っている。御動座に備え特別の装甲車を造らせたから、騎兵連隊でしっかり保管してくれ」といわれた。そして「この装甲車をマルゴ車と呼ぶ。松代行幸啓の場合の直接護衛計画もあわせて考えておくように」と命ぜられました。ところでこのマルゴ車は全部で六両きた。うち二両は両陛下用にということで都下の日野重工からもってきたということだった。（中略）それは従来の装甲車を一まわりくらい大きくしたもので、二重鋼板になっており、速射砲弾ぐらいははね返すだけの強度をもっていた。車輪ではなく、戦車と同じようにキャタピラがついていた。大砲はなかったが対空、対地上用の重機が備え付けられるようになっていた。スピードは時速四〇キロぐらい出せたと思う。外観は黄色と緑の迷彩がほどこしてあった。（『昭和史の天皇』中公文庫）

松代大本営建設工事設計書の表紙
（発注者の東部軍管区の名もある）

松代大本営計画については戦後、幾多の書物で紹介されてその全容が明らかになっているが、この計画と時を同じくして、天皇動座の特別装甲車が製造されていたことは、あまり知られていないのではないだろうか。伊東の証言では、この特別装甲車はマルゴ車と呼ばれていた。製造元は現在のトラックメーカー日野自動車で、戦前の同社は半軌装の装甲兵車や重砲牽引車などを製造していた軍需会社であった。天皇用のマルゴ車を製作するには、いわばうってつけの技術をもった会社であったわけである。

設計のベースとなったのは日野重工製の「一式半軌装甲兵車（秘匿名ホハ車）」であるが、マルゴ車は全体を二重鋼板で覆って強度を高め、兵員一五名が乗車できる内部の空間を天皇が使う居室として改造した。駆動はタイヤとキャタピラを使った半軌装式で、運転はハンドル操作であった。

このマルゴ車を使って実際に訓練した元陸軍曹長の小林繁から、生前に話を聞いていた長野市在住の郷土史家原山茂夫に語ってもらった。

「小林さんは戦車兵出身ですが特別に近衛騎兵連隊に配属されて、空襲下の東京で運転を猛訓練したそうです。仕様は全長約七メートル、全高約二メートル、重量一三トン、二重鋼板で全体を覆い、空冷ディーゼルエンジンを使用、登坂能力三〇度、時速四〇キロ。運転席には厚さ二センチの防弾ガラスがはめ込まれ、御室は運転席と厚さ二センチの鋼板で仕切られていたそうです。製造は東京芝浦電気で、八台作られて車体は黒色で塗られていたようです。訓練では『松代まで一〇時間で到着せよ』と、上官からハッパをかけられたといいます」

小林の記憶では、メーカーが東京芝浦電気とあり、車体は黒色で台数が八台となっていた。前出の伊東の証言とは若干異なってはいるものの、マルゴ車の仕様については伊東証言も小林証言も大きな違いはない。それよりも重要なことは「天皇専用の特別装甲車が製造された」という事実なのだ。

訓練では、東京から松代まで一〇時間で走破しろ、と厳命されていた。私は、一般国道を使って東京から松代まで七時間で走った。当時の未舗装という道路事情を考えてみると、二三〇キロの距離を一〇時間で走破するということは相当厳しい運転になるが、不可能ということはない。

ともあれ、八月一五日に終戦となり、結局マルゴ車は使われることはなかったが、戦後はどのように扱われたのか。

当時、宮内省の庶務課長だった筧素彦は「マルゴ車は八月二五日、役所（宮内省）の玄関前に五台並んでいた。運んだのは近衛師団の将校が指揮する兵隊であった」と証言している（『昭和史の天皇』）。その後のマルゴ車の措置について、前出の伊東も同書の中で、次のように述べた。

「結局、最後は板橋の兵器廠に運ばれてスクラップにされたか、アメリカ軍が戦利品として本国に持ち帰ったのではないか」

いずれにしても、マルゴ車の設計図や写真は未だに発見されていない。次頁に掲載したイラストは、種々の資料と証言を元に作成したものだが、実車に最も近似した復元図である。

大倉は、マルゴ車についての筆者の説明を熱心に聞いていた。

「そんなものが造られていたなんて、憲兵の下っ端にはまったくわかりません。おそらく、隊長（少佐）も知らされていなかったでしょう。陛下の装甲車のことなんて」

もう一つ、証言をあげておこう。

新潟県小千谷《おぢや》市に住む広川寛一は、大倉と同期であった。電話の声にはハリがあり、とても八八歳とは思えなかった。日常生活には車が欠かせないので、いまでも運転をしていると笑う。

「私は、ここ小千谷の出身で家業は代々農業です。新発田の第一六連隊から入校して四カ月の教育を受け終戦の年に卒業すると、任地は大倉君と一緒でした。お尋ねの中野学校のことですが、まったくわかりません。憲兵学校の隣に中野は開校していたようですが、学生たちと顔を会わすなんてことは、在校中一度もありませんでした（筆者注：中野学校は昭和二〇年四月に群馬県富岡町に移

天皇陛下専用装甲車 マルゴ車

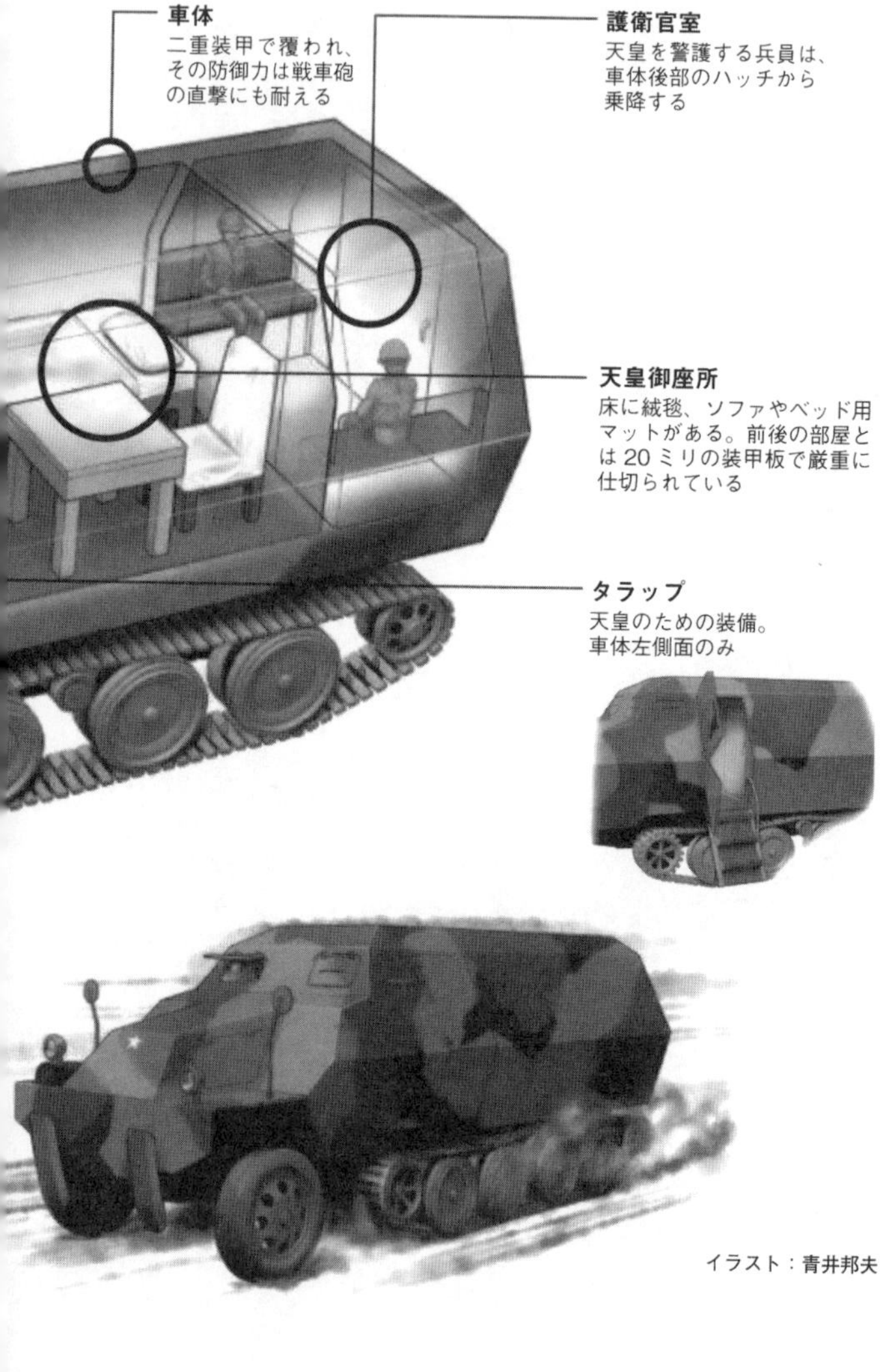
車体
二重装甲で覆われ、
その防御力は戦車砲
の直撃にも耐える
護衛官室
天皇を警護する兵員は、
車体後部のハッチから
乗降する
天皇御座所
床に絨毯、ソファやベッド用
マットがある。前後の部屋と
は20ミリの装甲板で厳重に
仕切られている
タラップ
天皇のための装備。
車体左側面のみ

イラスト：青井邦夫

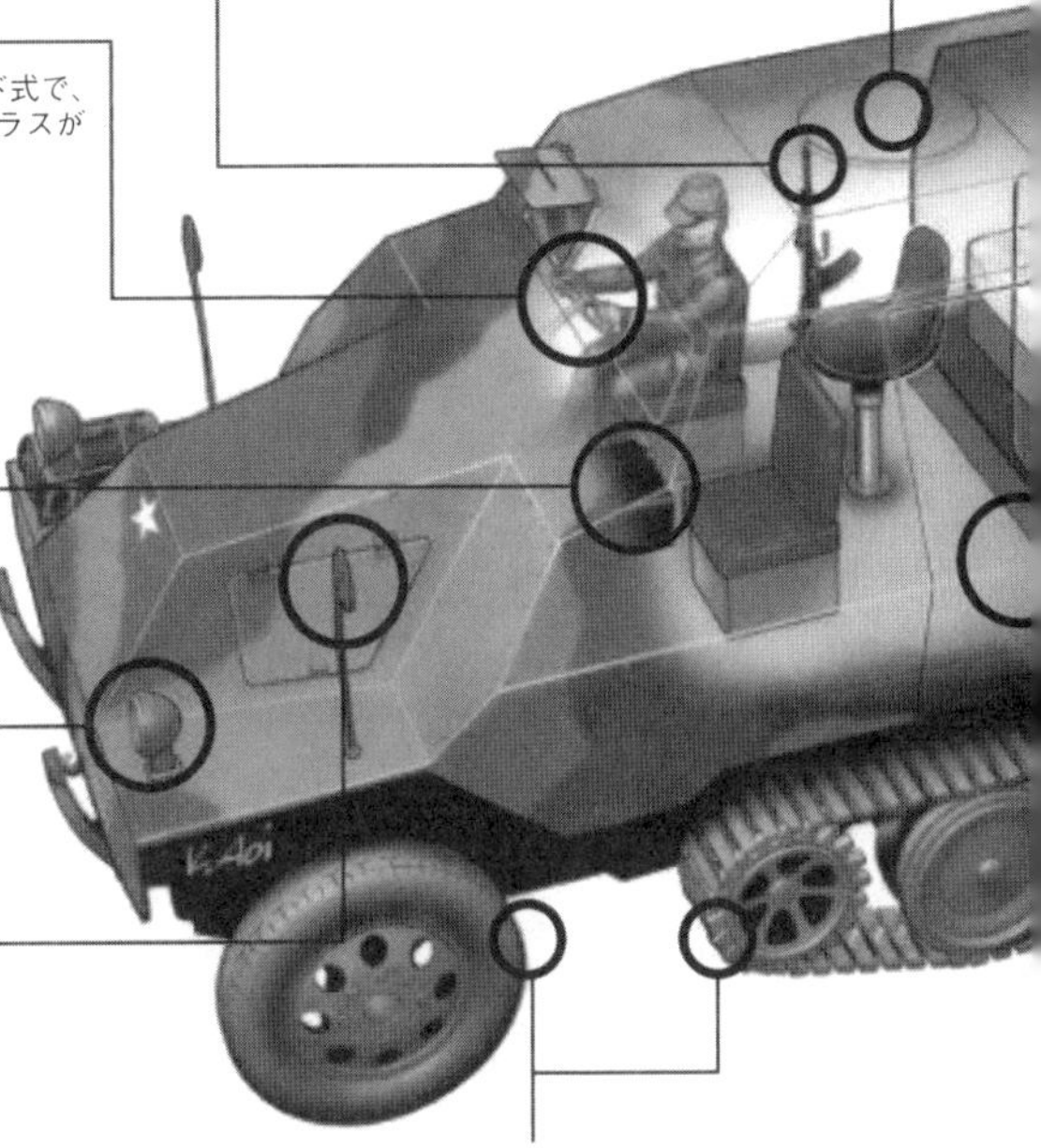
九九式軽機関銃
対空・対地攻撃用。毎分 550 発の弾丸を発射し、2 キロ先の標的も逃さない
ハッチ
ここを開いて周囲を警戒したり、機関銃を使用する
操縦席
前方の窓はスライド式で、20 ミリ厚の防弾ガラスがはめ込まれている
無線機
ヘッドライト
バックミラー
走行装置
キャタピラの悪路踏破性と、タイヤの高速性を兼ね備えるハーフトラック形式

【スペック】
全長：7 m
全高：2.5 m
重量：13 t
動力：空冷ディーゼルエンジン（120 馬力）
登坂能力：30°
最高速度：40 km/h
武装：機関銃一門

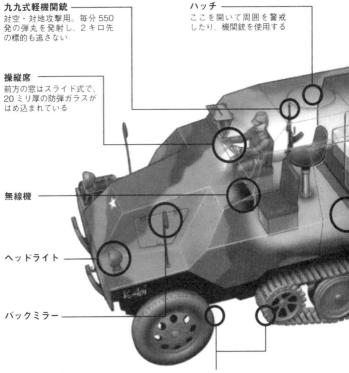

転）。小野田さんが帰国した時、初めて隣組が中野学校だと知ったくらいですから。『残置諜者』っていいましたか、スパイを養成する学校とは驚きでした」

広川も大倉同様に、中野学校については何を教えていた学校なのか、ほとんど知らなかった。隣組の憲兵学校の学生たちも煙に巻いていた陸軍中野学校。冒頭の学生たちの会話が中野学校の印象を的確に表していた。

戦後、憲兵は軍国主義を代表する悪鬼のごとく言われ、戦犯指名者も陸軍の兵科の中で最も多く出していた。BC級戦犯として刑死した憲兵も数多くいた。だが、大倉、広川の二人は戦後、戦犯指名されることもなく、それぞれ会社員と農業事業者の道を選んで、市井人として慎ましく生きてきた。

（二〇〇九年八月取材）

証言4　中野学校の教科書

六〇年ぶりの発見である。終戦時すべて焼却処分になったといわれる陸軍中野学校の教材資料一式が新潟県内の旧家に保存されていることを、私は所有者の自宅で確認した。

持ち主は、八一歳（取材時）になる斎藤津平《つへい》で、中野学校八丙の卒業生であった。

斎藤は、発見した経緯を次のように語った。

「去年、久しぶりに蔵の中を整理したんです。すると、棚の上に忘れていた布製のリュックサックがありまして、中のものを取り出して見ると中野時代の教科書が入っていたんです。どうして蔵の中にあったのか、その時は思い出せなかったのですが、中に日記（表題に『修養録』と書かれている）がありまして、それを読んでみて理由がわかったんです。リュックサックを家に送ってくれたのは、親しくしていた同期の由良見習士官で、彼は私の私物を実家に送る時に教材を間違えて入れてしまったんです。後に学校で教材の未回収が問題になったことはなかったので、私は忘れていました」

『修養録』と記されたノートを読んでみた。すると、昭和二〇（一九四五）年二月九日のページには意外なことが記されていた。

「晴れ『風と共に去りぬ』を見学す（筆者注：見学とは東宝砧撮影所での封切り前の映画鑑賞）。宣伝映画としては当を得たものなり。然して映画内容よりアメリカ人気質を知り得たことは幸いなり。南部アメリカ人の野性的にして闘争的なスピレット（ママ）は軽視すべからず。些細な情報源からも敵の国民性を観察すること必要なり。映画よりかかる教訓を得たるは可なり」

『戦術』を手に、「中野学校について語る斎藤氏

ともあれ、『修養録』とともに、粗末なワラ半紙にガリ版刷りと和文タイプで印刷された中野学校の教科書が保存されていたのである。それらが風化されることもなく、判読できる状態で今日まで残されていたのは奇跡といえる。所有者の斎藤が蔵に忘れていたことも幸いした。いずれにしても、中野学校の教材一式が、極めて貴重な資料であることに変わりない。斎藤が蔵から持ち出してきた資料を並べてみると、表題に『国体学』、『謀略』、『宣伝』、『諜報』、『偵謀』、『人に対する薬物致死量調』、『伝染病と灸法』、『重慶政権ノ政治』、『経済動向観察』などと付けられた教材資料が九

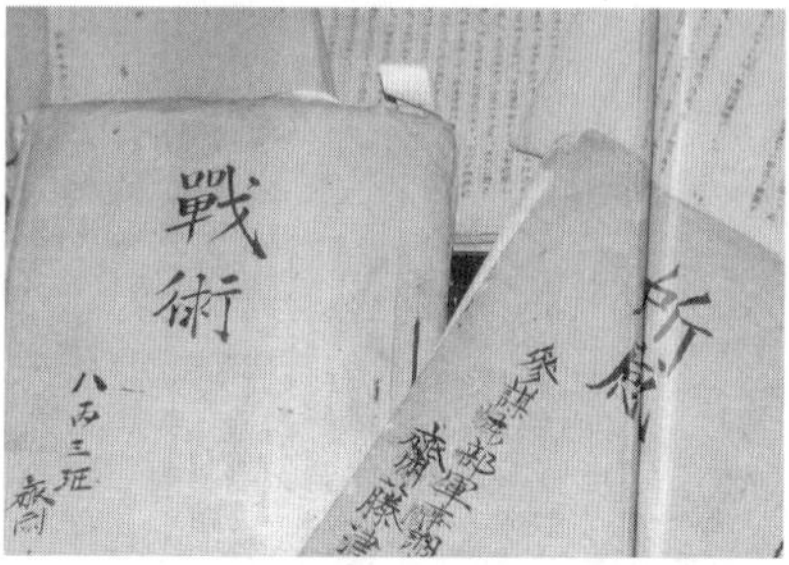

斎藤氏が所蔵していた資料の一部

点に及んだ。積み上げると一〇センチのボリュームになった。

宣伝教材には、面白いものがあった。例えば、謀略放送の方法論として、ゲーテの戯曲『ファウスト』に登場する「メフィスト」を引用して解説している。

謀略放送とは親しい友人の間に水を差して互いに疑惑の目を以って見るように導き、遂に闘争をさせるということである。まず敵国民になり前線兵士に同情して言う。そこで「メフィストフェレス」のように一言耳に囁き、それによって為政者なり、将校なりを疑わせ、聞く者の心に偽みを起こさせるのである。

メフィストの心理を謀略放送に応用するなど、斬新な研究をしていたものである。

その他にも、謀略の本義や薬物の致死量を解説した教材もあり、当時の中野学校の教育内容が相当レベルの高いものであったことが、これらの資料で裏づけられた。中でも『謀略の本義』と書かれたテキストでは、以下のように解説されていた。

国家間の闘争は武力に依るのみならず、政治、経済、思想等いわゆる総力戦の全部門にわたり行われるものにして、従って平戦時とも軍事、経済、思想等国家対外施策全部門にわたり用いらる。

その内容は、現代の情報戦にも通じる謀略の本質を衝いていて、当時の中野学校が「見えない戦争（Unseen War）」についていかに実戦向きに教育していたのか、この教材は教えてくれる。

斎藤ら八丙の学生は、終戦一カ月前の昭和二〇年七月一五日に東京から移転して群馬県富岡町に作られた「富岡校」を卒業しているが、教育期間は中野時代と富岡時代を併せて七カ月間であった。だが、終戦間近になると戦局が切迫してきたため、教育は実戦を想定した演習や訓練が主体となってきた。

斎藤は、終戦直前の学校の様子を回想する。

「八丙には英語班、支那班、ロシア班の三班があったのですが、私は支那班に指名されました。富岡時代は、諜報員としての教育よりも図上演習による遊撃戦。米軍の本土上陸を想定した、いわゆるゲリラ戦のシミュレーションを各地でやっていました。それは群馬県の高崎だったり、埼玉の児玉、あるいは本庄《ほんじょう》という町でもやっていました」

大正一二（一九二三）年七月生まれの斎藤津平の経歴は、次のようなものである。

実家は代々地主の家柄で、斎藤は一二代目の当主であった。京都帝国大学農学部に在学中に学徒動員で徴兵され、幹部候補生の一人として昭和一九（一九四四）年四月に仙台の陸軍予備士官学校に二七期生として入校。翌年一月、区隊長の推薦で選抜試験を受け、陸軍中野学校八丙の学生として入校する。ここから斎藤の中野時代が始まった。

「八丙の同期は一四〇名ほどいました。中野時代は、お見せした各種の教材を使って勉強しましたが、いちばん記憶にある講義は『吉原国体学』でした。国体学は中野の精神を叩き込んだ、いわば学生の精神的なバックボーンとなった教えなんです。吉原先生は、士官学校の生徒時代五・一五事件に参加したために放校処分になり、その後東京帝大の国史科で学んで中野学校の教官に就任した、と聞いております」

中野学校の教育において、吉原国体学が精神的な支柱であったと斎藤は語っている。しかし、先述したように戦争末期には、八内の教育は座学よりも図上演習やゲリラ戦の訓練が主体になっていた。

訓練について『修養録』とは別のノートに次のように記していた。

私たちは高崎師団本部（筆者注：第一二方面軍隷下《れいか》の第二〇二師団）及び弾薬庫を襲撃して、これを爆破する演習をしていた。そして襲撃する日時、時刻はラジオ放送を使って暗号で指示されることになっていた。私は髭づら顔にカーキ色の作業服を着用して民間人に変装し、高崎市内の理髪屋でお客になって腰を下ろし、新聞を見ながら一二時の時報及びそれに続く放送を聴いていた。流れてくる音楽は練習曲で時々同じ楽譜が繰り返し放送される。それを、素早く新聞に書き留め、表を作り、そして、それを解読して私への命令を受け取った。それは、高崎師団本部に何時に突入せよという命令であった。しかし、もし時間を間違って司令部や弾薬庫に突入し、衛兵や巡察兵、歩哨に発見されれば射殺されることになる。これは大変なことである。師団司令部では、その時刻だけ特別の巡察兵、歩哨を配置して私たち演習者を保護することになっていたのである。当時、軍は放送局を管理しており数週間前に、実行日の正午一二時の時報のあとに音楽を流すことにしていた。そして、我々の演習計画の一環として暗号による放送が組まれていたのである。

ラジオの時報と音楽を使って暗号を組み、襲撃命令の日時を学生たちに伝えるといった連絡法は、正規の軍隊では考えも及ばぬ「諜報活動」であった。

斎藤は、家族にも中野学校のことは一切語ったことはないという。その理由を、次のように語った。

「戦後、世間では中野学校のことをスパイ学校とか、謀略とか暗殺とかの暗いイメージで語られていたので、家内や子供たちには自分の軍歴を正確に話したことはありません。中野の教育や精神を説明しても理解できないからです」

中野学校では、教材を見るだけでも相当高度なカリキュラムが組まれていたことがわかる。前掲の手記にも講義の難解さが綴られている。また、ノートには政治学の講義内容が写されていた。

政治の最高義は「国家の統治活動」である。更に詳しく言えば「国家意思（政策）を決定し、これを遂行することに関する人間の諸行動及び諸関係」を云ふ。この場合、国家意志とは国家の政策なる意味である。国家の意義とは「国家を最高にして一般的なる統治権力（組織）を有する人間の地域団体」である。統治権の意義は「国民及び領土を支配する権利、固有不可分の権利」と説かれ、通常国家概念の要素とされる。あるいは王権と呼ばれることもある。更に之を領土権、対人格権の諸権に分けることもできる。

等々、ノートを読むだけでも国権や国家意志について専門的な講義を受けていたことが窺える。政治学の講義では、国家の統治大権としての天皇について触れることはほとんどなかったという。むしろ、天皇の地位よりも「国体」の存続を天皇と切り離して講義することが主眼で、そのエッセンスが「国体学」であった。

斎藤は卒業と同時に、出身地の新潟に置かれた東部軍管区司令部隷下の新潟地区司令部に、ゲリラ戦要員の幹部として同期の長谷川喜代治とともに派遣された。しかし、司令部では雑用に追われデスクワークで一カ月が過ぎてしまい、現地で終戦を迎えることになる。

そして、戦後の生活が始まった。

「平々凡々、百姓生活に戻って世の中が落ち着いてきてからは、地元の中学、高校の教師を務めて今日に至っています。教師生活を終えてから二〇余年が過ぎました。戦後は田舎に埋もれた生活です。中野時代の教材を読み返してみますと、いろいろなことを思い出しました。あの頃は真剣に日本の将来を考えた時代でした。しかし、戦後は価値観が変わりました。私も教師でしたが、戦後教育、特に歴史教育には問題があると思います」

斎藤は、話を終えた。

インタビューを始めたのはまだ陽が高い時間であったが、いつの間にか室内には灯りがともり、外は暗闇になっていた。冬の北国は夜が早い。

帰京後、私は念のために斎藤と同期の宮澤清彦を横浜の自宅に訪ね、「斎藤資料」の信憑性を確認してもらった。

「中野時代に使っていた教材に間違いありません。本物です。しかし、新潟の斎藤さんがどうしてこれらの教材を持っていたのか、その点が解せません。教材は授業が終わるとすべて回収されましたから」

私は、斎藤の許に教材資料が保存されていた経緯を説明した。それでも、宮澤は一抹の疑問を残したようであった。しかし、宮澤の証言で今回発掘した資料が、まぎれもなく陸軍中野学校で使われていた教材であることが証明された。六〇余年ぶりの発見であった。斎藤は九点の資料の活用をこれから考えるという。

七年間だけ存在した陸軍中野学校。そこでは、高度な政治、思想教育が行われていたことが、原資料から初めて明らかになった。また、これらの資料を読み込んでいくと、今の時代にも充分通用するテキストであることがわかる。中でも「殺しのテクニック」を教えた教材は秀逸であった。「一撃離脱」、これぞまさしく中野学校の真髄ではなかろうか。

ところで、斎藤が保存していた教科書など学校の授業に使われていたテキストは、取り扱いについて特に指定はされていなかった。講義が終わると教官が回収したと斎藤は語っている。

戦前、日本の陸海軍には軍機保護法が制定されていた。情報の重要度に応じ「軍機」、「軍機密」、「極秘」、「秘」、「部外秘」の五ランクに分けて軍事関連の情報を取り扱っていた。

私が中野関連で目にした公文書の中に、「軍事極秘」と印が押されたものがある。昭和一四（一九三九）年八月九日の日付、件名は『後方勤務要員養成所乙種長期第一期学生教育終了ノ件報告』と記され、起案者は陸軍中野学校の前身「後方勤務要員養成所」所長秋草俊中佐。宛先は陸軍大臣板垣征四郎となっている。

この報告書は、同年七月一七日に九段の牛ヶ淵にあった愛国婦人会本部の宿舎を借り受けて開所した養成所に入校した第一期学生たちの教育内容を陸軍大臣に報告したもので、極めて貴重な公文書といえる。おそらく、陸軍省の資料綴りの中に保存されていたものだろうが、戦後まで所持していた人物の名はわかっていない。この貴重な資料を提供してくれたのは、私が一〇年来追い続けている中野学校卒業生の一人で、神戸に住み今年九二歳になる「五丙」出身の五島晃（本人の希望で仮名とした）であった。

「この資料は私の先輩（三丙）から譲り受けたもので非常に珍しいものだと思います。中野学校の初期の教育内容がこの文書でわかりました。『陸軍中野学校』にも詳細な記述はありますが、取得単位のコマ数までプログラムされていたのは驚きです。また一期生が軍事学など専門分野を学んでいたことは当然でしょうが、航空、気象、細菌、薬物、心理、犯罪なども学んでいたのは、学校側が一期生に期待した証しなんでしょう」

五島はさらに話を続けた。

「それと学科の中で『忍術』が課外講座にありますが、先輩から話は聞かされていたものの、アナクロではないかと思っていました。しかし、正課として講義していたとは驚きです」

今回発掘した軍事極秘資料の中には、第一回卒業生のための教育カリキュラムもあり、その内容を読んでみると、相当高度な教育を施していたことを推察できる。取得単位は一時間が基本で、卒業までに一三六一単位が義務付けられていた。学科は外国事情、外国語（ロシア語、英語、支那語）、地誌、軍事学、細菌学、薬物学などだが、他に課報員に必須の科目として情報、謀略、宣伝、防諜なども学んでいた。

五島も驚いた忍術が学校の正課になっていたという事実。忍術が諜報活動において敵を欺くためのテクニックであることを具体的に記している。そして「欺く技術」を学ぶために、学生たちは映画会社の撮影所も見学していた。撮影所で実地に学んだのは「役者の化粧法や変身の技」であった。これも、忍者の基本的な技である「変身の術」を、現代に応用した授業の一つであった。また、忍者は実践的な道具をいろいろと使っていた。例えば「忍者扇子」もその一つ。中野学校では忍者扇子を「分度器」として利用していたそうだ。その他、土木測量技術も重要な習得科目になっていた。敵地に潜入した時、味方陣地A点から敵陣地B点までの距離を知りたい場合、A点からAB線に対して右または左に直角に線を引き、その線上にA点から一〇間（一八・一八メートル）先にC点をとる。次にC点で、CA線とCB線の交差角を忍者扇子で測り、三角関数のタンジェントCによりAB間の距離を出す。忍者扇子が全開すると一八〇度になり、中骨は九本で分度器として使うことができた。要するに、忍者扇子は三角関数まで計算できる道具であったわけだ。二〇世紀のスパイ教育に忍術などアナクロ、などと思うなかれ。忍術の基本は「基礎的な専門知識」であろう。諜報員が敵地で諜報活動するために必要なノウハウが、忍術の科目には詰まっていた。何ともユニークな教育を施したものである。

また、講師を務めていた甲賀流忍術第一四世を継いだ藤田西湖は、自伝の中で興味ある話を記している。

ここには全国の連隊区から、素質の優秀な青年将校が集められ、近代戦に適応したスパイ術が授けられる。新しい言葉でこそスパイだが、昔流にいえば忍者に他ならない。（中略）したがって、中野スパイ学校の教育も、高度な政治工作から単なる殺人や建造物破壊方法に及ぶ広範囲なものであった。後には戦争そのものの複雑化と、兵器科学の発達につれて、教育も専門化されてきたが、一応の主眼は万能スパイの養成であった。私が担当したのは精神教育と術科及び体術、護身術の面で、術科家伝である甲賀流忍術を現代戦に活かすことであった。また、金庫の開け方、手錠の外し方、殺人法など、泥棒、人殺しの技術も授けたが、上達すればどんな精巧な鍵でも錠前でも、針金一本あれば開けられるようになる。殺人法は、おおむね暗殺である。スパイの殺人は密かに、しかも瞬時に果たさねばならぬ場合が多いから、毒物使用が主となる。生徒たちが任地でしばしば用いた毒物は青酸カリであった。(『最後の忍者どろろん』日本週報社)

私は、久しぶりに牧澤の自宅を訪ねて斎藤が保存していた資料や軍事極秘資料を見せ、感想を聞かせてもらった。

「学校のテキストや公文書(後方勤務要員養成所乙種長期第一期学生教育終了ノ件報告)が残っていたんですか。驚きです。公文書はすべて焼却処分になったと聞いておりました。一八名、懐かしい名前ですね。この文書を読むと、秋草さんは語学教育を心配していたんですね。私は英語が専科でしたが、あまり上達しませんでした。一期生は派遣国で生涯を終えることを命ぜられていたんです」

牧澤は昔を回想するように、しばし沈黙した。

報告書の中に「将来ニ対スル意見ニ就テ」という項目があり、そこには「本教育卒業者ノ将来ノ業務ニ鑑ミ語学教育ハ一層強化徹底ヲ期スル要アリト認ム。次期学生ニ対シテハ取敢ス蘇(ロシア語)、支(中国語)、独(ドイツ語)、仏(フランス語)トシ事情許セバ「スペイン」、「トルコ」(アラビヤ語)、南洋語(マレー語、タイ語)ヲモ考慮スルノ要アリ」と記され、さらなる語学教育の必要性を報告していた。

今回、新たに発掘した資料は戦後、卒業生が集まって編纂し、中野学校の通史として発刊した唯一の基本資料である『陸軍中野学校』にも記されていない記述も数多く散見できる貴重な資料であった。

全体を通読してみると、陸軍の公文書の書式に則った記述になっているが、報告者の秋草俊中佐は学校の創設者である。その思いが文章の端々に滲み出ていた。それと、本文の冒頭に「昭和一四年四月一一日防諜研究所新設ニ関スル命令ニ基キ」という一文が記されているが、この命令とは昭和一三年一月に発布された勅令「後方勤務要員養成所令」のことである。当初養成所の名称が「防諜研究所」であったことを資料は示している。また「後方勤務要員養成所」を設立するための事務局として付けられていた名称は「情報勤務要員養成所」であったこともわかる。

私は、一〇年来中野学校卒業生の戦後史を追い続けているが、学校に関する資料は「教科書と教材」の実物を発掘し、今回は五丙出身の五島の好意で「軍事機密の公文書」を手に入れることができた。コピーとはいえ、中野学校関連の公文書を目にしたのは今回が初めてであった。学校の設立から一期生の教育内容、そして今後の教育指針まで綴った文書には、実務者の思いが詰まっていた。これからも私は中野学校を追い続けて行くつもりであるが、その過程でまた新たなる資料を発掘することを期待している。

戦後、衆議院議員に当選した木村武千代(一乙出身)は戦前メキシコ駐在の情報将校で、八丙の学生に「沖縄戦」について講義していた。「修養録」には以下のことが記されていた。

この戦いに、日本軍は総力をあげるであろう。そして、沖縄住民を戦争に直接参加させる、その為、沖縄人の多数の死傷はやむを得ない。沖縄は昔首里王朝があり独立していたが、島津軍が攻略し占領して島津藩の領土になった。昔からの大和民族でない、との差別感が感じられる。

また、講義では「沖縄戦は日本軍の最期の地上戦」と題して、シビアな見解を述べている。

1　日本軍の戦力の弱体
2　食料、労働力等の不足による厭戦の国民感情の発生、共産主義の台頭
3　米軍の九州志布志湾上陸、関東千葉海岸上陸、ソ連の満州、北海道攻略
4　内地遊撃戦は不可能、遊撃戦士の力量不足、武器不足

学生を相手に「厭戦気分、戦力弱体、力量不足、不可能」などの言葉を使って、情勢判断を示したわけだが、講義の内容が当時の軍部指導者の耳に入れば大問題になったと思われる〝禁句〟であった。しかし、中野学校ではこのような講義も行われていたわけで、木村の「沖縄戦」に対する状況分析は適格であったのではないか。

（二〇〇五年一二月取材）

証言5　戸籍を消して戦後を生きる

そのスケッチブックに描かれた素描画は、鉛筆画と彩色されたものを合わせて五〇数点。所有者は神戸に住む六二歳の女性である。

私がこのスケッチブックの存在を知ったのは、平成二二（二〇一〇）年の盛夏の頃、ある人物の情報からであった。表題には『旧満州　ソ連国境　偵察原図　昭和一八年六月一〇日　清水正』と書かれていたが、目は余白に清水が自筆で記した文言に釘付けになった。

決死隊として偵察時のスケッチ。中野学校所属、日本国民の戸籍剝奪さる。

さらに驚いたのは、取材した相手である清水の長女の「父の名が戸籍上の本当の氏名なのか、疑わしいんです」という言葉であった。

「清水正」に関する詳細は後述するとして、まずこのスケッチの素性について記しておこう。

長女がスケッチブックの存在を知ったのは、父親が亡くなった八年後、自宅で遺品整理をしている時だったという。

「その時は、父が軍隊で何をやっていたのか、たいして関心もありませんでしたが、中野学校という文字に疑問があったんです。父の学校は京都の高専（筆者注：京都高等工芸学校）でしたから」

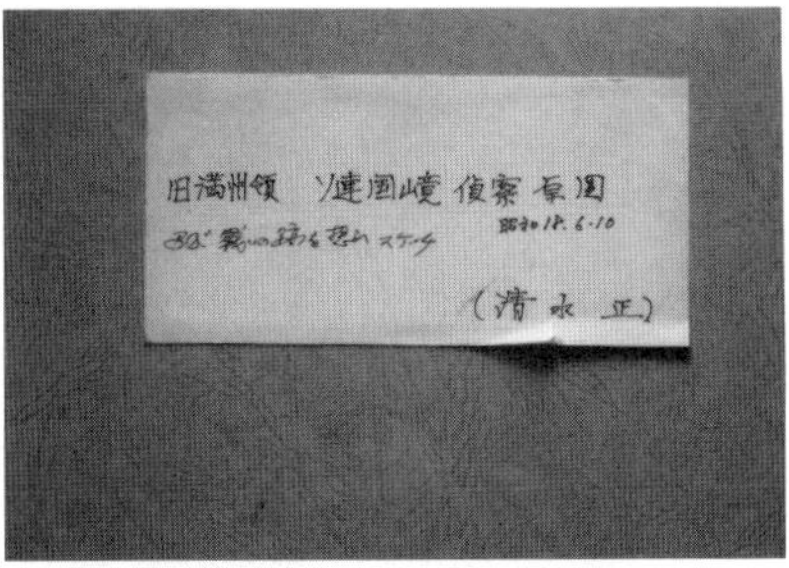

『旧満州領　ソ連国境　偵察原図』表紙

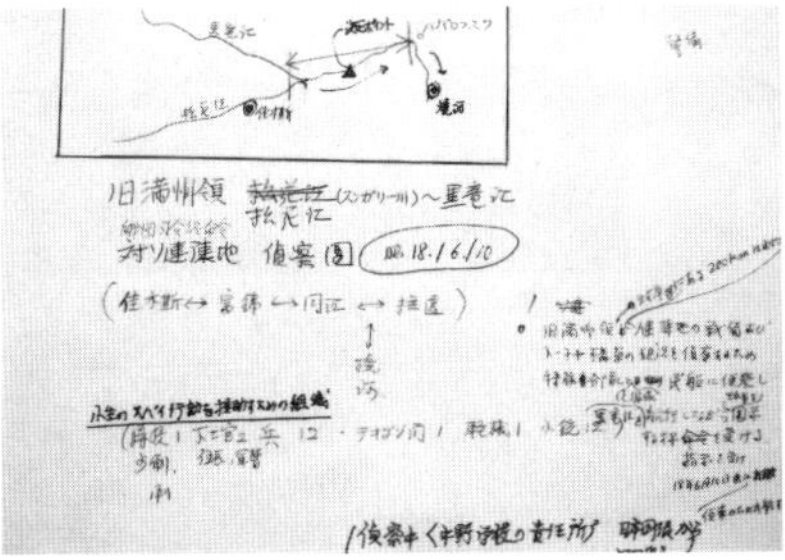

『偵察原図』の内容

清水は高専の学生時代、図案科で学んでいた、いわばデッサンのプロである。そして、スケッチブックにある偵察原図とは、昭和一八（一九四三）年当時、清水が満州とソ連の国境河川であったウスリー江（中国名は烏蘇里）を偵察部隊を率いて越境しながら敵情をスケッチしたものであった。

描写はスケール法を使って、トーチカ、監視所、兵舎、石油タンク、船舶などの位置と大きさを描いてい

軍装姿の清水氏（右）

るが、方位もコンパスを使えば正確に測れるほど精緻なものである。

この原図は、当然軍事機密の扱いであったはず。ソ連側に渡れば逆に日本側の情報活動がわかってしまうという代物である。にもかかわらず、このような貴重なスケッチブックを清水はどのようにして日本に持ち帰ることができたのか、その経緯は未だ謎のままである。

清水は、関東軍の第一〇師団（姫路）の戦略拠点になっていた佳木斯の特務機関に、画才を認められ偵察要員として選抜された。ジャムス特務機関といえば、中野学校出身者が任務に就くソ連情報蒐集の最前線であった。高専の図案科で専門教育を受けた清水を偵察要員として、戦闘部隊からリクルートして情報活動に使うなど、中野学校の人材活用術はユニークであると同時に、人的資源の有効活用を戦地でも応用していたことがわかる。

ただ、その任務が極めて特殊であることから、万が一の事態を想定し、師団の人事記録から抹消されていたのではないか。そのことを清水は「日本国民の戸籍剝奪さる」と記したのではあるまいか。

ともあれ、昭和一八年に現地で描かれた「偵察原図」は、六七年ぶりに陽の目を見たことになる。軍事機密であるこのスケッチ画には、カメラでは撮れない立体感が溢れていた。

長女に見せてもらった一枚の写真。マイナス三〇度にもなる酷寒のジャムスで撮影された軍装姿の清水だった。写真は着色ではなくカラーで撮影されていた。

「清水正」。それが戦後における戸籍上の姓名である。しかし、前述したように長女は、戸籍上の姓名が父親の本当の名前なのか疑わしいと述べている。それでは、なぜ彼女は実父の戸籍上の姓名に疑問を持ったのだろうか。長女の話によると「清水正」は陸軍中野学校を卒業すると満州に派遣されたという。満州となれば関東軍が思い浮かぶが、彼女は実父の軍歴についてまったく知らなかった。

生年は大正五(一九一六)年三月で、亡くなったのは取材した年の八年前、平成一四(二〇〇二)年一二月、享年八六であった。

出身地は神戸。幼少の頃に京都の親戚に預けられて学齢期を過ごし、二〇代前半に京都高等工芸学校(現京都工芸繊維大学)の図案科を卒業している。もし二〇歳で卒業していれば、その年は昭和一一(一九三六)年、東京で二・二六事件が起きた年である。二〇歳になっていれば当然兵役の義務があり、原籍地を管轄する連隊区で徴兵検査を受けていることになるが、前述のように長女は実父の軍歴について、生前ほとんど何も聞かされていなかった。

ただ一つ聞かされたのが、中野学校と関係していたということだけであった。そして、その証拠が冒頭のスケッチブックである。清水が遺したスケッチブックの余白には、国境偵察について、「参戦中のスケッチ(満州三江省佳木斯・昭和一七年~一八年)」と記され、さらに「一〇師団司令部よりの命令で満州領の対岸にある約二〇〇キロにわたるソ連陣地の軍の動向、戦備、トーチカの構成の情況を偵察するため、清水伍長を中心に特務分隊を編成。結果、戸籍を復活せず」と、偵察状況が詳しく記されている。

一〇師団とは、満州のどの地域に配置された部隊であったのか。私は、清水と一〇師団の関係お

陸軍伍長の階級章を付けた清水氏

よび「中野学校所属」という表記の意味するところについて調べてみた。

第一〇師団は兵庫、鳥取、岡山と島根の一部を徴兵区とした師団で、清水が神戸出身となれば、当然第一〇師団に徴兵されたはずである。その第一〇師団は、昭和一九（一九四四）年七月にフィリピン戦線へ移動する前、関東軍の直轄部隊として北満のジャムスに駐屯していた。駐屯期間は昭和一五（一九四〇）年四月から四年三カ月に及んでいる。そして、清水がジャムスで勤務についていたのは昭和一七（一九四二）年から一年間と推定される。その根拠は、五〇枚余のスケッチが書かれたのが一七年から翌年にかけての間であったからだ。清水が第一〇師団の下士官（伍長）として勤務していたことは、まず間違いあるまい。

次に中野学校との関係だが、ジャムスといえば『陸軍中野学校』の中にジャムス特務機関で情報主任（大尉）のポストに就いていた中野学校三丙出身の江田三雄のことが書かれている。それによると、江田は昭和一八年一一月から終戦の年までジャムス特務機関に在籍していた。当時、情報班に勤務していた中野学校関係者は一二名で、その他に現地雇いの通訳や事務職の者が二〇名余勤務していた。中野関係者の中に清水姓のものが一人いるが、その人物は前掲書に「清水桂」と記されていた。この人物と「清水正」が同一人物なのかどうか不明であるが、清水はスケッチブックにジャムスの風景を多く遺しており、また写真も撮影していた。中野の卒業生は私服勤務が原則であったが、軍服で勤務した卒業生もいた。清水の写真を見ると「伍長」の階級章を付けた軍服姿であった。清水桂と清水正は同一人物であったのか、それを確認する手立てはまったくなかった。

　佳木斯特務機関が関東軍情報部（通称ハルビン特務機関）の支部として正式に創設されたのは昭和一五（一九四〇）年である。『陸軍中野学校』によると、その任務は「ハバロフスク、ビロビジャンを中心とする担当正面（東はウスリー江岸のビギン以北、西は烏雲対岸のブレーヤ河に至る間）のソ連を対象とした諜報（スパイ操縦、ソ連軍民の満内への逃亡誘致、ソ連文書の入手など）、宣伝（ラジオによる対ソ放送、伝単撒布、戦時資料の準備など）」であった。要するに、満ソの最前線で対ソ情報の蒐集にあたっていたわけである。

清水氏が撮影した偵察写真

　清水の遺したスケッチには、ウスリー江対岸のソ連の軍事施設などが詳細に描かれている。写真機による撮影ではなくスケッチという手法で適地の情況を記録したのは、例えばウスリー江の満ソ国境線は河に中間線が引かれていて、ソ連領に侵入し敵情を偵察してカメラに記録した場合、太陽が出ていればレンズに光が反射して相手に撮影ポイントがわかってしまうという恐れがあったからである。当時、日本陸軍はノクトビジョン（赤外線スコープ）が装備されておらず、写真撮影するには昼間光を利用するしか方法がなかったのだ。

　清水がジャムス特務機関の偵察部隊に配属されたのは、まさしく「精緻なスケッチ」を描けるという、その特技を買われたからだと思われる。たとえ臨時の現地採用とはいえ、第一〇師団の情報担当部門は清水の特技を評価してジャムス特務機関に推薦したわけであり、転属という方法で本人を中野出身者の一員として偵察任務に付けさせたのではなかろうか。さすがに中野学校の人選は的を射ていた。それと、写真機に代えて「スケッチ」という方法で敵情を記録させるなど、人材活用の要諦を心得ていた。実際、このスケッチを見ると、価値ある情報であることが一目瞭然であった。

ただ、清水がジャムス特務機関をいつ離れたのかはまったくわからない。また、いつ日本に帰国したのか、家族も正確には覚えていない。長女が知っている戦後の清水の経歴は「鐘淵紡績のデザイン部長を務めた後、個人事務所を開いてNHKのテレビ小説のタイトルバックや工業デザインを手がけていた」ということだけであった。

清水は、軍人恩給も受給せず、戦友との付き合いもまったくなかった。それに肉親は少なかった。ガンで病床に臥せるようになってからは、長女に少しずつ戦時中の話をすることがあったというが、満州時代についてはほとんど触れることはなかったそうだ。

「死期を悟るようになってからは、スケッチに描かれた情景を話すこともありましたが、中野学校については一切語ることはありませんでした」と長女は語る。

余談だが、清水の孫娘が一人、東京で暮らしている。彼女はデザイン会社に勤めていて、将来、祖父の生きてきた人生を調べてみたいと語っていた。

「母からも聞いていますが、ホント、祖父のことは何も知らないんです。京都の生活が長かったので、戦後は京都の古い建物を水彩画で一〇〇点余遺しています。絵はプロです。時間を作って祖父のルーツ探しを考えているんです。中野学校にも関心が向きました。記憶にあるのは穏やかなお爺ちゃん、晩年はそんな感じの人でした」

孫娘も祖父の生き方に興味津々であった。

「清水正」。果たして戸籍上の姓名は本物なのか？　家族にも軍歴を一切明かさずに逝ってしまった人物が中野学校の関係者にいた。満州時代、偵察任務以外にも、他言できない何かの任務に就いていたのだろうか。『陸軍中野学校』には「清水正」について一語も触れられていない。また「戊」の卒業名簿にも清水正の名は残されていなかった。

（二〇一〇年五月取材）

証言6　僧侶となった工作員

中野学校の卒業生らで戦後組織された「中野校友会」は、平成一八（二〇〇六）年四月、会員の老齢化と物故者が多くなってきたことなどが理由で、四二年余の活動に幕を閉じた。校友会が全国組織として発足した昭和三九（一九六四）年には一八〇〇余人の会員がいたが、平成一八年には五〇〇余人に減っていた。余生を送る卒業生たちの平均年齢は八四歳。そして、彼らはそれぞれの地で悠々自適の生活を送る者、闘病生活を送る者など、その生き方はさまざまであった。また、卒業生の中には「中野時代」について文章で遺す人もいた。そして平成二一（二〇〇九）年の晩秋、その中の一人から「ある人物を調べると意外な事実がわかるかもしれない」という連絡が入った。ある人物とは「三丙」出身の小田正身という元大尉である。

しかし小田は平成八（一九九六）年四月一日に亡くなっていた。享年八一、職業は僧侶。天台宗の遊行僧として戦後を生きてきた。最後に勤めた寺は栃木県今市《いまいち》の僻村にある実厳寺であった。僧侶として生きてきた小田は、中野学校の経歴について終戦を境に自ら封じていた。私が実厳寺を訪ねた時は亡くなってから一四年の月日が経っていた。二月、寺を囲む山々の樹木は氷結していた。

この寺を探すまで三カ月の時間を要していた。

小田の生き方に関心をもった理由は、その経歴にあった。大正大学予科を卒業して僧籍を得ていた彼が、なぜ中野学校に入校したのか。

以下にあげる小田の履歴は、小田の弟子で遺品を託された、後述する菅原道陽尼の許可を得て掲示した。


大正四（一九一五）年一一月、鹿児島生まれ。

昭和一六（一九四一）年九月、中野学校入校。

昭和一七（一九四二）年一一月、卒業（三丙）。

昭和一八（一九四三）年一月、南方軍総司令部（シンガポール）別班に配属（少尉）される。

同年三月、タイ国派遣警備司令部参謀部に転属となる（楠本機関の長として楠本明の変名を使う）。

昭和一九（一九四四）年一月、タイ駐屯軍司令部（バンコク）参謀部にて引き続き楠本機関長を命ぜられる（中尉）。

同年一二月、改編された第三九軍でも楠本機関長を命ぜられる（大尉）。

昭和二〇（一九四五）年七月、第一八方面軍（軍司令官・中村明人中将）参謀部諜報班長。

同年八月、現地にて終戦。

昭和二一（一九四六）年五月、郷里鹿児島に復員。


小田が大学予科を卒業したのは昭和一〇（一九三五）年三月。卒業後は出身地の鹿児島で天台宗の僧侶としての修行を積んでいたようだが、戦前はサラリーマンとしての生活体験はなかったようだ。修行の期間は約四年間であった。中野学校への推薦は幹部候補生として学んでいた昭和一四（一九三九）年で、得意の科目は語学、特にタイ語に関心があったという。

中野学校を卒業して最初に派遣されたのは、タイ、ビルマ、インドシナ半島、フィリピンを戦域として編制された南方総軍で、三カ月後にはタイ国のバンコクに置かれた警備司令部で諜報任務に就いている。具体的な活動は謀略工作で、現地では「楠本機関」という謀略組織の責任者になっていた。そして身分は陸軍の御用商社「昭和通商」（以下、昭通と略す）バンコク支店の総務部長として楠本明を名乗り、阿片と関連した工作に従事していた。阿片と関わった期間は約二年間であった。

中野学校出身者といえば、タイ国のシンゴラには、士官学校を卒業して中野に入学した二甲出身の土持則正《つちもちのりまさ》大尉が、開戦前から身分を偽偏して「大南公司」の社員として勤務していた。玉居子精宏《たまいこあきひろ》『大川周明《しゅうめい》アジア独立の夢』（平凡社新書）には「大南公司に中野学校出身者の土持正則大尉は入社し、林静胡という偽名でシンゴラ支店に赴任した。周囲で彼の素性を知るものはほとんどいなかったという」と記しているが、土持がいつ頃からシンゴラ支店に勤務したのかは記述されていない。土持は二甲学生として昭和一六年二月に中野学校に入校し五月に卒業という促成の教育を受けて、タイ国に赴任していた。

三丙出身の小田氏
（亡くなる２年前に撮影）

バンコクでは開戦前から活発な情報活動が繰

り広げられていた。

大使館、海軍武官室の協力のほかに、民間商社側の昭和通商、大南公司、日高洋行等の社員たちが積極的に田村武官の手足となり、商用に名をかりて各地に飛んでは兵要地誌作成その他の諜報工作に役立ってくれ、田村大佐はこれら官民一体の下に、着々と工作の成果をあげつつあった。

（鈴木泰輔『日本の秘密戦—風雲のバンコック』）

田村武官とは、在タイ国大使館付陸軍武官の田村浩大佐（二八期）のことで、開戦前から駐在武官としてバンコクに赴任し、陸軍きっての南方通といわれた軍人である。開戦前に武官室に勤務していた中野学校卒業生は、一乙短出身の中嶋史男《ふみお》少尉と中野学校で南方事情を講義していた武官補佐官飯野武雄少佐の二人であった。

昭通が設立されたのは、中野学校が創設されてから一年後、昭和一四（一九三九）年四月であった。戦後、この昭通におけるアンダーグラウンドの仕事について初めて証言したのは、政財界のフィクサーなどと呼ばれた児玉誉士夫である。彼は戦犯時代、GHQの尋問に対し昭通の阿片取引について証言していた（昭和通商については第五章で詳述）。

問　あなたはこの会社がヘロインを南方との取引に使ったことを知っていますか。

答　知っています。

問　そのヘロインが何とバーターされたか知っていますか。

答　タングステンだったと思います。

証言は、「読売新聞」（一九七六年四月二五日朝刊）より抜粋したものである。尋問したのが米国人将校だったので「阿片」を「ヘロイン」と訳したのであろう。この証言はほんの一部だが、海軍の裏仕事を請け負っていた児玉は、物資の買い付けでバンコクにもよく顔を出していた。

小田と楠本機関について、『陸軍中野学校』には「諜報は小田少尉《ママ》が主任となり、大川塾出身者をもって楠本機関を編成し、司令部外で任務を遂行した」と記されているに過ぎない。

大川塾とは、右翼理論家として陸軍青年将校たちの信望を集めていた大川周明が作った私塾で、正式には満鉄東亜経済調査局付属研究所と呼ばれていた。塾に金を出したのは満鉄と参謀本部、それに外務省の三者で、月額の運営費は一五万円であった。設立されたのは昭和一三（一九三八）年五月である。大川塾では、東南アジアで働く青年の語学教育を行なっていたが、特にタイ語、ヒンズー語、マレー語の教育に力を入れていた。

大川塾出身者は、楠本機関では通訳とタイ国政府に出入りする外国武官の動向視察が主な仕事であった。いわば、小田大尉の情報収集要員として働いていたわけだ。この大川塾、世間では「スパイ養成学校」などと不審の目を向けられていたが、前掲『大川周明アジア独立の夢』によると、大川塾は語学教育を重視しアジア開放の防人を養成する学校とされている。

同書では「通常の講義では異邦に渡ることを前提として英語、フランス語、トルコ語、ペルシャ語など語学を徹底的に学ばせた。卒業後の派遣国・地域は現在のタイ、ベトナム、ミャンマー、シンガポール、インドネシア、スリランカなどに及んでいた」と、習得する言葉と卒業後の派遣国などを紹介している。大川塾出身者の派遣国は、太平洋戦争で陸軍が進出した戦域と重なった。卒業生は、いわば語学を武器にアジア開放の尖兵となったエリートたちであった。

大川塾卒業生を使っていた小田少尉の諜報任務について、『陸軍中野学校』は「司令部外」とだけ記述し、楠本機関の実態については触れていない。差し障りがあってのことだろう。とはいえ、小田が昭通で行っていた仕事は阿片売買に関する指示、命令であり、バンコク支店では陸軍暗号「大八州《オオヤシマ》」を使って東京本社と取引に関する連絡を行っていた。

楠本機関は、タイ国駐屯軍が第三九軍に改編され、さらに終戦一カ月前、第一八方面軍（軍司令官・中村明人《あけと》中将・陸士二二期）に改編された後も、引き続き方面軍で諜報任務に就いていた。そして小田の本務も変わらず阿片の調達であった。その阿片取引で得た収益は、軍需物資購入の決済資金および現地での謀略工作の資金として使われていたようだ。

戦後の小田の消息については同期生もほとんど知らなかったが、後輩である五丙出身の土屋四郎から「関東の寺で僧侶になっているらしい」という情報がもたらされ、それで実厳寺を探し当てることができたのである。

小田の「戦後の生き方」とは、何であったのか。

本堂の奥の居間に招じてくれたのは、前出の菅原道陽尼であった。

「ここは小さな庵です。お尋ねの実厳寺はこの寺で、小田先生のことは私がよく知っております。亡くなったのもここでしたから。ここに開山した時に初代住職として小田先生が寺名を付けられましたが、亡くなってからは現在の寺号（等泉寺）に変えました。先生が亡くなったのは一四年前の平成八（一九九六）年四月一日で、病名は肺ガンでした」

私は、ここに辿り着くまでの小田の遊行僧としての足跡を道陽尼に説明した。

昭和四九年（一九七四年）京都の円満院で僧籍に復帰（天台宗）。翌年、輪番として三重県津市の本願寺住職。昭和五三（一九七八）年、福島県南会津本郷町、正厳寺住職。昭和五六（一九八一）年、静岡県東伊豆町、円満院関東別院住職。以後、輪番として三～五年の任期で各地の天台宗の寺を遊行。

輪番とは自坊を持たず本山から派遣される僧侶のことで、小田は大津の門跡寺円満院から任地の寺を指定されていた。

「小田先生はご自分のご経歴をあまり話さない方でした。輪番とはいえ、各地のこれだけの寺を遊行されるのは、お齢をとってからはご苦労なさったと思います。それと、戦時中は陸軍の中野学校という特殊な学校、今の言葉では『スパイ・アカデミー』とでも言うんですか、その学校を卒業なさって外地で活躍されたらしいんですが、どんなお仕事をなさっていたのか詳しいことは、一切お話しされませんでした。本堂には二つの位牌がありまして、先生は毎日御供養なさっていました」

道陽尼は、小田からバンコク時代のことは何も聞かされていなかった。

小田がこの寺に輪番として赴任して来たのは平成六（一九九四）年七月であった。前任地の関東別院を去ったのが昭和六二（一九八七）年九月。ここに来るまでには空白の七年間の時間がある。どこで何をしていたのか。残念ながら今回の取材期間では、その空白の時間を埋めることはできなかった。

「それと、先生が一度、戦後に起こった政治的な事件の『下山《しもやま》事件』について、私に聞かれたことがあるんです。今でも、覚えています。『あなたは、下山事件の犯人は誰だと考えますか』、そんな質問でした。私は皆目見当がつかないので、その時はわかりませんとお答えしたんです」

道陽尼が小田から妙な質問をされたのは、亡くなる一年前であったという。だが、同じ質問は二度となかったそうだ。

小田正身は、昭和二四（一九四九）年に郷里の鹿児島で旧軍人の身分を「追放解除」になっており、その後知人の紹介で和歌山の会社に二年ほど務めた後、僧籍に復帰した。それから亡くなるまで、空白の七年間を除いて天台宗の輪番住職として各地の寺を廻ってきた。前出の土屋がいみじくも語っていた。

「卒業生には珍しく小田さんは戦後、僧侶になった人でした」

小田はなぜ僧侶となったのか、その足跡を取材してみても皆目見当がつかなかった。

二つの位牌

私は、その答えがひょっとすると本堂に置かれた位牌に隠されているのではと考え、道陽尼に位牌を見せてくれるよう頼んだ。本堂には「陸軍中野学校関係者諸英霊位」と彫られた位牌と「十八会関係戦没者諸英霊位」と彫られた二つの位牌が安置されていた。

小田が戦没者を慰霊していたことには、僧侶としての慰霊とはまた違った意味があったのであろう。かつて己も卒業生の一人として従事した外地での生死を賭した謀略工作の中で亡くなった中野学校の仲間、そして第一八方面軍で亡くなった戦友。位牌の「十八会」とは第一八方面軍を意味したものなのであろう。二つの位牌は小田にとっての戦後の意味を示唆しているのではないか。すなわち、小田が戦後、再び僧籍を得て輪番住職として生きたのは、戦友の慰霊と本人自身の解脱が理由であったのではあるまいか。

残念ながら位牌の基部の部分にも、小田のメッセージが記されたメモなどは隠されていなかった。庵を訪ねてから三時間が経過していた。山の夕暮れは早い。外は雪に変わり、本堂はぐっと冷え込んできた。

今回の取材行では、中野学校の卒業生である元情報将校、小田の戦後史と昭通時代の阿片工作の実態を追った。しかし、既に亡くなっている小田から生の声を聞くことは叶わない。

小田の葬儀はごく身近な近親者だけで営まれたが、三丙の仲間は数人が告別式に参列したという。戦後のわずかな期間、仲間と校友会の会合で会うこともあったようだが、昭和四〇年後半頃からは仲間とも会う機会が途切れて、僧侶の道を歩んだ小田正身。その胸中を推し量れば陸軍中野学校関係者諸英霊位の位牌に、すべてが込められているような気がする。中野学校の戦死、刑死、行方不明者の総数は六六九名であった。


（二〇一〇年二月取材）

証言7　コードネーム「A3」

私が佐藤正の存在を知ったのは、長女からの一通の手紙であった。

「何冊か、先生の中野の本を読ませていただきました。私の父は中野学校を卒業したようなんですが、記憶が断片的で満州時代のことがはっきりしないんです。機会があれば、一度こちらに来て父を取材していただけませんか。娘として、父の過去を知っておきたいんです」

消印は、北海道の旭川となっていた。中野学校の取材を始めてからというもの、出版社を通じて未知の人からの手紙が筆者宛てに何通も転送されてくるようになっていた。

私は、彼女の手紙に記された「暗号名A3」という文字が気にかかり、電話で確認してみた。

「父の口からその符牒をよく聞かされるんですが、意味がまったくわからないんです」

父親は八八歳になるという。八〇代を過ぎ人生の終章を迎える歳になった人物が、家人に戦争体験を話し始めたという。

本人を取材することにしたのは、中野学校と満州という組み合わせ、それに「A3」という暗号が頭に引っ掛かったからであった。

私が資料持参で旭川を訪ねたのは、平成二二（二〇一〇）年四月。空港を出ると残雪がいたるところに山となっていて、寒風が身を刺した。この季節の気温は日中でも八度を超えないそうだ。市内に自宅がある佐藤だが、取材は宿泊先のホテルのカフェテリアで行うことになった。約束の時間、娘に手を引かれて、黒ぶちの眼鏡をかけた佐藤がやってきた。フード付の厚手のコートを娘に渡すと、ゆっくりと椅子に腰を下ろした。右足が不自由のようであった。取材は雑談から始まった。

佐藤が初めて戦争と向き合ったのは（戦場ではなく学校で）、七〇年前、一八歳の時であった。彼にとって戦争体験とはいかなるものであったのか。

私はこれまで五〇人以上の中野学校卒業生の証言を採ってきたが、佐藤の口が重いことが気になっていた。まず、記憶にインプットされている情報を、当人の口から語ってもらうことにした。

「この満州の地図、おわかりですか。私が、奉天（現在の遼寧省瀋陽）の特務機関に勤務した時、工作員として諜報活動をするために移動した場所を示した地図なんです」

佐藤は、持参した地図をテーブルの上に広げて話し始めた。地図に記されているいくつかの地名には、マーキングが施されていた。父親の話に出てきた地名を、娘が聞き取ってマーキングしたという。遼東《りょうとう》半島最南端の旅順から、北は満ソ国境の町黒河（ブラゴウェ・チェンスク）、西はシベリ

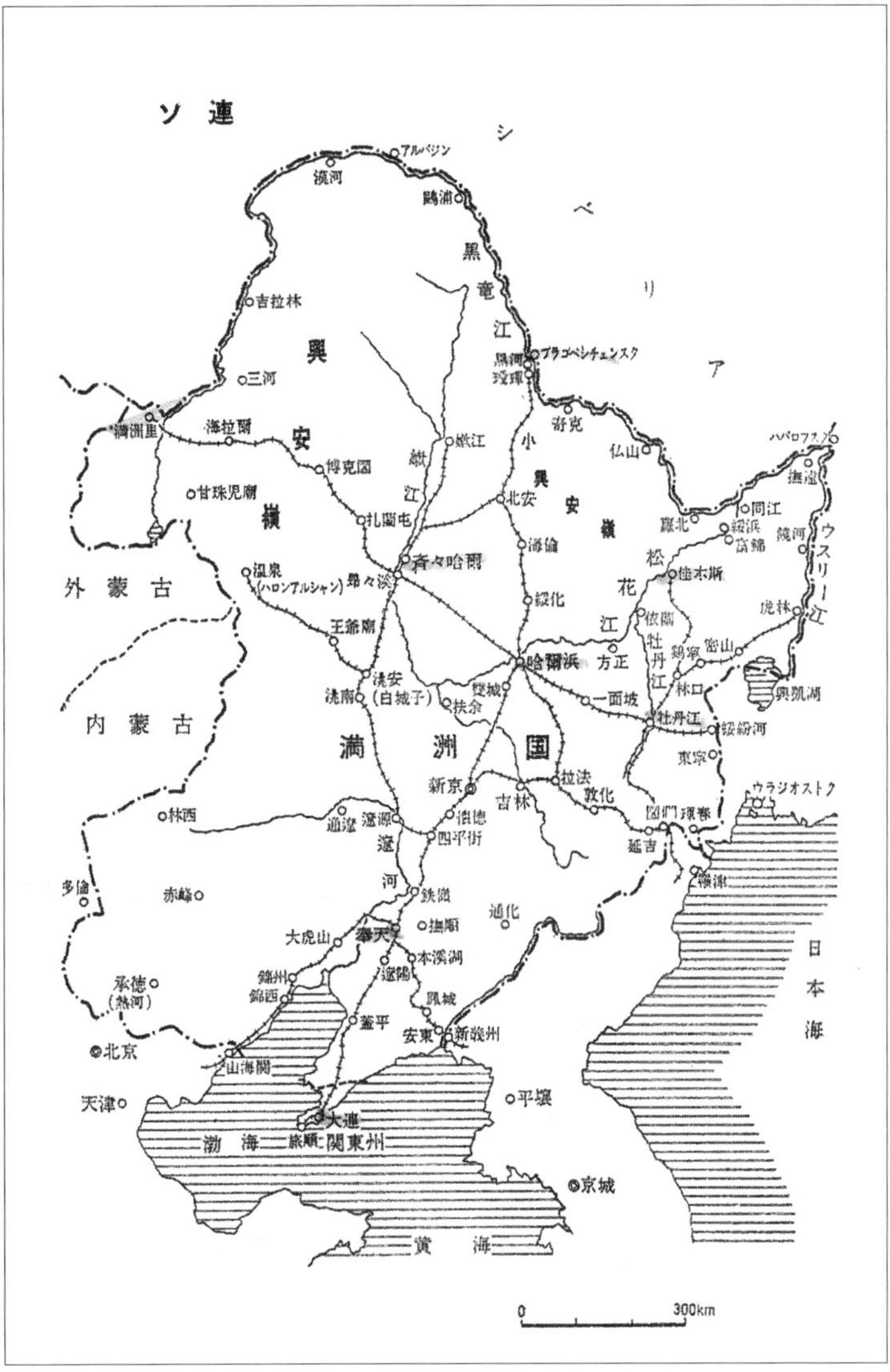
ソ連
シベリア
外蒙古
内蒙古
満洲国
興安嶺
小興安嶺
黒竜江
嫩江
松花江
牡丹江
遼河
ウスリー江
日本海
渤海
黄海
関東州
アルバジン
漠河
吉拉林
三河
満洲里
海拉爾
博克図
甘珠児廟
扎蘭屯
嫩江
北安
斉々哈爾
昂々渓
温泉
(ハロンアルシャン)
王爺廟
洮安
(白城子)
洮南
扶余
哈爾浜
綏化
方正
一面坡
佳木斯
依蘭
虎林
密山
鶏寧
林口
興凱湖
牡丹江
綏芬河
東寧
ウラジオストク
ハバロフスク
同江
富錦
饒河
黒河
瑷琿
ブラゴベシチェンスク
遜克
仏山
新京
吉林
拉法
敦化
図們
延吉
琿春
羅津
四平街
通遼
遼源
林西
多倫
赤峰
鉄嶺
撫順
奉天
通化
本渓湖
大虎山
錦州
錦西
遼陽
鳳城
蓋平
安東
新義州
承徳
(熱河)
北京
山海関
天津
大連
旅順
平壌
京城
0
300km

満洲全域図

ア鉄道支線の乗換駅満州里、東はアムール鉄道の沿線の町ビギンまで示されていて、地図で見る限り佐藤の諜報活動は全満州に及んでいたようだ。

「あなた、斎藤さんでしたか、奉天に予備士官学校があったことをご存知か」

突然の質問に慌ててしまった。話し始めると口が滑らかになり、こちらが気にするほどのこともなく安堵したが、その問いかけには即答できなかった。奉天にも予備士があったのか？

「予備士官学校というと内地の学校と思い込みがちですが、満州にもあったんです。私は、そこを昭和一六（一九四一）年に卒業して関東軍に配属されたんです（帰京後に調べてみると、奉天予備士官学校は一九四〇年五月から四一年八月まで存在し、その後学校は内地に移転して久留米第一予備士官学校に改編されていた）」

佐藤が取材前に答えを準備していたとは思えないが、昭和一六年という予備士の卒業年次が気になったので、改めて年齢を確認してみた。

「私は大正一二（一九二三）年九月生まれで、今年八八になります。出身は最近、世界遺産に登録された岩手県の平泉なんです。予備士に入学したのは数えの二〇歳でした。一月に入学して卒業は八月。短期教育でした。階級は予備士官ですから陸軍曹長でした」

指折り年数を数える佐藤の表情は険しくなってきた。自分の経歴に疑問を持ったのではないかと、私の心のうちを詮索したようだ。

佐藤の表情を読み取って慌てて彼の疑念を打ち消したが、予備士に入学した年齢が数えの二〇歳であるという証言に、疑問が払底しなかった。生年を間違っているのではないか（後に疑問は氷解するが）。

しかし、佐藤の記憶の確かさに驚いたことを正直に伝えた。

「記憶の曖昧さもあるかも知れませんが、娘に話したことを箇条書きにして、こうして話しているんです。あなたに経歴を詐称しても、意味のないことですよ。こちらの真意をご理解いただけますか」

私は肯いた。佐藤は機嫌を直して中野学校との関係を語り始めた。

「関東軍に二年ほど在席している時に、上官から『貴様、東京の中野学校に入校せよとの命令が出たぞ』って、申し渡されたんです。時期は昭和一八（一九四三）年の年末でした。中野学校については、関東軍時代に少しは聞かされていました。実戦に役立つ諜報員を養成する学校だということを。入学指定日は一月一五日。私は背広を着て身支度もそこそこに、大連から郵船の船に乗り神戸経由で上京しました。満州から入校したのは、私一人でした」

佐藤は、現役将校の身分で中野学校に入校している。階級は少尉であった。

入校時の期別について質問した。

「確か、六丙だったはずです。同期生は私を除いて全員、学卒か内地の予備士を出た者ばかりで、外地出身者は私一人でした」

六丙出身者を取材するのは初めてである。入学は昭和一九（一九四四）年一月で、卒業は九月になっている。

「私は関東軍の新品少尉でしたが、現役だった約三年間の間にロシア語と支那語を学んでいたので、中野では語学よりも諜報関係の実務を主に勉強させられました。諜報、謀略、宣伝を活用した情報工作のノウハウです。卒業すると関東軍に帰任しました」

奉天の予備士官学校を卒業すると関東軍に配属された、と佐藤は証言している。関東軍では、どこの部署に配属されたのか。

「新京（現在の吉林省長春）にあった関東軍司令部の参謀部第二課。情報部門でしたが、やらされた仕事は最初、書類整理と電話番でした。第二課は全満州の軍情、民情が集まるところで情報収集の要になっていた部署なんです。それと別系統に情報本部がハルビンに置かれていました」

昭和一九年当時の関東軍の情報組織である関東軍参謀部第二課は、参謀室と庶務班・軍政班・内情班・兵要地誌班・気象班・国際情報班・防諜班・特殊器材班という一室、八班で編成されていた（西原征夫『全記録・ハルビン特務機関関東軍情報部の軌跡』毎日新聞社）。参謀部には二乙短出身の中村十一も勤務している。

佐藤は、第二課の庶務班に配属されたようだ。私は持参した史料を佐藤の証言とつき合せながら取材を進めていった。断片的な記憶と聞かされていたが、インプットされていた記憶は正確であった。関東軍参謀部第二課とハルビンの情報本部を区別して話せるなど、こちらがびっくりするほどの記憶力であった。

話は、続いて奉天特務機関（以降、特機と称す）の時代になった。

「新京に帰任すると、すぐ奉天勤務が命ぜられたんです。ここはハルビン情報本部直属の特務機関で、私は参謀部から情報本部に勤務を配置換えされたわけです。昭和一九年の一〇月でした。この季節、満州は冬支度に入って奉天も夜になるとマイナスの気温になります。主任（大尉）から命ぜられたのは『満鉄職員に偽偏して対ソ情報の収集及び抗日勢力の実態把握』でした」

機関長の名を覚えているだろうか。

「確か機関長は久保少将だったと思います」

記憶していた機関長を史料で当たってみた。昭和一九年一〇月当時の機関長は陸士三一期の久保宗治少将で間違いはなかった。久保の在任期間は一九四四年一〇月～四五年七月。戦後はシベリアに抑留されていた。奉天特機に中野出身者が初めて赴任したのは昭和一六年四月で、一乙短を卒業した佐藤久憲少尉と一丙を卒業した前野裕軍曹の二人であったが『陸軍中野学校』に佐藤正の名は載っていない。奉天特機は昭和一九年の秋になると任務が縮小されて、中野出身者も他の機関に転出するものが多くなってきた。佐藤も、その一人であったのだろう。

地図に示された地名について質問してみた。佐藤が情報を得るために動いた場所は、ほぼ全満州に及んでいると記したが、それは関東軍情報本部（最後の本部長は中野学校の創立者・秋草俊少将）が設けたネットワークである支部機関一六カ所のうち八カ所（大連、奉天、ハルビン、牡丹江、佳木斯、黒河、チチハル、満州里）に上る。

情報本部の組織は、第一班（総務、総合情報）、第二班（文諜）、第三班（白系指導）、第四班（諜報、謀略、資材）、第五班（防諜）、第六班（宣伝）、露語教育隊、ハルビン保護院、特務隊、通信隊、遊撃隊、といった編成になっていた（前掲書より引用）。

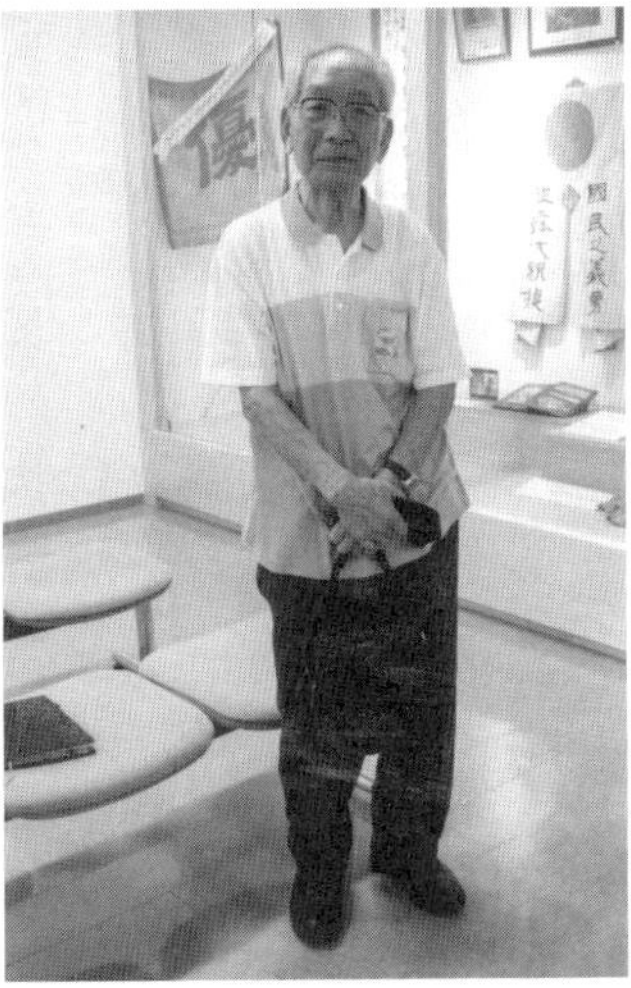
佐藤正氏

「私に与えられた暗号名は『A3』という符牒でした」

「A3」とは、諜報員佐藤のコード名だったのだ。では、このコード名は、どこで誰が佐藤に与えたものなのか。

「奉天を出発する時に情報参謀が付けたものですが、この符牒を使うのは緊急時以外禁じられていたので、使うことはほとんどありませんでしたが、一度だけ使う必要が生じました。ハルビンのキタイスカヤ、ここは白系露人が多く住む街ですが、私はそこで手なずけていたロシア人から情報を得ていたんです。そしてある時、そのロシア人と接触した際に手帳にメモしたんですが、現場を憲兵に見つかってしまいました。これは失敗でした。現場でメモることはタブーなんです。しかも支那服を着ていたので怪しい奴だと誰何《すいか》され、憲兵分所に引っ張られて相当ヤキを入れられました。その時の傷が今も残っていて、右足が少し不自由なんです。全裸で身体検査をされましたが、所持品の中に満鉄の名刺とブローニングの小型があったので、ますます怪しい奴だと睨まれたんです。名刺は偽名で伊藤正を使っていました」

ホテルに入ってくる時に、佐藤が右足を引きずっていたのはその時の後遺症であった。傍らで熱心にメモを取っていた娘は手を止めた。

「父が口にしていた『A3』の意味が、よくわかりました。父がそんな危険な任務についていたなんて、初めて知りました」

佐藤は拷問に耐えられず、任務を告白してしまったのだろうか。

「取調べの憲兵には話しませんでしたが、隊長を呼んでもらい私の身分照会を奉天に頼んだんです。その時、初めて『A3』を使いました。誤解が解けたとはいえ、あの時は拷問死も覚悟したほどでした」

そう語るとズボンをたくし上げて傷口を見せてくれた。右足のふくらはぎの辺りに長さ一五センチほどの裂傷が残っていた。

終戦までの約一一カ月、佐藤は満州各地を転々として情報収集に励んでいたが、ソ連侵攻の情報を得ると急遽ハルビンから満鉄を利用して、奉天に戻ったという。

「終戦は奉天でした。特務機関に勤務していたことは一切明かさずに、名前も伊藤正のままで満鉄新京総局の職員の身分証明書を偽造してもらい、それを使って民間人に混じってコロ島から帰国しました。昭和二一（一九四六）年の一〇月でした」

「移動工作員」とでも言うのだろうか、中野学校の出身者に佐藤のような経歴を持ち合せた人物がいたことに、私は驚いてしまった。

しかし、帰国後の佐藤を待ち受けていた難題は「戸籍の復活」であった。

「博多に上陸すると、向かった先は婚約者が住む埼玉の秩父でした。相手の両親も帰国を喜んでくれて、早速祝言《しゅうげん》を挙げるから戸籍を用意してくれと頼まれまして、困ったんです。戸籍は消されているのでなかなか復活できそうもない。窮余の策を考えました。札幌に奉天の同期生がいるので、彼に頼んで保証人になってもらい、何とか札幌で戸籍を復活することができました。新戸籍には少し手を入れましたが。それ以来、北海道が私の故里《ふるさと》になりました。結婚式は秩父で挙げましたが、家内と早々に札幌に移って、農業組合でサラリーマン生活を始めたんです。何とか、定年まで勤めさせてもらいました」

佐藤の戸籍は戦後、新編成して作ったものだという。その際に、出生年も変えてしまったようだ。八八歳になる佐藤は退職後、中国東北地区を一六回も訪ねているという。目的は何なのか。「奉天時代に世話になった中国人がいまして、彼を通じてほんの少し、日中友好の真似事をさせてもらっています。それは、日本留学を希望する青年の身元保証と生活保障をすることなんです。自宅にも今まで五人の青年を預かってきました」

佐藤は自費でボランティア活動をしてきたと語るが、世話になった相手の中国人には恩義を感じていることが想像できた。佐藤が初めて中国を訪れたのは、今から二五年前、瀋陽であったが、相手の中国人は大学病院で、医師を勤めていたという。

恩義について佐藤は「私の命を救ってくれた中国人なんです」と語るだけで、それ以上のことは話してくれなかった。取材中、言葉を濁したのは「中国人との関係」だけであった。最後に、私の取材を了解してくれた理由を質してみた。

「娘が、私の軍歴に興味を持ちまして、厚労省援護局の資料を保管する道庁の援護課でいろいろ調べてくれたんですが、中野時代のことはわからなかったようです。諦めかけていた時に、あなたの御本（『陸軍中野学校極秘計画』）を娘が本屋さんで見つけて、あなたに連絡したというわけです。最初、取材は断ろうと思いましたが、娘が熱心に勧めるので、それで会うことにしたんです」

佐藤の証言は、三時間を超えていた。取材は資料を照合しながらの手間のかかる作業になったが、証言内容は驚くことの連続であった。私の造語である「移動諜報員」。このような中野出身者がいたことに、改めて中野学校の凄さを思い知らされた今回の取材行であった。


（二〇一〇年四月取材）

証言8　シベリアに抑留された三丙出身者

まず、証言者の江田三雄の経歴を示しておく。

大正六（一九一七）年五月生まれ、鹿児島県出身。鹿児島県師範学校本科第一部入学、鹿児島県立第一中学校（現県立鶴丸高等学校）卒業、中央気象台付属気象技術官養成所（現気象庁付属気象大学校）入所。

「私が養成所を卒業したのは、昭和一一（一九三六）年一九歳の時です。はっきり覚えているのは、その年に二・二六事件が起きたからなんです。寮生活でしたが、卒業後は中央気象台に気象技術官技手として勤務しました」

中野学校との関係はどのようにして始まったのだろうか。

「五年ほど勤めたある日、寮長さんから呼び出しがかかったんです。事務所に行ったら別室に背広を着た二人の男が待機していて、いきなり『君は明日から軍の学校に入ることになった。役所（筆者注：文部省）には連絡済みなので心配はない。集合場所は国電中野駅改札。時間は午前九時』と告げられました。突然のことなのでびっくりしました。どんな学校なのか、説明は一切ありませんでした」

江田三雄氏

江田が指名された理由は、気象台に勤務して五年というキャリアと彼の年齢にあったのだろう。それにしても、有無を言わせぬ選抜であった。

一九歳で養成所を卒業し気象台に五年勤めていた江田は、その時二三歳になっていた。

「大東亜戦争が始まる四カ月前でした。期は三丙です」

『陸軍中野学校』によれば「三丙」の入校日は昭和一六（一九四一）年九月一日、卒業は昭和一七（一九四二）年一一月。教育期間は特別長期の一年三カ月であった。

「学校では北方班に席がありました。学生は五〇名以上いたと思いますが、正確な数は忘れました（卒業生は七四名）。班は他に南方と支那の二班があり、カリキュラムはかなり高度なもので、私がいちばん関心を持った学科は気象学でした。気象台

佳木斯の街並み

の延長のようなものでしたから、関心が深かったんですな。それと術科では柔剣道に拳銃射撃までさせられましたが、術科は苦手でした。語学はロシア語でした」

江田が中野学校を卒業した年は、太平洋戦争が始まって一年余。五カ月前には、日米戦の天王山といわれたミッドウェイ海戦で帝国海軍は敗北していた。他方、中国大陸では当初、支那派遣軍が関東軍の一部兵力を抽出し蒋介石の国民党政府が拠点にしていた重慶を攻略する五一号作戦と呼ばれる作戦が構想されていたが、この作戦は南方戦局の悪化に伴い途中で中止されている。

「卒業と同時に配属されたのは新京（満州国の国都）の関東軍司令部で、任地がハルビンの関東軍情報部（ハルビン特務機関）であることを告げられました。大尉で着任すると、最終の任地がハルビンよりさらに北に位置する佳木斯《ジャムス》という、ソ満国境近くの情報部の支部でした。部員は機関長（小堀見大佐）以下三〇名で、私は情報主任を任じられました」

昭和一七年当時、関東軍情報部はハルビンに本部を置き、全満州をカバーする情報ネットワークを構築していた。そのネットワークは、江田が配属されたジャムス以外に牡丹江、間島、雛寧、東安、黒河、海拉爾、満州里、三河、興安、チチハル、奉天、大連、通化、承徳、アパカなど、一五カ所に及んだ。

ジャムス特務機関について『陸軍中野学校』では次のように説明している。

部隊称号は『関東軍情報部佳木斯支部』といい、関東軍の作戦指導に必要な情報蒐集が主な任務であった。その業務は、ハバロスク、ピロビジャンを中心とする担当正面（東はウスリー江岸のビギン以北、西は烏雲《ウユン》対岸のプレーヤ河に至る間）のソ連を対象とした諜報（スパイ操縦、ソ連軍民の満内への逃亡誘致、ソ連文書入手など）、宣伝（ラジオによる対ソ放送）、伝単（宣伝ビラの配布、戦時資料の準備等）、謀略、防諜などの秘密戦部門から、在満の民族（白系ロシア人、オロチョン族、ロータース族など）の指導、さらには満州国地方行政機関の内面指導、満内各種情報の蒐集、民族把握のための宣撫的工作、事件発生のための現地兵団、満州国軍への協力などといったように、広範多岐にわたる複雑なものであった。

このような複雑な環境下に置かれたジャムスに、江田はいつ到着したのか。

「はっきりと覚えています。ジャムスに着いたのは一一月二八日（昭和一七年）でした。晩秋とはいっても、北満の寒さは半端じゃありません。屋外の気温は夜間になるとマイナス一五度にも下がるんです。習慣で、私はいつも、胸のポケットに寒暖計を入れておりました」

ジャムスは中国東北部に位置し、満州国時代は三江省の省都であり、ソ連領までわずか七〇キロという国境の街でもあった。国境河川は黒龍江《ヘイロンジャン》（ロシア名アムール川）だ。

「ソ連領に最も接近していた現地でしたから、対ソ情報の入手が最重要の仕事でした。現地には定住している白系ロシア人、シナ人、朝鮮人が多く住んでいて、彼らは日常生活の中でアムール川を越えてソ連領と簡単に往来できるんです。そんな連中を金や物で買収して、ソ連の軍事施設や兵器の種類、飛行場の規模、兵員の数などを調べて報告させていたんです。それと、防諜工作でした」

現地人を買収してソ連の情報を入手していたと江田は語るが、彼らの情報をどのように吟味したのであろうか。

「それなんですが、買収した現地人の中には日本側だけでなくソ連やパーロ（中国共産党八路軍）とも取引をして日本軍の情報を流している者もいました。二重諜者ですよ。なので、我々は複数の協力者が持ってきた同じ情報をダブルチェックし、その信憑性を確認していたんです。それでも、防諜工作は成功していたとはいい難いですな」

情報主任として江田が佳木斯特務機関に勤務したのは、二年九カ月であった。

終戦はどこで迎えたのか。

「ソ連極東軍がジャムスに侵攻してきたのは、確か昭和二〇（一九四五）年八月九日の未明だったと記憶しています。当時、情報班には中野出身者と属官が一〇余名配属されていました（菅嘉隆、山室栄助〔ロシア語通訳〕、横山博中尉、駒井良正曹長、戸倉曹長、田幡総一伍長、加藤修〔中国語通訳〕、飯野忠臣〔ロシア語通訳〕、清水圭、鈴木鎮美、床那部正、川畑柔など）」

この一二人の中に「清水圭」がいるが、この人物が証言5で取材した「清水正」と同一人物との確証はない。だが、清水正がジャムスで偵察活動を行っていたことは、まず間違いあるまい。

「ソ連軍の攻撃の予兆は、数日前から軍用通信の交信を傍受していたので、わかっていました。私たちが最初にやったことは機関長（最後の機関長、川西太郎中佐）の命令で重要書類を焼却することでした。現地の部隊は日ソ開戦後に組織が変えられて、ジャムス特機も『警備隊』という名称に変わりました（昭和二〇年八月に関東軍特設警備隊に改編）。私は、命令で九月まで現地に残留していましたが、その後は部隊を離脱して日本人避難者の群れに紛れ込んで徒歩で新京に向かったんです。逃避行は続きました。ソ連軍に捕まったのは、町の名前は思い出せないんですが、朝鮮との国境近くの町で対岸は羅津《ラソン》市でした」

江田は羅津の地名は覚えていた。新京経由で羅津の対岸まで逃避行を続けたとなれば、その距離はおよそ一一〇〇キロ。逮捕時の状況はどうであったのか。

「相手は、私の身分を知っていました。取り調べたのは軍ではなくNKVDの政治将校でした。調べの時『お前は日本のスパイ組織の一員だ』と、恫喝したんです。しかし、死を覚悟したという緊張感はそれほどありませんでした。それと、相手は『スパイ』とはいうものの、中野学校のことは知りませんでしたね。もし、わかっていたら、これだったでしょう（首に手刀を当てる）。それよりも『お前は軍事捕虜としてハバロスクに送る』と宣告されたことです。即決でした」

この時から、江田三雄のシベリア抑留を皮切りとした戦後史が始まった。『陸軍中野学校』には捕虜の処遇が記されている。

満州各地に進駐したソ連軍の憲兵および情報機関によって、日本側の軍、官、警の情報勤務者は相次いで逮捕され、いち早くチタ、ブラゴベンチェンスク、ハバロフスク、ウオロシーロフなどの地域に護送集結させられた。この中に中野出身者が多数含まれていた。

江田も、その多数の中の一人であった。

ハバロフスクに送られた江田は、シベリア時代を次のように回想する。

「ハバロフスクから始まった抑留生活は、一一年間にも及びました。最初の頃は軍事捕虜というのでハバロフスクで正式の裁判にかけられると思っていました。しかし、裁判はなかったんです。シベリア鉄道の貨車に乗せられてハバロフスクから次に送られたのは、テルマというところでした。そこには二年間いました。次はシベリア鉄道と平行して敷かれたバム鉄道の駅ウルガルから二〇〇キロも奥地に作られたウルガル収容所でした。そこで三年間過ごし、最後の収容所はバイカル湖の北方に作られていた規模が大きいタイシェット収容所でした。タイシェットには六年間も収容されていたんです。捕虜に課せられた仕事は、伐採、穴掘り、鉄道建設などの重労働でした。これは、紛れもない国際捕虜条約（正確にはハーグ陸戦条約）に反したソ連の虐待行為です。仲間も随分死にました。それとダモイ（帰国）を餌にしたアクティブ（民主化運動）の強要。日本人が日本人を裏切るんです。密告は日常茶飯事として横行し、食事は三食がジャガイモだけのスープと、ぱさぱさの黒パンだけ。満足な食べ物はありませんでした。先の見えない抑留。帰国を諦めたことが何度もありました」

暁光が差したのは突然の帰国の通達であったという。

「忘れもしません。昭和三一（一九五六）年一二月、最後の引揚船になった興安丸でナホトカから舞鶴に帰国できたんです。内地の景色を見た時は、ほんと、泣けました」

江田は引揚げ後、郷里の鹿児島に帰ると一カ月余り休養し、上京して元の職場である中央気象台に復職した。この時代、中央気象台は運輸省の外局として気象庁に改編されていた。

「戦後は、元の職場に復職して気象観測の仕事を定年まで続けました。仕事柄、転勤が多かったです。網走、札幌、八丈島、山形、八丈島、山形、そして最後の勤務地は大手町の気象庁で技術課長の職を勤めました。今、中野学校のことを思い出していますが、専門の知識が軍務で活用できたのは、伝単（宣伝ビラ）を風船に積んでソ連領に流す時、風力や風向を観測してソ連領に放球したことくらいですか。気象学が実戦で役立ったという経験はないですね。他の方は知りませんが、情報将校なんていわれても、私にはピンとこないんです」

最後に、江田にとって中野学校とは何であったのか聞いてみた。

「中野の同期の連中は学校も社会経験も千差万別でしたが、教育は面白かったですよ。軍の学校で、あれほど専門教育に徹した学校はなかったと思います。兵要地誌一つとっても、軍機で一般社会にいては知ることのできない外国の地形図なども授業で使っていましたから、地理学も学ぶことができました。それと、気象学の講義は当時の先端を行っていたと思います。しかし私は戦後、中野学校を封印してきました。それは『シベリア抑留』の辛さが身に染みていたからです。ジャムスに配属されなければと、思う時がありました。こんな経験談を話すのは戦後、初めてのことです。家族にはシベリア抑留のことだけは話しています。それも、相当ダイジェスト版にして」

これで、江田の取材は終わった。

中野学校で一年三カ月の教育を受けて、北満のジャムスで二年九カ月の軍務に服し、敗戦後は満朝国境近くでソ連軍に逮捕され、シベリアに抑留されて一一年間の収容所生活を送り、昭和三一年に最後の引揚船で日本に帰国した江田三雄。戦後六〇年を過ぎても彼の心の傷は、未だ癒えていなかった。

取材は平成二一（二〇〇九）年一一月、江田の自宅で行ったが、本人の体調は芳しくなかった。二時間を超える取材は、九二歳の身体に堪えたのではあるまいか。


（二〇〇九年一一月取材）

証言9　特殊機材の実験隊

大正九（一九二〇）年二月生まれの土屋四郎は、九二歳（取材は平成二四年三月）になっていた。土屋を取材したのは大垣市内の自宅であったが、インタビューに先立ち中野学校時代の貴重な写真を見せてくれた（次頁参照）。

「この写真は仲間の連中といろいろな場所で写したものですが、背広姿の写真が多いでしょう。昭和一七（一九四二）年から翌年にかけて写したものです。ここに、三人写っている写真があるでしょう」

土屋は、アルバムの中の一枚を指差しながら説明してくれた。

「昭和一九（一九四四）年の卒業間際に二人で新宿に遊びに行った時、街の街頭写真屋に写されてしまったんですが、左の人物は偶然、僕と歩調を合わせて歩いていた学生なんです。写真屋は『いまどき、背広姿のお客さんはほとんどいません。国民服ばかりでしょう。珍しいので写させてもらいました』なんて、話しかけられて『夕方には仕上がっています』と言われて代金を払って買ったものなんです」

盗撮されてしまうなど、スパイ学校の学生としては、ちと脇が甘かったのではないか。

「いや、レンズを向けられていることは察知していましたが、写真屋を騙すことも『擬態』といって教育の一環なんです」

私は、土屋の説明を聞いて感心してしまった。遊びにいった街中でも身辺を警戒する用心深さ。これも、教育の成果なのであろう。

「同期生は三四名いましたが、写真の人物は戦死してしまい、戦後亡くなった同期生も多く、現在生きているのは私を含めて四名になってしまいました」

土屋は五丙出身である。入学したのは昭和一八（一九四三）年二月で、卒業は翌年の三月であった。

「同期生の多くは支那、満州、南方のビルマ、タイ、フィリピンに派遣されて、私一人が学校の実験隊に配属されました」

実験隊が発足したのは、日米開戦直前の昭和一六（一九四一）年四月で、主な業務は対ソ諜報工作のための特殊スパイの養成と現地で使う各種器材の研究開発、潜入法などについての研究であった。土屋は実験隊では、どの班に所属していたのか。

中野学校の裏門から外出する背広に長髪姿の五丙の学生
（昭和 18 年 5 月、提供・土屋四郎氏）

「私は第四班の破壊班に配属されました。そこでは『時限爆弾の製作と使用法』について教えられ、例えば今日のプラスティック爆弾に似た『C－4』と原理は同じ『粘土爆弾』を試作して、電気信管を起爆材に用いる実験などをやっていたんです」

実験隊では粘土爆弾の試作に関わっていたという。他にどのような部門を持っていたのか。土屋から説明された内容を記しておく。

第一班　潜入、潜行、偵察「敵地に潜入するための機材、器具の使用法と実用度を実地訓練と試験でテスト」

第二班　偽偏、変装、開錠、開織「変装術の研究と各種錠前の開錠訓練、及びピストン錠の開錠実験、封書の開織法と秘密写真機の使用法について」
第三班　宣伝「せ号車（筆者注：宣伝専用車）の使用法、宣伝謀略機材の作製」
第四班　破壊「時限爆弾の製作、実験、偽装爆弾の研究、破壊訓練と実験」
第五班　通信、暗号「短波無線機の使用法、方向探知の実験、秘密通信用のインクの研究、暗号コードの使用について」

実験隊は、以上の五班で編成されていた。

「他の班のことはよくわかりませんが、第四班では軍用爆弾を改良してマッチ型爆弾、ステッキ爆弾、缶詰爆弾、粘土爆弾などに小型化したスパイ用爆弾の実験と試作を行っていました。他にも発火器、点火器の製作や、破壊対象の模型を作って効率のよい爆破個所の研究などをしていました。破壊対象は製鉄所、製油所、鉄道、発電所、変電所、飛行場などです。それと、私は直接タッチしていませんでしたが、実験隊では遊撃戦の教令も起案していたんです」

遊撃戦といえばゲリラ戦である。第三代校長の川俣雄人少将は、そのテキストについて手記に記していた。

昭和一九年になって、私は謀略教官の八木東中佐に教令の起草を命じた。さらに、一九年四月より五月にかけて、実験隊の教官の松村辰雄中佐をビルマ方面に派遣し「インパール作戦」における秘密戦、とくに遊撃戦の資料を収集させた。だが、八木中佐らの転任の事情により隊長が代わり、手島治雄大佐に対してあらためて教令起草を下命し、大本営の要求もあって年内に脱稿す

べきと期限をつけた。(「世界の秘密戦」(『丸』昭和三五年七月号)

校長の川俣が記した「教令」について『陸軍中野学校』は「国内遊撃戦の参考」と、表題が改編されたことを記している。全体は総則により始まり四篇一九章で構成され、項目は「遊撃戦一般、民衆との関係、遊撃要務、潜行、偵諜、連絡、偽騙、攻撃、施設の破壊、敵部隊に対する攻撃、水辺攻撃、敵との離脱、補給、給養、衛生」とあり、ゲリラ戦遂行のための具体的な方策が記述されていた。この参考教令は大本営で審議された後、昭和二〇(一九四五)年一月に参謀本部次長名で「極秘文書」扱いに指定され、一部の関係者に配布された。

土屋四郎氏

ところで、実験隊に配属された土屋の経歴は、どのようなものか。

「私は、浜松高等工業(現静岡大学工学部)の機械科を卒業して『愛知時計』の設計課に就職したんです。徴兵されたのは昭和一七年一月で、神奈川県淵野辺《ふちのべ》にあった陸軍兵器学校でした。在学中に幹部候補生の試験を受けて合格し、卒業と同時に任地が中野学校に指定されました。入学は昭和一八(一九四三)年二月で、卒業は翌年の三月でした。卒業と同時に関東軍参謀部行きを命ぜられ、さらに北満のジャムスという街に着任したんです」

私は、ジャムスと聞いて三丙出身の江田三雄大尉(証言8を参照）のことを質してみた。

「その方は、存じません。ジャムスで、私が勤務したのは第一〇師団（姫路）の第一野戦補給処で、そこで兵器の管理をしていました。ジャムスに特務機関が置かれていたことは初めて知りました。中野学校に選抜されたのは補給処勤務の時で、処長から、『東京の偕行社《かいこう》（陸軍将校の集会所）に二月一〇日（昭和一八年）までに出頭せよ、と連絡がきている。理由は何かね』と聞かれたんですが、皆目見当がつきませんでした。まったく、心当たりがなかったもので。中野学校のことは上京して初めて知ったんです。四〇人集まりましたが、口頭試問に合格したのは三四人でした。試験も面接だけでした。学校には独身寮もあって、私は寮生活でした。授業は兵隊服で受けていましたが、外出時の格好は背広でした。それと、髪は長髪でしたから、よく憲兵や警察の職務質問に遭いまして、身分の照会先は予め陸軍省兵務局を申告するように言われていました」

男は国民服、女はモンペが奨励されていた時代に背広姿の成年が街を歩いていれば、憲兵や警察に誰何《すいか》されるのも当然であったろう。

土屋が中野学校を卒業した五カ月後の七月には、東条内閣は総辞職して後継の小磯国昭《くにあき》内閣が成立。また、陸軍省は兵役法を改正して徴兵年齢を一七歳以上とし、若年者を消耗していく戦地の兵隊の補充に当てることにした。日本はそれこそ国家総動員で対中国戦と対米英蘭戦に取り組んでいた。そんな時代に土屋たちは、中野の実験隊で「破壊工作」の機材を試作し、実用化の実験を繰り返していたのだ。

「仲間も次々と戦地で斃《たお》れ、悲報を聞く時代に突入していました。中野学校は果たして時代に適応した工作員を養成しているのか、そんな疑問を持つようになったんです」

土屋は学校の存在に疑念を持ったと話すが、終戦真際に彼はどのような行動をとったのだろうか。

「八月九日（筆者注：学校は群馬県富岡町の富岡中学校に疎開していた）に、東海軍管区司令部に出張命令が出ていたんですが、私は参謀本部に至急の連絡があると、実験隊長（筆者注：当時の隊長は村松辰雄中佐）に嘘の申告をして、東京に向かったんです」

嘘の申告までして上京したのは、どのような理由があったのか。

「その時は軍服を着用してリュックに拳銃四丁と実弾六〇発を詰めて上京したんです。拳銃は参本勤務の先輩に渡すため、兵器庫から持ち出しました。兵器庫の管理責任者は私だったので、発覚しませんでした。兵器庫には軽機から三八式歩兵銃、九九式小銃、九九式狙撃銃、二九年式、一四年式の拳銃、手投げ弾など相当数の武器と弾薬が保管されていました」

私は武器と弾薬の持ち出しについて質してみた。

「参謀本部の先輩は『終戦の決起計画があるので拳銃はその決起に使う予定だ』と話していましたが、詳しい説明はありませんでした。戦後、先輩たちに話を聞かされた時、あの時持ち出した拳銃は『八・一五クーデター』事件と、結びついていたことがわかったんです」

土屋の証言は意外なところで中野学校の「八・一五クーデター」未遂事件と結びついた（第二章を参照）。参本の先輩から中野学校が「終戦の決起計画」を謀議していることを知らされた土屋は、クーデター計画に参加したのだろうか。

「参加というほどの強い意志ではありませんでした。学校では国体学の教授をしていた吉原先生が檄《げき》を飛ばして、学生に参加を督励していました。東京の会議（謀議が行われた駿台荘会議）に出て反対派をねじ伏せて見せると意気盛んでした。私も、心情的にはクーデター賛成派でしたから、八月一五日の当日、戒厳司令部が置かれていた内幸町のＮＨＫ放送会館に行ったところ、警戒中の憲兵に誰何されて東京憲兵隊に拘引《こういん》されてしまったんです。その時、身柄引受人になってくれたのが参謀本部に勤務していた猪俣少佐でした。もう、お亡くなりになりましたが、懐かしい方です」

昭和二〇（一九四五）年八月一五日、中野学校は群馬県富岡町で組織としては消滅した。だが、一部の在校生と卒業生は戦後日本の再建のために各地に散って、隠密行動を組織的に行っていたグループも存在していた。土屋は終戦後の一〇月、同志三人と共に軍用トラックで東京から富岡に向い、校庭に隠匿しておいた武器、弾薬、ガソリンなどを発掘して故郷の大垣に向かったという。その理由は何であったのか。

「理由ですか、私も当時は二五歳の血気盛んな将校（大尉）でした。仲間の何人かは国家再建を真剣に考えていました。いざという時に使える武器や弾薬を隠しておこうと相談して、隠し場所を検討しました。結論は、私の故郷である大垣の山中ということになりました。飛騨《ひだ》には山が多いですから。一〇月下旬、富岡を出発しました。道中は中山仙道を選び富岡から長野、そこから先は奈良、三重と迂回コースをとって大垣を目指しました」

中山道を利用して富岡から長野に出るのは一般的なコースだが、その先、奈良を目指したとは。大迂回である。なぜ、そのようなコースを選んだのか。

「仲間の一人に、奈良の月ヶ瀬に実家があるものがいたんです。終戦後は世情が混乱した時代です。この先、どんなことが起こるかわからない。それで、今生《こんじょう》の別れを親兄弟としておきたいということから月ヶ瀬を目指したんです」

道中トラブルもなく、順調に目指す大垣に到着したのだろうか。

「いや、途中で予想もしなかったアクシデントに見舞われてしまいました。検問もあるだろうと予測して、国道は避けて山道を走ってきたんですが、月ヶ瀬村に入る手前で警官隊の検問に遭ってしまったんです。それで、仲間の実家に着く前に計画は頓挫《とんざ》してしまいました。幸いだったのは実家に着く前に、トラックに積んできた武器と弾薬だけは途中で降ろして山中に隠せたことです。虫の知らせ、っていうんですね。トラックに積んだドラム缶のガソリン五本とトラックは警察に押収されてしまいました。三人は簡単な取調べだけで解放されました。まだ、将校の軍服は田舎警察では権威があったんですね」

月ヶ瀬に向かう途中で山中に隠したという武器と弾薬は、その後発掘されることはなかったという。

「思いもよらぬ警察の検問、武器と弾薬は山中に埋めてしまったので、意気消沈してしまいました。仲間の二人とは月ヶ瀬で別れ、私は鉄道を使って大垣の実家に辿り着きました。その後、戦犯として追及されることもなく、戦後は地元で起業して穏やかな人生を過ごしてきました」

土屋にとって、中野学校で学んだことは戦後の人生で役に立ったのだろうか。

「私の専門は機械屋でしたから、中野学校に選抜されて実験隊に配属されたのも、機械の知識を活かせということだったんでしょう。成功したのは粘土爆弾を完成させたことくらいでしょうか。私が思うに中野学校を卒業して諜報員として実戦で活躍したのは、一期生を含めて初期の卒業生だけではなかったかと考えています。私の中野学校は月ヶ瀬で終わったんです」

土屋四郎の証言はこれで終わった。

土屋にとって中野時代の青春を遺している記録は写真だけになってしまった。新宿のエピソードを語ってくれた時、彼の表情は生き生きとしていた。だが、アルバムに写っている同期生の過半は、すでに故人になっていた。

（二〇一二年三月取材）

証言10　極秘ミッション〝ヨハンセン工作〟

富田四郎は、大正一一（一九二二）年三月生まれ。昭和一九（一九四四）年四月に中野学校入校、同年一一月卒業、「六戊」出身。昭和一九（一九四四）年四月に陸軍中野学校に入校し、同年一一月に卒業した「六戊」出身の富田は、陸軍の極秘組織「軍事資料部」に配属された。

「陸軍省兵務局分室」の名称で活動していた軍事資料部は、昭和一五（一九四〇）年八月、正式に発足した。軍事資料部について、『陸軍中野学校』には次のように記されている。

任務は諸外国、特に敵性国家からわが国に対する諜報、宣伝、謀略網を探知するための情報の収集を行い、必要とあらばこれを秘密裏に破摧《はさい》、殲滅《せんめつ》する組織で、活動手段は不法無線の監視、電話の盗聴、外国公館から暗号書などを奪取、郵便物の開緘、部外協力者からの情報取得などである。

軍事資料部は、日本国内におけるカウンター・インテリジェンスの司令塔だった。

平成二三（二〇一一）年六月、福島県伊達市の自宅でインタビューは行われた。富田は八九歳で家業は果樹園を営んでおり、息子が継いでいた。

富田は福島の連隊区で徴兵され、仙台の輜重《しちょう》兵第二連隊に入隊し、自動車部隊に配属された。部隊はすぐに満州に移駐となり、第二飛行師団の隷下に入ったという。

「そこで、私は下士官教育を受けるために、牡丹江《ぼたんこう》の教導学校に入学したんです」

教導学校は仙台、豊橋、熊本に設置されていたが、満州・牡丹江には設置されていなかった。おそらく、富田の記憶違いであろう。

富田によれば、戦友数人とともに中野学校に推薦され、昭和一九年三月、満州から朝鮮経由（羅南－元山－京城－釜山）で（下関－東京）に向かったという。三昼夜の強行軍で指定された集合場所は、九段にあった偕行社だった。

偕行社にはすでに各地の部隊から五〇名ほどの下士官が集められており、軍の幌掛けトラックに分乗して、中野へ向かった。

「学校には中野学校の看板もなく、狐につままれた思いで校内の寮まで運ばれた記憶があります。最初はどんな学校なのか、まったく見当がつきませんでした。なにしろ、軍人なのに外出時は背広姿。二〇歳過ぎの若者が背広姿で出入りするわけですから、隣にあった憲兵学校の学生たちは不審に思うわけです」

富田は満州から来たことから「北方班」（他に南方班、中央班などがあり、学生は出身部隊によって配属が決められた）に配属され、諜報員に必要なスキル――防諜、偵諜、盗聴実務、文書開緘、撮影、盗写技術、尾行術、自動車運転――などを学んだ。

富田四郎氏

富田にとって、在学中の最も印象深いエピソードとして、意外な話が出た。

「お忍びで三笠宮《みかさのみや》殿下が、学校を視察に来られたんです。卒業間際だったので、昭和一九年の九月ごろだったと思います。緊張しましたね。なにしろ相手は直宮《じきみや》の宮様です。校長以下、幹部将校たちも緊張していたと思います。私が宮様のお顔を、ちらっと拝見したのは授業中でした」

三笠宮崇仁《たかひと》殿下は、支那総軍時代「若杉参謀」の名で派遣されていたが、大本営参謀に転出した昭和一九年九月、東條英機暗殺クーデターに関わったとして、軍上層部から譴責《けんせき》を受け、大本営参謀を辞任し、陸軍機甲本部付となっていた。殿下が中野学校を視察したのは、推察するに中国から帰国し、大本営参謀を命ぜられた時期だったのではないか。いずれにしろ、中野学校に直宮の皇族が視察に訪れたのは、開校以来初めてのことだったはずだが、この記念すべき視察は、『陸軍中野学校』にも記されていない。

富田は中野学校を卒業すると、兵務局付で極秘組織「軍事資料部」に配属された。

「この組織がどのような仕事をしているのかは、まったく知りませんでした。のちに知ったのは、反戦主義者や戦争終結を画策する和平派の政治家や官僚、文化人などの動静をスパイする、軍の特殊組織だったことです。吉田（茂）さんの防諜視察……これ〝ヨハンセン工作〟と呼び、工作責任者は白幡大尉（二乙出身の白幡光次郎で、戦後は自衛隊に就職し、調査学校に勤務）でした」

私が初めて軍事資料部の存在を知ったのは、二〇年以上も前、拙著『謀略戦・ドキュメント陸軍登戸研究所』の取材で「極秘機関ヤマ」を調査しているときのことだった。取材した相手は、軍事資料部最後の部長・都甲《とこう》來《きたる》少将（陸士三三期）だった。冒頭で『陸軍中野学校』に記された軍事資料部に関する記述を紹介したが、ここであらためて都甲の証言を要約して紹介しておく。

――秘匿名〝ヤマ機関〟は、科学的防諜機関として昭和一二（一九三七）年に、東京・牛込の陸軍軍医学校の敷地内に誕生。表向きの名称は兵務局分室を名乗る。また、この組織の存在を認知していたのは、陸軍大臣、次官、憲兵司令官の三名で、指揮系統は兵務局防衛課に属していたが、防衛課は世間を欺くための指揮系統で、実際の指揮命令権は陸軍省軍事資料部長にあり、陸軍大臣直轄の極秘防諜組織であった——。

資料部のトップにいた都甲の証言は、軍事資料部という極秘組織の実態を理解するうえで貴重な証言といえよう。再び富田の証言に戻ろう。

「私は牛込の本部に配属され、上司は白幡大尉でした。ヨハンセン工作を実施するため、大尉の命令で大磯の吉田氏邸の監視に就きました。所属は、甲班（内外要人の監視、外国人公館、ホテルなどの監視を行うセクション）でした」

当時、官職を辞して浪人の身であった吉田茂だが、西園寺公望《さいおんじきんもち》公爵や元首相の近衛文麿公爵、日米協会長の樺山愛輔《かばやまあいすけ》伯爵、それに、西園寺秘書の原田熊雄《くまお》男爵などといった「対米和平派」との親交があり、軍事資料部にとっては第一級の監視対象者であった。

吉田の監視は極秘任務であり、万が一にも発覚した際の危険性を考慮して、上司である白幡が富田の実家を訪れ、〝戸籍抹消〟の手続きを行なったという。富田の両親は、大変驚いたそうだ。

「私は、白幡大尉の命令で大磯の吉田邸近くの民家を借り、その二階から、屋敷に出入りする人物の監視とすでに住み込み書生として潜入していた村上軍曹が持ち出してきた吉田さん宛ての手紙を、スパイカメラで撮影する仕事をしていました。撮影済みフイルムは別の人間が牛込の本部に持ち帰って現像していました」

富田の仕事は吉田邸に出入りする人物の監視と手紙の盗写であったが、手紙の盗写といえばのちに、吉田逮捕の証拠とされた重要文書の存在があった。その文書を入手したのは東部憲兵隊から「ヤマ機関」に転属した木村義雄准尉であった。木村が吉田と近衛の関係を知るきっかけは、原田の行動を監視しているときのことだった。原田がグルー駐日米大使やクレーギー駐日英大使と密会していう現場をつかんだのである。木村は原田の専属運転手を買収して、鞄に入った機密書類を小型カメラで盗写した。木村が盗写した機密書類の中には、「和平工作の進言」と書かれた、吉田から近衛に宛てられた原稿の写しがあった。後日、憲兵隊がこの原稿の筆跡鑑定をしたところ、吉田茂の名前が浮上したのである。

「木村准尉の名は聞かされたことがありますが、前歴が諜報憲兵とは知りませんでした。木村さんは、おそらく丁班《ちょうはん》（要監視者の荷物の奪取・窃取）に所属していた方なんでしょう。憲兵隊の話が出ましたが、逮捕の陰の主役は、木村さんも所属していた、軍事資料部の極秘機関〝ヤマ〟であることは、まず、間違いありません。しかし、吉田さんの逮捕には政治的な思惑があったと思うんです」

富田が語った政治的思惑とは何か――昭和二〇（一九四五）年二月、近衛が単独で天皇に上奏した、〝敗戦は遺憾ながら最早必至なりと存候〟で始まる「近衛上奏文」の下書きを吉田が書いたとされ、その上奏文は「軍を批判し、米英との和平交渉を進めることの必要性を説いた」内容であると東部憲兵隊は解釈した。吉田逮捕の断を下したのは、憲兵の統帥者・杉山元《はじめ》陸軍大臣（陸士一二期）であった。逮捕予定者の名簿には、当初、前出の西園寺公爵、樺山伯爵、原田男爵の他にも、柳川平助《やながわへいすけ》大政翼賛会副総裁、小畑敏四郎《おばたとしろう》予備役中将、酒井鎬次《さかいこうじ》予備役中将までも含まれていたが、彼らの逮捕は見送られた。しかし、吉田逮捕劇は反戦、和平派の面々に心理的な恐怖感を与える効果は絶大であった。それゆえ、吉田逮捕は政治的陰謀事件といわれたのである。

昭和二〇年四月一五日、東部憲兵隊の手で静養先の大磯の別荘で吉田は逮捕された。直接の容疑は、陸軍刑法第九九条（戦時又は事変に際し軍事に関し造言蜚《ひ》語を為したる者は七年以下の懲役又は禁固に処す）違反で、罪状は「軍事上の造言、蜚語を伝播した」という微罪であった。だが、最終的には杉山の後任に親補された阿南惟幾陸軍大臣の決断で不起訴処分となり、同年五月二五日、代々木にあった陸軍刑務所から釈放された。

富田は木村准尉のことは知らなかったが、吉田逮捕劇の陰の立役者は、やはり〝ヤマ機関〟であった。ヨハンセン工作は、要監視対象者にはそれぞれコードネームがつけられていたという。

「吉田さんは〝ヨハンセン〟、近衛公爵には〝コーゲン〟、西園寺公爵は〝モリス〟、原田男爵は〝イワン〟と付けたと記憶しています。これらの暗号名は白幡大尉が付けました」

反戦・和平派に対して心理的な恐怖を与えるという絶大な効果をもたらした吉田茂逮捕劇について、東京憲兵隊長だった大谷敬二郎大佐は、戦後に上梓した自伝的著作『昭和憲兵史』（みすず書房）で次のように述べている。

学生番号	班	氏名	郵便番号	[redacted]	教導学校	中野学校卒業後等	[redacted]
20	支那班	西尾隆行	[redacted]	[redacted]	近衛	陸軍中野学校実験隊 平2.11.3 病死	[redacted]
21	〃	富田四郎	[redacted]	[redacted]	牡丹江	陸軍省兵務局軍事資料部	[redacted]
22	〃	河島登	[redacted]	[redacted]	阿城	沖縄第32軍司令部 黒島 [redacted]	[redacted]
23	〃	谷口與吉	[redacted]	[redacted]	旅順	南方総軍司令部仏印沖 昭19.12.19戦死	[redacted]
24	〃	橘信義	[redacted]	[redacted]	旅順	南方総軍司令部仏印 ハノイ	
25	〃	高崎淳治	[redacted]	[redacted]	阿城	支那派遣軍総司令部中支第6軍 昭52.3.30病死	[redacted]
26	〃	立野松徳	[redacted]	[redacted]	延吉	支那派遣軍総司令部	[redacted]
27	〃	土居佐登士	[redacted]	[redacted]	阿城	支那派遣軍総司令部中支第13軍	[redacted]
28	〃	鮫島（永田）藤則	[redacted]	[redacted]	旅順	台湾第10方面軍司令部 昭52.3.24病死	[redacted]
29	〃	磯部（仲川）清	[redacted]	[redacted]	旅順	支那派遣軍総司令部北支那方面軍	
30	〃	岡本進一郎（毅）	[redacted]	[redacted]	阿城	支那派遣軍総司令部南支第23軍アモイ機関 [redacted]	[redacted]
31	〃	寺山誠	[redacted]	[redacted]		支那派遣軍総司令部中支第6軍 [redacted]	[redacted]
32	〃	佐野久雄	[redacted]	[redacted]	旅順	東部軍管区司令部関八州隊 [redacted]	[redacted]

第六期戊種学生名簿の一部（黒塗りは筆者による）

この資料部（軍事資料部）の活動が派手な姿をもっていたのは（昭和）十五年ごろまでで、その後は秘密工作に移行し専《もっぱ》ら地味な地下工作をつづけていた。窃聴、レコーディングなどによる国内防諜に専念し、後述する大戦末期の東京憲兵隊の吉田茂検挙事件における有力な資料は、ここから出たものであった。（ルビ、カッコ内は筆者）

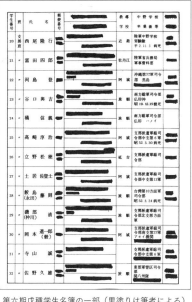

吉田逮捕の報を富田は牛込の本部で聞いたという。

「昭和二〇年二月には大磯を撤収して、本部に引き上げ、ヨハンセン工作の任務を解かれました。次は、海軍大臣嶋田（繁太郎）大将（海兵三二期）の専用車の運転手になりました。運転は自動車部隊で習っていましたので、お手のものでした。任務は嶋田大将の動静監視です。当時の記憶でもっとも印象に残っているのは、八月一五日の〝宮城クーデター〟事件です。その日、私は宮城近くを空車で走っていました。嶋田大将は宮城にいたのだと思います、終戦詔書にサインするために……あの日、日本が負けたという実感はまったくなかったです」

富田は取材で語ってくれた「ヨハンセン工作」の真相、自身が中野学校出身者であることは家族を含め、誰にもいっさい話したことがないという。

「〝秘密を守れ〟との中野学校の校訓が頭の中に刷り込まれていましたが、戦後六六年にして、やっと気持ちの整理がつき、話す気になりました。吉田さんの逮捕劇は私の中野時代の唯一の任務でしたが、自分にとっては鮮烈な事件でした」

好々爺《こうこうや》然とした風貌で話す富田が、最後に言った。

「しかし、中野学校で学んだことは、戦後の人生で役に立ったことがなかったです」

（二〇一一年六月取材）

証言11　自決し損なった一九歳の下士官

兵役義務（海軍は志願制）のあった戦前の日本陸軍では、徴兵されると「星ひとつ」の二等兵から始まり一等兵、上等兵、兵長と、戦場での経験を経ながら時間をかけて兵から下士官に昇進していくが、ノンキャリアでは準将校（准尉）が最終階級であった。

ただ、満一五歳に達すると受験資格ができる陸軍少年通信兵学校の場合、採用試験に合格すれば二年の教育と一年の兵役で下士官の道が開かれ、士官学校に入学することも夢ではなかった。もちろん、その間の学校での技術教育と生活の費用はすべて官費で賄われる。そのため応募者は多く、例えば昭和一七（一九四二）年では、採用学生七〇〇人に対して全国から一万二〇〇〇人の応募者があり、実に二〇倍の競争率であった。

通信修技の基本は、送受信を「早く、正確に」がモットーで、モールス符号の送受信では和文で分速八〇字が目標とされていた。また、モールス符号の暗記は合調音法（例：イ＝イトー、ロ＝ロジョーー）で行っていたが、軍用通信は暗号で交信するため、乱数転記、非算術加法や減法の暗号教育も行われていた。また、部隊間の通信は暗号化されていない平文《ひらぶん》ではなく「軍事特秘」であるため、換字機と乱数表を使い、必ず暗号で交信することが絶対条件であった。

この「陸軍少年通信兵学校」を卒業して中野学校に選抜された大原茂嘉《しげよし》の名を私が知ったのは、中野校友会東海支部の名簿からであった。

浜松市郊外に住む大原と連絡をとったのは平成二四（二〇一二）年五月中旬、連休明けの某日であった。電話口の大原は、ハリのある口調で応えた。

「中野に入校したのは昭和一九（一九四四）年一一月で、卒業は翌年の四月。「七戊」の卒業ですが、教育期間はわずか六カ月しかなかったので、お話しすることはたいしてありません。遠路、来駕《らいが》いただいてもお役に立たないと思います」

こんな答えが返ってきた。しかし、私は「それでも構いません」と強引に約束を取り付けて、何とか指定された場所で大原と会えることになった。大原は遠州鉄道の最寄り駅まで車で迎えに来て

大原茂嘉氏

くれた。

「この歳でも、毎日車を運転しています。事務所に出るには車がないと動きが取れないもので」

矍鑠《かくしゃく》とした動きであった。

大原は、大正一五（一九二六）年一月生まれの八六歳。インタビューに先立って、私は大原の卒業年次を事前に調べておいた。電話口で大原は、入学が昭和一九年一一月で卒業は昭和二〇（一九四五）年四月だと話していたが、『陸軍中野学校』の年表を見ると入学は昭和一九年一二月で卒業は昭和二〇年七月となっていて、「七戊」学生は下士官として入校していた。教育期間は八カ月で大原の同期生は五八名。戦時の行方不明者が九名もいた。

事務所に着くと、早速取材に入った。まず、入学・卒業の年月日について再度質してみた。すると大原は、「私の記憶違いですかね」と手元の『陸軍中野学校』を捲って確認し、「なるほど」と失笑しながら「歳のせいですかね。記憶が曖昧になっているのは」と、私の指摘に納得したようだ。

「私は、長岡の村松にあった少年通信兵学校を、昭和一八（一九四三）年一一月に一七歳で受験して合格し、一九年一〇月に卒業しました。学校では一年間の短期教育を受けたんです。その時代、通信兵の需要は多くて、二年の正規教育の後では間に合わなかったんです。卒業生は正規の七〇〇人の半分でした」

「昭和一九年一一月、村松陸軍少年通信兵学校第一期生のうち三四七名が、わずか一年足らずで繰り上げ卒業。そのうち三二名は陸軍中野学校へ入校」と題した記事が、ハンドルネーム「出陣通信兵の戦記」氏のホームページにアップされていた。この一一期生の中に大原も入っていたわけである。戦況が逼迫したこの時代、陸軍の展開する戦場は、満州、中国、南方、さらにソ連と国境を接する朝鮮、樺太にまで及んでいた。また、内地にも戦時編成の部隊が配置されていた。通信兵の需要は、確かに多かったであろう。

陸軍少年通信兵学校は、昭和一七年一〇月に当時の東京府北多摩郡東村山町（現在東村山市）に開校し、翌年一〇月に「東京陸軍少年通信兵学校」と改称された。そして同月、「村松陸軍少年通信兵学校」が、新潟県村松町（現長岡市村松町）に開校している。大原は、その村松校を卒業していた。

「短期卒ですから、卒業すると当然、前線の部隊に配属されると思っていました。それがですね、卒業前日に学校長の小西少将から突然呼ばれて『お前は東京の中野学校に入校することになった。どんな学校なのか小官もよくわからぬが、学んだ修技を充分発揮せよ』と督励されたんです。少将閣下なんて軍隊では雲の上の人で、顔を合わすことなどめったにありません。驚きました」

記憶が蘇ってきたようだ。ともあれ、一八歳になった大原は学校長から督励されて、中野学校に入学することになった。村松校の卒業生で中野学校に入ったのは、数名いたという。昭和一九年一二月、大原は長岡駅から上越線に乗り、集合場所に指定された上野駅に向かった。

「何と、集合場所は西郷さんの銅像の下でした。同じように召集された仲間が六〇人余り集まっていました。午後八時頃でした。軍のトラックが迎えに来て、将校の階級章を付けた人が点呼をとり人頭確認すると、乗車を命じられ荷台に分散乗車しました。学校に着いたのは真夜中で、その夜は下士官宿舎に泊まりました。翌日からすぐに授業が始まりました。思い出に残っているのは遊撃戦の座学でした。それと、私は通信の学校を出ているので、野戦軍用通信の修技を同期生に教えるために、実技演習によく狩り出されました」

そこでは、どんな通信機材を使って実技演習を行っていたのだろうか。陸軍の通信機は性能が悪かったと言われている。

「実技演習で主に使ったのは『軍』と『師団』間で使う九四式三号、五号の通信機でした。この器材はハンディータイプで送受信機とバッテリ、発電機が分離しているセパレート式で、重さ二〇キロ程度。分解して担ぐことができるタイプで、運用は下士官四人の一個班でした」

通信器材の話になると、大原の目は俄然冴えてきた。「昔取った杵柄」である。彼の口調は滑らかになってきた。

通信の実技演習は、どの辺りでやっていたのだろうか。

「学校を中心にした半径一〇〇キロ圏内で甲府、千葉の野田、伊豆の韮山《にらやま》、遠方では仙台近くの小牛田《こごた》でした。交信は通常聴取できて、それほどノイズも入らず通信機の性能は決して悪くはありませんでしたよ。学校の校庭には高さ二〇メートルの長波、短波の無線塔も設置していましたから。学校本部とはクリアな交信が常時できました」

中野学校時代を懐かしむように、大原は通信機の性能を語る。

卒業後は、どこの部隊に配属されたのだろうか。

「終戦間近の卒業で、(昭和二〇年七月)、任地は九州の久留米でした。久留米には『久留米師管区司令部』があり、そこの特設警備隊に伍長で配属されたんです。特設警備隊とは地区の住民を軍の作戦に協力させるための戦闘組織のことで、本土決戦を想定して作られたものなんですが、実際には米軍の本土上陸がなかったので特警が指揮することはありませんでした。私の任務は、各地区の司令部と連絡をとるための通信網の確保でした」

九州には、米軍上陸を想定して昭和二〇年二月に第一六方面軍（西部軍管区司令部）が作戦軍として編成され、指揮下に地区司令部が管轄する特設警備隊も編成された。各地区司令部は、福岡、長崎、佐賀、熊本、大分、宮崎、鹿児島に設置され、九州全域をカバーしていた。大原が、久留米師管区司令部の管轄にあった福岡地区司令部に転勤になったのは、終戦の七日前であった。この時期、九州地区の方面軍、軍、各地に配置された師団及び旅団に派遣されていた中野学校卒業生は、「丙」と「二俣」出身の将校、それに「戊」出身の下士官、合わせて八〇余名になっていた。

「福岡への異動は終戦の一週間前でした。配属は久留米師管の指揮下にあった福岡地区特設警備隊で、一九歳で三個分隊三三名の部下を預けられたんです。部下といっても三〇名は、私よりも年上の兵隊でした」

当時、福岡特設警備隊には、七戊の同期生が四人着任していた。一九歳の伍長下士官が年長の部下を持たされて、うまく統率できたのだろうか。

「自分の身を捨てる覚悟で部下に接したので、私の気持ちが通じていました。年嵩《としかさ》の兵からは、随分と助けられました。終戦の情報は、その三日前には東京からの連絡で知らされていました。情報は参謀本部―方面軍―地区司令部の軍用回線を使ったもので、私たち通信担当は傍受もしていましたから、玉音放送についても逸早《いちはや》く知ることができたんです」

終戦前後の第一六方面軍の兵力配備は、一六個師団、一二個旅団、二個戦車旅団を基幹とし、総兵力は五〇万を超えていた。だが、肝心の火砲や備蓄弾薬はお粗末なもので、師団の一会戦分しかなかった。もちろん、戦車も定数には満たなかった。

このような情況の中で、大原の三個分隊はどのような行動をとったのか。

「司令部に全員が集まり玉音放送を聴かされましたが、日本が負けたという実感は、それほど湧いてきませんでしたね。むしろ、全員がホッとしたという気持ちでした。やっと、戦争が終わったという安堵感、そんな気持ちでしたが、ただ、一つだけ忘れることができない強烈な思い出があります。それは八月二五日に、日頃可愛がってくれていた士官学校出の中隊長から『貴様、俺と一緒に自決してくれ』と言われたことです。私はその時、躊躇せずに『ハイ、わかりました』と応えたんです。不思議ですね、そんな気持ちになっていたなんて。それで、中隊長に『自決の方法がわからないので教えてください』と聞いたんです。中隊長は、軍刀の切っ先三寸にヤスリでギザギザを入れるということを教えてくれました。そうすると、腹を割った時の血糊で指が滑らないということでした。夜八時頃、司令部の近くを流れている川の土手に二人は向かったんです。中隊長は、作法通り腹を出して、尻に用意してきた長さ三〇センチほどの丸太を押し込み、上体を前屈みにしました。私も教えられたように、軍刀を切っ先三寸のところで握り、腹に当てました。ちょうどその時、私を探しに来ていた部下に発見され『馬鹿なことをするな』と怒鳴られ、後ろから羽交い絞めにされんです。私は自決することができませんでした。しかし、中隊長は見事、果てたんです。作法通りの方法で。苦しかったと思うんですよ。誰も介錯しませんでしたから」

中隊長の自決の様子が鮮明に蘇ったのだろう、心なしか大原の言葉数が少なくなった。私は六七年前の自決未遂という悲惨な記憶を呼び起こしてしまったようだ。

大原が郷里の静岡に復員したのは、この自決未遂事件を起こした一カ月後であった。

帰郷した大原は実家の農業を手伝っていたが、福岡時代のことが脳裏から離れず仕事は手につかなかったという。そして、昭和二三（一九四八）年、奮起してラジオの修理屋を始めた。

「当時の家庭には、音の出ないラジオがけっこうありましてね、その修理を頼まれることが多く、俄《にわ》か修理屋を始めたんです。浜松のジャンク屋に、中古の部品をよく買いに行ってました。ある日、ジャンク屋の店先に小型エンジンキットを付けた自転車が停まっていたんです。今日のホンダの『カブF』の第一号ですよ。注意してみると、エンジンの起動用発電機に、私たちが中野で使っていた九四式三号の手回し発電機を改良したものが取り付けてあったんです。本田さんはいいとこに目をつけたものだと、そのアイデアに感心したものです」

ラジオの修理屋が成功すると、次には地元で「まちの電気屋さん」を始めた。戦後復興で家電製品も徐々に家庭に普及し始め、時流に乗って商売は繁盛する。大原は、地域の同業者を集めて家電商の組合を立ち上げた。

「大型家電店が各地に進出するようになるまで、つまり昭和五〇年代までが、まちの電気屋さんの最盛期でしたね。しかしその後は、店をたたむところが多くなり、私も一九六〇年代には店を閉めて、組合の仕事に専従しました。現在は一〇数店の組合員がおりますが、組合の仕事も私の代で終わりにしようと思っています」

戦後の人生を振り返った時、戦時中に学んだことの中で、仕事上でいちばん役に立ったのはどんなことなのか、最後に聞いてみた。

「いうまでもなく、少年通信兵学校で学んだ通信修技と弱電の勉強ですね。その技術と知識は中野学校でも生かされたわけですから」

大原の階級は、軍隊を離れる時には軍曹になっていた。「七戊」出身の同期生は、大原を含めて、現在一〇数名に減ってしまったという。

（二〇一二年五月取材）

証言12　戦犯を免れたA少尉の話

稲垣茂樹（旧姓波多野）九〇歳。現在、瀬戸市にある養護老人施設に入居している。案内してくれたのは夫人であった。

「最近、記憶力が衰えてきましたが、昔のことは意外と覚えているんですね。二、三年前までは家で中野学校のことをよく話していて、先輩の牧澤さんのことを『恩人』だと言っていました。意味は、私にはわからないんですが、会ったら聞いてみたらいかがですか。私も興味がありますので」

稲垣は、施設の個室で待っていた。私の顔を見ると丁重に頭を下げて迎えてくれた。挨拶もそこそこで、取材に入った。

稲垣は大正一一（一九二二）年二月生まれであった。出身地は小牧市。

「僕は小牧中学（旧制）を卒業すると明治大学の経済学部（筆者注：稲垣が入学した当時は明治大学専門部経済政治学科であった）に入学したんです。上京したのは、親戚がいたもんで。明大を選択したのに特に理由はなかったです。大学を卒業すると地元に戻り、運輸省（筆者注：運輸通信省）の組織で岐阜工事局がありまして、そこに就職したんです」

私の質問に頷きながら記憶を辿る稲垣。昔のことは脳の襞《ひだ》にしっかりと刻まれているのだろう、記憶が蘇ってきたようだった。

「お父さん、昔のことを、よーう、覚えちょるね。私も知らんかったもんね、大学を出てすぐに就職したことは」。夫人が傍らで合いの手を出す。

「そりゃあ、あんたにも話さんこともあるわな。台湾時代の牧澤さんとの関係もな」

夫人の合いの手もあり、話は台湾時代のことになってきた。

ところで稲垣の兵役はどのようなものであったのか。

「昭和一七（一九四二）年に守山の騎兵第三連隊（筆者注：名古屋の第三師団隷下の騎兵連隊）に徴兵されたんです。工事局に勤めて半年くらいでしたか、初年兵は馬の世話でした。馬なんて世話するのは初めてのこと。慣れずに馬に蹴られて左足の甲に傷を負いまして（ズボンの裾をまくって見せる）、散々な新兵時代でした」

会話に弾みがついてきた。事前調査で、稲垣が中野学校に入学したのは昭和一九（一九四四）年一月、卒業は同年九月、「六丙」であることを確認していた。

稲垣茂樹氏

「連隊勤務の時に幹部候補生の試験を受けたんです。確か、昭和一八（一九四三）年でしたか。年末でした。突然連隊長に呼ばれて『お前はこれから陸軍省兵務局付けとして転属することになった。○○日までに兵務局に出頭せよ』これが訓示でした。その時は、何がなにやら、ようわからなんだ。兵務局といわれてもピンときませんでした」

かつて取材した「六丙」の卒業生（証言7参照）と同じように、稲垣の場合も中野学校への入学は突然であった。兵務局へ出頭した日、それは昭和一九（一九四四）年一月末、霙《みぞれ》の降る寒い日であったという。

「中野学校なんて教育機関が、陸軍にあること自体まったく知りませんでした。まして、どんなことを学ぶのかなんて想像もつきませんでした。兵務局へ出頭すると地図を渡されて『中野学校の人事を尋ねろ』と、口頭で指示されたんです。中野は学生時代に知っていた土地なので迷うことなく着きましたが、営門には中野学校の看板もなく、たしか東部三三部隊の看板が掲げられていたと思います。入校生が集まったのは学校の講堂でした。全員で七、八〇名はいたと思います。諜報機関員を教育する学校なんだとわかってきたのは、軍の学校にしては教科に特殊な科目が多かったからなんです。諜報技術、防諜、地図の読み方、変装術、それと兵要地誌です。僕は三班（支那、北方、南方）のうち、南方班に所属しました。卒業は九月でしたから教育は短期促成でした。初任地は新竹《しんちく》で、ここは台湾軍（筆者注：第一〇方面軍）参謀部情報班の出先機関になっていたところです」

「六丙」の同期生は七八名いたが、台湾軍には新竹に配属された稲垣の他、台北、台中、高雄などに五名が派遣されていた。稲垣が新竹から転属した先は、牧澤義夫少佐（証言1参照）が班長になっていた台湾軍参謀部情報班であった。ここで稲垣は、牧澤との運命的な出会いをすることになり、この出会いが稲垣の運命を変えることになる。

牧澤少佐については、証言1で詳しく紹介しているので、ここでは稲垣との関係を簡単に述べておく。

パイロットの米軍捕虜を尋問した時である。この時、尋問の仕方が問題になり牧澤は情報班の責任者として昭和二〇（一九四五）年一一月に、台湾軍臨時軍法会議に付された。だが、牧澤は直接捕虜の尋問に関わった部下のA少尉と春見二三男一等兵には罪が及ばぬように処置した。軍法会議の判決書には、牧澤の強い要望によって「両名とも戦死」と記された。そして牧澤はA少尉に対して司令部から姿を消すことを独断で指示。いうなれば脱走を指示したのである。一方、春見は現地除隊させて徴兵前に働いていた三井物産台北支店に復職させた。その結果、二人は無事に内地に復員できた。

そのA少尉が、目の前の車椅子に座っている稲垣茂樹である。牧澤を取材したとき「春見君のことは実名でもいいでしょう。A君は台湾時代のことを不名誉と思っているはず。氏名は出さず仮名にしてください」と申し入れがあったことを思い出す。

上官であった牧澤のことについて質してみた。

「牧澤さん、僕の命を救ってくれた恩人ですが、軍法会議のことは知りませんでした。台湾軍参謀部の情報班に転属した時の上官が、大先輩の牧澤少佐でした。僕なんか新米少尉で、右も左もわからぬ中いろいろと教えてくれたのが牧澤少佐でした。復員してから牧澤さんの戦後の過酷な人生を聞かされました。台湾から上海に戦犯で連れて行かれ、現地の軍事法廷では捕虜虐待の罪状で重労働何年という判決が下され、巣鴨プリズンにも長く入れられていたそうです」

稲垣の記憶は蘇ったようだ。傍らの夫人が、口を挟んだ。

「牧澤さんとの関係が、それほど深かったことを初めて主人の口から聞かされました。牧澤さんは、何度かこちらにもお越しになられたことはありますが、今の主人の話、牧澤さんの口からは一言も出たことはありません。ご立派な方ですね。主人が恩人と言っていた意味がよくわかりました」

稲垣が新竹の出先機関から本部の参謀部情報班に転属したのは昭和二〇年三月、当時の情報班は「作戦」、「情報」、「兵要地誌」の三部門に分かれていて、班員は一〇数名が任務に就いていた。稲垣は兵要地誌部門に配属された。

「台湾全土をフィールドワークしたことは何回かありますが、主な仕事は敵（米軍）の動向に関する情報を集めることでした。米軍捕虜も各地から軍司令部に送られてきて、彼らを尋問するのは情報班の仕事でした。目的は敵の侵攻勢力を聞き出すことでした。『捕虜虐待』の一件ですが、決して拷問などをやったことはないんです。手の平にタバコの火を押しつけたことはあったと思いますが、牧澤少佐は決してそんなことは命令しませんでした。春見さんにしても僕にしても独断でやったことなんです」

ここまで話すと、稲垣は肩を落として天井を仰いだ。しばらくの間、二人は沈黙した。私は、稲垣の台湾時代の古傷を暴くことなど考えていなかった。真相を聞きたかっただけである。実は、事前に牧澤に相談した時「できれば、会わない方がいいと思います。彼も、嫌なことは思い出したくないでしょうから」と、やんわりと釘を刺された記憶がある。だが、取材して初めて稲垣が牧澤のことを「恩人」と呼ぶ意味がよく理解できた。

では一方の春見だが、彼はどのような経緯から牧澤の部下となったのか。本人の自伝には、以下のように記されている。

三井物産ニューヨーク支店に勤務した一九四一年一二月は、日米開戦であった。日本人は捕虜収容所に入れられ、交換船を待っていた。帰国したのは四二年春。一カ月ほど休養しのちに、物産台北支店総務課長として現地に赴任した。現地徴兵で台湾南部の塀東に置かれた第五師団高射砲部隊に入隊。高射砲隊が台北に移動した際、英語が堪能ということから情報班に引き抜かれた。そこでの上司が牧澤少佐であった。(『あの時あの人』私家本)

春見が情報班に転属となったのは昭和一九年七月で、稲垣よりも二カ月早く勤務していた。稲垣に春見のことを尋ねてみた。

「戦後は、一度もお会いしたことはありません。春見さんも、牧澤さんのお陰で捕虜の尋問は免罪にされたんです。終戦後は、無事台湾から帰国したということは聞いています」

戦後は、春見との交流はなかったようだ。ところで、二四歳で内地に復員した稲垣の戦後人生とは、どのようなものであったのか。

「昭和二一（一九四六）年に民間人に紛れて台湾から内地に帰還しました。基隆《きりゅう》から帰還船に乗船する時は、僕の軍歴がバレて検束されるのではないかと緊張しましたが、何事もなく無事日本に帰ることができました。名前も実名でした。日本に着いて直行したのは小牧の実家です。それから僕の戦後が始まるわけですが、岐阜工事局に復職できまして。次長で退職しました。五五歳定年でしたから昭和五二（一九七七）年に辞めた勘定になりますかな」

稲垣の戦後は、元の職場に復職してごく普通のサラリーマン生活を送り、定年退職を迎えたというものだった。中野学校に関わる思い出は、学生時代よりも「台湾軍参謀部情報班」に勤務した時のことが強く印象に残っているという。それは当然であろう。中野学校を卒業して、台湾で軍務に服した期間はおよそ一年。その一年の間に、戦犯指名もあり得た「捕虜虐待」事件に遭遇したわけだが、牧澤の処置で救出されたのである。そのことを稲垣は「信頼関係で結ばれた絆」と表現した。

中野学校「六丙」の卒業生は七八名であったが、戦死者一一名を出していた。そのほとんどが「南方班」で学んだ卒業生で、フィリピン戦線で亡くなっていた。稲垣の同期生で存命している者は一〇数名に過ぎず、その平均年齢は九〇歳を超えている。

最後の質問は、同期生の佐藤正のことであった。

「佐藤正さん？　まったく記憶にありません。その方、奉天の予備士を出た人なんですか。同期は七〇名以上いましたが、卒業すると任地はばらばらで、台湾行きを命ぜられたのは僕ひとりなんです。佐藤さんは関東軍に戻られたわけですね。残念ながら覚えていません」
稲垣から佐藤正の情報を引き出すことはできなかった。

（二〇〇九年六月取材）

証言13　小野田少尉と丸福金貨

昭和四九（一九七四）年三月一二日、フィリピンのルバング島から陸軍中野学校二俣分校出身の小野田寛郎少尉が生還して三四年の年月が流れていた。

私が小野田にインタビューしたのは、平成二〇（二〇〇八）年五月、場所は都内の病院のカフェテリアであった。当時、八六歳の小野田は検査入院の手続きで病院に来ていて、ついでに取材に応じるという段取りになっていた。インタビューは同伴者が手続きをする間のわずかな時間を割いて行ったが、小野田の「ルバング島の任務で話していないことがたくさんある」という一言に、私は身を乗り出してその先を促した。だが、同伴者が席に戻ってきたためその先の話を聞く機会を逸してしまった。以来、小野田の取材は同伴者のガードが固くて実現していない。

それから二年余りが過ぎた。しかし、私は小野田の口から洩れた「ルバング島での任務」のことが頭から離れなかった。その真相を何とか知りたいと思った。

その後、二俣分校卒業生を訪ねて取材を続けていたが、ある時一期生の一人から「村越君が静岡にいるはずだから、訪ねてみたら」とアドバイスを受けた。その時、彼は一枚のコピーを渡してくれた。コピーは手記の一部で『日本軍埋蔵財宝始末』と表題が付されていた。その手記を記したのは、小野田と同期の一期生でフィリピン戦線に配属された村越謙三《むらこしげんぞう》であった。

村越は、昭和一九（一九四四）年一二月、フィリピン防衛を担っていた第一四方面軍司令部参謀部防諜班に小野田と共に新任少尉として着任している。同期生三九名はフィリピン各地に配属されたが、そのうち二三人が任務遂行中に戦死している。

ちなみに、方面軍全体で勤務していた中野学校卒業生（二俣分校を含む）は総員九八名であったが、戦死者六六名、戦死率は六七％に達していた。

ところで、フィリピン当局がルバング島に残留日本兵がいることを知ったのは、終戦翌年の昭和二一（一九四六）年三月、投降日本兵の情報からであった。その時点で当局は、小野田寛郎、島田庄一、小塚金七、赤津勇一の四名の名を確認していたという。

それから三年して、赤津一等兵が島の北西部で地元警察官に保護され、マニラに送られて取調べを受け、一年後に日本に送還された。取調べで赤塚は当局から「埋蔵財宝」と「仲間のこと」を執拗に聞かれたというから、フィリピン当局はマルコス時代以前からルバング島の残留日本兵と埋蔵財宝についての情報を得ていたことになる。だが、その詳細が公表されることはなかった。

赤津が日本に送還された後、昭和二九（一九五四）年一〇月には島田伍長がフィリピン軍のレインジャー部隊に発見され射殺される。次いで、昭和四七（一九七二）年一〇月には小塚一等兵がジャパニーズ・ヒルと呼ばれていた丘の上で地元警察官に射殺された（小野田もそこにいた）。その結果、ルバング島に残ったのは小野田一人となっていた。

後述するが、小野田救出のために日本政府が予備調査を始めたのは、小野田と同期の山本繁一少尉がミンドロ島で保護されたことがきっかけになっていた。

村越家を訪ねたのは、平成二〇（二〇〇八）年夏のことだった。取材に応じてくれたのは長男

（五八歳）であった。

「親父が亡くなって九年になります。戦時中のことはほとんど話さない人でした。仲間がだいぶ戦死したようで、戦地では地獄を見たんでしょう。それと、中野学校のことに関しては、小野田さんの消息が報じられるようになってから、戦友の人たちと三回ほど現地に行ったことがあります。小野田さんのことだけは、なぜか父はよく話をしていました」

私は、持参した前出のコピーを見せて感想を聞いてみた。文章には以下の記述がある。「昭和四三年七月、大学の講師を通訳として立派な比島人が（自宅に）訪ねてきて、『ベン少年から、命の恩人に礼を言ってくれ、と頼まれて来た』という。二三年間、恩を忘れぬとは感心した。数日後、通訳が再び訪れ、『実は日本軍の埋蔵財宝の地図の所有者の確認が目的で、先日の比島人はマルコス大統領の情報担当の少将（長官の名はフロレンティノ・ビラクルシス）である』と語った」

長男は、何か思い出したようだ
「親父がこんなものを書いていたんですか。初めて見ます。昭和四三年といえば、私が高校一年の時です。思い出しましたよ。突然、家に父を訪ねて外国人数人が来たんです。村でも評判になりました。こんな田舎に外国人なんて、珍しい時代でしたから」

長男の記憶に残る村越家への外国人の訪問とは、何が目的であったのか。

「後で親父に聞いた話ですが、訪ねてきたのはフィリピンの軍人と大使館の人間だと言っていました。何でも、軍人はマルコス大統領の特使だと話していたそうです。当時、外国人が我が家を訪ねてきたことは県警にも知られていて、警備のために一カ月くらい私服の警察官が家の周りを警備していたことを覚えています」

五八歳の長男が高校一年の時に体験した外国人の突然の訪問。それは四二年前の一九六八年ということになり、年号は昭和四三年である。

村越宅を訪ねてきたフィリピン人は、軍人と大使館員であったと長男は父親から聞かされていた。村越とフィリピンを繋ぐ糸は、彼が遺した『日本軍埋蔵財宝始末』という手記のみである。

手記にあるベン少年とは「ベン・ファミン少年」のことで、手記の続きには「秘密保持の為に処置した方が良いという意見もあったので、自分が菊水隊転出の後を考えてトランク、布類を持たせて家に帰した者である」と記されている。村越は、戦地でベン・ファミン少年とは面識があった。そして少年にトランクを預けていた。では、肝心のトランクの中身はどんなものであったのか。

トランクを村越に預けたのは、同期の森井重次少尉（ヌエバビスカ州バンバンで戦死）であり、森井は村越に「日本軍が戦争に負けた時の、ゲリラ戦のための資金資材の埋蔵場所を記した地図だ」と話したそうだ。

フィリピンの埋蔵財宝といえば、「山下財宝」を連想する読者もいるだろう。現地では、今日でもその発掘が続けられている。

ちなみに、村越が転出した菊水隊とは三五軍が編成した「陸の特攻隊」とも呼ばれた切り込み隊であり、米軍との戦闘で隊員だった二俣一期生は村越を除いて全員戦死している。

小野田少尉のルバング島における「残置諜者」としての真の目的は何であったのか。

小野田の任務については、アメリカのジャーナリスト、スターリング・シーグレーブ夫妻が共著で、平成一五（二〇〇三）年五月にロンドンで『GOLD WARRIORS（黄金の戦士たち）』という四五〇頁のペーパーバックを出版している。

この本は未訳だが、チャプター11に興味深い記述があったので、小野田に関する記述を抜粋して訳してみた。小見出しは『POINTING THE WAY（道案内）』と付けられている。

彼（ベン）は戦時中、竹田皇子とともに財宝金庫の隠匿にルバング島で数週間過ごした。その時、ベンは小野田に会っていた。その施設を守るよう小野田に命じたのは竹田皇子であることをベンは知っていた。だから、命令は竹田皇子だけが解除できるのだ。数週間後、数人の日本の役人が小野田に投降を説得するためフィリピンに到着した。注目は谷口義美少佐に集まった。テレビでは小野田の司令官だと紹介された（中略）。数日後、小野田は日本に帰国した。だが、彼は近代的な日本には馴染めないと主張し、ブラジルのマタ・グロッツソにある大きな日本人所有の農園に送られた。ルバングの財宝が回収されるまで、誰も彼を訪ねて来られないように多くの護衛が付けられた。ルバング島での回収（筆者注：隠匿軍資金）は裕福な日本人旅行者のためのリゾート開発を装い、笹川が成し遂げた。それはマルコスの要望でやったことだと笹川は言った。

昭和四九（一九七四）年三月九日、小野田は救出隊に参加していた中野学校の元上官・谷口義美少佐から任務解除の命令を口頭で伝達され、この日を以ってルバング島における戦闘は終わった。同月一一日にはヘリで大統領府のあるマラカニアン宮殿に運ばれマルコス大統領に謁見。日本（羽田飛行場）に帰国したのは一二日であった。

フィリピンでは、小野田が救出される一八年前の昭和三一（一九五六）年一〇月にも、ミンドロ島で二俣一期生の山本繁一少尉他三人の日本兵が救出され、ロハスからマニラに護送されていた。この時の引率者は、日本大使館（日比友好条約が締結されたのは同年七月）の中川豊一書記官であったが、機内で中川は山本に「取調べの時は中野学校出身のことは話さないように」と釘を刺したという。中川の情報源は、俣一同期の末次一郎からであった。

しかし、山本ら四人が日本への帰国に際して乗船したのは、貨物船「山萩丸」の三等船室であった。上陸地は門司港で、四人は一一月二八日に日本の地を踏んだ。歓迎する日本人はほとんどいなかった。

一方、小野田の帰国は熱烈な歓迎を受け、その後日本中に「ルバング島の英雄・オノダ」ブームが巻き起こることになるが、この違いは何であろうか。

その後、時が経つにつれ小野田のルバング島における真の任務について「山下財宝」との絡みで語られることが多くなった。

山本は当時の大統領マグサイサイと謁見することもなかったが、小野田はマラカニアン宮殿でマルコス大統領と謁見している。その後、大統領の側近同席でマルコスと話し合う時間があったそうだ。もちろん、会談内容はオフレコで小野田もマルコスとの会談については今日に至るも一切語っていない。

これは私の推論だが、会議の席で小野田はマルコスに「ルバング島で守ってきた日本軍の隠匿財宝」の在り処について語ったのではあるまいか。大統領との謁見。フィリピン政府の破格の小野田への待遇。そして帰国。その一連の様子は日本で報道され、小野田フィーバーとなったわけだ。

それから二九年後、前述の『GOLD WARRIORS』が、取材に基づく事実(?)として出版され「山下財宝と小野田少尉」の関わりを暴露した。

文中に出てくる「竹田皇子」とは昭和天皇の従弟で旧皇族の竹田宮恒徳《つねよし》王のことであり、宮は昭和一八年(一九四三年)当時、参謀本部作戦課の少佐参謀(宮田参謀を名乗っていた)としてフィリピンに派遣され、マニラで軍務に就いていた。また「ベン」なる人物は「ベン・ヴァレモレス(村越謙三の手記ではベン・ファミン少年）」のことで、彼が竹田宮の従者として働いていたとシーグレーブは記述している。

また、文中の「谷口義美少佐」は中野学校二甲出身の情報将校で、小野田がマニラに着任する以前から第一四方面軍参謀部別班（看板は南方自然科学研究所）の班長として情報活動に就いていた人物である。「マルコス」とは当時のフィリピン大統領。「笹川」は東京裁判でA級戦犯として巣鴨プリズンに収容された後釈放され、戦後は日本のドンと呼ばれ競艇の収益金の配分を一手に握った日本船舶振興会の会長として君臨した笹川良一のことである。

シーグレーブは小野田寛郎―竹田宮―ベン・ヴァレモレス―笹川良一―マルコス大統領の関係を「財宝」に結び付けて論じているが、決定的な誤りは小野田寛郎と竹田宮の接点を取り違えたことにある。小野田が二俣分校を卒業してフィリピンに着任したのは前出の村越と同じ昭和一九年一二月。竹田宮が参謀本部作戦課の参謀職を解かれ昭和一八年八月に中佐に進級して満州の関東軍参謀として転出した後、内地の第一総軍防衛主任参謀に転属したのが四五年七月。満州時代もそれ以後も、竹田宮はフィリピンには戻っていない。このような初歩的なミスが散見できるシーグレーブの著作は、果たして「取材に基づいた事実」を記述したものなのか、疑問を呈さざるを得ない。

ところで、冒頭で記したように、小野田は「ルバング島の任務で話していないことがたくさんある」と語っている。小野田は任務の真相を私に話したかったのだろうか。残念ながら、その先は語らずに終わってしまった。だが、小野田のその言葉が気にかかり、同期生への取材を続けたことは既述の通りである。そして探し当てたのが前出の村越謙三の長男であった。

彼の父親は、貴重な手記を遺していた。手記の続きは、次のように記されていた。

「この時（昭和四三年）以来、マニラから地図を解読して（財宝資材の）埋蔵場所を教えてくれ、また我々は大統領の命令でやっているので生命の保障は必ずするからマニラに来てくれ、とひっきりなしに電話があった。そして四四年の秋、マニラ在住のバンクマン（銀行員）が地図一〇枚を持参して、解読してくれと懇願した。地図には上部に時計が記してあり、一枚に金参千萬と記してあり、計参億であった」

そして、手記の結語はこう結ばれている。

「昭和五四年四月、マルコス大統領と関係の深い某日本人が現地人の絵図を持参し、解読を求めてきたが、金に絡んだ話は危険が多いので、いずれも断り今日に及んでいる」

村越家にフィリピン人が最初にアプローチしてきたのは小野田が帰国する六年前で、帰国してからも一度日本人が訪ねてきていた。目的はいずれも「地図の解読」依頼であったが、小野田がそれらの人物と接触していたのかどうかは不明である。

執拗に村越家を訪ねてきたフィリピン人。彼らは持参した地図が山下財宝の在り処を示す地図と信じていたのだろう。この時、彼らが持参した地図は、ルバング島とは関係のない場所に隠匿された財宝を示す地図で、その地図こそ戦死した森井少尉が村越に預けた地図であり、村越はその地図をトランクに詰めて「ベン・ファミン少年」に渡したに違いあるまい。このトランクは何らかの経緯を経て、マルコス政権に回収されたようである。フィリピン人が最初に村越を訪ねてきた時、マルコスはすでに大統領に就任して三年目になっていた。ルバング島の残留日本兵についての情報も、当然マルコスは摑んでいたことになるが、代理人たちは村越にルバング島のことは質問しなかったという。

小野田と同期でフィリピン戦線に配属された岡山在住のB氏は、小野田の二九年間のルバング島生活を、「小野田がルバングで守ったのは丸福金貨だと思うよ。戦地は終戦末期になると軍票はまったく使えず、物資の調達は丸福でやっていた。ルソンからルバングに運んだのは安全性を考えての方面軍の命令だったと思うよ。目的は軍資金の隠匿、それ以外考えられない」と語り、小野田の「残置諜者」としての使命を推測した。

私がB氏に「小野田さんが守った軍資金は小野田さんの帰国後に笹川がマルコスと組んで発掘してしまったのではないのか」と聞くと、B氏は「笹川とマルコスの関係はわからない」と答えている。

笹川がルバング島の開発を目的に、現地に「リゾート施設」なるものを計画して建設を始めたのは事実で、その時期は小野田が帰国してからのことであった。開発は途中で中止されたものの、「リゾート施設」建設を理由にすれば土木機械を堂々と使えるわけである。開発は「隠匿された軍資金の発掘」が目的ではなかったのか。そして、手がかりの「地図」を笹川に渡したのが小野田であった、と私は想像した。

ところで、B氏の話に出てきた丸福金貨とはいかなるものなのか。

丸福金貨は戦争末期の私生児で、大蔵省や造幣局の記録にも載っていない（中略）。前線軍部の物資調達用に密かに鋳造された金貨であった。福・禄・寿の三種類を作り、そのうち比島方面に向けられたのが、マルの中に福の字を浮き上がらせたこの純金メダルであった。（ミノル・フクミツ『将軍 山下奉文――モンテンルパの戦犯釈放と幻の財宝』朝雲新聞社）

金貨カタログによれば、量目は「直径三センチ、厚さ三ミリ、重さ三一・二二グラム、品位一〇〇〇／二四」とある。要するに純金であった。この丸福金貨はメダル仕様で、戦後フィリピン各地で発見されているが、その総量は一〇〇〇枚にも満たない。大本営の情報参謀（中佐）であった堀栄三は、自著『大本営参謀の情報戦記』（文春文庫）の中でフィリピンに運ばれた丸福について記していた。

その量は金貨五〇枚ずつの木箱入り一〇箱を単位に頑丈な木箱で梱包、それが五〇梱包あったから、金貨の数は二万五千枚になる。表面に福の字が刻印されていたので関係者は「マル福金貨」と呼んでいた。

丸福金貨

丸福の一枚の重さは三一・二二グラム。二万五〇〇〇枚だと、その重量はネットで約七八〇キロ。取材当時の金価格は地金ベースで一グラム三九〇〇円台であったから、七八〇キロの総額は三〇億四〇〇〇万円ということになる。過去、ルソンやミンダナオで発見された数が推定で一〇〇〇枚といわれており、残りの二万四〇〇〇枚が仮にルバング島に軍資金として運び込まれたとしても、想像を絶するというほどの金塊ではない。「山下財宝」はルバング島とは関係なく、憶測に天上屋を重ねた結果、途方もない数量に膨らんでしまった幻の山吹色なのかもしれない。

元帝国陸軍少尉・小野田寛郎。彼は、本当にルバング島で山

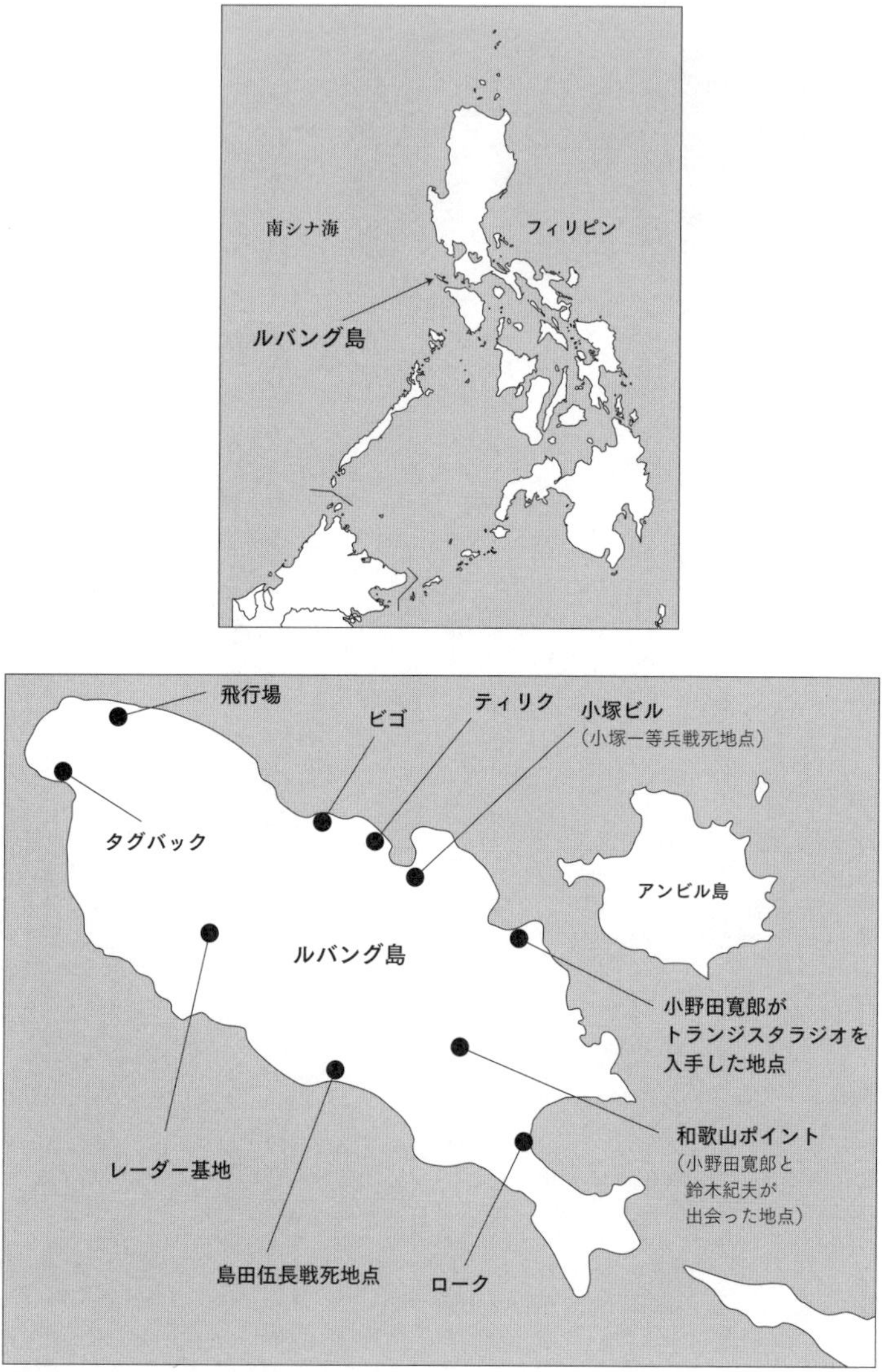
南シナ海
フィリピン
ルバング島
飛行場
ビゴ
ティリク
小塚ビル
（小塚一等兵戦死地点）
タグバック
アンビル島
ルバング島
小野田寛郎が
トランジスタラジオを
入手した地点
和歌山ポイント
（小野田寛郎と
鈴木紀夫が
出会った地点）
レーダー基地
島田伍長戦死地点
ローク

ルバング島略図

下方面軍の財宝を守るための番人として、二九年間もの長きにわたって「残置諜者」の任務を全うしたのであろうか。同期生の何人かは「小野田は間違いなく丸福を守り通したはず」と答えている。それが「残置諜者」としての小野田の使命だったのだろうか。

彼は、帰国に際して「天皇陛下万歳」と連呼した。しかし、帰国後は一転、天皇批判も辞さなかった。その心中を察するに、「天皇の金塊」を守ったことが「帝国軍人最後の奴隷」と自らの生き方を揶揄したのではないか。ルバング島では、未だ残り二万四〇〇〇枚の「丸福金貨」が発見されたという公式発表はない。当然であろう。財宝は既に二〇数年前に当時の独裁者マルコス大統領の手で回収されていたのだから。そして協力したのが笹川良一。この推論、決して的を外しているとは思わないのだが。

小野田寛郎、現在八七歳。中野学校二俣分校一期生出身。「残置諜者」の任務を全うして職務を完了したが、その後一度もルバング島を訪ねてはいない。いつの日か、彼が「ルバング島の真実」を語ってくれることを期待していた。だが、残念ながら二〇一四年一月、九一歳で没した。遺骨は茨城県内の曹洞宗 釣船寺《ちょうせんじ》に埋葬された。法名は生前戒名の「心忠院寛誉慈濟清居士」と付けられた。

（二〇一〇年八月取材）

証言14　関東軍最後の伝書使としてモスクワで拘束された卒業生

「斎藤さん『伝書使《でんしょし》』という仕事をご存知かな」

筆者は中村十一の唐突な質問に、答えに窮してしまった。

「伝書使という仕事はクーリエと呼びまして、外務本省や在外公館が発給する外交旅券を使って相手国に密書などを運ぶ職務なんですな。僕の場合は新京（満州国の国都）にあった日本大使館が発行した旅券で、シベリア鉄道を利用してモスクワの日本大使館内の武官室に密書を運んだんです。クーリエは外交特権に守られているので、携帯品の検査もフリーパスで、入国する相手国はこちらの身分が外交官なのか軍人なのか、スパイなのかわからないんです。各国はこのクーリエを使って情報戦をやっていたんです」

中村は九五歳になっていた。中野学校の卒業生で「クーリエ」の仕事をしたという人物に会ったのは、これが初めてであった。インタビューしたのは中央線沿線の閑静な住宅街に建つ自宅。インタビューには夫人も同席していた。庭からは蟬の鳴き声が聞こえてくる。

「ところで斎藤さん、貴方は僕のことをどこで知ったんですかな。中野学校時代のことが聞きたいと、訪ねてきたのは貴方が初めてです。失礼だが、私よりもだいぶお若い」。筆者（取材当時七二歳）はかいつまんで訪問した経緯を説明した。傍らの夫人（九〇歳）が「お父さん、今日、斎藤さんと、お目にかかる約束をしたでしょう。忘れたんですか。駄目ね、お父さん。呆けましたか」

夫人が笑みを湛えながら中村に言い聞かせた。

「そうか、約束していたんだな。失礼した。ところで、なんで最初にクーリエのことを話したのかな?」

「お父さんの中野時代で、いちばん記憶に残っているお仕事だったんでしょ」

夫人がすかさず、諭した。インタビューは、こんな雰囲気で始まった。

「僕は山梨県の小淵沢の出身でね。生まれは大正七年（一九一八年）一一月で、中野学校に入学したのは昭和一五（一九四〇）年一二月、卒業は大東亜戦争が始まる年の七月でした。同期生は一〇〇人超いました。期は「二乙短」で、卒業すると同時に満州の関東軍司令部参謀部第二課に、任地が決まったんです」

大正七年一一月生まれといえば、関東軍に配属されたのは二三歳ということになる。中野学校に選抜される以前の経歴は、どのようなものなのか。

「僕の実家は農家で、長男です。学校は県内の中学を卒業すると、東京渋谷の常盤松《ときわまつ》にあった「東京農業大学」（現在は世田谷区桜丘に学校本部がある）に入学しました。親戚の家から通学していたんです。徴兵は第一師管区内（筆者注：連隊区は東京、山梨、神奈川、千葉、埼玉の五県）の第五十七連隊、所謂、佐倉連隊で、入隊して一年新兵教育を受けている間に幹部候補生の試験を受けて合格して、中野に選抜されたんです」

中村十一氏

農大ではどんなことを学んでいたのだろうか。
「農芸化学ですな。将来、実家に帰って家業を継いだときに役立つと思ったからなんです。それが、部隊で幹部候補生の教育中に中野学校入学を命ぜられたんです。どんな学校なのか、まったく知らされていませんでした」
将来、農業に役立つ学校として農大を選んだ中村は、幹部候補生の教育を受けると中野学校に入学している。入校生の学歴は多士済々。一般大学、高等工業や高等農林、高等商業（一期生の牧澤義夫が卒業している）、中には高等工芸学校を卒業したものもいた。中村が配属された関東軍司令部参謀部第二課といえば、関東軍が全満州に配備している部隊の情報中枢で現場機関のハルビン特務機関とも呼ばれた関東軍情報部（筆者注：最後の部長は中野学校の創設者であった秋草俊少将）とは密接な人事交流があった。

「僕は、第二課（組織図参照）の軍情班に配属されました。ここは、ソ連の軍事情報を分析、評価（戦後、思わぬところで就職に役立っていた）する部門で、外部の機関は満州国保安局や外交部とも密接に関わっていました。軍情班には四年いましたが、新京（筆者注：関東軍総司令部の所在地）から他の部署には移動しなかったんです。それがですね、大尉に進級した終戦二カ月前の六月に、モスクワの日本大使館（筆者注：佐藤尚武大使）へ伝書使として派遣されたんです。最後のクーリエでした。その時代も、シベリア鉄道は全線動いていました。クーリエは一等寝台車を利用できたんですが、コンパートメントとはいえ、二人同室の個室なので他の客を用心しなくてはなりません。同室者はモスクワまで乗っていましたが、おそらくNKGBのスパイではなかったかと思うんです。日本語の達者な男で食料や酒などを振舞ってくれましたが、僕は総て辞退しました。過去に『この手に乗って』外交行李を奪われたケースがあることを、参謀部の佐官から聞かされていたので、用心したわけです」

中村は、モスクワ行き最後のクーリエであったと語る。中野学校卒業生で最初のクーリエに指名されたのは一期生の渡辺辰伊と猪俣甚弥《いのまたじんや》の二人で、その後七人が指名され中村は最後のクーリエになった。モスクワに着いた中村はどこに向かったのか。

「お父さん、よう、思い出してきましたね。シベリア鉄道のことは聞かされていましたが、そんな、危険なことをやっとったんですか。初めて聞くことばかりです」

夫人が傍らで、その先を催促する。

たしかモスクワで、ソ連の官憲に拘束されたと聞いているが。

「そうなんだ、大使館の武官室に秘密文書を届けて一週間の休暇を現地でとったんだが、七月になると日ソ関係は急速に冷え込んで、大使館を出ることすら危険な情況になっていた。大使館で館員がソ連当局の手で軟禁されたのは八月一〇日ころだったと記憶しています」

日ソ関係は戦闘状態に入ったわけで、外交も断絶してしまった。それで、中村は外交官の一人として軟禁されたわけだ。

「市内のホテルに軟禁されたんです。他の館員の人たちと一緒に。ホテルを出ることは禁じられていましたが、ホテル内では比較的自由に動けました。気になったのは、僕の本来の身分が分かってしまうのではないかという危機感でしたが、ソ連側は僕の経歴を外交官として認識していました。軟禁されたのは半年ほどで二一（一九四六）年の二月にはシベリア鉄道に乗せられてウラジオストックに送られました。この時は他の館員の人たちと一緒に帰国したんです。横浜に上陸したのは三月になっていました」

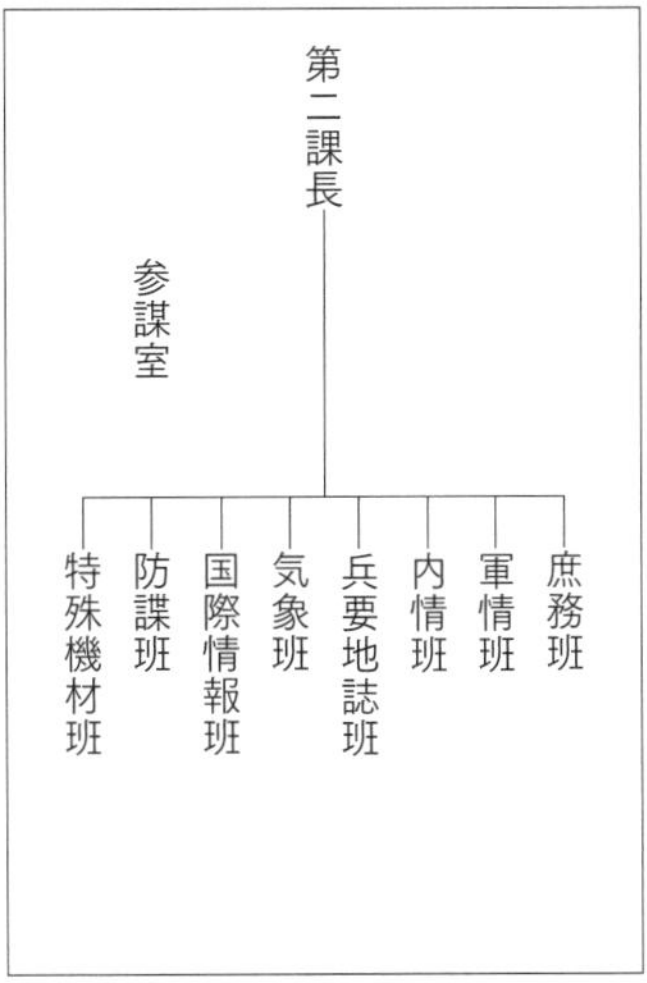

関東軍司令部参謀部第二課 組織図

二八歳で帰国した中村は、幸運にもシベリアに抑留されることはなかった。クーリエとしての身分が安全を保証したわけだ。もし、中野学校卒業の情報将校であることが分かってしまえばスパイとして銃殺されたか、裁判で厳しい判決を受けて強制収容所送りになったことも、十二分に有り得た。シベリアの話になると表情が曇ってきた。

「関東軍の情報部に勤務したものが何人か、裁判もなしでシベリア送りになり、凍土の中で果てています。ソ連はスパイに対して厳しい国ですから……」

夫人は立ち上がって茶の用意をしてくれた。一刻、休息することにした。雑談は戦後の話になった。

「結婚は帰国してからで、家内は甲府の出身なんです。僕が三〇のときでした」

夫婦の会話はしばし、新婚時代の思い出に花が咲いた。

「お父さん、帰国してからGHQのことを話したことがありますね。何をしていたんですか」

夫人が話を切り替えてくれた「結婚して、すぐに僕一人で上京したね。あの時は、中野時代の先輩の紹介でGHQの中にあったソ連情報の分析やソ連極東地域の兵要地誌に関係する部門で働いていたんだよ。その部署には日本人が結構、いたからね」

私は「ヤマザキ機関」について質問してみた。「それは、知りませんね。GHQに、そんな秘密機関があったのですか。僕は歴史編纂室で働いていましたから『ヤマザキ機関』については、何も知りません」。中村は「ヤマザキ機関」とは別の「歴史編纂室」で働いていたようだ。

「ヤマザキ機関」とはG－2が組織した旧陸軍参謀本部の第二部第七課（支那課）で、一九四四年から支那班長を務めていた山崎重三郎中佐がチーフとなって、G－2が求める朝鮮半島情勢を分析できる兵要地誌を作成していた日本人グループの秘密機関である。G－2内部では「Yセクション」と呼ばれていた。このYセクションでは中野学校出身者も働いていたが、中村の勤めていた「歴史編纂室」とは、まったく交流がなかったという。

私は中村と同期の者がYセクションで働いていたことを伝えたが、中村には心当りがなかった
「僕は編纂室で関東軍時代に調べていたソ連関係の情報を整理していたんです。GHQはソ連の情報や知識は、たいして持っていませんでしたよ。この歴史編纂室はウイロビーG－2部長が有末さん（筆者注：終戦時の参謀本部第二部長の有末精三中将）に協力させて立ち上げたユニットでした」

諮《はか》らずも中村の口から「歴史編纂室」のことを知ることになった。中野学校卒業生の一部の人たちは、中村を含めて戦後ＧＨＱで情報関係の仕事に就いていたことが分かってきた。

「ＧＨＱを辞めたのは一九五〇年代で、朝鮮戦争が始まる直前でした。給料はよかったですが、臨時の仕事よりも安定した職場で働くことを考える時代になっていたんです。退職すると総理府の外局（内閣調査室）に勤め、数年後にはそこで紹介された神奈川県座間にあった在日米軍の情報部門に勤めました。その後、大手の電機会社に伝があったのでその重電メーカーの調査部門で定年退職するまで務めたんです」

中野学校を卒業し、関東軍で情報将校として参謀部に勤務した中村十一は、最後のクーリエとしてモスクワに赴いた「人生の僥倖はシベリアに抑留されなかったことだ」と、話を結んだ。中村に関して『陸軍中野学校』には「中村大尉は、シベリア鉄道最後の伝書使となり、終戦により抑留され、米国経由帰国することになった」と記されているが、本人が語る戦後の人生は、まるで違っていた。

（二〇一三年八月取材）

第五章
陸軍が主導して創った巨大商社

幻の商社「昭和通商」

児玉誉士夫の証言

現在の中央区日本橋小舟町一帯は戦前、貿易会社や銀行、老舗の繊維問屋が軒を並べる東京でも有数の商業地域であった。この小舟町には昭和前期の時代、日本の石油王と呼ばれた小倉常吉が経営する「小倉石油」の豪華な五階建てビルが建っていた。常吉は自社ビルの完成を見ることなく逝ったが、ビルは戦後も生き残り、一九八九年八月に全面改築されて七階建ての新社屋が新築された。

場所は東京メトロの人形町駅から歩いて五分の地。現在の会社は「小倉興業」と商号変更されている。私がこの地を訪れたのは、昭和という長い時代の中でわずか七年しか存在しなかった陸軍中野学校と小倉石油ビルの四階に本社を置いていた「昭和通商株式会社」（以下、昭通と略す）という幻の商社が深く関わる封印された歴史を紐解くために、六七年後の今日、そこの現場を見ておきたかったからである。

当時のビルの建築様式は現在とはだいぶ違っていただろうが、この界隈では目立つビルであった。昭通社員は通勤時にビルを見上げてから玄関ドアを押したかもしれない。当時の住所は日本橋区小舟町一丁目四番であった。

私が昭通に関心を持ったのは、その社員だった山本常雄が著した『阿片と大砲』（PMC出版）の中に、「昭通が阿片ビジネスに深く関わり、中野学校の卒業生が社員に偽装していた」という元調査部長の証言があったからだった。中野学校の卒業生は昭通の中で、一体どんな仕事をしていたのか。ここ数年、中野学校を追ってきた私はここに注目したのである。

昭通は中野学校が創設されてから一年後、日中戦争さなかの一九三九（昭和一四）年四月二〇日に設立されたが、その誕生はきわめて特異な経緯を辿っている。なにしろ、昭通は陸軍省の肝煎りで作られた会社で、存在したのはたったの六年間だけである。

昭通が存在したことを証明する公式の資料はほとんど残されていない。唯一見つけることができたのは防衛研修所戦史室（現在は防衛研究所戦史部）が編纂した戦史叢書の一冊、『陸軍軍需動員2実施編』に収められている「昭和通商株式会社の設立」というものであった。

昭通の設立経緯については後述するとして、まず、この幻の会社が戦後、突然浮上したことから説明しておかねばなるまい。それは、一九七六年二月の三木内閣の時代に米国で発覚したロッキード贈収賄事件が発端であった。この事件で田中角栄《かくえい》首相は失脚し、刑事被告人となったが、関係者の一人として逮捕された児玉誉士夫の取材の過程で、「読売新聞」は児玉が巣鴨プリズンにA級戦犯として収監されていた一九四六年当時のGHQ・G2の尋問記録を発掘した。

その記録の中に昭通に関する証言が収められていたのである。

少し長くなるが、貴重な証言なのでその問答を掲げておく。

問い　あなたは「昭和通商会社」を知っていますか。
答え　知っています。
問い　この会社の組織について知っていることを話して下さい。
答え　詳しいことは知りませんが、陸軍の作ったもので、南方方面で特別な商売をする会社で、社長が陸軍の予備大《マ》佐《マ》で、堀三也という人であり、広東の支店長その他に五・一五事件の関係将校が入っていたということです。
問い　おもにどういう商売か知っていますか。
答え　南方方面に陸軍の使った古い武器を売って、代わりに軍需物資を買ってくる仕事でした。
問い　あなたはこの会社に関係したことがありますか。
答え　あります。紹介したのは参謀本部の白井大《マ》佐《マ》か、その友人だったと思います。
問い　あなたは、この会社が「ヘロイン」を南方との取引に使ったことを知っていますか。
答え　私も二度ほど社長に頼まれて、日本の製薬会社関係から昭和通商にあっせんしてやったことがあるから知ってます。
問い　その品物は何で、数量はどのくらいですか。またいつごろですか。
答え　品物は「ヘロイン」とかいう物で数量は二回で七、八〇万円だったと記憶します。一回目は昭和一五年、二回目は昭和一六年と思います。
問い　それはだれに頼まれましたか。
答え　社長から直接です。
問い　日本でその当時、そのような麻薬をだれでも取引してよかったのですか。

答え　医者と、薬屋の営業許可のある者以外はもちろんだめですが、昭和通商は薬の営業許可を当局から取っていたし、それを使ってバーターすることを陸軍から許可されていたからできたのです。

問い　あなたがたずさわったのは、個人としてですか、参謀本部の嘱託としてですか。

答え　もちろん嘱託としてです。白井大佐にそのことを話したら、昭和通商は陸軍の特別の機関だし、軍務局も承知しているはずだから、あっせんしてやるように言われたし、また世話をしておいて、将来工作費の二百万も出させてもよいからというようなことでした。

問い　陸軍省が昭和通商にそのような（麻薬の）仕事をすることを許可していることをだれに聞きましたか。

答え　それは、会社が陸軍の命令で動いているのであるし、また社長から陸軍の了解の上だと言明されました。陸軍証明のある買い付け証明書をもらったことを記憶しています。

問い　そのヘロインが何と、バーターされたか知っていますか。

答え　タングステンだったと思います。

問い　南方でタングステンとバーターされたことをどうして知りましたか。

答え　自分が品物をあっせんしただいぶ後に、社長が第一回の物は南に送ったら内容がニセ物だったと言ったので、南シナ方面に送られたことを知りました。

問い　あなたはどこの製薬会社からそれを買いましたか。

答え　会社から直接ではなく、二回ともそのような仕事をする商売人からでした。

問い　昭和通商は、なぜ直接買わずに、あなたに頼んだのですか。

答え　製薬会社は公定では引き合わないので、品物があっても、ヤミ値でないと売らないのです。

当時、医者以外の者が大量に入手する場合は、正面から軍が命令しても無いといって売らないから、仲介人をいれてヤミ値で売買するのです。

問い　昭和通商が南方方面に武器を売っていたことについて話してください。

答え　直接関係していないから知りません。ただ昭和一五年ごろ、エチオピア方面のイタリア軍かドイツ軍に、特別な船で武器を送っていたことを、関係していた知人から聞いているくらいです。

問い　昭和通商はいつまでありましたか。

答え　戦争が終わるまでです。

（「読売新聞」朝刊、一九七六年四月二五日付。尋問記録はカタカナ表記になっている）

おそらく昭通について戦後初めて明かされたのは、「読売新聞」がスクープしたこの児玉尋問記録が初めてであろう。また児玉は「戦後最大の黒幕」「政財界のフィクサー」と呼ばれた絶頂期に、国際記者の走りといわれた元毎日新聞の大森実によるインタビューで、昭通が関わっていた〃金塊〃についても得意気に語っている。

大森　やはり最後の方は金塊が来なくなるから、麻薬で交換やられたのかと思っていましたがね。

児玉　いや、私は金塊に不自由しなかったんです。東京の大蔵省が、無刻印ですよ。無刻印の金塊を作りましてね。

大森　へーえ。

児玉　そして大きな箱に、一船、上海にくれたんです。これを昭和通商の方にも分けた。私のところが大部分です。

（大森実『戦後秘史1―日本崩壊』講談社文庫）

この問答は、金塊の入手が途絶えたので代わりに阿片で物資の買付けをしたのか質問したくだりである。無刻印の金塊を一船分、大蔵省が児玉機関に渡したというが、その船の大きさや金塊の重量など具体的なことを児玉は語っていない。この証言も、尋問記録と同じように信憑性に疑問があるが、戦時中は「阿片」と呼ばれていたヘロインや金塊を昭通が扱っていたことは事実で、児玉が売買になんらかの形で関与していたこともあったのだろう。

昭和通商の概要

児玉の尋問記録やインタビューから、昭和通商の片鱗がおぼろげながら見えてきた。では、先述の「戦史叢書」に記された会社の姿を概観してみることにする。発足は「陸機密第六十七号」の通牒で、昭和一四年七月二九日に創立されている。また、この会社が陸軍の指導で作られたことが「昭和通商株式会社指導要綱要旨」に明記してある。

方針　本会社は国産兵器の積極的海外輸出と陸軍所要の外国製兵器及び軍需用原材料、機械類等の輸入を実施し、陸軍の施策遂行とその機密確保のため設立されたものであるから、その使命を達成するように積極的に指導する。

これがため陸軍においては、法規その他事情の許す範囲で便宜を与えるとともに、他面会社の経営に対し強度の監督を行なう。

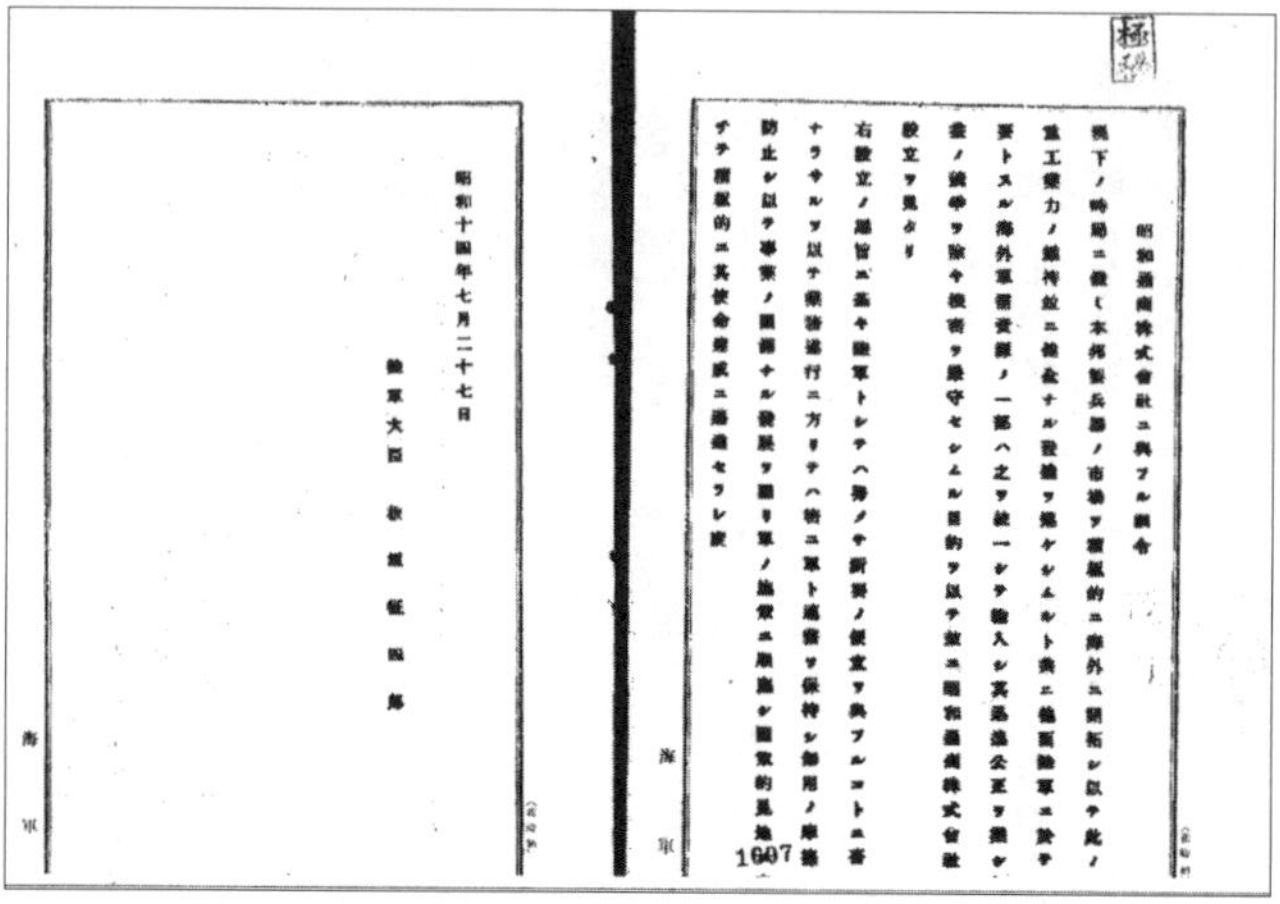

昭和通商株式會社ニ與フル訓令

現下ノ時局ニ鑑ミ本邦製兵器ノ市場ヲ積極的ニ海外ニ開拓シ以テ此ノ種工業力ノ維持並ニ伸張ニ資スルト共ニ他面陸軍ニ於テ要トスル海外軍需資源ノ一部ハ之ヲ統一シテ輸入シ其ノ過不足ヲ調シ益ノ競争ヲ除キ投資ヲ保守セシムル目的ヲ以テ茲ニ昭和通商株式會社設立ヲ見タリ

右設立ノ趣旨ニ基キ陸軍トシテハ同ノ便宜ヲ與フルコトニ吝ナラザルヲ以テ業務遂行ニ方リテハ常ニ軍ト連繋ヲ保持シ御用ノ弊ヲ防止シ以テ事業ノ圓滑ナル發展ヲ圖リ軍ノ施策ニ順應シ國策的見地ニ立チ積極的ニ其使命ノ達成ニ邁進セラレ度

昭和十四年七月二十七日

陸軍大臣　板垣征四郎

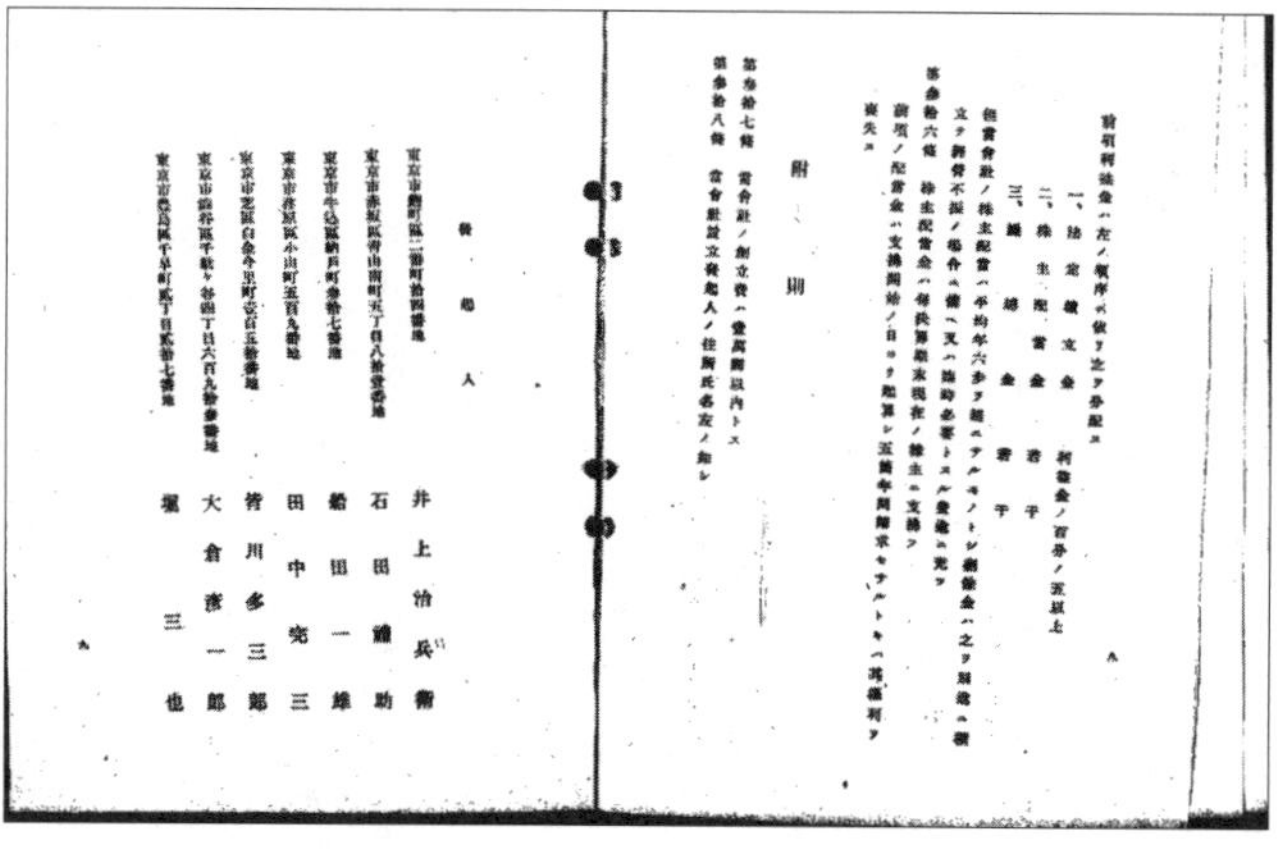

附則

第參拾七條　當會社ノ創立費ハ壹萬圓以内トス

第參拾八條　當會社設立發起人ノ住所氏名左ノ如シ

發起人

井上治兵衛
石田禮助
船田一雄
田中完三
皆川多三郎
大倉彦一郎
堀三也

（上）「昭和通称株會社ニ興フル訓令」と題された〝極秘〟資料（複写）は、元昭通社員の島田隆之（仮名）によって秘蔵されていた　／　（下）「昭和通称株式会社定款」には発起人として、三菱商事会長・田中完三、三井物産取締役・石田禮助らが名を連ねている要するに、昭通は陸軍の監督と指導の下で兵器の輸出入を手がけるという主旨で発足した会社であった。資本金はどうか。定款には「一千五百万円」とあり、株主について指導要綱は、「本会社は業務の性質上、軍事上の秘密に関することが多く、業績に浮沈のある国策会社であるから、株主は最小限にする」と定めている。

国策会社という理由から、株主に選ばれた民間会社は三井物産、三菱商事、大倉商事（旧大倉財閥の商社）の三社で、それぞれが三等分して資本金を醵出《きょしゅつ》した。一社五〇〇万円の出資であった。しかし、三菱は昭通の前身であった「泰平組合」という中古兵器を輸出する組合に参加していなかったため、出資金は減額されたという説もある。

昭和一四年当時の白米一〇キロの値段は三円二五銭。今日の白米一〇キロは標準的な価格で四〇〇〇円。資本金一五〇〇万円は一八四億五〇〇〇万円に相当する。いずれにしろ、この出資金を三社が用意できたのは財閥企業であったことと、商売としてのメリットを計算しての投資であったといえる。

昭通の会社概要は以上の資料でおおまかなことは理解できたが、児玉の証言にもあるように、裏の取引では莫大な利益を生む「阿片」や「金塊の密輸」などのダーティなビジネスにも手を染めていた。

社員のOBが書いた『阿片と大砲』

昭通の社員は児玉の証言にあるような裏ビジネスに直接関わっていたのだろうか。

少なくとも会社の上層部は裏ビジネスに関わっていたことを承知していたようだ。たとえば、取締役調査部長のポストにあった佐島敬愛《よしなり》は次のような証言を残している。

昭和通商の仕事は専ら、軍備を増強するため、現地派遣軍に物資を蒐集する協力に力点が置かれるようになった。と同時に、中野学校の諜報員を昭和通商社員に仕立て上げて、各地に配置し情報活動に力を注ぐ裏の仕事も比重を高めるようになった。

このことは、会社としてはおそらく堀専務だけが知っていることで、あとの者は誰も知らない極秘の事実であった。（『阿片と大砲』、傍点引用者）

佐島は「阿片」や「金塊」といった具体的なことは語っていないが、「裏の仕事も比重を高めるようになった」と、暗に裏ビジネスが存在したことを認めている。

佐島は京都の三高を卒業後、単身渡米してウインシスコン大学で学び、カレッジを卒業すると三井物産ニューヨーク支店に勤めた。その後物産マンを辞め満州に渡り、当時関東軍参謀長の職にあった小磯国昭少将の紹介で満洲航空に入社した。

彼が満州で知り合った人物の中には、中野学校の創設者の一人で、関東軍参謀の岩畔豪雄大尉がいた。のちに佐島を昭通の調査部長にリクルートしたのが岩畔であった。

昭通と裏ビジネス、そこに中野学校卒業生が関わっていたという証言を佐島から得た山本常雄は、自ら昭通の歴史を調べるために先輩たちを訪ね、その成果を貴重な記録として残した。それが、『阿片と大砲』と題した出版物である。

彼は現在、湘南のある町に夫人と二人で生活しているが、八七歳（取材時の二〇〇五年一〇月）の高齢は病に冒されていた。

山本は私の不躾な質問を黙って聞き入っていたが、昭通の裏ビジネスについては肯定も否定もしなかった。答えの代わりに渡してくれたのが前出の『阿片と大砲』であった。

ところで、佐島証言の中に堀専務という人物が出てくる。

彼は児玉の尋問記録にも名前が出てくるが、のちに昭通の社長になる堀三也のことで、実兄には『三太郎の日記』で知られる阿部次郎がいる。堀は一八九〇（明治二三）年三月、山形県生まれの陸軍軍人で、陸士（二三期）、陸大を卒業後、フランスに駐在武官補佐官として赴任した。専門は砲術。いわゆる大砲のエキスパートであった。

しかし、軍での階級は砲兵大佐で終わり、予備役（少将）に編入された。将来、将官として陸軍の兵器行政のトップに立つといわれていた堀が大佐で予備役に編入されたのは、闘病生活で軍務に耐えることができず自らの意志で退役を申し出て、陸軍を退いたからといわれている。

その堀を昭通の実質的なトップに推したのは陸軍側代表の菅晴次兵器局長で、彼は陸士で堀の二期後輩であった。巷説では大佐で予備役に編入された堀三也の才を惜しんだ菅が、堀を昭通の専務に推薦したという。堀と菅は人脈的に直線で結びつく強い関係にあったわけだ。

中野学校の卒業生が昭通と関わりを持つのは、陸軍人脈の中でも参謀本部の第八課に直結した中野学校だからこそで、陸軍御用商社の昭通の社員に身分を変えることが容易であったこと、商社マンに身分を欺騙すれば戦地での情報活動がスムースに行えるという利点からだった。

私は『陸軍中野学校の真実―諜報員たちの戦後』で、中野学校卒業生の戦後を追跡したが、そのときの取材では、関係者から昭通の話題は一言もでなかった。いまにして思えば、中野学校と昭通が深く関わっていたことを見落としていたことに気付くのである。そして両者の関係を明かすことができれば、新たに中野学校の隠されていた真相に近づくことが可能なのではあるまいかという期待を賭けての取材を再開した。しかし反面、難しい取材になることも覚悟していた。

知られざる阿片ビジネス

一〇トンの生阿片

戦時における情報戦では、破壊工作や謀略工作、それに敵地への潜入工作といったハードな作戦の他に、これらを実行するための工作資金の入手も重要な任務となる。

日中戦争の時代、こうした資金の捻出で手っ取り早いのは「阿片」の売買であった。舞台は中国になるが、前出の『阿片と大砲』では、昭通北京支店に勤務していた田中昌作という人物が阿片ビジネスに関わっていた事実を明かしている。

北支方面軍（引用者注：昭和一五年当時の北支方面軍司令官は多田駿《はやお》中将・陸士一五期）から、突然、資金工作に阿片取扱いの話がもち上がってきた。当時、あのように歩の良い商売はないと目されていたのが阿片売買で、それは支那派遣軍全体の風潮にあったようだ。おそらく南京の総軍あたりから出た話と思う。

当時、阿片一両（八匁《もんめ》三分《ふん》）が張家口《ちょうかこう》で二十円のものが、天津で四十円、上海で八十円、シンガポールへ行くと百六十円という具合の値上がり率だった。これによって得た資金は、昭通の物資収買の際の資金として大変役立ったが、物資調達の上で有効なばかりではなく、宣撫工作用としても大いに活用された。

中野の卒業生も中国には相当の人員が派遣されていたから、田中と同じことを「作戦」として実行していたことが推察できる。田中の証言には「八匁三分」「百六十円」といった数字が出てくるが、現代の感覚ではピンとこない。今日の数字に換算すると、「生阿片」の八匁三分は約三五グラムで、百六〇円は一二万八〇〇〇円になる。仕入れ価格は二〇分の一だから儲けは巨額になる。昭通はその利益を軍の秘密工作資金に提供していたのである。

しかし軍が「阿片工作」の主戦場とした場所は、南方よりも大陸の支那（中国）であり満州（中国東北部）であった。そしてマーケットは大都市の上海であった。では、昭通はどの程度の阿片を扱っていたのだろうか。

取引回数は不明だが、『阿片と大砲』には、一九四二年の夏に〝高貴薬工作〟と称する阿片取引に関わった元広東支店の熊谷久夫の証言が残されている。

昭和一七年夏、この頃になると、工作物資としては金と阿片しかなかった。少量で高価という点でも工作物資にはうってつけで、わたしは軍からこれを工作に使えといわれて張家口へ二回出張し、約一〇トンを宰領した。この宰領は南支軍の参謀長からの添書を携行し、途中は一切、軍の手配により、特務機関を通じて秘密裡に引き取ったから、出先の昭通の店でも知らないことだった。この阿片は生阿片で石油缶に詰めて重爆撃機で広東に運んだ。宰領には昭通からわたしと他に一名、軍から中尉が搭乗していた。広東空港に着くとすぐに軍司令部へ運ばれ、ここから工作の都度、昭通に引き渡された。

一〇トンの生阿片とは驚くべき数字である。張家口では一両（三五グラム）二〇円で取引されていた。当時の二〇円は今日の一万六〇〇〇円に当たる。先述の計算をあてはめてみると、一〇トンの生阿片の値段は、現在の価格で約四九億円である。シンガポールで捌いた場合は一両一六〇円ということなので、総額では約三九二億円という数字になる。

だがこの数字は広東支店一店で扱った瞬間的な数字である。中国には昭通の支店が広東以外にも北京、上海、南京、漢口、香港と置かれていて、その下には出張所や駐在員事務所などのネットワークが形成されていた。広東支店の場合は証言者がいたので、具体的な数字を計算することができたが、証言した数字以外にも、広東支店ではるかに大量の生阿片を捌《さば》いていたと推察できる。しかも、その数字はあまりにも巨額で、とても計算できる数値ではない。

「阿片機関」興亜院

張家口から陸軍の重爆撃機で生阿片を広東に運び込めるほど、昭通は軍の手厚い保護下にあった。その上、軍の高官から「通行手形」まで交付されていた。つまり、軍は阿片取引には直接表に出ることはなく、代行機関として昭通を動かしていたわけである。

張家口は河北省の大都市でモンゴルと結ぶ交通の要所。昭和一七年当時は大本営直轄の「駐蒙軍」の軍司令部が置かれていた。それ以前、関東軍は一九三九年に傀儡政権の蒙疆《もうきょう》連合自治政府を作って、この地を阿片取引の拠点とした。関東軍が傀儡政権を作った目的は、〝ケシ栽培〟の奨励にあった。

その事実を端的に示す資料が、佐藤弘『大東亜の特殊資源』(大東亜出版)という書物に記述されている。

西亜、欧州方面よりの輸入が途絶えたことは、屡々《しばしば》、述べた通りである。そこで、之に代はる供給地を近くに求めやうとしても、支那、満州は共に輸入国であり、印度は未だ英国の手中にあるといふ状態である。

唯一注目すべきは最近、蒙疆地方に阿片を、数量は不明であるが、輸入し始めたことである。蒙疆地方に於ける阿片の年生産額は約一千萬両（約三七五瓲《トン》、但し一両は約一〇匁）と称されてゐる。この中、五百萬両は地場消費に当てられ、残り五百萬両に奥地より（甘粛、寧夏、青海方面）搬入される五百萬両を加へた合計一千萬両が輸出される状態である。

蒙疆地方は阿片の一大生産地であった。関東軍はこの地に目をつけて傀儡政権を作り、阿片の独占を図った。そして商品の阿片を昭通に売買させて工作資金を捻出したのである。当然、昭通も儲けのおこぼれにあずかったことは言うまでもない。おこぼれといっても、その金額は膨大なものであった。

もう一つ蒙疆阿片に目をつけていた東京の中央組織があった。それはのちに「阿片機関」とまで言われた興亜院である。

興亜院は、対中国政策を一元的に処理するために一九三八年一二月に内閣に設置された機関で、総理大臣を総裁、外務・大蔵・陸軍・海軍の四大臣を副総裁として、外交分野を除き、中国で処理する政治・経済・文化に関する政策の立案・実施、現地に作られた国策会社の監督にあたった。

ここで実権を握っていたのは陸軍軍人であった。実務トップの総務長官、次席の政務部長は陸軍出身者で占められ、東京の本院には政務部、経済部、文化部、技術部が置かれた。出先機関として北京、上海、厦門《アモイ》、張家口に「連絡部」が置かれ、青島と広東には出張所も開設していた。

興亜院が「阿片機関」とまで称されたのは、現地に作られた連絡部や出張所がすべて阿片と関わりのある場所を拠点としたことにある。また、ブランチの責任者には現役の陸軍軍人が就いていた(たとえば三九年三月に開設された蒙疆連絡部の部長は陸士二〇期の酒井隆中将)。

連絡部は、占領地行政を担当していた支那総軍参謀部の出先機関の陸軍特務部とも関係が深かった。両者の関係については、戦犯容疑で逮捕され、東京裁判の証人として連合国側に宣誓供述書を出した里見甫《はじめ》が次のような供述をしている。

上海に於ける特務部が解散になりました。而し興亜院の支部が設立されました。その職務は支部の占領地域に於ける日本政府の政治的、経済的、文化的事柄を取扱うことにありました。楠本中佐(当時)は興亜院上海支部の副部長(華中連絡部次長)になりました。興亜院の経済部は阿片と麻酔剤を担当していました。(中略)

興亜院は阿片の取扱いを維新政府に引渡すことに決めました。維新政府は内政部の下に戒煙総局を作りました。阿片の配分のために宏済善堂が組織されました。

維新政府とは、北京の北支那方面軍のバックアップで作られた中華民国臨時政府に対して中支那方面軍がてこ入れして南京に樹立させた政府のことで、両政府とも親日中国人士を指導者に据えており、臨時政府側は上海に戒煙総局に置いた。しかし、それは単なる形式だけの組織であって、実権は上海の陸軍特務部が握っていた。

理由は「阿片」の独占であった。この里見は中国名〝李鳴《リーミン》〟の名を用いて、阿片売買を仕切る宏済善堂の副理事長として辣腕を振るい、上海では「阿片王」と呼ばれていた人物であった。

上海をはじめとして北京、厦門、張家口、青島、広東に置かれた興亜院の連絡部や出張所には中野学校卒業生が勤務し、また昭通の支店が存在した。中国大陸では、興亜院、軍特務部、昭通、中野学校の四者が阿片を通じて太いパイプで結ばれていたのである。

また、「蒙疆阿片」を保護していた駐蒙軍は、大本営の直轄部隊の任を解かれると、北支那方面軍の指揮下に置かれ終戦まで支那派遣軍の一翼を担っていた。

「楠本機関」を追う

私は長年に亘り中野学校関連の取材を通して多くの卒業生の知遇を得たが、その一人に五丙出身の土屋四郎がいる。その土屋に教えてもらった人物が、第四章で記した小田正身なのだが、残念ながら和歌山の自宅を訪ねたときは、亡くなっていた。目的は任地先のバンコクで昭通に関係していた事実の、詳細を聞きたかったからだ。

夫人の話によれば、小田は戦後になって日本に引き揚げてくると、地元の化学プラント会社に就職して定年を迎え、九年前の四月にすい臓ガンで亡くなったという。生前に残した手記や日記がないかどうか、夫人に確認してみたが、そうしたものは皆無であった。

昭通がバンコク支店で主に扱っていた〝商品〟は禁制品の阿片なのだ。児玉誉士夫はGHQ・G2の尋問で、「ヘロインを社長に頼まれて日本の製薬会社関係から昭和通商にあっせんしてやったことがある」と答えている。

昭通は斡旋された「阿片」を、軍需物資購入の決済資金に使うため、バンコクに運んだのではないだろうか。そして、現地で阿片を宰領したのがバンコク支店で、責任者が「楠本機関」の楠本明(小田の変名)という図式が成り立つのではないか……。

タイ国駐屯軍には参謀部が置かれ、中野出身者が諜報任務の他に「情報、防諜、宣伝」業務に就

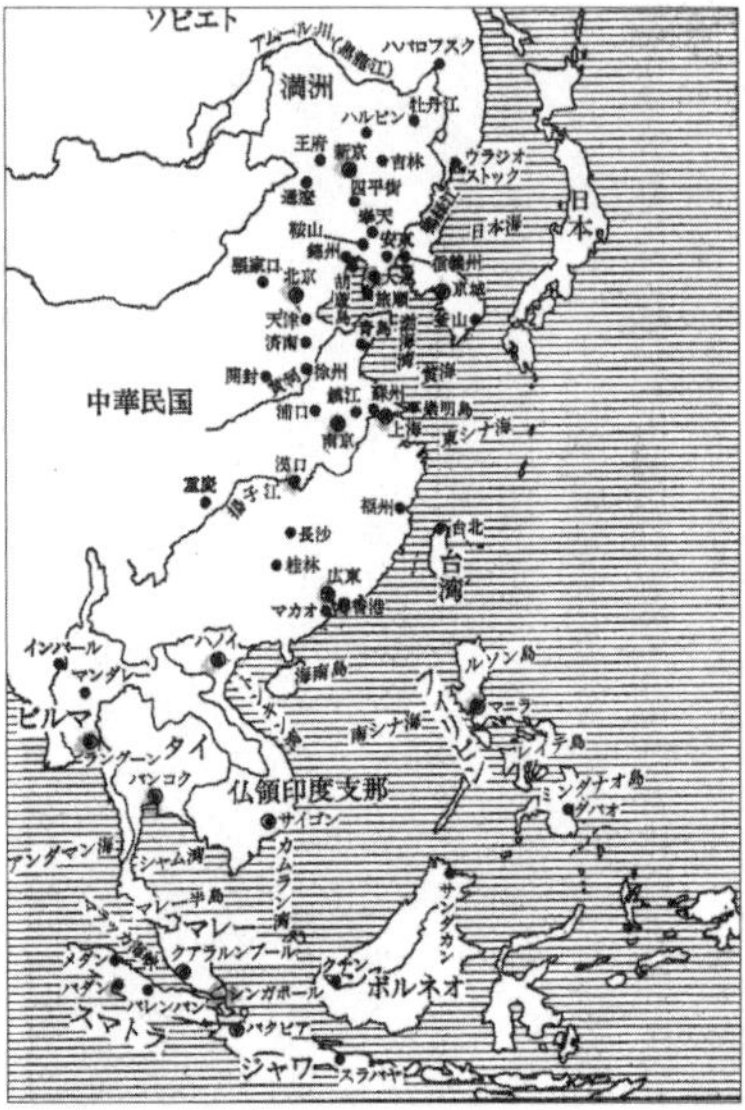

昭和19（1944）年当時のアジア地図。昭通の支店は、地図上にある新京、大連、北京、南京、漢口、広東、香港、マニラ、ハノイ、ラングーン、バンコク、シンガポール、パダンにあり、アジアにおける広大なネットワークを形成していた

いていた。

昭通と「民族研究所」

最盛時三〇〇〇人を超える社員を抱え、支店網は中国、満州、東南アジアはいうに及ばず、北米、中南米、ヨーロッパにまでネットワークを広げていた昭和通商は阿片だけを扱う商社では決してなかった。

前述した昭通取締役調査部長の佐島敬愛が陸軍、とくに関東軍の人脈にコミットしてゆくのは、満州で岩畔と親しくなってからであった。彼は昭通に入社してからは調査部長の職務柄、頻繁に海外出張をこなしていた。そして「民族研究所」の関係者とも懇親を重ねていくことになる。

民族研究所は、日米開戦半年前の一九四一年六月に閣議決定で文部省直轄の研究所として正式に設立が決まった組織だが、近衛内閣の総辞職などのアクシデントがあり、再出発したのは開戦後の四三年一月であった。

民族研究所は、「大東亜戦争ヲ遂行シ大東亜建設ヲ完遂スル為国策遂行ニ関連アル諸民族ニ関スル基本的総合的調査研究ヲ掌ル機関ヲ設置スル緊急ノ必要アルニ依ル」、つまり国策機関として大東亜圏内の諸民族を調査研究することを第一の目的として作られた機関であった。調査となれば当然、フィールドワークという現地調査を欠かすことができない。それには資金が必要になるが、文教予算だけでは賄いきれない。ここで軍との関係が密接になってくるのだが、研究所開設に奔走したのが「独逸《ドイツ》民族学」の研究者・岡正雄である。彼はウィーンに留学して日本研究所の所長を務めていたが、休暇で帰国する途中、シベリア鉄道の車中で偶然出会ったのが佐島であった。岡はある座談会で佐島との出会いを語っている。

一九四〇年にウィーンから日本へ帰る汽車の中で、昭和通商の佐島敬愛と知り合い、彼の助力で陸軍から資金を出させて民族研究所を作った。（中生勝美『近代日本の人類学史　帝国と植民地の記憶』風響社）

また別の資料からも民族研究所が昭通から多額の資金援助を得ていたことがうかがえる。

国策会社の昭和通商は、民族学協会（引用者注・民族研究所の外郭団体）に多大の資金援助をするばかりではなく、その海外支店では、民族研究所から派遣されてきた調査団に、宿泊や交通手段の手配などに加え、現地での調査資金を援助していた。（民族学協会の昭和九年度事業報告書）

昭通が民族研究所に便宜と多額の資金援助をしていたのは、軍が求める現地情報（兵要地誌も含む）の収集という目的があったからこそで、官製の研究所が軍に協力することは当然の成り行きでもあった。佐島は軍と研究所のパイプ役も果たしていたわけである。

また前出の中生の調査によると、民族研究所は設立以来、満州、蒙疆、支那、西域、南方地域に前後一三回の現地調査を実施しているが、最も精力的にフィールドワークをしたのは蒙疆と支那であった。

そして最後の調査は一九四五年七月、終戦一カ月前に実施された満蒙、支那での調査であった。この時のメンバーは一四人。そのうちの一人で戦後、東京外国語大学に奉職した河部利夫名誉教授は、終戦で満洲の安東から朝鮮半島の釜山経由で下関に引き揚げてきた時の様子を雑誌記事の中で語っている。

昭和通商の証明書は驚くほどきいた。敗戦後の混乱時、釜山から日本へ向かった船も、この証明書をみせると、最敬礼で乗せてくれた。満員の船になかなか乗れない軍人がそれを貸してくれと拝み倒すので、貸してやり、その軍人の妻子を乗せてやったことを覚えている。下関から東京に向かう列車も、昭和通商の証明書でタダだった。（佐野眞一「満州・上海の『闇社会』を牛耳った二人の男」、『プレジデント』一九九八年八月号）

証明書には昭通の嘱託社員であることが明記されていた。混乱期のこの時代でも昭通の身分証がいかに〝神通力〟を持っていたか、その証左であろう。だが、後述するが、正社員だった山本常雄の戦後史とはだいぶ扱いが違っていたようだ。昭通の社員はほとんどが謀略工作といったことには無縁のビジネスマンであった。貿易実務や調達する軍需物資の専門知識はもっていても、裏ビジネスの取引や謀略工作に関しては素人である。それゆえこれらの裏工作を担当するのが中野学校卒業の経歴を隠して昭通社員になりすました諜報員たちであった。特に、阿片の売買は中国や満州が舞台であったことに、私は興味を持った。

中国や満州に派遣された中野の卒業生がすべて昭通の社員になりすましていたわけではない。が、中国だけでも六カ所に支店を構え、満州には母店の新京支店（現・長春）の他に大連、奉天の二カ所に出張所が設けられており、この地には中野の卒業生も特務機関の要員として派遣されていた。

いずれにしろ、中野学校卒業生と昭通社員が中国や満州で呉越同舟の関係で仕事をしていたことは、バンコク支店同様に間違いあるまい。陸軍中野学校の学習プログラムには謀略のテクニックも組まれていた。両者はともに帝国陸軍が作り上げた組織なのである。中野学校同様に昭通が公式の記録をほとんど残さなかった理由こそ、昭通の真実の姿を明かしているといえまいか。

山本常雄は『阿片と大砲』のあとがきで、昭通について次のように記している。

わたしの知っていた昭和通商は、戦時下経済を支えるごく普通の商社活動をしていた商社であったが、調査部機能による情報収集や諜報・謀略活動を始め、物資調達や宣撫工作の見返り品として旧式兵器が枯渇すると満州産の阿片をふんだんに使っていたことなどは初めて知ることであり、わたしにとっては大きな驚きだった。

社員であった山本すら、昭通の実態を知ったのは戦後であった。その記録を残すためにOBたちの証言を集めている中で、昭通が行っていた裏ビジネスの世界を聞かされたのである。

そして、「確かな記録はほんの一片を残しているのみで現存しない」とも書いている。その一片の記録とは「昭和通商株式会社の設立」という防衛研修所戦史室が収集した保存資料であることに間違いあるまい。確かなことは、中野学校の卒業生が昭通社員になりすまして情報収集や諜報・謀略活動に深くコミットしていたという事実を、山本の著作が証明してくれたことである。

終戦直後の密輸事件

昭和通商は日本の敗戦ですべてを失ってしまったのかといえば、どっこいただでは幕を引かなかった。終戦後、一部の社員が満洲の関東軍の糧秣倉庫に隠匿されていた生阿片一二トンのうち八トンを日本に持ち帰るという作戦を実行したのである。

この密輸作戦に昭通の社員が一枚嚙んでいたという事実を明かしたのは、終戦の年に神戸支店で残務整理をしていた海老沢行秀《ゆきひで》であった（のちに彼は逮捕されて一年の実刑判決を受けている）。

発端は一九四五年九月二日。終戦の翌月に生阿片を積んだ機帆船が韓国の釜山港から九州の唐津港に到着した。だが、日本官憲の船内捜索を危惧して密輸船は荷を陸揚げすることなく、次の目的地神戸港に向かった。しかしここでもひと悶着あって荷を陸揚げすることができず、密輸船は急遽、和歌山港に目的地を変更した。理由は、生阿片を保管する場所探しのためであった。保管は冷蔵倉庫である。その倉庫を探したのが海老沢であった。

結果は和歌山港から最終目的地の徳島県小松島港に向けて密輸船が紀伊水道を航行中、米軍機に発見されてあえなく御用。生阿片はＧＨＱのＣＩＳ（民間諜報局）の下部組織であった第四四一支隊和歌山ユニットに押収されてしまった。そして事件は公判に付され、関係者は処罰された。関係者の中には密輸船を見逃したとして県知事や警察部長、それに警察署長まで実刑を科せられるという厳しい判決であった。

ところが和歌山ユニットが押収した肝心の、八トンの生阿片は証拠品として裁判所に提出されることはなかった。八トンの生阿片の末端価格は当時でも少なく見積もって一〇〇億円をくだらない金額であった。では、証拠品はどこへ消えてしまったのか。押収したのは日本側が手を出せない聖域のGHQである。占領下の日本側官憲が証拠品について詮索することは一切認められていなかった。

伝聞によると、生阿片はMP（軍警察）に護送された軍用トラック三台に載せられて和歌山から東京へ向かったという。しかし、その先は闇の中である。幻の昭通を語る生資料は今日存在しない。消えた一〇〇億円の生阿片。それは、戦後日本復興の秘密資金として使われたという説もあるが、真相は六〇年経った今日に至るも、時間という歴史の闇の中に封印されてしまった。そして関係者も次々と他界して、戦後、昭通の元社員たちで作ったOB会の「昭通会」も、会員不足から数年前に解散した。

昭通OBが語る戦後

二〇〇五年一〇月下旬の秋日和の一日、ひさしぶりに山本常雄の家を再訪した。この日、山本は体調がよかったせいか、布団から半身を起こして取材に応えてくれた。八七歳になる彼の話は終戦直前の引き揚げから始まった。

「私の戦後は平凡な人生でした。終戦は新婚早々の妻と新京支店（満州国時代の国都）で迎えました。それから内地に還るまでが一苦労で、新京支店では『疎開団』を結成して満鉄線を貨車で乗り継ぎ、安東に出たのです。安東は朝鮮の新義州《シンウイジュ》と鴨緑江《アムノッガン》を挟んだ対岸の街で、ここまで来れば安全に内地に還れるということでした。

しかし街はソ連軍が押さえていて鴨緑江は渡れませんでした。疎開団は望郷の念で数カ月待ちましたが、ソ連軍が国境の橋を渡ることを認めてくれず、諦めてまた新京に戻りました。しかし、このときは上り列車は走っておらず安奉線の線路に沿って集団で新京を目指して歩いたのです」

山本は新京で疎開団を結成して満鉄線を乗り継ぎ、安東まで辿り着いたという。戦前の満洲国安東市の人口は、終戦当時で二〇万人（中国人一六万人、朝鮮人一万五〇〇〇人、日本人二万五〇〇〇人）の大都市であった。鉄道は終戦の混乱でダイヤは正常運転ができない状態であったのだろう。定時運転であれば満鉄本線の連京線（新京―大連間）と安奉線（奉天―安東間）を直通で走る急行列車が運転されていたので、新京から安東まで乗り換えなしで一六時間で到着することができた。

戦前の安東の鉄道状況を説明しておく。朝鮮総督府鉄道局が管理していた朝鮮鉄道の釜山桟橋駅から「京釜《キョンブ》線」と「京義《キョンウイ》線」を乗り継いで朝鮮半島を縦断して、国境河川の鴨緑江に架かる長さ九四〇メートルの鴨緑江大鉄橋を渡ると満鉄線の安東駅に到着する。朝鮮側の国境駅は新義州であった。また安東はそこを起点に支線が四路線も運行されていた交通の要所で、満洲国の南のターミナル駅になっていた。満鉄線と北満鉄道で満州国の北の国境駅「満州里」まで行き、シベリア鉄道に乗り継げば陸路でモスクワ、ベルリン、パリへも行け、東京駅からパリ行きのキップが買えた時代もあった。それを可能にしたのは朝鮮、満州、支那を鉄道で結ぶ「朝満支連絡線」が運行されていたからである。

安東市は戦後、中国の遼寧省丹東《タントン》市と名を変え人口は周辺部を合わせると二六〇万人に達している。昔も今も街の観光スポットの第一は鴨緑江で、対岸は朝鮮の新義州。鴨緑江大橋は朝鮮戦争時に米軍の爆撃を受けて破壊され、現在は「鴨緑江断橋」の名がつけられて市内の観光名所になっている。丹東市へは大連から入境するのが一般的だが、韓国の仁川港から丹東市の西南四〇キロにある東港《トンコウ》には航路が開設されており、フェリーが一昼夜で仁川と東港を結んでいる。興味をもつ読者は一度、このルートを利用して丹東市へ旅行してみるのも一興ではなかろうか。かくいう私も、過去二回、このコースを利用して丹東から鉄道で本渓、遼陽を経由し、さらに鉄道を乗り継いで旅順まで取材旅行をしている。

山本は安東市で数カ月間、帰国できる日を待つために待機していたという。しかし、鴨緑江を渡ることができず、今度は上りの安奉線に沿って新京に戻っていった。

山本の話を続ける。

「新京には四日かかって着きました。新京で得た情報に大連から内地に還れるという噂が流れ、今度は、列車で大連に向かったのです。そして錦州の葫《コ》蘆《ロ》島《トウ》に集結して博多に引き揚げてきたのが昭和二二年の秋でした。上陸すると帰国の手続きがあり、それが終わると私は貨車に乗って上京しました。目的は本社への帰還報告でした。その時代本社は日本橋から八丁堀に移転していましたが、ビルは焼け残って建っていました。

迎えてくれたのは堀社長はじめ幹部の人たちで、『ご苦労様でした』と渡されたのが五千円の現金だったんです。

私は、昭通に生涯を賭けたつもりです。それが五〇〇〇円でおさらばとは、情けないやら悔しいやらで、本当に、惨めな気持ちでした。戦後は、野村貿易をはじめ、何社かの貿易会社に勤めました。

そして、時間の経つうちに、昭通の歴史をなんとか記録しておかねばと、関係者を訪ねはじめ完成したのが『阿片と大砲』でした。書き上げるまでに一〇年近くか

鴨緑江断橋の先端。対岸は新義州の街。左は、中国・北朝鮮を結ぶ新鴨緑江橋（筆者撮影）

かりました」

山本の戦後は、決して順調な人生の再出発とはいいがたかった。私は回顧談の途中、なんども中野学校の卒業生に心当たりがないかどうかを、山本に繰り返し質問した。だが、山本の記憶の中に中野学校関係者の名は残っていなかった。

「中野の人たちが昭通にいたことは、戦後に再会した堀さんから聞いたことはありますが、私の周りに中野の人はいませんでした。もっとも、スパイ学校の卒業生ですから、自分から身分を明かすことなどあり得ませんね。ひょっとしたら、私が勤めていた新京支店にもいたのかもしれませんが、しかし今となっては永遠の謎です」

山本の話は、ここで終わった。ため息をつく表情には寂寥感が漂っていた。昭通で過ごした三年余りの時間が、山本にとっては青春時代の生きた証しであった。

昭通の悲劇は陸軍の専門商社として誕生したことにあった。OB組織である昭通会が存在したころ、座談の席では決して阿片の話は出なかったという。

もっとも、昭通が軍の下請機関として阿片売買に関与していたことを知る元社員が、限られていたという事情もあってのことで、座談の席では話題になることもなかったのではあるまいか。昭通が解散したのは一九四五年八月二〇日で、最後の取締役会の席上で決定した。終戦から五日後、六年間存在した昭通はこの日をもって会社としての機能を完全に停止したのである。精算事務を担当したのは宮田洋一常務であった。

今日、わずかに残る記録の中に昭通の真実の姿が隠されている。その文字の裏側に潜んだものは、何を語りかけているのだろうか……。一九八六年七月八日、堀三也の追悼会が山形県酒田市近郊の曹洞宗宝蔵寺で行われた。これに集まった昭通会のメンバーは一三名。この中には山本常雄、海老沢行秀、調査課長だった五島徳二郎もいた。懇親会の席上、海老沢と五島が阿片についてはじめて語ったという。陸軍中野学校と昭通の関係を知る中野関係者は少ない。あるいは知っていても、阿片や金塊の密輸が絡んだ謀略工作を語ることに抵抗を感じる人も多いだろう。

当時、中野卒業生は一〇〇名以上が関東軍に派遣されており、配属先でもっとも多かったのが情報本部（通称ハル特）の各支部で、特務機関と称されていた。本部はハルビンに置かれ支部は一四に及んだ。関東軍総司令部の置かれた新京にはハル特の支部はなかったが、中野卒業生は総司令部参謀部第二課（情報担当）に配属されたものが二〇名を超えていた。ちなみに第二課の組織は「庶務班・軍情班・内情班・兵要地誌班・気象班・国際情報班・防諜班・特殊器材班」の八班編成になっていた。

また他にも満州国外交部や治安部でも、中野卒業生は勤務に就いていた。外交部では出先のチタ総領事館とブラゴベシチェンスク総領事館の外務書記生の身分であった。戦後、行方不明になった中野卒業生の中でもっとも多くの未帰還者を出したのも、関東軍と満洲国で勤務していた人たちであった。行方不明者はほとんどがシベリアに抑留されるか、スパイとしてソ連軍に現地で処刑されたといわれているが、真相は藪の中である。それと、行方不明者の中には戦後、別人に変身して内地に帰還したものもいるが、その実態はまったく分かっていない。

そのあたりの事情を校史『陸軍中野学校』は次のように記録している。

終戦を境として自決によって軍人の生涯を閉じた者、収容所から脱走を決意して不幸にも逮捕処刑された者、抑留中病死した者、職務の特性上厳しい追及を受け未だ生死の分らない未帰還者など尊い犠牲となった人々の記録は、中野学校々史の一つとして後世に語り継がねばならないであろう。

第六章

陸軍中野学校と陸軍登戸研究所の強い絆

極秘兵器と機材の研究と開発

陸軍中野学校と陸軍登戸研究所（正式名称は第九陸軍技術研究所）は、ほぼ同時期に東京・九段と神奈川・稲田登戸にそれぞれ開所された。

中野学校は昭和一三（一九三八）年七月に「後方勤務要員養成所」として、登戸研究所は昭和一四（一九三九）年四月に「登戸出張所」として開所した。この二つの陸軍の〝極秘組織〟に関係した人物に岩畔豪雄がいる。岩畔は著書の『昭和陸軍謀略秘史』の中で二つの機関について語っている。明治三〇（一八九七）年生まれの岩畔は、当時七〇歳。以下、同書から引用する。

――参謀本部に一二年にお移りになった時には第四班へ行かれ、第八課になる。そのほかに中野学校をやられたわけですか。

岩畔　中野学校の創設と、偽造紙幣とかそういうことを中心とする謀略資材の研究所を設置することをやったわけです。そして、私が軍事課長（昭和一四年二月）になった時に、第一一研究所（ママ）ということで作ったわけです。

――一一というのはあまり意味がないのですか。

岩畔　そうです。みんな順番にあるわけです。みんなそれぞれ別なものです。たとえば、昔は研究は技術本部というものと科学技術研究所というものがあったわけです。科学技術研究所というのは主として毒ガスをやったわけです。技術研究所というのは大砲とか兵器をやっていたのです。私はそれをバラバラにしてしまったのです。

第八研究所というのは、たとえば、兵器とかそういうものになる材料を研究するところ、大砲をやるのは第X研究所、ガスは第X研究所というようにみんなバラしてしまって、そして一一研究所（ママ）というのを作って、それを、兵器本部という一つの機関を作って、それにみんな統合させたわけです。

昔の組織は、陸軍省があって、陸軍大臣の下に兵器局というものがあって、兵器局の下に兵器本廠と造兵廠と技術本部、科学研究所の四つの機関があったわけです。それを全部、陸軍省の内部機構から離して、大臣に隷属する兵器本部というものを作った。海軍に航空本部とか艦政本部があると同じような形になったわけです。そして研究所を独立さしたわけです。それで、篠田さんが大将（ママ）になって第一一研究所を始めたわけです。

――そういう中野学校とか情報や謀略の近代化ということなんですけれども、そういうことを岩畔さんが思い立たれた動機というのはどういうことですか。

岩畔　私は、戦争というものは、第一次的に冷戦的なもの、武力戦以前の問題で勝負がつくのではないだろうかという感じを昔から持っておったものです。

（カッコ内は筆者）。

なかなか軽妙な岩畔の語り口である。しかし、瑣末《さまつ》的なことで恐縮だが、岩畔の証言には事実誤認がある。例えば「科学技術研究所」なる名称が出てくるが、これは、大正八（一九一九）年四月に発足した「陸軍科学研究所」が正しい。また、「第11研究所」を「登戸研究所」と語っているが、陸軍の研究所は、一〇の専門分野と昭和一八（一九四三）年六月に「電波部門」を統廃合して、新たに陸軍大臣直轄の「多摩陸軍技術研究所」が設立された。第八技術研究所は「軍用諸材料」「火薬化学工業の基礎研究」「材料研究」を担当し、登戸研究所は「第九陸軍技術研究所」であり、「極秘兵器機材の研究開発」を担当していた。岩畔は「多摩陸軍技術研究所」を一一番目の研究所と理解していたのだろうが、シリアルナンバー「11」に該当する研究所は存在しなかったのである。

私は、登戸研究所のドキュメントを、昭和六二（一九八七）年六月に『謀略戦・陸軍登戸研究所』（時事通信社）として発表しているが、同書の中で中野学校と登戸研究所の兼任教官であり、登戸では「破壊殺傷機材」の研究・開発を担当した第二科一班長の伴繁雄《ばんしげお》（取材当時八六歳。平成五年に没）をインタビューしている。以下、その一部を抜粋する。

中野学校ではボクも教官をやっていましたが、日本の課報、謀略戦が組織として本格的にスタートしたのは、昭和一三年以降のことで、中野の卒業生や憲兵隊の課報部門が活動を始めてくると、各種の機材の要求も多くなり、科研の研究室（陸軍科学研究所第二科研究室）では応じられなくなったので、昭和一四年四月に登戸に移転して「陸軍科学研究所登戸出張所」の看板を出したわけです。その出張所が、後年、「第九陸軍技術研究所に」発展拡充したのです。

（カッコ内は筆者）

伴の他にも登戸研究所には、〝無線の高野〟として名が知られていた高野泰秋がおり、高野も中野の教官を兼任していた技術少佐であった。

高野が実用化に成功した「諜者用無線機」は、ランドセルを一回り大きくした程度、重量は約八キロというハンディタイプで、送受信機と足踏式の発電機が組み込まれた画期的な通信機だった。当時、実用機の空中線出力は一キロワットが標準という中で、同機は五キロワットを誇り、送信距離は数キロから二〇〇〇キロまで可能だった。短波用通信機としては最先端の技術を駆使して設計された機材であり、ハルビン特務機関でも使用されていた。

各地の諜報活動を支えた登戸の技術力

中野学校の正史を記録しているとされる『陸軍中野学校』は、登戸研究所について次のように記している。

陸軍中野学校が諜報、宣伝、謀略、占領地行政等の秘密戦に携わる要員の人的養成機関であるのに対して、この登戸研究所は、秘密戦を物的に支える資材、器材の研究、開発及び製造機関であった。従って、登戸研究所の技術開発には、中野学校出身者の実用意見が数多く採り入れられ、また中野学校出身者の担当任務には、この研究所で製造した資、器材が必要不可欠なものが多かった。このため、登戸研究所と陸軍中野学校との間には密接不可分の関係があり、八名の中野出身者が同研究所に派遣されたのも当然といえよう。

『陸軍中野学校』には「この研究所で製造した資、器材が必要不可欠なものが多かった」と記されているが、具体的なものとして、次のような資、器材があった。

無線傍受用全波受信機、諜者用無線機、有線無線電話盗聴用増幅器、携帯用録音機、不法発信電波探索用方向探知機、紫・赤外線型秘密インキ、超縮写用写真機、小型偽装写真機（ライター型、マッチ型、ステッキ型、鞄型、ボタン型）、遠距離用望遠写真機、夜間撮影用暗中写真機、時計式時限信管、科学式時限信管、温度信管、偽装拳銃（万年筆型、ステッキ型）、宣伝車（セ号車）、缶詰爆弾、小型焼夷筒

他にも応用、関連機器材を含めると二〇〇点あまりを開発していたが、実用化に至らなかった機器材もある。登戸研究所で開発・製造された機器材は、中野学校の実験隊での試験を経て、合格したものだけが戦地に送られ、実戦で活用されたのである。

五丙出身の土屋四郎（平成二四年三月取材。当時九二歳）は、同期の多くが中国、満州、南方のビルマ、タイ、フィリピンに派遣される中、一人だけ実験隊に配属された。土屋は、実験隊で粘土爆弾の試作に関わっていたことは先述した。

戦地では関東軍情報部がもっとも多くの機器材を対ソ情報収集のために活用していた。

私は一期生で「皇統護持工作」（第二章で詳述）を主導していた猪俣甚弥少佐の記録を調べたが、猪俣は関東軍情報部（ハルビン特務機関）で特殊通信隊長をしていたときの状況を中野校友会東北支部の会報で次のように書いている。

情報部は、主に対ソ情報の収集が命課で防諜、謀略、宣伝を専門に担当していました。登戸研究所からは盗聴用マイク、方向探知機、小型録音機、諜者用無線機、偽装拳銃といった機材の供給を受けていました。

猪俣は「宣伝」も担当していたと講演で語っているが、この対ソ宣伝工作には「セ号車」という特殊車両が使用されていた。現地でこの特殊車両を運用していた技術指導員の北沢隆次《りゅうじ》（取材当時七五歳、平成一七年、九六歳で没）を、『謀略戦ドキュメント・陸軍登戸研究所』執筆のために私は取材した。当時、北沢は次のように語っていた。

「関東軍参謀部第二課（情報）に二年ほど出向したのち、昭和一五年にハルビン特務機関（関東軍情報部）に派遣されました。特務機関での仕事は、ソ満国境で、ゴム風船にスターリンがおしりをまくって卵を産んでいる漫画を描いた宣伝ビラを積み込んで、ソ領に向けて飛ばしていたんです。なぜ、そんな漫画を描いたのかというと、スターリンはグルジア人なので、スラブ人がその漫画を見ると蔑視した図になるんです。目的は反戦ムードを煽ることでした」

満州領からソ連領に偏西風が吹く夏の時期、ハルビンの北西に位置する海拉爾高原から宣伝ビラを積み込んだ風船を飛ばしたという。この宣伝ビラを撒くために使用した自動車は、登戸研究所が開発したもので、車内には印刷機から印刷材料、拡声装置、録音装置、通信機、映写装置、水素発生装置等が搭載されていた。さらに北沢は、盗聴工作についても次のように語ってくれた。

「盗聴については有線盗聴器を使っていました。国境沿いに置かれたＮＫＶＤの監視小屋に、白系ロシア人を使ってマイクロフォンを仕掛け、情報収集にあたっていました。日本側の白系ロシア人スパイには三科（紙幣はじめ旅券、身分証明書などを偽造していた部門）で偽造したソ連のパスポートや、証明書、領収書などをもたせて、スパイ活動をやらせていたんです。盗聴ということでは、戦争末期には日本の高官の身辺にまでおよんでいましたね。吉田（茂）さんが戦時中、拘引されたとき、独房に登戸研究所が開発した盗聴器を科学憲兵隊の技術班が仕掛けたこともありました。それだけ性能が高く評価されていたわけですが、実戦で使える盗聴器を開発していたのは登戸研究所だけだったでしょうな」

ソ連邦の保安組織を統括していたＮＫＶＤは昭和一六（一九四一）年二月、対情報工作、国境警備、ゲリラ工作、国内治安を専門に担当させる組織としてＮＫＧＢ《エヌカーゲーベー》（国家保安人民委員部＝のちのＫＧＢ）を新設した。北沢が情報収集のために国境沿いの監視小屋に盗聴マイクを仕掛けた相手はＮＫＶＤの国境警備隊であった。

前述の中野学校出身の情報将校である猪俣は、ハルビン特務機関で特殊通信隊長（当時は中尉）を務めており、当時の実務は次のようなものだった。

一　開戦時（日ソ戦）における情報部と支部の情報専用通信網の構築
二　諜者用無線司令通信基地の開設並びに交信準備
三　対ソ投入諜者および対ソ挺進遊撃隊との交信を常時確保する
四　威力謀略部隊配置無線手および独立挺進諜報員の教育
五　白系露人諜報員に対する無線教育

右の内容を見てわかる通り、特殊通信隊の任務は、通信機材を活用して対ソ情報を入手することが命課であり、この任務には登戸研究所が開発した各種の通信機材が、当然のことながら使用されていた。この特殊通信隊に配属された中野学校出身者は、猪俣をはじめとして将校、下士官が四名おり、他の隊員は関東軍の各部隊から選抜された通信兵であった。ちなみに、中野出身者は関東軍情報部の本部と一四の支部を含めて四〇〇名が配属されていたが、終戦直後には半数以上がソ連に抑留されたり、戦病死している。中には、スパイとしてソ連軍に処刑された者もいた。その代表格が最後の関東軍情報部長であった秋草俊少将。秋草は「処刑」はされていないが、「スパイ罪」で二五年の判決を受け、ウラジミール監獄で病死している(秋草については第九章で詳述)。

二つの組織の密接な関係

中野学校と登戸研究所の実力は、他国の情報・課報機関と比較して、どの程度の水準にあったのか。今次大戦で主要交戦国となったアメリカは、日本軍に真珠湾攻撃を許した苦い経験から、情報収集の中央機構として軍の組織に属さない大統領直属の情報機関、OSS(CIAの前身で戦略情報事務局と称した)を設置し、自前でスパイ機材を開発して、工作員を欧州戦線に潜入させていた。また、同盟国のナチスドイツはポーランド侵攻のためにゲシュタポ(秘密国家警察)の工作員が事前にポーランドに潜入して情報収集をはかり、付属研究所が機材を開発していた。

しかし、OSSの発足は昭和一六(一九四一)年で、この時期の対外情報活動は目立った成果もなく、国内防諜を担当していたFBI(連邦捜査局)に対する評価の方がむしろ高かった。

またナチスドイツのゲシュタポにしても、スパイ戦用の機材を付属研究所が研究・開発していたものの、技術的に優れているものといえば、日本では開発されていなかった磁気テープを記録媒体として使う「ポータブル・テープレコーダー」と方向探知機ぐらいのもので、スパイカメラとして世界一の精度を誇った「ミノックス」はドイツでは製造されておらず、ラトビア産を輸入して使用していた。

一方、日本陸軍は秘密戦教育に特化した陸軍中野学校と機器材を開発する登戸研究所という研究機関を、独立した組織としてそれぞれ編成し、二つの組織を相互協力機関として位置づけ、連携させていた。現場（中野学校）の意見をくんだ機器材を開発部門（登戸研究所）が研究開発するという〝登戸研究所と陸軍中野学校との間には密接不可分の関係があり〟と『陸軍中野学校』に記載された関係性は、当時の陸軍の組織体系の中ではきわめて珍しいケースだった。

〝スパイ〟や〝スパイ戦〟という言葉にはどこか仄暗《ほのぐら》いイメージがつきまとうが、つきつめれば、それは〝情報戦〟の根幹を構成する絶対不可欠な要素である。そして、情報戦とは、つまり、「電波」「化学」「通信」「工学」「医学」といった専門分野における〝技術戦争〟であり、新技術の開発は、より高度で重要な情報にアクセスし、入手できる手段の獲得を意味する。

私は中野学校と登戸研究所の実力は、当時の世界水準にあったと評価しているが、前述の中野と登戸の兼務教官であった伴繁雄は、次のように辛口の評価をしている。

欧米列強の秘密機関、すなわちアメリカのCIA、FBI、ソ連のGPU、MGB、ドイツのゲシュタポ、イギリスの情報部のような機関の暗躍ぶりとその成果をわが国のそれと比較すると、諸外国の長年月の歴史、経緯、規模、人員、予算、実績等の総合評価については、遺憾ながら、諸列強のそれにくらべ、わが国はやや遜色のあったことを率直に認めなければならない。（『歴史と人物』中央公論社）

極秘機関の両軸の終焉

昭和二〇（一九四五）年八月一五日、陸軍省軍事課からの極秘通達によって、登戸研究所の歴史の幕は閉じた。

特殊研究処理要領

軍事課

昭和二十年八月十五日

一　方針

敵ニ証拠ヲ得ラルル事ヲ不利トスル特殊研究ハ全テ証拠ヲ陰滅スル如ク至急処置ス

一　実施要領

1　ふ号、及び登戸（研究所）関係ハ兵本（兵器行政本部）草刈中佐ニ要旨ヲ伝達直ニ処置ス（十五日八時三十分）

2　関東軍七三一部隊及び一〇〇部隊ノ件関東軍藤井参謀ニ電話ニテ連絡処置ス（十五日九時）

3　糧秣本廠1号ハ衣糧課主任者（渡辺大尉）ニ連絡処理セシム（十五日九時三十分）

軍事課は偽造紙幣工作および「ふ号兵器」（風船爆弾）作戦を直接担当した課であったため、登戸研究所の機密が証拠としてGHQに渡ることを警戒し、組織上の上級機関である兵器行政本部を通じて、終戦処理の対応を指示していた。また、登戸以外の組織にも次のような通達を出し、終戦処理を指示している。

【登戸研究所の組織】

- 陸軍第九技術研究所所長
  - 第一科
    - 庶務班
    - 第一班（風船爆弾、宣伝用自動車、他）
    - 第二班（特殊無線機、ラジオゾンデ、他）
    - 第三班（怪力電波〈殺人光線〉）
    - 第四班（人工雷）
  - 第二科
    - 庶務班
    - 第一班（科学的秘密通信法、防諜器材、謀略兵器、憲兵化学装備器材、遊撃部隊兵器、他）
    - 第二班（毒物合成、え号剤）
    - 第三班（毒物謀略兵器、耐水・耐風マッチ、他）
    - 第四班（対動物謀略兵器、他）
    - 第五班（諜者用カメラ、超縮写法、複写装置、他）
    - 第六班（対植物謀略兵器、他）
    - 第七班（対動物謀略兵器、他）
  - 第三科
    - 北方班（用紙製造）
    - 中央班（分析、鑑識、印刷インキ）
    - 南方班（製版、印刷）
  - 第四科
    - （第一科、二科研究品の製造、補給、指導）

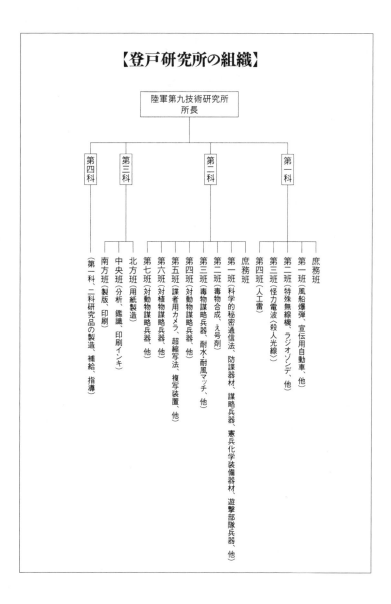

【陸軍中野学校組織図】

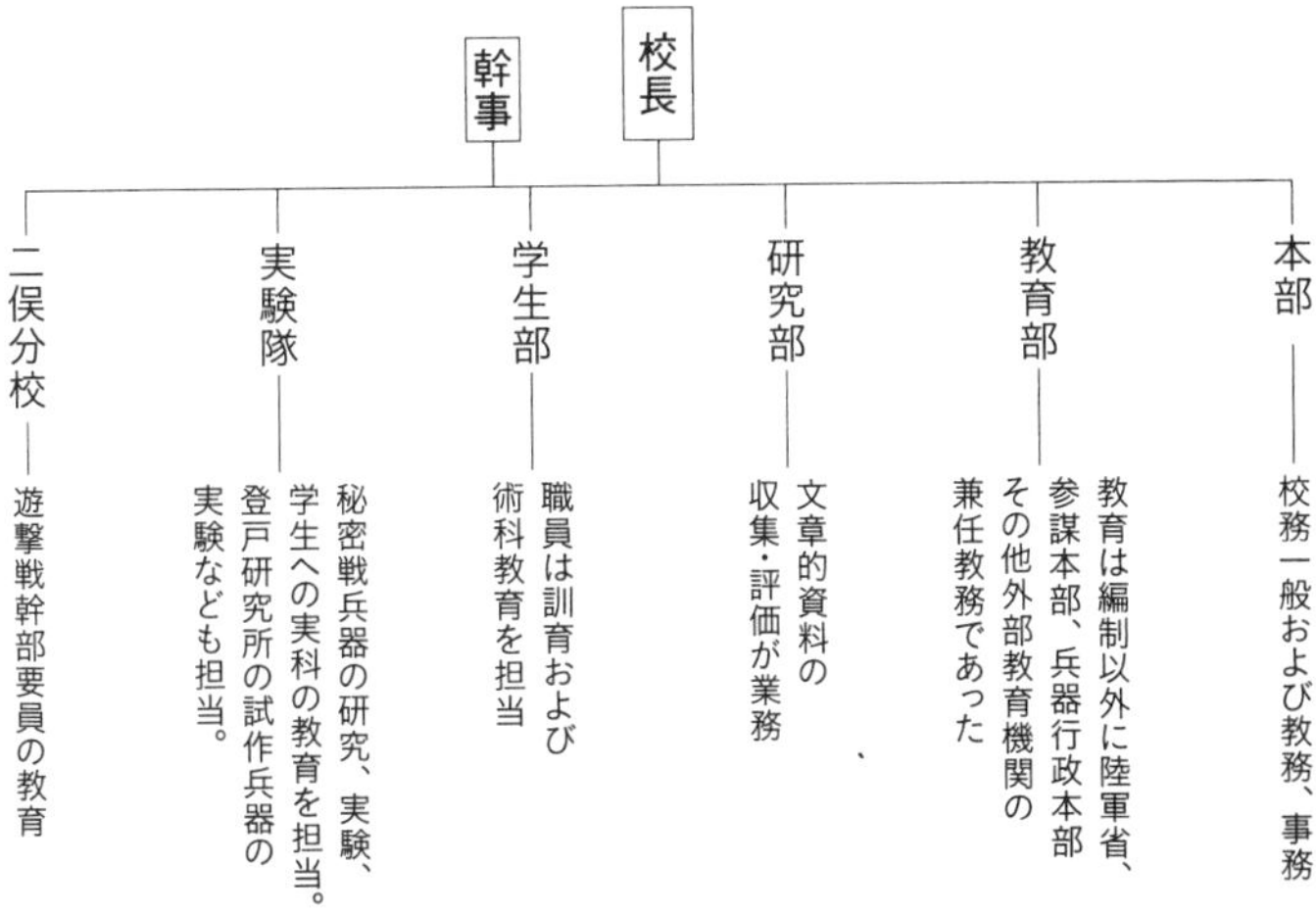
校長
幹事
本部
校務一般および教務、事務
教育部
教育は編制以外に陸軍省、参謀本部、兵器行政本部その他外部教育機関の兼任教務であった
研究部
文章的資料の収集・評価が業務
学生部
職員は訓育および術科教育を担当
実験隊
秘密戦兵器の研究、実験、学生への実科の教育を担当。登戸研究所の試作兵器の実験なども担当。
二俣分校
遊撃戦幹部要員の教育

上記の組織図は、昭和十九年（一九四四）当時のものである。
昭和十六年（一九四一）四月に実験隊が新設され、編成が強化された。
学生は、「教育部」「学生部」に所属し、
それぞれ専門分野の教官から講義を受け術科を学んでいた。

4　医事関係主任ヲ招待置（原文ママ）直ニ要旨ヲ伝達ス土江中佐ニ連絡済（内地ハ書類ノミ）十五日十時

5　獣医関係主務者ヲ招置（原文ママ）ニ要旨ヲ伝達ス土江中佐ニ連絡済（内地ハ書類ノミ）（十時）

一方、群馬県富岡に疎開していた中野学校の終戦処理の状況は、『陸軍中野学校』に次のような簡潔な記述があるのみである。

八月一十五日玉音放送に引き続き、職員学生は校庭に集合し、校長より終戦に関する詔勅の伝達を受けた。楠公社は校長の手で火が点ぜられ、中野学校の象徴として、心の支えとなった神社も消失し、中野学校も姿を消した。

こうして、昭和二〇年八月一五日の敗戦を期に、日本のスパイ戦を支えた〝極秘機関〟の両軸は歴史に封印された。

日本を捨てたひとりの男

中野学校卒業生の戦後については、第二章で触れた通りだが、登戸研究所の職員たちの戦後は、どのようなものだったのか。

拙著『謀略戦・ドキュメント陸軍登戸研究所』の取材過程でインタビューした人物に、毒物合成などを主に研究していた登戸研究所二科の幹部職員（当時は少佐）の一人であった羽黒義雄（仮名）

がいた。当初、羽黒は会うことを拒絶したが、私が「登研二科会」（登戸研究所第二科に所属していた元将校や技師によって結成された会）の会合に参加した経緯を話すと、匿名を条件に渋々ながらも取材に応じてくれ、意外なことを教えてくれた。

「孫康祥《ソンカンハオ》という人物が香港におるんですが、彼と私は、登戸時代の部下と上司の関係にあったんです。その彼に、会って話を聞くことができれば、登戸研究所の陰の部分を照射することもできるのではないか」

私は、羽黒と孫が関与していた任務の中身について聞いた。

「自分と孫の関係を話せば、登戸時代に関与していた研究の内容に触れざるを得ないので、これ以上何も話せない。過去のことは忘れることにしている」

羽黒は口を閉ざしたが、情報は少し与えてくれた。それは、孫康祥が日本人であり、登戸研究所の所員として関東軍司令部に出張したまま行方不明となった人物であること。そして、孫の香港の連絡先であった。羽黒は昭和五二年、観光旅行で香港に行ったとき、偶然孫と再会したのだという。

取材中、羽黒は何度も実名と自宅の住所を明かさないことを私に要求した。その心根はおそらく、己の人生から登戸研究所という〝負の遺産〟を消したかったからではないか。

戦後数年もの間、失踪したままの登戸研究所の元所員が、中国名を使い、香港で生活しているというが、そんなことがあり得るのだろうか。元関東軍参謀で参謀部第二課に勤務していた宍倉寿郎《ししくらじゅろう》（陸士四七期、平成四年没）に、登戸研究所と関東軍の関係について話を聞いたことがある。

「登戸と関東軍は密接な関係がありました。組織上は参謀部第二課とハルビン特務機関（関東軍情報部）との関係なんです。とくに、情報部は対ソ情報が命課でした。防諜、謀略、宣伝などの情報活動を専門に担当していたセクションです。登戸からは、例えば、盗聴用のマイクロフォン、テープレコーダー、偽装拳銃といったスパイ専用の機材の供給を受けていました。両者はそんな関係にあったので、登戸の職員が情報部や第二課に業務連絡にために出張してくることは再々ありました。中には半年以上も長期滞在した所員もおったんです」

私は孫のケースを話しながら、失踪者・行方不明者についても質問した。

「行方不明といえば、われわれの仲間で情報部第二課の先任参謀を務めていた野原中佐や謀略班長をやっていた村瀬中佐などはソ連軍の満州侵攻（昭和二〇年八月九日）直後に行方不明となっており、いまだに生死が確認されていないんです。ですから、登戸の職員に未帰還者がいたとしても、おかしくはないし、日本を捨てて、外国で生きていたとしても驚くことはありませんな」

宍倉は当然のことのように肯定した。

「中野学校卒業生や登戸所員は謀略、諜報、宣伝といった秘密の情報活動を担当していただけに、敗戦となれば、真っ先にソ連側に身柄を拘束される立場にいたわけで、その孫さんという人も、おそらく、特殊な任務に携わっていたんでしょう」

私は羽黒から聞いた孫の連絡先を頼りに本人をやっと探し当て、香港で孫をインタビューした。そのときの孫の証言を以下に記しておく。

「私が技師の資格で登戸研究所の本部所員として在職したのは、昭和一七年からの二年足らずの期間でした。前任地は東京・高田馬場近くの百人町にあった第六技術研究所で、六研では化学兵器に関する医学調査を担当していました。また、津田沼の習志野学校にも勤務したことがあります。登戸では二科に配属され、中国人の主食であるコーリャン（モロコシ）を根こそぎ枯らす、対植物用の破壊菌の研究と培養実験にタッチしていました。着任の挨拶は所長室で行いましたが、〃陸軍少将〃の階級章をつけた篠田（鐐）所長は軍人らしからぬ、大変スマートな方で、学者肌の人でした。一技師にすぎない私に、〝時局がら、何かと大変でしょうが二科の諸君とチームワークを組んで、仕事を効率よく進めてください〟と、命令口調ではなく、話し言葉で激励してくれたことが、今でも印象に残っています。

昭和一九年秋、三四歳のときに単身、関東軍総司令部に派遣されました。私の仕事は新京にあった軍直轄の技術研究部で、研究員に破壊菌に関する培養実験の技術指導をすることでした。破壊菌は技術部の試験畑に撒布して効力を試しましたが、菌が実戦で使用されたことはないと聞いていますし、その成果についても、知らせされておりませんでした。私は、六研、登戸、技術研究部と移動しました。農芸化学の分野で植物の細胞破壊の研究に六年間携わってきましたが、その六年間の技師生活が私の人生観を変えてしまったんです」

孫は技師として六年間、軍の研究機関に在職したという。単純計算で職歴と年齢を割り出してみると、六研に入所したのが昭和一三年で二八歳。登戸は一七年入所で三二歳。技術研究部で終戦を迎えた年には三八歳になっていたわけだ。

孫はここまで話したのちに口を閉ざしてしまった。

孫が話していた六研とは、「第六技術研究所」のことで、化学兵器と化学兵器に関する医学的調査についての研究および兵器の開発を行なっていた。孫が口を閉じた理由は、登戸時代のことよりも、関東軍技術研究部時代の任務と関係があるのではないだろうか。孫ははたして、どんな秘密の任務に就いていたのだろうか……いずれにしろ、心に〝負の遺産〟を抱えながら日本を捨て、名前を変えて外国で暮らす人間は、中野学校だけではなく、登戸研究所にもいた。戦後、森村誠一の『悪魔の飽食』(角川文庫)でその存在が知られた「七三一部隊」の軍医や技術者たちも同様に、負の遺産を心中に抱えながら、息を殺して戦後を生きたにちがいない。

上海三人衆

阪田機関、里見機関、児玉機関の三人のボスは上海で「特務三人衆」と呼ばれ、それぞれ得意の分野で活動していた。

阪田機関の阪田誠盛《しげもり》（中国名・田誠を名乗る）は北京師範大学出のインテリで、満州時代に関東軍が計画した熱河作戦（一九三三年二月発動）に協力して軍需物資の輸送を一手に引き受け、それを成功させて当時関東軍参謀であった岩畔豪雄大尉と親しくなり、上海進出の足掛かりを摑んだ。上海で最初に手掛けた仕事は参謀本部の極秘計画であった「中国経済攪乱工作」で、この作戦は国民政府の法定紙幣である「法幣」の贋物を作って中国経済を破壊するという壮大な経済謀略戦であった。

偽法幣は陸軍第九技術研究所（陸軍登戸研究所）が製造した。その出来栄えは本物を凌ぐ完成度の高い偽紙幣であった。この作戦は「杉工作」（第二章で詳述）と呼ばれ、支那派遣軍参謀部第二課が主導し、現場の工作機関を「松機関」と称した。しかし、工作の実態は阪田が中心となって偽法幣を流通させる会社を上海に立ちあげ、民華貿易公司、誠達公司、華新洋行などの商社を看板にしての活動であった。

では、偽法幣はどのようにして使用されたのか。

民華貿易公司の他に華新洋行の出先機関である広東の松林堂に送り（偽法幣を）、南支産金条（金の延板）及びタングステンの購入資金に充てられた。また、寧波の和平部隊（謝文達）の工作資金として交付し、儲備券（南京政府）の価格維持に使用され、杭州金華方面に於ては梅機関（汪兆銘の軍事顧問団で参謀本部謀略課長の影佐偵昭大佐が作った謀略機関）工作資金として交付し桐油、牛皮、タングステンを敵地区内より買い付けに成功した。また海軍の使用商社、満和通商の収買資金としても融資し、米の収買に使用したこともあった。（山本憲蔵手稿「対中国通過謀略史」より抜粋）

山本憲蔵主計大佐はこの経済謀略戦の主務者で、陸軍登戸研究所では第三科長として偽法幣製造の責任者であった。松機関の責任者で、支那派遣軍参謀部第二課の岡田芳政中佐は阪田を次のように評している。

上海青幇《チンパン》の大ボス黄金栄や杜月笙とも通じている阪田は、両名に渡りをつけて偽法幣の流通に協力させ、上海や香港の地下組織ともネットワークを広げた傑物であった。（『歴史と人物』昭和五五年一〇月号）

第二章で紹介した久木田証言とは異なるが、私が調べた阪田は上海を拠点に杉工作を実行した民間人としては稀有の人物で、戦後になって帰国すると、上海人脈を利用して中華民国籍の海烈号を使ってサッカリンやペニシリン、綿布など総額二〇万ドル相当（当時の為替レートで約五億円）の品を香港から密輸し、荷揚地の日本鋼管川崎埠頭《ふとう》で発見されて逮捕されているが、その後、横浜の第八軍軍事法廷の判決では、三上卓が有罪となり、阪田は無罪であった。

また、膨大な資産を上海に残して帰国したといわれている。戦後は銀座に裕盛ビルを建て、土建業を看板にした裕盛社の社長として活動を開始していた。児玉誉士夫は巣鴨プリズンを出所後、この裕盛社によく出入りし、阪田と昵懇の関係になっていた。紹介者は海烈号事件のもう一人の主役

里見甫氏

だった三上卓（海兵五四期。五・一五事件に連座し軍法会議で一五年の禁固刑を宣告され服役したが、その後、仮出所して社会復帰した）であった。

つぎに前出の山本憲蔵も書いている満和通商の児玉誉士夫だが、目先の利く彼は当時海軍の水田機関（機関長は水田光義大佐）で、物資の買い付けを手伝う程度の小物であった。だが、水田機関長が国民党の特務に暗殺されてからは、海軍の物資を一手に引き受ける「児玉機関」を作りあげた。いうなれば、児玉機関は海軍の御用商社に抜擢されたのである。

また、第二章でも紹介した「里見機関」の里見甫は阿片売買で巨額の資金を作り、それを軍の特務工作資金として調達していた、いわば上海の阿片王ともいうべき存在であった。無論、阪田や児玉とも親交があり、陸軍との関係はとくに上海特務部の総務班長をしていた楠本実隆大佐（陸士二四期）と太いパイプで結ばれていた。二人の関係について里見は戦後、東京裁判（極東国際軍事裁判）で検察側証人として出廷し、宣誓していた。

一九三八年一月または二月に楠本実隆中佐（当時）が私に特務部のために大量の阿片を売ってくれるかどうか尋ねました。彼はこの阿片がペルシャから来る途中にあるといいました。特務部は支那派遣日本軍参謀部の一部でありました。その職務は日本軍占領地域に於ける政治的、経済的、文化的諸問題を取り扱うことにありました。この多量の阿片は一九三八年春に上海に到着しました。それは軍隊の使用する埠頭にある倉庫に収められました。

このように里見は阿片を通じて軍と密接な関係にあり、上海の阿片商を組織して独占的に阿片を扱う宏済善堂という販売組織を作り上げて、副理事長のポストに収まっていた。それと、ペルシャ産の阿片輸入には三井物産と三菱商事が独占権を与えられて巨額の利益を得ていた。また里見は東京裁判の証言で里見自身の利益について聞かれ、その時の証言は「八千万円」(現在の価値にして数千億円)と答えている。だが金銭に頓着しない里見は戦後、無一文で日本に帰国していた。没年は一九六五年三月、享年六九であった。

千葉県市川の里見家の菩提寺には里見甫の墓碑が建てられている。そこには、里見の人生を皮肉る碑文が刻まれていた。

凡俗に墜ちて凡俗を超え
名利を追って名利を絶つ
流れに従って波を掲げ
其の逝く処を知らず

戦後、明暗を分けた満州と南方

上海三人衆が実行していた特務工作は先述したように、偽法幣のばら撒きや阿片の売買、非合法な物資の買い付けなど、正規の軍隊ができないダーティな仕事であった。一時、上海には特務機関だけでも「梅、松、藤、菊、蘭、竹」などの組織が乱立し、横の連絡もなく勝手に活動していたので終始がつかなくなる事態に陥っていた。

そのうえ、地元憲兵隊とのトラブルも発生して最終的に阪田、児玉、里見の三機関を除くと、上海での特務工作は新たに新設された「土肥原機関」(機関長・土肥原賢二中将。終戦時第二方面軍司令官でA級戦犯として刑死・陸士一六期)が実権を握って指揮することになった。

この土肥原機関は蔣介石率いる国民党の特務組織「C・C団」や「藍衣社」、通称ブルージャケットと呼ばれた暗殺集団に対抗するため「七六号」というテロ集団を組織した。「七六号」は上海市内のジェスフィールド路七六号に本部があったので「ジェスフィールド七六号」の別名をもち、C・C団やブルージャケットと熾烈なテロ戦を展開、その悪名は上海中に鳴り響いていた。当時、七六号に監督官として派遣されていた土肥原機関の晴気慶胤《はるけよしたね》中佐(陸士三五期)が『上海テロ工作76号』(毎日新聞社)で、テロ作戦の実態を詳細に記述している。

いずれにしろ、上海の特務工作は第二次上海事変(一九三七年八月一三日発生)以降、情報戦というよりもテロ戦の様相を呈し、本来の特務工作は影を潜めていった。

満州・中国に特務機関時代を作った日本の特務工作は、太平洋戦争がはじまると、南方地域にも「民族独立」を支援するマレー工作やインド・ビルマ工作、インドネシア工作、ベトナム工作などが企画されて、大陸同様に中野学校卒業生が配属されていた。代表的な機関が「藤原機関」「岩畔機関」「光機関」「南機関」などであった。

戦後になって、これら東南アジア各地の民族独立工作は大東亜経済圏とリンクさせて日本が各国を経済支配することが目的であったと批判されることが多かった。だが、ビルマ、フィリピン、ベトナム、カンボジア、ラオスが日本の終戦前にそれぞれ独立を宣言したのである。インドネシアは四五年八月一七日であった。

また満州・中国での特務工作は戦後、「民族の弾圧」「資産の略奪」「無差別殺人」と告発されたケースが多かった。日中戦争から終戦までの一七年間の特務機関の主要な戦場は、日本軍が進出した全戦域にわたっていた。その間、中野学校をはじめ、どれほどの組織が編成されたのか、また機関員がどれほどいたのかを検証することは不可能である。

しかし、終戦を境に特務機関関係者への追及は厳しいものがあった。とくに、満州で情報帝国を築いた関東軍情報部の末路は悲惨なものであった。次の座談会は元機関員（「機」）と元ハルビンタイムスの編集者（「タ」）の二人が、幹部の消息について語っている。

香川（機）特務機関長も同じ運命にみまわれましたわけですよ。各地の機関長は、戦後ほとんど内地には帰ってきていません。病死したのもいるが大体殺されたようです。

筑紫（タ）チチハルの田中さん、熱河にいた斎藤さん、それに柳田、秋草といった機関長が殺されていますね（ママ）。秦さん（筆者注：彦三郎。中将で終戦時の関東軍総参謀長・陸士二四期）、土居さん（筆者注：明夫。中将で終戦時の第三軍参謀長）は帰ってこられたけれども。

香川（機）ソ連側の特務機関員に対する考え方は非常に厳しく、スパイ行為を憎みきっていましたから、最後は悲惨な結末を迎えたわけです。

編集部 さきほど特務機関長だったものは大半が殺されたということでしたが、南方組は藤原機関の藤原岩市、南機関の鈴木敬一、岩畔機関の岩畔豪雄といった人たちはみな戦後内地に帰ってきましたね。

香川（機）そうですが、しかしソ連は特務機関というものを対ソ謀略の震源地だという先入観をもっているわけです。ロシア語を話せるというだけでスパイだと考える。

筑紫（タ）その辺がソ連の杓子定規な考え方を現していますね。

（『人物往来』昭和四〇年六月号）

座談会にもあるように、特務機関関係者も南方に派遣されたものと満州に派遣されたものとでは、終戦から戦後の人生が明暗を分けていた。これもインテリジェンスの世界に生きる人間の宿命なのではあるまいか。

第七章
陸軍中野学校と戦後情報機関

米国の下請けではじまった日本の情報機関

自衛隊調査学校を創った中野関係者

だいぶ昔のことになるが、昭和五二（一九七七）年三月の衆院予算委員会で、共産党の上田耕一郎議員（一九九八年に議員引退。二〇〇八年一〇月死去）が、自衛隊調査学校の対心理情報課程（CPI）を卒業した同窓生で作っていた「青桐会」の名簿を入手して、この会に中野学校の関係者がいることを明らかにした。上田議員と政府委員とのやり取りは、以下のようなものだった。

上田議員　調査学校で中野出身者、この間二、三名可能性があると言われましたけれども、何名いましたか、教官のなかに。

政府委員　かつて在職しました者数百名について調べましたところ、中野学校に関係したことがあると、これは入校したということでございますが、認められたものが六人おりました。現在いずれも退職しております。

二代校長の藤原岩市《いわいち》氏は中野学校の教官であります。それから副校長の山本舜勝《きよかつ》氏も中野学校の教官であります。それから阿部武彦、松浦渉《わたる》、森山秀彦ら、この人々は中野学校の学生だったわけであります。ですから、調査学校を作る上で非常にやっぱり中野学校、これはスパイ学校として有名ですから、非常に大きな役割を果たしたということを指摘しておきたいと思います。

（三月二九日の予算委員会での質疑応答。政府委員は当時の防衛庁参事官）

上田議員

共産党は当時、その存在が隠されていた陸上幕僚監部二部別班や自衛隊の情報要員を養成する調査学校の実態を執拗《しつよう》に国会で糾弾していた。現在は東京小平市に置かれた自衛隊業務学校（会計科コースと警務科コースがある）に情報課程を学ぶコースはあるものの、「調査学校」の名称は外され、地名から単に「小平学校」と称している。

その名称が変わったとはいえ、小平学校に現在もＣＰＩ課程が置かれているのは当然で、その他最新のテクノロジーを活用し、コミント（通信情報）の解析技術や諜報技術も学んでいるようで、それが現代の情報戦の主役といえるのである。

上田議員が指摘した阿部、松浦、森山の三人はいずれも陸士卒、中野学校一乙の卒業生であった。陸士は阿部が五〇期、松浦と森山は五二期である。

二代目調査学校長の藤原岩市は陸士四三期で、昭和一三（一九三八）年に陸大を卒業した。藤原は戦前、対インド工作を指揮したＦ機関の長で、昭和一八年にはビルマ方面軍参謀としてインパール作戦に参加。その後南方戦線を転戦して、昭和一九年に陸大教官と併任で中野学校教官の職に就いた。

戦後は厚生省所管の第一復員局（史実調査部）に就職。追放解除後の昭和三〇年、発足から一年たった自衛隊に一佐で入隊した。

また、一乙の三人は藤原の推薦で、発足間もない調査学校の教官として招かれていた。副校長の山本舜勝は陸士五二期、終戦前年の六月に少佐で陸大を卒業している。卒業と同時に参本第二部第七課（支那班）に配属され、昭和二〇年三月には中野学校の研究部員兼任の教官となり、情報戦術を教えていた。

戦後は藤原と同じ時期に自衛隊に二佐で入隊。間もなく米国のフォート・ブラッグに置かれていた陸軍特殊作戦学校に留学する。帰国後は調査学校のチーフ研究員として藤原を補佐し、昭和四〇年三月に情報教育課長に就任。教官として情報と心理戦分野を教えていた。青桐グループを組織したのも山本で、三島由紀夫と知り合うのは三年後のことであった。

陸士五二期生には福岡の油山事件で戦後、横浜BC級戦犯裁判で有罪判決を受けて巣鴨プリズンに収監された射手園達夫少佐や河南豊明少佐など、中野学校の同期生がいた。

調査学校は内閣調査室が開設された二年後の昭和二九（一九五四）年一〇月、陸上自衛隊業務学校第二部として発足した。二年後には独立して、自衛隊員からプロの情報戦要員を養成するため、自衛隊内に開校したのが「陸上自衛隊調査学校」であった。

当時、陸上自衛隊の調査部門はどんな組織になっていたのか。上田議員の国会質疑の一年前、軍事専門誌「軍事研究」（ジャパン・ミリタリー・レビュー）に、CPI課程を卒業した市川宗明（当時、陸自二佐）が自衛隊の情報組織について論考を書いている。

陸幕の情報部門である第二部と、全国五か所の方面総監部（現在も同じ）の第二部の職務内容は「防衛及び警備の実施に必要な情報秘密保全、暗号、地図、空中写真等に関する統括業務」となっており、その実働部隊として調査隊と資料隊がある。

調査隊は長官直属部隊となっている中央調査隊を頂点に、北海道、東北、東部、中部、西部の五方面隊に、方面総監と方面第二部長の指揮、管理を受ける方面調査隊と、その傘下に駐屯地単位の分遣隊や派遣班がある。『情報教範』によれば、調査隊の任務は「部隊内及びその責任地域内における敵の諜報《ちょうほう》活動を発見防止、それらの安全を保持するにある」（以下略）

現在発行されている『自衛隊年鑑』や『防衛白書』には、防衛省・自衛隊の組織やその運用について解説がなされている。情報組織や防諜・情報部門を見ると、市川が現役であった一九七〇年代と比較しても、ほとんど変化していないことに気づく。

中央調査隊は廃止され、現在情報部門を統括しているのは中央情報隊で、大臣直轄の陸上総隊の指揮下に置かれ、かつての中央資料隊が基礎情報隊に改編された。また、陸幕監部には調査部調査課が置かれ、五方面隊にも調査部長指揮下に情報隊と調査隊が置かれている。

なお、新たに改編された組織もある。旧陸幕監部第二部別班は「調査部第二課」――「調別」と呼ばれる調査部別室となった。ここでは「二部別班」時代と同じように、外国の電波と国内の不法電波の監視・傍受を専門に行っており、通信傍受施設は、北海道の稚内から鹿児島の喜界島《きかいじま》まで九ヵ所（稚内・東根室・根室・東千歳・小舟渡・大井・美保・大刀洗《たちあらい》・喜界島）に置かれている。二部別班が設置された一九六〇年代と通信所の数は変わっていない。

平成九（一九九七）年一月に情報部門が改編され、従来の調別は東京・市ヶ谷の防衛庁情報本部の電波部に組織替えされた。傍受した情報はすべて、専用の防衛マイクロ回線を通じて、統合幕僚会議が運用する防衛庁情報本部へ送られることになった。現在の防衛省情報本部（ＤＩＨ）は総務部、計画部、総合情報部、分析部、画像地理部、電波部の六部門からなっているが、通信所は六カ所に集約された。

長年、警察庁が実権を握っていた電波傍受部門は、「電波部」に改編されたが、まだまだ警察官僚の力が強い部門といわれ、本部長（陸将）は制服組でも、電波部のトップは相変わらず警察庁警備局（警視監）から出向してきている。

電波傍受部門は自衛隊発足以来、警察官僚の縄張りになってきたが、それは内閣情報調査室の前身「内閣調査室」と深く関わっている。傍受した電波情報の第一報が内調に知らされるためである。おそらく今日でも、情報は電波部からダイレクトに内閣情報調査室に送られているはずである。

引き継がれた中野学校の教育

陸軍中野学校の元教官や卒業生が設立に協力した自衛隊の調査学校——「調査学校」の看板は外されたが、業務学校でその道のプロが養成されていることは確かで、その教育内容は発足当初からほとんど変わっていない。

例えば、テキストに使われている「秘密戦概論」などは、新潟で発掘した中野学校教材「戦術」の一部をリメイクしたもので、その内容は以下のようなものである。

秘密戦概論（内部資料）

謀略とは国家がその対外国策を遂行するため、目的を秘匿して極秘裏に行う知能的策謀であって、その執りたる手段に依《よ》り直接又は間接に相手国を害する行為をいうのである。その行為は通常極めて科学的に計画し、計画的に実行せらるるものであって、相手国の政治、経済、思想等特に狭義国防関係部門等国家の重要なる基礎的部面の破壊を主眼とする。

即《すなわ》ち国家機能を阻害し、国力の減衰を計り、国際的地位の低下を求め、著しく国家間の協同を阻害、破壊し、若《も》しくは国防力の直接的破壊、低下を求めんとするものである。最も著名な事例は相手国の首脳部や要人に対する暴力行為である。その行為は往々にして争闘を一挙解決に得たることも度々である。

以上の如き要領に依るものは、何《いず》れも反間苦肉の裏面手段の知能的策謀であって、政治、外交等の裏面手段や武力のみではなかなか能《よ》く《よく》し得るものではない。また、相手国の固有の民族精神を逆用する場合、例えば日本における皇道精神の中に必要なる思想を織り込み皇道精神の普及発達に伴い、当該思想の宣伝を計る如き方式もある。尚《なお》為し得れば東亜共栄圏の範囲を基礎とすべきものである。（一部抜粋）

中野学校で教材として使っていた「謀略の本義」と内容が似ており、調査学校で使っていた秘密戦のテキストは中野学校の教材をベースにしたものであることが理解できるであろう。

調査学校の講師は、中野学校の元教官や卒業生が担当していた。講師陣には前述の三人の外に陸軍省軍事資料部で「ヤマ機関」の防諜責任者だった憲兵少佐の曾田嶺一《あいだりょういち》（陸士三六期）が「防諜論」

を講義しており、陸士同期の鈴木勇雄《いさお》も「偵諜工作」を教えていた。鈴木の前任地は関東軍情報部で、満州での対ソ工作経験をもつ偵諜工作の専門家であった。

私が調査しただけでも、自衛隊調査学校で教えていた中野学校の元教官と卒業生は九名が確認された。中野学校の情報戦のノウハウは戦後も自衛隊に引き継がれ、今日の情報戦教育の基礎になったのである。陸軍中野学校という組織は終戦で潰《つい》えたものの、人材は残り、教育の成果は次代に引き継がれたのだ。

三島由紀夫と山本舜勝

先述した山本舜勝は作家の三島由紀夫と親交を結び、三島は山本を〝戦術の師〟と仰いでいたという。二人の邂逅は、どんなきっかけからだったのだろうか。

まず、三島由紀夫が市ヶ谷台の東部方面総監部のバルコニーから自衛隊員に向けて決起を呼びかけた状況から、当時を再現してみることにする。

昭和四五（一九七〇）年一一月二五日、水曜日――この日、三島は制服を着た「楯《たて》の会」会員四人を引きつれて、あらかじめ面会を取りつけていた益田兼利《ますだかねとし》東部方面総監に会うために総監室に入った。その直後、会員らは持参した日本刀を抜いて総監を脅し、総監室に立て籠《こも》った。面会所に入った一〇時四五分から、ほんの二〇分後のことであった。

三島らの目的は、総監を監禁して自衛隊にクーデターを迫ることであった。決起を促す三島の演説は約一〇分間つづいたが、自衛隊は動かなかった。三島は「天皇陛下万歳」を三唱して総監室に戻ると、切腹の作法に則《のっと》って持参の短刀で自決した。介錯《かいしゃく》は会員の森田必勝《まさかつ》が行った。室内には鮮血が飛び散っていたという。

自衛隊に共感していた三島がなぜ、反逆したのか。最後の作品となった『豊饒《ほうじょう》の海』（四部作）で書いた「決起」を、自ら実践しなくてはならなかったのだろうか。三島は生前、自衛官の中で山本舜勝を最も信頼していたという。

山本が三島と交流を始めたのは昭和四〇（一九六五）年、情報教育課長に在職していたころで、紹介者は研究課長の平原一男一佐だった。平原は山本に、三島が書いた「祖国防衛隊はなぜ必要か」という冊子を見せて、彼に会うことを勧めたという。

山本が関心を持った三島の祖国防衛隊構想とは、自衛隊体験入隊を経て三島なりに到達した民間防衛論であった。その基本構想は大要、次のようなものだった。山本は自著『自衛隊「影の部隊」』（講談社）の中で、三島のこの民間防衛論の基本綱領を紹介している。

祖国防衛隊は、わが祖国・国民及びその文化を愛し、自由にして平和な市民生活の秩序と矜《ほこ》りと名誉を守らんとする市民による戦士共同体である。

われら祖国防衛隊は、われらの矜りと名誉の根源である人間の尊厳・文化の本質及びわが歴史の連続性を破壊する一切の武力的脅威に対しては、剣を執って立ち上がることを以《もっ》て、その任務とす。

しかし、山本はこの三島の祖国防衛隊基本綱領に対して、「これほど間接侵略の本質、様相を理解して、それに対処することの重要性を認識していながら、演習場での訓練だけで満足しているのはなぜだろうか」と疑問を呈している（前掲書）。

そして山本は、三島の自衛隊における最初の訓練について、こう書いていた。

私は、自衛隊での学生教育（筆者注：調査学校における対ゲリラ戦教育）の合間をぬって、三島と「祖国防衛隊」の中核要員（のちの「楯の会」会員）に対する訓練支援を開始することになった。第一回の訓練は四三年五月上旬の土曜日の午後、郊外のある旅館で行った。（前掲書）

このように、三島と山本は体験入隊での訓練を通じて絆を強くしてゆく。だが、二人の間に亀裂《きれつ》が生じるのも早かった。その原因は、二人の思想性の違いにあったのではないか。さらに、三島は想像力を文字で表現する作家であり、山本は「情報戦術」を教えるプロの軍人であったことも影響したかもしれない。

自衛隊の決起についても、現実と理想を冷徹に見極める能力においては、山本の方が遥《はる》かに長《た》けていた。三島は作家を捨てて、自らの思想の帰結を民間防衛隊の創設に賭《か》けていた。しかし、最終的に両者の間に齟齬《そご》が生まれるのは時間の問題であった。それは、山本が三島を裏切ったということではなかった。人気絶頂の作家三島由紀夫は、その純粋な心を巧みに利用しようとした、山本の上司に裏切られたといえるのではないか。

藤原（筆者注：藤原岩市。調査学校から第一師団長に昇進した山本の上司）は三島の構想に耳を傾けながら、参議院議員選挙立候補の準備を進めていた。今にして考えてみれば、参議院議員をめざすということは、部隊を動かす立場を自ら外れることになる。仮にクーデター計画が実行されたとしても、その責を免れる立場に逃げ込んだとも言えるのではないか。（前掲書）

山本はその経歴から、三島事件の陰のプロデューサーなどとマスコミに糾弾された。遺書となった前掲書で、三島事件を総括している。しかし、山本は三島の市ヶ谷台占拠の真の目的は知らなかったようだ。

その点を市川宗明が、自衛隊退官後に三島から直接聞かされた話として、三島のクーデター計画について雑誌に書いている。

　三島と楯の会が自力で三十二連隊を動かしてクーデターを起こすことを決意し、その準備に入ったのは三月ころ（筆者注：一九七〇年）であった。市ヶ谷駐屯実力部隊・普通科第三十二連隊を無断借用してクーデター計画を起こそうと企《たくら》んでおり、クーデターは連隊長室に乱入し宮田一佐を日本刀で脅かして椅子に縛りつけてニセの命令を出させ、霞《かすみ》が関《せき》官庁街を警備担当区域とする第三十二連隊を動かし、国会や首相官邸を占拠する計画であったと思われる。

　が、クーデター予定日に連隊長が不在だとわかり、急遽《きゅうきょ》益田総監を標的にすることを決めたという。（「人と日本」一九七八年一一月号）

三島はこのような二・二六事件の再現が本当に実行できると思っていたのだろうか。三島の市ヶ谷台占拠の真の目的が、普通科第三十二連隊を動かすことにあったとしたら、それは児戯《じぎ》に等しいゲーム感覚の行動といわざるを得ない。

三島の一周忌にあたる日、山本は青桐グループのかつての部下を集めて三島の霊を供養した。

仮の祭壇を設け、私の手許《てもと》に残った三島の遺品を供えた。部下の持ち寄りの供物をそなえ、懐かしい三島からの手紙を朗読して読経に代えた。

部下たちからすすり泣く声が洩《も》れ、私も泣いた。

それが、私にできる本当に精一杯の供養であった。（前掲書）

山本は前掲書を書き上げた平成一三（二〇〇一）年の七月、闘病生活を続けていた病院で心筋梗《こう》塞《そく》で亡くなった。享年八三。その前年一〇月、山本らが手塩にかけて育ててきた「陸上自衛隊調査学校」の看板が外された。事実上の廃校であった。

山本舜勝と藤原岩市は中野学校時代から上官と部下の関係にあった。旧軍人なら、その繫《つな》がりは同志的な絆で結ばれていたはず。それは戦後になっても、自衛隊で情報戦のプロを養成する学校の上官と部下という関係にまで及んでいた。

しかし、この二人の間には、三島由紀夫という流行作家を巡って、微妙な温度差が生じてくることになる。藤原は三島を参院選挙の広告塔として利用できる「玉」と考えた。一方の山本は、三島のクーデター計画に耳を傾け、情報将校としての専門的なアドバイスも与えていた。だが、三島の自衛隊員に対する決起の呼びかけは不発に終わった。

その結果、山本と藤原の関係も断絶したといわれる。三島事件の後遺症は、間接的に三〇年後の調査学校廃校にまで影響を与えていた。結局のところ、中野学校独特の同志的な繫がりは、この二人のように陸士・陸大を卒業した軍人たちには無縁のものであったのだろう。

しかし、山本ら中野学校関係者が創りあげた調査学校のポリシーは小平学校に受け継がれ、現代戦に必要な情報要員の教育が今日も続けられている。

自衛隊と三島由紀夫を結ぶ証《あか》しが、楯の会の演習に使われていた陸上自衛隊滝ヶ原駐屯地に残されている。その碑には「誠実」の二文字が彫られている。だが、その近くで訓練に励む若い隊員たちにとって三島由紀夫の存在はもはや無に等しいものではあるまいか。

続・自衛隊情報学校は中野学校を継承していた

二〇一三年一二月二日、第一八五回通常国会で鈴木貴子議員（当時無所属）は、「陸上幕僚監部運用支援・情報部別班（別班）」に関する質問主意書を提出した。これは、同年一一月二七日、共同通信社が配信した次の報道がきっかけだった。

陸上自衛隊の秘密情報部隊「陸上幕僚監部運用支援・情報部別班」（別班）が、冷戦時代から首相や防衛相（防衛庁長官）に知らせず、独断でロシア、中国、韓国、東欧などに拠点を設け、身分を偽装した自衛官に情報活動をさせていたことが二七日、分かった。

いわゆる、自衛隊の秘密部隊の存在が白日の下に晒されたわけである。だが、陸上自衛隊の秘密情報部隊、通称「別班」の存在が国会で指摘されたのは、共同通信社の報道に端を発する鈴木議員の質問よりも三六年前のことであった。共産党が入手した資料は「青桐会」のもので、語源は「広島原爆を生き抜いた青桐の生命力に託して卒業生たちが学校の校庭に植樹したのが『青桐』で、そこから命名していた。

共産党は、自衛隊の組織図からも消されていた「陸上幕僚監部二部別班」（調別）の実態を、先述のとおり執拗に国会で糾弾していた。参事官は「秘密戦概論」という資料に関して「旧軍の復刻

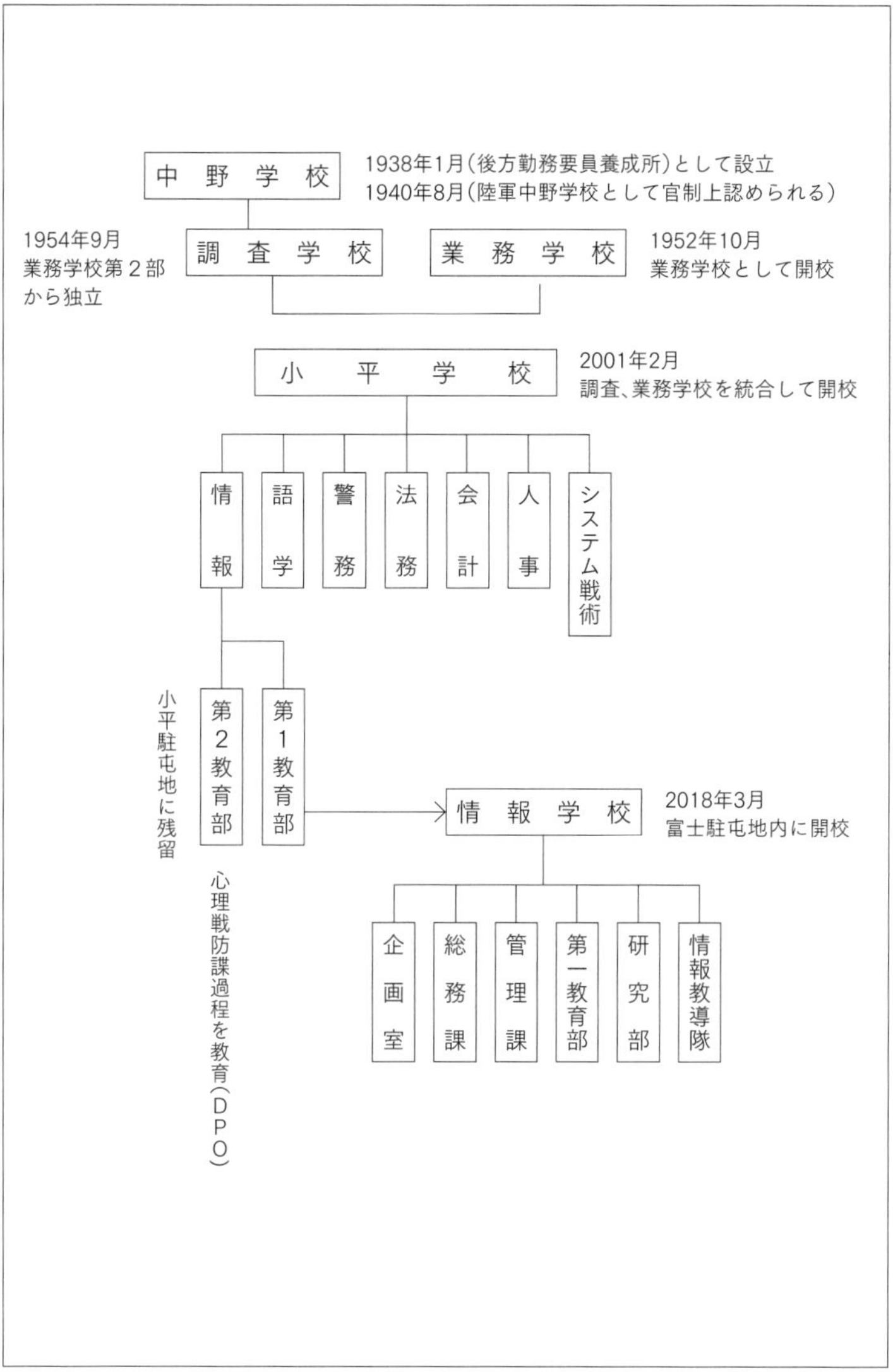
中野学校
1938年1月（後方勤務要員養成所）として設立
1940年8月（陸軍中野学校として官制上認められる）
1954年9月
業務学校第２部
から独立
調査学校
業務学校
1952年10月
業務学校として開校
小平学校
2001年2月
調査、業務学校を統合して開校
情報
語学
警務
法務
会計
人事
システム戦術
小平駐屯地に残留
第2教育部
第1教育部
心理戦防諜過程を教育（DPO）
情報学校
2018年3月
富士駐屯地内に開校
企画室
総務課
管理課
第一教育部
研究部
情報教導隊

陸軍中野学校から陸自情報学校へ変遷図

版」であると答弁しているが、旧軍が陸軍中野学校を指していることは明白だ。また、参考資料として使用していたが〝すでに廃止されている〟と強調することで、中野学校との関連性を必死に否定している様子が、答弁からはうかがえる。

調査学校が使っていたテキストは中野学校の教材をベースにしていたわけだ。また、講師陣も元教官や卒業生が担当しており、中野学校で教えていた「秘密戦概論」は情報戦のノウハウを戦後の自衛隊に引き継がれて、今日の情報戦教育の基礎となっていた。調査学校が発足した時代、教育のエキスパートもおらず肝心のマニュアルも存在しなかった。そのような状況下であれば教官には中野学校の卒業生を迎え、教材として中野学校時代の「秘密戦概論」をリメイクして使用することは必然の流れであった。重視した教育は「ヒューミント」（人的情報源）である。

かつて、東京の小平市に置かれていた調査学校（のちの小平学校）は廃止され、二〇一八年三月に「語学、諜報、防諜」教育に特化した「陸上自衛隊情報学校」が静岡県の富士駐屯地内に開校した。また、情報学校の「情報教育部」には「対心理情報戦過程」（GPI）があり、そこでは諜報技術も教えられており、他にも「研究部」では最新テクノロジーを活用した「コミント」（通信情報の解析技術などを教えているようだ。小平駐屯地には第二教育部は残留して、そこで「心理戦防護過程」（DPO）の教育を実施している。「情報学校」には陸軍中野学校のDNAが脈々と受け継がれていた。

貴重な会誌「青桐」に「日本本土が侵攻された時には市民の側に立って自衛隊本隊の到着までゲリラ戦を戦う情報活動を展開する」とあり、この教育教範は「秘密戦概論」を参考にしたものであった。

戦後の日本のインテリジェンスは、まさに陸軍中野学校のDNAそのものといっても過言ではないのだ。

自衛隊の秘密部隊「別班」にも中野学校のDNAを見出すことは容易だ。

共同通信社が配信したニュースを再度検証してみよう。再び記事を引用する。（平成二五年一一月二八日）

別班の海外展開は冷戦時代に始まり、主に旧ソ連、中国、北朝鮮に関する情報収集を目的に、国や都市を変えながら常時三カ所の拠点を維持。最近はロシア、韓国、ポーランドなどで活躍しているという。

別班員を海外に派遣する際には自衛官の籍を抹消し、他省庁の職員に身分を変えることもあるという。現地では日本商社の支店などを装い、社員になりすました別班員が協力者を使って軍事、政治、治安情報を収集。出所を明示せずに陸幕長と情報本部長に情報を上げる仕組みが整っている。身分偽装までする海外情報活動に法的根拠はなく、資金の予算上の処理などもはっきりしていない。


石井暁《ぎょう》『自衛隊の闇組織　秘密情報部隊「別班」の正体』（講談社現代新書）には、別班員である自衛官の海外における活動について次のような記述がある。


「別班員は、一時的に自衛官を休職してパスポートを取得し、ダミーの現地法人か、日本企業の現地支店の名義を使ってビザを取得している」という証言まで得られた。

別班員が海外で会社員になりすまして情報取集活動に従事している姿がイメージできるではな

いか。

こうした別班員の活動の実態は、まさに陸軍中野学校そのものだ。卒業生は外交官や商社マン、新聞記者などに身分を偽装して、世界各国で工作活動を展開したのである。

ところで共産党が国会で糾弾した「自衛隊調査学校」の存在について、当時CIAはどのような分析をしていたのか。元アナリストのステファン・C・メルカドは自著『THE SHADOW WARRIORS OF NAKANO』（Potomac Books Inc 日本では未訳）、の中で次のように論じている。

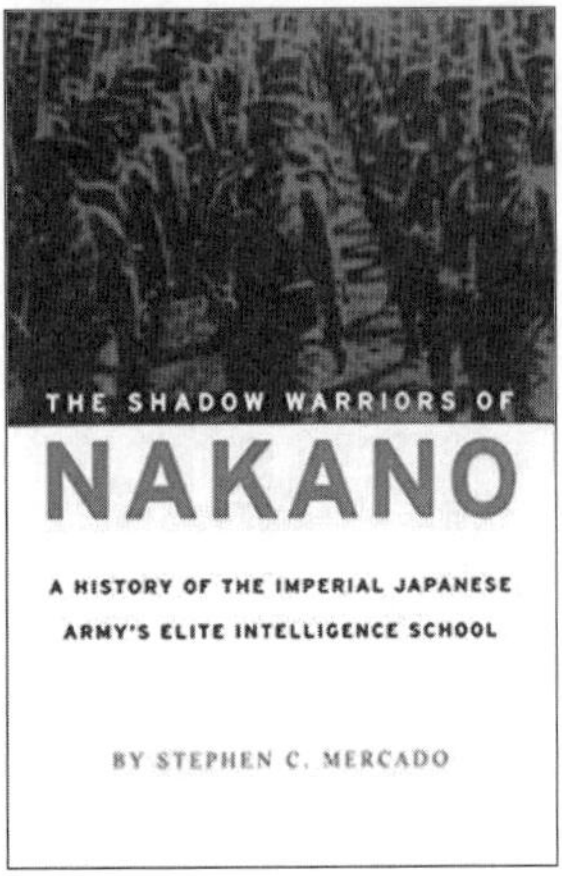

中野学校に関するメルカドの著書

アメリカ政府が冷戦による政治的・軍事的イニシアティブを追求したことで、日本の指導者は中野学校の遺産を温存することができた。

一九七七年に日本の共産党議員によって明らかにされたように、自衛隊調査学校はその教育課程で中野学校時代に編集された資料を使用していた。

しかし、当時の日本の軍事インテリジェンスは日本国の内部転覆と米軍基地に対する脅威に焦点を当てていたことは間違いない。

メルカドは情報ソースを明かしていないが、現役時代はアナリスト（情報分析官）の仕事をしていたので、その情報はCIAから得ていたことは想像に難くない。CIAが自衛隊調査学校の教育に注目していたのも、戦前の中野学校の遺産を継承していたからであろう。いわば、陸軍中野学校は欧米の諜報機関から見ても、すぐれた組織であったことは間違いない。

事実、CIAは米ソ冷戦時代から中野学校のDNAを引き継いだ自衛隊のカウンター・インテリジェンスの動向に注視し、リサーチをしていたことがメルカドの著作からもわかる。

戦後、内閣調査室に職を得て〝伝説の男〟の異名を残した中野学校の卒業生に八丙出身の望月一郎がいる。

アメリカの国家安全保障会議（NSC）の示唆によって昭和二七（一九五二）年に設立されたのが、「内閣総理大臣官房調査室」である。当時、朝鮮半島では国連軍と北朝鮮軍との間で戦闘が続いており（休戦協定は翌年七月）、CIAを模した「JCIA」とも呼ばれた。

この内閣総理大臣官房調査室は、昭和三二（一九五七）年八月の内閣法の一部改正などを受けて廃止された。そして、内閣官房の組織として設置されたのが「内閣調査室」だった。では、なぜこの時期に内閣調査室が設立されたのかといえば、背景には占領時代のGHQの部局であったG2（参謀部第二部）とGS（民政局）の対立、戦後の日本を民主化し、旧支配勢力を追放することに執念を燃やしていたホイットニー准将と、旧軍人、官僚の力を温存して占領政策を進めようとしていたウイロビー少将との確執があったからだ。権力闘争は結果としてG2がGSを駆逐して勝利を治めた一方、日本国内の政情はますます混乱の度を増していた。

朝鮮戦争の最中、都市部では労働者や学生による火炎ビン闘争が頻発して社会不安が起きていた。このような時代背景の中、首相の吉田茂は社会情勢を的確に判断することの重要性を痛感し、「情報を政策に活用」するためには情報機関の設立が必要なことを認識したのである。そして、設立さ

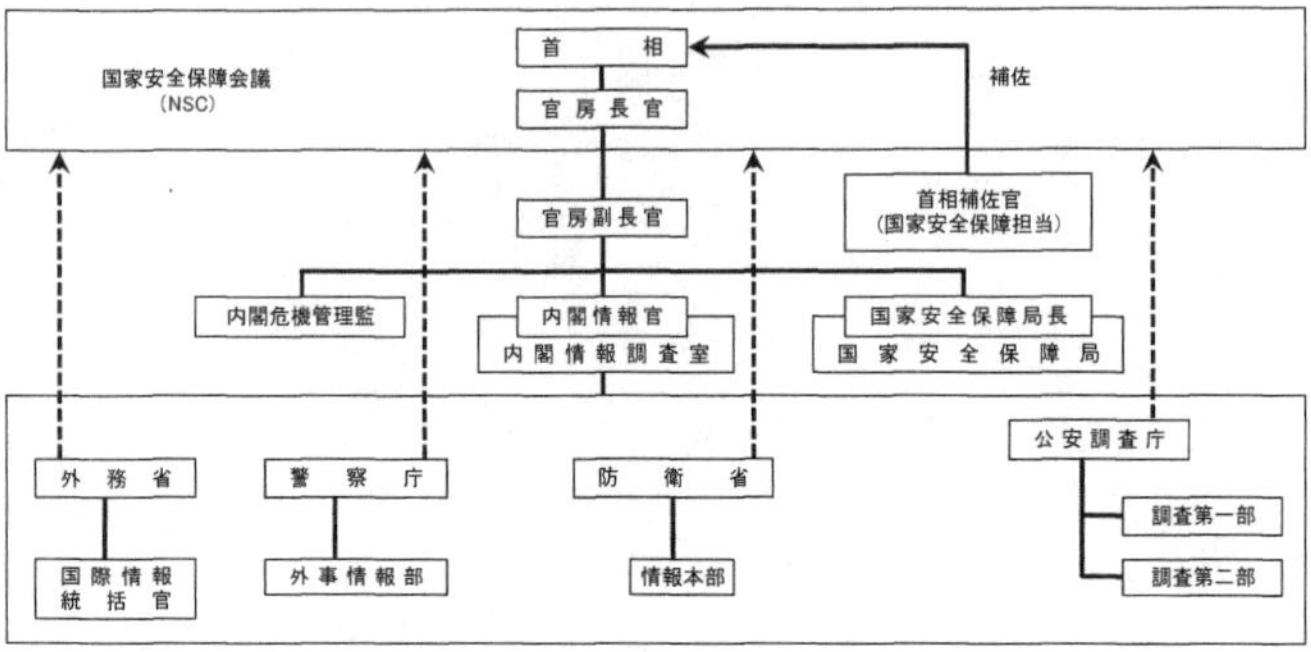

日本の情報機関相関図
（宮田敦司著『日本の情報機関は世界に舐められている』を参考に筆者作成）

れたのが「内閣調査室」であった。

内閣調査室は昭和五二(一九七七)年一月の内閣調査室組織規則によって、総務部門、国内部門、経済部門、資料部門の五部門の内部体制となり、さらに昭和六一(一九八六)年には内閣官房組織の一部改正により、現在の「内閣情報調査室」(トップは警察官僚の情報官)となった。

こうしてみると、日本のインテリジェンスは中野学校という帝国陸軍における唯一の〝プロの工作員養成機関〟のDNAと、もう一つの大きな存在に気づかされる。そう、戦後の日本の諜報機関の設立をリードしてきたのはアメリカという大国なのだ。いずれにしろ、「別班」は国民に知られることなく秘密の活動を続けきたことに間違いあるまい。

日本のインテリジェンスの歴史をひも解いたとき、陸軍中野学校のDNAは、さまざまな組織に、さまざまな形で受け継がれてきた。そして、日米同盟というものの背後には、いまだベールに包まれた多くの謎が残されたままだ。

なお、冒頭で触れた鈴木貴子議員の質問に対する政府の回答は次の通りであった。


政府として、個々の報道について答弁することは差し控えたいが、御指摘の報道にあるような「陸上幕僚監部運用支援・情報部別班」なる組織については、防衛大臣が、御指摘の答弁を行う前に、陸上幕僚長から口頭で報告を受け、さらに、御指摘の答弁の後にも、陸上幕僚長に陸上幕僚監部運用支援・情報部長等への聞き取りを行わせてその内容を口頭で報告させたところ、これまで自衛隊に存在したことはなく、現在も存在していないことが確認されており、現時点においてこれ以上の調査を行うことは考えていない。

GHQの陰謀と囁かれた下山事件

下山事件とは

戦後、GHQ占領下の日本で起きた不可解な事件に、下山・三鷹・松川の三大事件がある。いずれの事件も、背後には国鉄の労使問題があった。

三鷹事件（昭和二四年七月）では共産党労組員九名と竹内景助が逮捕され、最高裁は首謀者として竹内景助《けいすけ》被告の単独犯を認定して死刑判決（再審請求中の昭和四二年に獄中死）を下し、他の九人の被告に無罪を言い渡した。

松川事件（昭和二四年八月）では、事件から一四年後の昭和三八（一九六三）年九月、最高裁判決は検察側の上告を棄却し、「有罪の証拠なし」として二〇名の被告全員に無罪を言い渡した。

当時、日本ではインフレや労働争議が頻発していた。保守政権は危機的状況に見舞われ、政治、社会は混乱の極みにあった。そんな中、戦後最大の政治的未解決事件とされる下山事件が昭和二四（一九四九）年七月五日に起きた。

当時の国鉄総裁下山定則《さだのり》が、常磐線綾瀬駅の近くで翌六日に轢断《れきだん》死体で発見された。この事件については、当時からGHQの陰謀説、共産党員による拉致殺害説、旧陸軍の特務機関員グループによる謀殺説などがマスコミを通じて広く流布されていた。司法解剖では、東大の「死後轢断」と慶大の「生体轢断」が真っ向から対立して、世間の関心はいやが上にも高まっていた。

警視庁捜査第一課は自殺の線で捜査を進めたが、第二課は逆に他殺の線で捜査を進めていた。その上、捜査を混乱させてしまったのが、警視総監田中栄一の「自殺とも他殺とも取れる」曖昧《あいまい》な記者発表であった。ゆえに、事件に対する政治的な圧力までが取り沙汰《ざた》された。さらに、GHQによる捜査への干渉と妨害があったといわれる。

結果からいえば、警視庁捜査一課が「事件性なし、自殺」として処理し、捜査に幕を引いてしまった。時効は昭和三九（一九六四）年七月五日で、今年（平成一七年）で事件発生から五六年を迎えるが、下山事件は今日に至るも「自他殺不明の未解決」事件として真相は闇の中にある。

情報提供者

平成一六（二〇〇四）年八月、私は別件で米国取材をしていた。その時、道中の空いた時間に読もうと何冊かの本を持参していたが、その中に矢田喜美雄『謀殺　下山事件』（講談社）も入っていた。

私は渡米前、徳島で三丙出身の前沢（仮名）に匿名を条件にインタビューしていた。そして、その本に記された箇所を前沢が指摘してくれた。鉛筆で傍線を引いておいた。前沢との出会いは拙著『昭和史発掘　幻の特務機関「ヤマ」』（新潮新書）が縁になった。彼から突然「本を読みました。下山事件に関心があれば一度、徳島へ来ませんか」という誘いの電話があり、先方を訪ねたのだ。

その前沢を取材したときに、彼が蔵書から抜き出して見せてくれたのが、三一年前にハードカバーの体裁で刊行されていた『謀殺　下山事件』であった。その本はだいぶ読み込まれていて、随所に赤鉛筆で感想らしき文章が書き込まれていた。前沢が示した文章は、次のように記述されている。

海烈号事件の張本人七名を一網打尽にしたＣＩＣフジイという男については、ＣＩＣの中でどんなポジションにいたのか、そのへんのことを正確に知りたいと思って調べているうち、フジイといっしょに働いていたという人が、ハワイにいることがわかった。ハリー・シュバック氏で、同氏は、占領中G2公安課に勤務していたといい、フジイは藤井正造というのが本名で、一九二〇年の生まれ、陸軍中野学校卒業、事件ころの所属はG2で公安課の通訳が正式の職名、別に「下平」＝シモダイラという姓をも名乗っていたという。

このフジイは占領軍情報部の上司に頼まれて戦後日本に残っていたあらゆる右翼の調査もしていたようである。したがって彼には多くの右翼や国粋主義者の友人ができた。三上卓氏（故人）とも交友が生まれ……。（後略）

前沢はインタビューの折り、この箇所について解説してくれていた。

「G2公安課は、戦後、日本の新警察制度の実施状況を監督したり、刑務所行政の監視、右翼と結びつくヤクザ組織の情報収集などを担当していました。また、ハリー・シュバックは中野学校卒業生の藤井正造なる人物を知っていたと証言しています。これは肝心なところですが、この藤井正造は移民として渡米し、向こうで大学を卒業して市民権を取り、戦後GHQの要員として来日したという人物なのです。

下平がフジイの名前を使っていたことは聞いていません。本名で行動していたはずです。海烈号事件は下山事件の一カ月のちに起きた中華民国船籍の密輸事件ですが、背後にはCICとキャノン機関、旧軍の特務機関員や右翼人脈も絡んだ複雑な事件でした。それに五・一五事件で検挙された三上卓も参加していました。そして、フジイはこの事件の背後関係を洗っていた人物なんです」

当時の新聞は事件を次のように報じている。

三上卓、阪田誠盛等を主犯とする「海烈号」事件については現在、横浜の第八軍軍事裁判で審議中であるが、八月二十四日の総司令部渉外局発表によれば、香港から鉄鉱石を運んで八月十三日川崎の日本鋼管埠頭に入った中華民国招商局所有船海烈号（七二三三トン）を密輸の嫌疑で捜査したところ、ストレプトマイシン、ペニシリン、サッカリン、布地など価格にして二十万ドルあまりの密輸入品を押収したとのことである。（「毎日新聞」一九四九年八月二五日付）

この密輸団の中心人物は、戦後右翼再建の首謀者であった五・一五事件の三上卓（四三）と、これも右翼再建の資金関係の中心にいる裕誠ビルの主阪田誠盛（五〇）であり、三上自身が「今回の密輸の目的は、かねての所信を実現するための資金調達であった」と自白しているとのことである。（同紙同年一〇月三〇日付）

記事にあるように、前沢の解説は事件の核心を衝《つ》いていた。さらに、これは米国取材で分かったことだが、前沢は「藤井正造」が日系一世で中野学校の出身者でないことまで承知していた。そして、その正体までも……。

アメリカに住む中野学校卒業生

私は米国取材で時間を割いて、中野学校の卒業生の所在を追ってきた。情報を提供してくれたのも前沢で、彼は米国に現在でも三人の元中野学校卒業生が生きていることを示唆した。一人はカリフォルニアにおり、もう一人がニュージャージー、そして残る一人がバージニアであった。

また、前沢はフジイのことも知っていたが、藤井正造は一二年前にワシントンＤＣ郊外の町ベセスダで亡くなっていた。この町には退役軍人や政府機関に勤めたリタイア組が多く住む。

藤井は終戦後、GHQのG2でSPD（公安課）に勤務していた人物である。彼のことを前沢は知っていたのである。

私はワシントンに滞在中、三人の中野学校卒業生に連絡を取ることを考えていたが、もし彼らが現在でも連絡を取り合っていれば、当然、東京からの未知の訪問者を警戒するはずだ。そこでまず、ワシントンから最も近いポトマック川の西側、バージニア州に住む吉田（仮名）の自宅を、アポイントメントなしで訪ねることにした。

吉田の自宅は、道路に面して塀もない芝生の中に建つ、石造り二階建ての瀟洒《しょうしゃ》な作りの建物であった。私は、ドアのノッカーを叩《たた》く時、緊張していた。吉田は果たして会ってくれるのだろうか。どんな人物なのか。何から質問すべきなのか。そもそも、吉田は間違いなく中野学校の卒業生なのか……。ドアの外で待つ間、頭の中を次々と質問したいことや確認したいことが錯綜《さくそう》する。

ドアの内側から、足音とともに、英語でこちらの身分を尋ねる声が聞こえてきた。私は日本語で答えた。ほとんど同時にドアが開かれた。私より一〇センチは背丈のある眼鏡をかけた白髪の老人が、Tシャツにジーンズ姿で現れた。髪にはきれいに櫛《くし》が入れられている。

「吉田さんですね。元陸軍中野学校を卒業した……」

私はそこまで喋《しゃべ》り、唾《つば》を飲み込んだ。

「そうですが、あなたはどなたですか」

吉田は私の顔をジッと見つめ、こちらの言葉を待っているようだった。

私は質問した。中野学校時代のこと。そして、どうして戦後、米国に渡ってきたのかを。

「あなたにお話しすることは何もありません。憶測で記事を書けば法的手段を取ります。日本語の情報などは、インターネットで簡単に取れます」

吉田は「中野学校卒業生の吉田さんですね」という質問には頷《うなず》いた。経歴はまず、間違いあるまい。

しかし、会話はそれ以上続かなかった。私は「いずれまた、お邪魔します」という言葉を残して吉田宅を辞した。

前沢の情報通り、確かに吉田はバージニア州の静かな町に住んでいた。年齢を確認しなかったが、八〇歳を超えているだろう。私は短時間だが、吉田と会い、会話を交わした。だが、取材は不首尾に終わった。確認できたのは、吉田が陸軍中野学校の卒業生だったことだけである。

彼の表情を思い出してみた。プレートに本名が書かれていたので、名前を呼んだことには、吉田はさほど驚かなかっただろう。だが、「陸軍中野学校」の名を出した途端、動揺の色が表れたように感じた。

吉田は、他の二人に連絡を取ったのではあるまいか。おかしな日本人が訪ねてきたことを。私は吉田の取材結果を踏まえて、他の二人に連絡を取ることを断念した。

GHQのインテリジェンス・ビル

米国から帰国してまず、前沢に連絡を取り、徳島で会うことを了解してもらった。まだ残暑も厳しい九月上旬、前沢とは三カ月ぶりの再会である。

「いや、素早い動きですね。ワシントンへ行かれたとは……」

私は取材結果を簡単に説明した。門前払いになったことも。

「でも、吉田さんは中野学校出であることを認めたのでしょう。ならば、取材は成功ではないですか」

私は、吉田を訪ねた理由が下山事件にあることを告げて、前沢の答えを待った。

「彼が下山事件の関係者ですか。それは、私には分かりません。彼の住所を教えたのは、戦後も付き合いがあったからです」

前沢は吉田の情報を持っているのだろうが、明かしてくれない。前沢の表情を窺《うかが》ってみる。そこには「そう簡単に手のうちを明かせませんよ」という意志が読み取れた。二人の間にすこしの間、沈黙が流れた。それは、「米国の話は終わり」という前沢の意思表示でもあったようだ。

前沢が先に口を開いた。

「ところで、前回お会いした時は私のことはあまり話しませんでしたが、あなたがあまりにも中野学校の戦後に熱心なので、参考までに、私の経歴もお話ししておきましょう」

こうして前沢は二回目の取材で、自らの戦前・戦後史を語り始めた。

大正九（一九二〇）年七月生まれの八四歳であるという。

「前回、お会いしたときに話したと思いますが、私は三丙出身です。戦後はいろいろありまして、中野交友会のメンバーにも入っていませんし、中野の連中とは付き合いがないのです。私は予備士官学校を出て中野に入り、卒業したのは昭和一七（一九四二）年の一一月でした。中野の連中でも、私がここに住んでいることを知っている者は誰もおらんと思います。いうなれば世捨て人ですよ」

前沢は卒業後、関東軍情報部に配属され、ハイラル支部に転属した。ハイラルは当時満州国の領土で、蒙古とソ連国境に近い場所にあるため、対ソ情報を主に担当していた。

ハイラル支部といえば、ハルビンに本部を置いていた関東軍情報部の一六の支部の一つで、ソ満国境の満州里も管轄していた。また組織上、ハイラル支部も他の支部同様に「特務機関」の名が付せられていた前沢の話は復員、そして戦後の時代へと続いた。

「あなたがワシントンで探した下山事件の関係者フジイ。彼はG2で働いていましたが、下平という変名を使ってはいませんでした。下平は別人です。ここでは仮に奥山としておきます。その人物は私の後輩で二俣の一期生でした。

彼と戦後初めて会ったのは、東京のCIC本部でした。CICという組織は、日本語で対敵課報部隊と呼ばれていましたが、ここはG2が指揮していたZユニット、いわゆるキャノン機関とも深く関係しており、ボスはジャック・キャノン中佐でした。Zユニットは、誘拐や共産党員の拉致、あるいは日本人高官のスキャンダル捜しなどのダーティな仕事に携わっていました。メンバーには二世が多く、超法規的な力を持っていて、私は彼らとも付き合っていました。

奥山は、公安課では日本名のIDカードで働いている、と話していました。お互いに中野学校卒業という気安さもあって、再会以来、郵船ビルのバーでよく飲んだものです。そのとき彼の口から、下山事件のことを聞かされたんです」

私は前沢の話に引き込まれていた。彼はCICやZユニットのことをよく知っていた。また、奥山とは郵船ビルのバーでよく飲んでいたとも語っている。郵船ビルとは当時、東京駅前にあった日本郵船ビルのことで、G2局長のチャールズ・A・ウィロビー少将が著した『知られざる日本占領』（延禎監修、番町書房）から、このビルの特徴を紹介してみることにする。

接収した建物は一階が庶務、警備、行政関係用に使われ、二階が通訳翻訳課（ATIS）と心理作戦課、地勢情報課、それにラジオ放送局の「ヴォイス・オブ・アメリカ」が置かれ、三階にはCISの民間検閲課（CCD）、公安課（SPD）、戦史編纂《へんさん》課があった。そして四階は軍事情報課（MIS）と技術情報課（TIS）の専用であったが、昭和二三（一九四八）年には総合特殊作戦本部

（JSOB）が設置された。このJSOBにはZ機関（キャノン機関）や八一七七（総合偵察）部隊、八二四〇（特殊諜報）部隊が属していた。また、昭和二五年にはCIA長官のウォルター・ベデル・スミス中将の要請で、資料調査局（DRS）に名を変えていたCIA極東地区担当官に部屋を提供している。五階には、ウィロビー少将の部屋と情報参謀次長室、会議室、一般無電班室、特殊無電班室、暗号解読班室などがあった。

郵船ビルは、まさにGHQのインテリジェンス・ビルで、日本全国を監視する情報センターになっていた。三階の戦史編纂課は、先述の有末精三らが働いていた「歴史課」のことだったようだ。この「歴史課」には有末や河辺、服部の他にも陸海軍の佐官と尉官の旧軍人二〇名余りが働いており、その中には中野学校の教官をしていた杉田一次大佐（陸士三七期）もメンバーの一人であった。

奥山と前沢がGHQの中枢組織が入っていたこのビルで親しく話をしていたことに、私は驚愕してしまった。奥山を前沢が知っていることに……。いや、それよりも、藤井と下平はまったくの別人で、前沢が親しくしていた奥山は中野学校二俣分校の出身であるということに。中野学校の出身者がGHQの課報機関で働き、下山事件にも関係していたとは……。

私は前沢に、奥山の生死について何度も確認した。だが、彼は奥山のプロフィールを語るだけで、肝心の仕事内容については教えてくれなかった。その代わりに教えてくれたのは、奥山が長野県出身という情報だけであった。

私は質問を変えて、前沢のCIC時代の仕事について質してみた。

「CICに勤めたのは昭和二二（一九四七）年でした。紹介者は当時、郵船ビルの歴史課に勤めていた有末さんです。有末さんは終戦時の参謀本部第二部長で、情報部門の責任者。ウィロビーに絶大な信任がありました。有末さんらは特務機関関係者や中野学校関係者をリクルートして、G2

の下請けをやっていたんです。ＣＩＣもその一部門でした。しかし、公安課は直接、下山事件にはタッチしていなかったはずです」

前沢も有末精三の名を出した。そして、彼も有末から職場としてＣＩＣを紹介されたという。その有末が、かつて「朝日ジャーナル」の座談会「元日本軍高級参謀とＧＨＱ」の中で、戦史編纂課に勤めた経緯を語っていた。

私を進駐軍の顧問という形で、「日本陸軍に対するハイ・ポリシーに関しては有末だけだ」とウィロビーは言いだすんです。まあ強引な男でしたからね。

私は進駐軍による調査活動に、Ｇ２があったあの郵船ビルで協力することになった。それが二十一年の六月でした。（一九七六年五月七日号）

前沢も働いていたというＣＩＣ。この組織の初代ボスはアーリィ・Ｒ・ソープ准将であったが、彼は女性問題と公金横領の嫌疑で罷免されている。後任にはホーマン中佐が就き、部員は主に日系二世の将校で構成されていた。そして、彼ら日系二世が日本人を使って、戦犯の追及や逮捕、国家主義者や右翼、共産主義者、在日朝鮮人、進歩的文化人たちの思想傾向調査などをしていた。上級機関は、占領初期のころは民間諜報局（ＣＩＳ）で、東京本部は第四四一支隊が担当し、他に全国主要都市の六一地区に分隊が置かれていた。

前沢が有末の紹介で就職した時期は、ホーマン中佐がＣＩＣの責任者になっていた時代であった。

奥山を訪ねて

徳島から戻ってきた私は、前沢が教えてくれた二つの情報を中野学校卒業者名簿で当たってみた。一つは藤井姓と奥山姓に該当する人物がいるかどうかであった。しかし、名簿に藤井正造の名はなかった。また、藤井はすでに死亡していることを米国取材中に確認しているので、次に精査したのは奥山だった。

「オ」の欄を丹念に拾ってみると、一人だけ奥山の名が載っていた。その人物は、前沢が語っていたように、確かに三〇年前にフィリピンのルバング島から生還した小野田寛郎少尉と同じ二俣分校第一期生で、在校中はゲリラ戦の教育と訓練を受けた秘密戦士であった。年齢も大正一〇（一九二一）年生まれで藤井正造とほぼ同年代。出身地は長野県下伊那《しもいな》地方であった。

私は二人のことを調べているうちに興奮してきた。前沢の証言に嘘はなかった。しかし、前沢がヒントを与えてくれた奥山は、果たして今でも故郷で老後を過ごしているのだろうか？　私は矢も盾もたまらず、名簿に載っている奥山の住所を訪ねることにした。

電話帳で奥山姓を調べてみると、四〇軒余りが登録されていた。前沢が教えてくれた奥山家は確かに存在した。

私は奥山家を訪ねるために現地に向かった。一〇月下旬の山間《やまあい》の村は午後三時を過ぎると、釣瓶《つるべ》落としの秋の気配が色濃く漂っていた。

奥山家は豪壮な造りの田舎家であった。私は意を決して土間に入り、身分を名乗った。三度声をかけると、奥の方から女性の声がした。出てきたのは品のいい女性であった。私は名刺を渡して「奥山さんの奥様ですか」と念を押し、訪問の目的を告げた。

夫人の顔は戸惑いと警戒心を露《あら》わにしている。それは当然だろう。未知の人間が突然訪ねてきて主人のことをあれこれ尋ねたのだから……。

「主人は八年前に肝臓ガンを患って亡くなりましたが、主人とはどんな関係なのですか」

私は中野学校二俣分校のことを持ちだし、「俣一会報」の話をした。夫人は少し安心したらしく、強張《こわば》っていた表情も和んできた。私は勧められるまま畳に腰を下ろした。

「中野学校のことをお調べとはご苦労様ですね。ところで、主人の何をお聞きになりたいのですか」

私は率直に奥山の戦後のことを問うてみた。

「主人の戦後のことはほとんど知らないのです。帰ってきても二、三日家にいると東京に戻ってしまい、東京時代のことは何も教えてくれませんでした」

夫人は亡夫のことは何も知らなかった。私は話題を変えて、前沢が中野学校の先輩であることを告げて、二人の交友関係について質してみた。

「その方の名は、主人から二度ほど聞いたことがありますが、お付き合いのほどはまったくわかりません。前沢さんは主人と何か関係のある方なのでしょうか……」

夫人は前沢に関心を持ったようだが、亡夫と前沢の繋《つな》がりについては覚えていない。夫人の話によると、奥山と結婚したのは一九四八年夏。下山事件が起きる一年前で、当時、奥山は二六歳だった。夫人の記憶にある奥山は、結婚後もちょくちょく上京していたという。だが、どんな用向きで奥山が上京していたのかまでは知らなかった。

残念ながら夫人の知っている奥山の経歴は、出身校や実家の家業のこと、それと中野学校二俣分校に入校した程度で、戦後生活についてはほとんど何も知らなかった。

「主人は二俣のことを話したことはありません。同期の小野田さんがルバング島から帰ってきた時に、テレビを観ながら『あいつは、俺と二俣の同期なんだ』と独白したくらいです」

奥山は八年前に亡くなっていた。彼がどのような伝《つて》でG2公安課に就職できたのかは不明で、前沢と奥山の繋がりを証明できる資料は実家にもなかった。後は前沢から直接二人の関係を教えてもらう以外に方法はない。前沢は核心部分を証言してくれるだろうか。あるいは、他に真相を明らかにする手立ては残されているのか。

気負って下伊那に取材に来ただけに、私は結果に落胆してしまった。帰路、最寄り駅の伊那大島の公衆電話から、前沢が夕食の時間で在宅している刻《とき》を見計らって連絡を入れた。前沢は在宅していた。私は取材の顚末《てんまつ》を報告した。

「そうですか、奥山は亡くなっていましたか……」

その後、僅《わず》かな時間だが、前沢は言葉を絶った。そして、

「実家をよく突き止めましたね。私が与えたヒントは長野県出身と、二俣分校一期生ということだけでした。どうやって、奥山の実家を短時間で割り出したのですか」

前沢は詰問口調になっていた。そして、電話口の向こうで次の言葉を探しているようだった。私は、ズバリ質問した。

「前沢さん、あなたは奥山が亡くなっていることを承知で私を実家に誘導したのではないですか。本当は、あなたが下山事件の真相を知る当事者ではないのですか……」
五、六秒の間、前沢は無言だった。そしておもむろに、
「八四歳。私にも、まだ若干の時間が残っています。もう一人、真相を知る人物が秋田にいます。その男と相談してみます。もうしばらく時間をください」

前沢の言葉はここで終わった。私はリダイヤルしなかった。と同時に、私は前沢が「下山事件」

の真相を知る有力な人物であることを確信した。やはり下山事件に陸軍中野学校卒業生が関与していたことは間違いあるまい。

さらに、前沢の口から初めて出た秋田の人物……。私の質問に、前沢が咄嗟《とっさ》にその人物の名を口にしたとは思えない。よほど親しい人物なのであろう。早く会ってみたい。その人物と……。

点と線を結ぶ

下山事件をテーマにした小説や評論、ノンフィクション、映像作品は相当な数にのぼる。下山事件はそれだけの時代性を持った社会的事件であった。また事件には、国鉄職員の大量解雇問題、共産党の政治進出、GHQ関与説など、捜査を複雑にする要因が内在していた。

加えて、先述したように、捜査を担当した警視庁も捜査一課の自殺説と第二課の他殺説が対立して捜査を混乱させた。事件経過についても、当時の田中栄一総監の記者発表は、GHQの圧力で、自他殺をはっきり明言しない言葉に終始していた。

自殺説の拠り所《よりどころ》は「愛人との関係を清算」「国鉄労組員の大量解雇問題で精神的に追い詰められていた」というもの。一方、他殺説の根拠は「共産党が指導する国鉄労組員の犯罪として最高責任者を抹殺。犯人を共産党員に仕組んだ」というものであった。

また、労組員を偽装した組織がG2やCICに雇われて仕組んだという謀略説も囁かれていた。その組織として、旧陸軍の特務機関出身者のグループ、あるいはZ機関に雇われた旧陸軍の憲兵グループなど、日本人実行グループが捜査線上に浮かんでいた。だが、いずれの旧軍人グループからも、関係者が逮捕・勾留《こうりゅう》されたという事実はなかった。

ましてや陸軍中野学校の卒業生が容疑者として、警視庁で取り調べを受けたことなどはまったくなかった。だが、中野学校では「銃器・刃物による殺人、毒薬や毒物の使用法、偽装・変装術」などの実地訓練と演習が盛んに行われていた。さらに、ある期の卒業生は、殺人学も学んでいた。それは諜報工作員としての必須科目であったわけだ。G2やその指揮下にあったCICが彼らに目をつけたとしてもなんら不思議はあるまい。情報は歴史課を通じてG2からCICに流れたものと推測できる。

私は陸軍中野学校の卒業生を取材する中で、下山事件に関係したと思《おぼ》しき人物から、事件に関係する新たな手掛かりを得た気がする。それも、初めて明かされる事実を……。

しかし本書では、とくに本人の希望で実名を明かすことができなかった前沢と、その前沢が明かした秋田の人物。この二人は、まだ私の取材圏内に存在している。果たして、下山事件にはどんな真相が隠されているのだろうか。

米国取材では中野学校出身者と接触したものの、本人の口から証言を得ることはできなかった。そのため、文中では仮名の「吉田」を使わざるを得なかった。吉田は戦後、なぜ米国に渡ったのだろうか。興味は尽きない。私はいずれ吉田に再度アプローチして、戦後の生き方を取材しようと自らを奮い立たせている。

事件をさらに追う

下山事件を追う取材行は年が明けても続いていた。

徳島の前沢を再取材する前に、なんとか奥山の戦後の行動について知る人物がいないかと関係者を訪ね歩いたのだが、反応は芳しいものではなかった。

そんな矢先、奥山と同期だった清沢喜久雄という人物が奥山と同郷の長野県北穂高に住んでいることを教えてくれた俣一の卒業生がいた。情報提供者は清沢について「彼は卒業生が戦後作った俣一会には一度も参加したことがないので、近況はまったくわからない。だが、同郷なので奥山の戦後について何か知っているかも……」。

私は早速、情報提供者の教えてくれた清沢を訪ねるべく、二月初旬の北穂高に向かった。安曇野《あずみの》の大地は冠雪も少なく、北アルプスの冬景色は暖かく感じられた。

清沢宅へは連絡なしの突然の訪問であった。私は内心、清沢が会ってくれるかどうか気を揉《も》んでいた。玄関口で何度か清沢の名を口にして、家人が出てくるのを待っていた。

「どなたですか」

奥から小柄な老人が現れた。私はその老人が清沢であると確信した。私は老人に、俣一の卒業生であることを確認して、手短に訪問の目的を告げた。

「そうですか、奥山の戦後についてですか」

清沢は私を警戒する素振りで玄関口に座り込んだ。私も清沢と同じ姿勢を取るために腰を折り、玄関口に座り込んだ。

「奥山さんをご存じですね。清沢さんが戦後も奥山さんと親しくしていたと教えてくれた俣一の卒業生がいたもので、訪ねて来ました。戦後の奥山さんのことを詳しく知りたいのですが……」

私は一気にここまで喋《しゃべ》って、清沢の反応を窺《うかが》った。

「奥山とは同郷ということもあって、復員してから戦後、何度か会っていますが、終戦後のことはあまり話しませんでしたよ。東京に行っていたとは聞いていますが……。それより、なんで今ごろ奥山のことを聞くんですか。彼は、五、六年前に亡くなっていますよ」

「下山事件をご存じでしょう。奥山さんは下山事件の真相を知っていたらしいのですが、生前、奥山さんから下山事件について何か聞いていませんか。それと、俣一会のことを」

「奥山が下山事件に関係している？　まったく分かりませんね。一度もそんな話を聞いたことはありません。何かの間違いでしょう。私の原隊は近衛《このえ》の歩一（東京・近衛歩兵第一連隊）で、歩一の連中との付き合いはありますが、俣一会には一度も出たことがありません」

私は質問を変えて、徳島の前沢のことを質してみた。

「初めて聞く名前でまったく面識がありません」

私は清沢の答えにいくらか期待して北穂高に来たのだが、残念ながら奥山の戦後について清沢からは、満足な答えを得ることはできなかった。やはり、前沢から真相を聞き出す他に方法がないことを、あらためて思い知らされたのである。

清沢は八二歳になっていた。戦後、穂高に帰郷すると実家の農業を継ぎ、地元の町会議員を長く務めて現在は隠居の身分であった。原隊から豊橋の陸軍予備士官学校に進み、二俣分校では幹部候補生として昭和一九（一九四四）年一一月に一期生二二八名の一人として卒業した。三カ月の教育は、国内遊撃戦教育が主体であった。

卒業後は奥山ら三名と共に金沢の第二二九師団司令部に配属される。その後、新たに編制された長野師管区司令部に転属して松本地区特別警備隊の選抜教育を担当した。奥山は二俣分校卒業後、清沢と共に金沢、長野の司令部に勤務して終戦は長野で迎えていた。

二俣一期生二二八名のうち、戦死者は三六名。不明者は五一名に達している。ところで、長野で終戦を迎えた奥山がなぜ、戦後、東京にしばしば出向くようになったのか、その経緯はまったく分かっていない。東京との接点はどこで始まったのか。その辺りの事情は前沢から聞き出す他はあるまい。

私を見送る清沢の眼差《まなざ》しには、最後まで疑念と不快感がこもっていた。私は事前の連絡もなしに清沢を訪ね、同期生の奥山のことや下山事件のことなどを質問したのである。清沢が不快感を露《あら》わにするのも当たり前で、二度と訪ねて来てほしくないと感じただろう。私は心の中で清沢に詫《わ》びた。

二俣分校時代、一期生は卒業旅行で井伊谷宮《いいのやぐう》を訪ねている。そのとき、全員が辞世を詠んだ。清沢の句は、

〈建武の御代にあだどもを、撃ちてしやまん御心を我等に秘めて必ず撃たん〉

というもの。そして奥山は、

〈井伊谷に建武の昔偲《しの》び来て、吾もまた海山翔り妖雲を断つ〉

と詠んだ。

遠のいた核心

帰京した私は最後の頼みである徳島の前沢に連絡を取り、再取材を申し入れた。昨年九月以来、五カ月ぶりに聞く前沢の声は、電話口でも分かるほど気弱になっていた。

「もう訪ねてこないでほしい。体調も優れないし、あなたには会いたくない」

前沢は、私と会うことを拒否する。

「これが最後です。なんとか会ってほしい」と食い下がる私に、電話口の向こうで無言が続いた。数十秒ほどたっただろう。次に出た言葉は、

「前回、あなたに会って下山事件のことを話したのは軽率だった、と今は後悔しているんです。来られても、もう話すことは何もありません」

電話はこれで切れてしまった。私は徳島を訪ねることを逡巡《しゅんじゅん》し始めていた。訪ねても果たして前

沢は会ってくれるだろうか。しかし、それでも徳島に行こうと決めた。気の重い、波乱含みの取材行になる予感がしていた。

二月中旬の昼下がり、私は前沢の自宅のインターフォンを押した。だが、取材はものの見事に断られた。いったん市内に戻り夕方まで喫茶店で時間を潰すことにして、前沢宅を離れて、バス停まで歩くことにした。玄関を離れるとき、前回招じてくれた応接間のカーテンが揺れて、すき間から前沢が私を見つめている気配がした。

夕方の四時を廻った徳島は、まだ陽も高かった。三時間後、私は前沢の自宅のインターフォンを押していた。今度は直接、玄関を開けて出てきた。無言で中に入るよう勧めてくれた。

「もう、これで終わりにしましょう。前回話した以上のことは何もありません。追加で話すことといえば、関係者の一人が秋田にいるということくらいです」

前沢は応接間に招じてくれなかった。取材は玄関口で始まった。私は前回の訪問で前沢が、下山事件の詳細を語ってくれると約束したことを切り出した。だが、前沢は「気持ちが変わった」と前言を翻し、次のことを語り始めた。

「秋田の男のことを言いましたね。この人物も中野にいた男で、朝鮮戦争が始まる前にCICを辞めましたが、奥山とも繋がっていた男です。名前は丸橋（仮名）といいまして、今年、八五歳になっているはずです。昭和四〇年代に東京・丸の内の『丸ビル』で偶然再会したんです。私はその頃、京橋のある会社に勤めており、丸橋に名刺を渡しましたが、彼は名刺を忘れたといって手帳の白紙を破って、住所を書いて渡してくれました。一〇年前までは年賀状を交換していましたが、今ではお互いに没交渉になってしまいました。その時の年賀状がこれです」

前沢は右手に持っていた年賀状を私に示し、住所と名前をメモすることを許してくれた。消印が押されていない賀状には、達筆な筆字で住所と名前が記されていた。住所は秋田県男鹿《おが》市になっていた。

私は前沢に礼を述べて賀状を戻し、さらに丸橋との関係について質してみた。だが、前沢は、

「私からはもう何も言えません。これ以上のことを聞きたければ、丸橋を捜し出して直接本人から聞いてください。下山事件のことは、もう終わりにしましょう。今更、藪《やぶ》を突いても関係者は困るでしょう。私があなたに話してしまったことがまずかったんです。これ以上のことは話しません」

話し終えると肩で息をする前沢は、確かに体調を崩していた。私はこれ以上、質問することを断念せざるを得なかった。

今回の収穫は、新たに名前が出てきた男鹿市の丸橋のことだけであった。丸橋は一〇年前の住所に果たして、今日でも住んでいるだろうか。それとも転居したのか。あるいは亡くなっているのだろうか……。

前沢の追跡取材でも、下山事件の核心に迫ることはできなかった。陸軍中野学校三丙出身の前沢、そして新たに名前が出てきた丸橋。丸橋は中野学校の卒業生なのだろうか。前沢は丸橋の素姓を一言も語らなかった。下山事件を追う私の取材もそろそろ限界に来ていた。今、私は男鹿市の丸橋を訪ねることを躊躇している。やはり、五六年という時間の壁は突き崩せないのだろうか。徳島を去る私の足取りは重かった。

陸軍中野学校の戦後史を追跡しているうちに、私はいつしか下山事件と中野学校の卒業生との関係に足を踏み入れてしまった。きっかけは、卒業生を取材している過程で、徳島の前沢が中野学校卒業生と下山事件の関係を示唆してくれたことだった。私は前沢の証言を、下山事件について過去

に発表された文献や資料と照合してみた。しかし、陸軍中野学校卒業生と下山事件を結びつけて論じたものは皆無であった。

私が前沢に接触して、本人が間違いなく中野学校のOBであることを確信したのは、中野学校の卒業生のことをよく知っていたからだ。そして、自らの戦後史も明かしてくれた。中でも、卒業生が米国に在住していることは、面談した卒業生の誰もが知らなかったことで、この事実を現地で確かめたとき、前沢が下山事件の関係者であるという私の確信は揺るぎないものになっていた。

私は前沢の証言を検証するために、前沢の与えてくれたヒントを元に、伊那の奥山を訪ねたが、残念ながら本人は既に亡くなっていた。さらに、穂高の清沢を訪ねて奥山の戦後を質してみた。そして前沢の再取材を試みた。だが、前沢は関係者の一人が男鹿市に住んでいたことまでは、語ってくれたものの、丸橋と下山事件の関係については口を閉ざし、真相を闇の中に閉じ込めてしまった。

下山事件を追跡すると、どうも「下山病」に感染するようで、目下のところ完治するための特効薬がなさそうである。だが、取材で得た感触から、下山事件の関係者が中野学校の卒業生であることは、ほぼ間違いなかった。私はこれからも、下山事件の真実を解明するために取材を続けて行くだろう。特に、米国に帰化した三人の卒業生の戦後史に、深い関心を持っている。

第八章
受け継がれた中野の遺伝子

敗戦を機に消滅したはずだった中野学校の歴史

昭和二〇（一九四五）年八月一五日――日本における唯一の諜報員養成機関であった、陸軍中野学校の七年にわたる歴史に幕が下ろされた。群馬県富岡に疎開していた中野学校の終戦時の状況を『陸軍中野学校』から再び引用する。

八月十五日玉音放送に引き続き、職員学生は校庭に集合し、校長より終戦に関する詔勅の伝達を受けた。楠公社は校長の手で火が点ぜられ、中野学校の象徴として、心の支えとなった神社も消失し、中野学校も姿を消したのである。

こうして、姿を消したとされる陸軍中野学校だが、その遺伝子は戦後、国内外で着実に受け継がれていた。

平成二三（二〇一一）年六月上旬、私は、日本海を望む海岸沿いに立つ国民宿舎のロビーにいた。「九丙」出身（将校）の吉田猛（仮名）から紹介された、「五戊」出身（下士官）の原田一雄（仮名）と会うためだった。

原田は、大正一三（一九二四）年生まれの八七歳（取材当時）で、取材場所に指定された国民宿舎の近くの山村の出身であるという。

「家業は農家です。徴兵は新発田連隊区管内の歩兵第一六連隊で初年兵教育を受けて、その後、下士官教育を受けるために、仙台の教導学校（教育総監部の所管する学校で仙台、豊橋、熊本に置かれた下士官を教育する学校）に入学を命ぜられて、そこで一年間勉強しました。教導学校最後の卒業生です」

吉田は取材前、原田について次のように手紙で知らせてくれた。

「平壌《ピョンヤン》に勤務した五戊出身者で、彼（原田一雄）の同期生には朝鮮籍の友人がいた」

中野学校卒業生の中に朝鮮半島出身者がいたという話は何度も聞かされたが、半島出身者の消息を知る機会はなかった。

彼はこの宿舎の温泉に入るのを楽しみにしているという。取材の条件は、本名と具体的な場所についてはは記さないことだった。紹介してくれた吉田と原田は、卒業期も異なり、直接の面識もないという。

「吉田さんの紹介ということなので、お会いすることにしましたが、私と吉田さんは卒業期が違うんです。吉田さんは幹候出身の予備士官として中野に入学しています。そんなわけで、私は吉田さんとは直接面識がないのですが、吉田さんが、私と同期だった金良賛《キムリャンチャン》君のことを知っていたのには驚きました」

当時の中野学校の様子について、原田はこう述懐した。

「中野学校に入学したのは、昭和一八（一九四三）年五月で卒業は翌年の三月です。〝通信、謀略、諜報〟などの学科や〝拳銃射撃と偽騙、金庫の開錠〟などの実科に夢中になったものです。一方、思想教育にはあまり関心はありませんでした。吉原（政巳）先生は、〝国体学のカリスマ〟と呼ばれていますが、国体学は主に予備士官の〝丙〟学生が学んでいたはずです。同期の者は国体学の講義にはさほど関心がなかったようで、私もそうした学生の一人でした。ですが、同期は二〇代の若者ばかりですから、講義は熱心に聴いていました。特に実科の訓練には熱心でした。実科の指導教官は憲兵出身の方でしたが、日本名をもつ朝鮮半島出身者にも分け隔てなく接してくれました。そして、同期生の中に金良賛君、日本名〝金山正治〟がいたんです」

金山正治は、平壌出身。朝鮮軍（昭和二〇年二月、第一七方面軍に改編）の第七七連隊に初年兵として入営し、教育を受けたのちに、陸軍中野学校に選抜された。

「彼とは仲のいい友達でした。軍隊は朝鮮軍の歩兵第七七連隊に初年兵として入営して教育を受けています。連隊で下士官教育も受けたと話していました。成績が優秀だったんでしょう」

二人が中野学校を卒業したのは、昭和一九（一九四四）年三月。金山は当時、二一歳になっていたという。

「五戊の卒業生は七八名おり、そのうち朝鮮軍に配属されたのは、たしか二名いたと思います。私は平壌の軍管区司令部に勤務し、金山君は、半島のソ連領との国境近くの羅津《ラジン》の特務機関でした。ここは、朝鮮軍唯一の特務機関で、対ソ情報の収集と朝鮮の反日勢力の動向視察が主務でした。今思えば、彼が中野学校に選抜されたのは、情報活動に必要な朝鮮語も自由に話すことができて、朝鮮人の世界に入り込んで情報を入手できるという有利さがあっての配属だったと思います」

『陸軍中野学校』は「羅津特務機関」について、次のように記している。

中野学校出身者で同機関に勤務したものは、昭和十七年三月～十九年五月（黒沢尚・一乙短）、昭和十八年十月～二十年八月（菅沼栄・一乙・五十期）、昭和十九年三月～昭和二十年八月（清原渉・五戊）。

意図的に消されたのかどうかはわからないが、金山正治の名は中野学校の正史には記されていなかった。

羅津は不凍港（冬季にも海面が凍結しない港）で、戦前は新京（現在の吉林省長春）－新潟を繋ぐ中継港だった。また、東京－新京間の最短ルートでもあった。

「公務で羅津に行き、久々に金山君と会い旧交を温めましたが、そのとき、彼は〝こっちで得た情報（昭和二〇年二月ごろ）では、日本はこの戦争にそう長くは持ちこたえられない。俺は、日本が負けたら、祖国のために働くんだ〟と、真剣な顔で話していたことが、今でも忘れられません」

行方不明になった中野の卒業生

金山正治こと金良賛は戦後、どのような人生を歩んだのか。朝鮮戦争（昭和二五年六月～二八年七月）が休戦協定で終結したのちの昭和三〇年代、金山から二通の手紙が原田の元に届いたという。

「彼には実家の住所は教えておいたので、覚えていたのでしょう。消印は平壌、もっともその時代はハングルの消印でしたが。手紙で彼は、〝政府機関で働いている〟と知らせてきましたが、政府機関の具体的な名称は書かれていませんでした。それでも、無事でいたことがわかって、安堵したものです。当時、金山君は三二か三三歳になっていたはずです」

残念ながら、その手紙はすでに処分してしまったというが、私は原田に「彼は人民軍か労働党の情報機関に勤務したのではないか」と問うてみた。

「手紙は二通だけで、その後、音信は途絶えてしまいましたので、なんとも言えません。中野の教育が彼の祖国の再建に役立ったのかどうかは、まったくわかりません。昭和三〇年代といえば、北朝鮮のボスは金日成《キムイルソン》。北朝鮮と中野学校のことが最近、いろいろと書かれていますね。〝息子の正日《ジョンイル》が中野学校の教育を活用している〟などとね（当時、金正日はまだ存命していた）。しかし、それは、小説の世界の話でしょう。仮に金日成時代に金山君のような人材が、軍や党の秘密機関で中野流の諜報活動や破壊工作を教えていたとしても、正日の時代には、教官の後継者はいなかったと思うんです。その大きな違いは誠の精神でしょう。チュチェ（主体）思想に凝り固まった軍人などには、中野の精神は理解できなかったのではないでしょうか。中野の教育で、〝破壊工作は必要以外に必要なし〟と教わりました」

金が中野学校のノウハウを北朝鮮に持ち込んだかどうかはともかく、戦後に行方不明となった中野学校出身者が多数存在することは事実だ。原田の同期の五戊にも六名から七名ほどの行方不明者がいる。私はこうした背景から、戦後、北朝鮮に残留（もしくは帰還した）した卒業生が、中野学校で学んだ知識やノウハウを活用し、金日成時代の党や人民軍の情報機関で人材教育を行なっていたのではないかという見解を述べた。

「なるほど、面白い考察ですね。中野と現代の北朝鮮情報機関の関係が、金日成時代に始まっていると……では、その根拠はどこにあるんですかな」

私は、韓国大統領・全斗煥《チョンドゥファン》時代に起きた、「ラングーン事件」を例に出して説明した。ラングーン事件は、昭和五八（一九八三）年一〇月九日、ビルマ・ラングーン（現ミャンマー・ヤンゴン）で発生した、全斗煥大統領暗殺を狙った爆弾テロ事件である。大統領と夫人は難を逃れたが、韓国とビルマの政府要人が多数死亡する事件となった。事件はのちに、北朝鮮工作員が犯行を全面的に自供した。この事件で使用された爆弾や贋ドルのスーパーK、ヘロイン・覚せい剤の密造などの北朝鮮による国家犯罪の技術的なノウハウは、残留した中野学校出身者もしくは祖国に帰国した〝金良賛〟のような人物によってもたらされたのではないかと説明した。

「それらの事件や覚せい剤の密造などは、マスメディアで知っていますが、アイデアを中野学校の教育から得たとは、飛躍しすぎていませんかね。少なくとも、我々五戊の教育では〝毒薬〟の使用法などは学びましたが、登戸研究所（第二科では青酸ニトリールの製造。第三科では国民党政府の法幣を偽造していた）の技官から専門的な講義は受けていません。たしかに、破壊工作や諜報技術は学びました。しかしですよ、中野流の高度なテクニックを彼らが理解できたのでしょうかね。専門の技術者が別にいれば、登戸の研究や技術を継承することは可能でしょうが。まあ、それはそれとして、斎藤さんの考えを現実の北朝鮮の各種の工作に当てはめてみると、現実味を帯びてきますね、たしかに」

原田は私の仮説にも熱心に耳を傾けてくれた。取材は二時間を超えたところで、「風呂に入りませんか」と原田から誘われた。

窓越しに日本海が眺望できる浴場で、戦後の話に花が咲いた。原田は昭和二一（一九四六）年に釜山から下関経由で新潟に引き揚げてきた。そして、新潟県庁に勤めた。

「履歴書も出して、〝中野学校卒業〟と書きましたが、面接した職員は中野学校のことは、当然のことながら知りませんでしたが、〃朝鮮ではどんな軍歴か〃と聞かれた程度でした。〃情報関係の仕事〃などと適当に答えましたが、採用されました。初任の部署は知事室付の雇員でした。それから、四〇年近く県庁に勤めました」

戦後、原田は地方公務員として働き、夫人とともに故郷の町で穏やかな生活を送っていた。

金良賛の戦後の軌跡

金が日本の敗戦を境にして、平壌に帰京したことは間違いないだろう。では、金は北朝鮮のどの機関に所属したのだろうか。以下の記述は、原田証言を基に私が推論したものであることを断っておく。

朝鮮民主主義人民共和国が建国されたのは、昭和二三(一九四八)年九月九日。日本の終戦から三年後のことである。終戦翌年には「朝鮮臨時人民委員会」が組織された。その下部組織には治安を担当する「保安局」セクションが設置され、さらに「情報処」が新設された。また情報処には、「政治保衛部」「軍事情報部」「特殊情報部」が設置された。情報組織を一元的に指揮していたのが「情報処」であった(この組織はのちに保衛局に昇格した)。

北朝鮮の情報機関は党、軍、政府に置かれているが、その活動は縦割りで人事、予算、工作が有機的に各機関と繋がり、情報を共有することはないとされてきた。原田の証言によると金良賛は終戦直後に、平壌に帰郷している。そして、昭和三〇年代に手紙で「政府機関に勤めている」と知らせてきた。

当時、北朝鮮が日本の国情や民情を探っていた組織は、金日成時代に創設された「朝鮮労働党中央委員会」に属する情報機関「連絡部」である。指揮下には「情報課、遊撃指導課、宣伝教養課、金剛《クムガン》政治学院（のちに金正日政治軍事大学に進化した）」などが置かれ、直接指導していた実戦部隊が五二六部隊であった。これらの組織は平成六（一九九四）年に金日成が亡くなると、息子の正日が直接指揮を執ることで情報機関を掌握した。

金良賛は羅津を離れると平壌に向かい、遅くとも昭和二〇年末には故郷に戻ったと推察できる。原田に手紙を出したのはそれから一〇年後のことである。金は中野学校で諜報工作活動の教育、訓練を受けたプロの工作員であり、朝鮮人として中野学校に選抜された優秀な人物であった。金が所属した政府機関とは推測するに、内務省の「対外情報局」だったのではないか。だが、この組織も数年で改変されたため、次に配属されたのは、前述の労働党中央委員会の組織で、金の経歴上、最もふさわしい部門は対外連絡部の「日本担当課」ということになる。対外連絡部の中には「101連絡所」が設置されており、この連絡所において、〃偽ドルの傑作〃といわれた「スーパーK」が製造されていたとの脱北者の証言もあった。いわば北朝鮮の偽ドル製造の本拠地だった可能性があるセクションだ。

中野学校は秘密戦機材を研究・開発する陸軍登戸研究所との関係が深く、同所には卒業生が派遣され、また同所からは中野学校に技術将校や各部門の専門家が教官として派遣され、学生に講義をしており、中野学校と登戸研究所が〃密接不可分〃の関係にあったことは、第六章で論じた通りである。

昭和二三（一九四八）年一月二六日、東京都豊島区長崎にあった帝国銀行（のちの三井銀行。現在の三井住友銀行）椎名町支店で発生した毒物殺人事件「帝銀事件」で当初、犯人が使用した毒物は「青酸カリ」と断定。しかし、その後の化学検査で「青酸ニトリール」という遅効性の毒物であることが判明。これは、登戸研究所で開発された独創的な毒物で、私は開発者の門脇をかつて取材している。

「青酸ニトリールとは、研究室（第二科）がつけた仮称の薬品名で、正式には〝アセトン・シアン・ヒドリンの分離合成〟と呼んでいました。物質（青酸ニトリール）は中性の無色の液体で無味無臭の性質をもち、毒性効果は即効性。また水やアルコールに溶けやすい性質を持っていました。致死量は、体重六〇キログラムの大人が一ミリリットルを飲用した場合、二〜三分で痙攣《けいれん》が始まり、一〇〜三〇分で完全死に至るのです」

門脇は薬学の専門家らしく正確な説明をしてくれ、青酸ニトリールの化学方程式と分子構造をノートにすらすらと書いてくれた。

$$CH_3COCH_3 + HCN\ (K_2CO_3)$$

$$\begin{matrix} CH_3 \\ CH_3 \end{matrix} > C < \begin{matrix} OH \\ CN \end{matrix}$$

製造は化学の世界では、熟練した技術者の手にかかれば、さほど難しい技術は必要ない印象を受けた。アセトンにシアン・ヒドリンを加え、さらに少量の青酸カリ粉末を加えた合成溶液に水が反応すると、無色無味無臭の青酸ニトリールが完成するというわけだ。

この青酸ニトリールで想起される事件は、前述の帝銀事件と昭和六二（一九八七）年一一月、大韓航空機八五八便が爆破された「大韓航空機爆破事件」である。

犯人は、のちに日本国籍の偽造旅券を使用した北朝鮮の工作員、金勝一《キムスンイル》（当時五九歳）と金賢姫《キムヒョンヒ》（当時二五歳）であることが判明した。バーレン当局に身柄を拘束されると、二人はアンプルに仕込まれた毒物を嚥下《えんげ》して自殺を図るも、金賢姫は助かった。二人が使用した毒物を分析した結果、遅効性のニトリールであったことが判明している。当時、毒物については関心がおよばなかったようだが、アンプル入りの「青酸ニトリール」が、登戸研究所で開発されたことを韓国の情報機関は摑んでいたという。この事件にも、登戸研究所のＤＮＡの痕跡が見え隠れしていたのである。

北朝鮮が諜報工作員を養成するために設立した高等教育機関が「金星政治軍事大学」である。金日成時代の昭和三五年ごろに基礎が作られ、その後正日が、国防委員長に推戴されて、軍の統帥権を掌握したことで、大学の名称も平成四（一九九二）年には「金正日政治軍事大学（通称・労働党一三〇号連絡所）」と改称された。

大学で諜報員としての基礎学科を学んだ学生は卒業すると、実科を学ぶために「工作員招待所」に入る。ここで二年間の実戦訓練を受け、筋金入りの諜報員として教育された者たちは、各国で諜報活動を展開するのが卒業生の定番コースとなっている。金正日政治軍事大学の教育・訓練のカリキュラムは、まさに陸軍中野学校をモデルとしているのである。余談だが、金正日は、中野学校をモデルに製作された映画『陸軍中野学校』シリーズの大ファンだったとされる。

中野学校と登戸研究所が蓄積したノウハウは、表向きは昭和二〇（一九四五）年八月一五日の敗戦を機に〝消滅した〟とされる。しかし、中野学校は開校から閉校するまでの七年あまりの間に、二一三一名の卒業生を送り出している。卒業生は戦地あるいは任地先で二八九名が死亡、八名の刑死者、そして、三七六名もの行方不明者も出しているのである。中野学校で学んだ数々の諜報工作のノウハウを、北朝鮮の情報組織にエッセンスとして注入した行方不明者がいたとしても、なんら不思議な話ではない。そうした行方不明者の一人が、金良賛だったのではないだろうか。数々の状況証拠は、私の推論が決して空想や妄想ではないことを示唆している。原田の証言を基にした私の推測が正しければ、皮肉なことに、中野学校のDNAは戦後の北朝鮮に受け継がれたことになる。

内閣調査室の〝伝説の男〟

望月一郎は、日中が国交回復（田中角栄内閣時代の昭和四七年九月二五日、北京で調印され、日中共同声明で国交が樹立。同時に台湾の中華民国政府と結んでいた「日華条約」が破棄されて、日本と台湾は国交を断絶した）する以前に単身中国に渡り、中野学校の卒業生の間では、昭和三九（一九六四）年の中国の原爆実験の成功の極秘情報を世界に先駆けて入手したとされる人物であった。東京外国語学校露語科を卒業した望月は、八丙では第三班のロシア班（一班は支那班、二班は英語班）に属していた。その望月が内閣調査室では、海外第二班の中国担当になっていたが、内調入庁の時期については確認

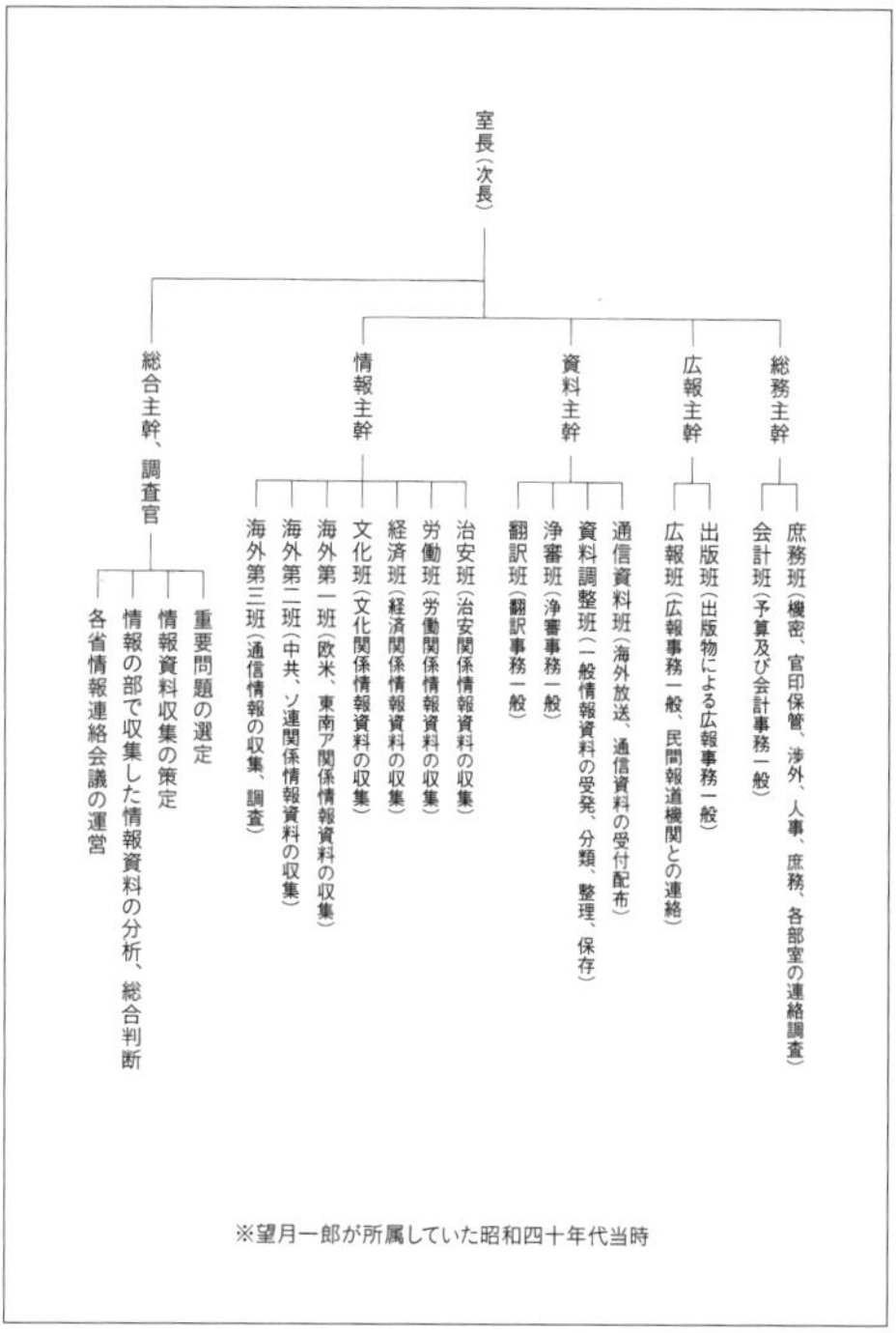

内閣調査室 組織図

できなかった。

私は望月の同期の紹介を受け、彼の戦後史を取材する予定となっていたが、残念ながら取材直前の平成一六（二〇〇四）年四月に他界したため、本人の口から「中国原爆実験成功の情報入手」の秘話を聞くことはかなわなかった。

中国の原爆実験については、望月の死から一年後の平成一七年二月、外務省から外交文書が公開された。公開されたのは、昭和二〇（一九四五）年七月から昭和四九（一九七四）年末までの戦後外交文書の一部で、その中に中国の原爆実験成功に関する文書も含まれており、当時の日米間のやりとりが明かされていた。


中国には、五つの（ミサイル）のセンターがある

一九六三年一月九日、外務省を訪れたライシャワー駐日米大使は、大平正芳外相に約二〇枚の極秘の偵察写真や配置図を示した。（中略）中国のミサイル配備状況についての詳細な情報だった。

前年八月三〇日付の外務省中国課の文書は、中国の核実験の時期について六三年以降とみる「米国筋観測」を紹介していた。六四年六月一日付の米国務省文書は「中国の核実験はいつでも行われる可能性がある」と指摘。（中略）

一方、ジョンソン米大統領は一六日の声明で「米国は実験を探知できた」と公表した。公開文書には急きょ来日したＣＩＡ（米中央情報局）のクライン情報担当次長が二二日に椎名悦三郎外相に会い、実験をどうやって探知したか説明したとのくだりがある。だが、その内容には触れていない。

（「朝日新聞」平成一七年二月二五日付）

新聞記事を読むかぎりでは、米国が入手した中国の核実験の情報を頼りにする日本という構図が浮かびあがるが、水面下で日本も独自の情報網を構築しており、その中心にいたのが望月一郎であった。

ところで、内閣総理大臣官房調査室から内閣調査室、そして現在の内閣情報調査室という変遷を経た組織の実力はどの程度のものなのか。内閣調査室時代には、望月と同様、中野学校の卒業生が多く採用されていたことから、日本のインテリジェンスの本流の遺伝子は息づいていたはずだ。そうした組織をベースに、組織の骨格を作ったのが、警察官僚であった。

しかし、内閣情報調査室の情報収集能力の現状におけるレベルは、残念ながら、委託情報だけを主に分析しているだけであり、インテリジェンス機関としては、三流との評価を下さざるを得ない。

平成五（一九九三）年から退官する平成九（一九九七）年まで内閣情報調査室長を務めた大森義夫（警察庁出向の警視監）は、自著『日本のインテリジェンス機関』（文春新書）で、かつての職場をこう評している。

内調の本体は実働八十人ほどの人員で、国際部、国内部、経済部、総務部などに分かれている。編成や部の名称はその時々のニーズに応じて変わる。小さい組織だから常にリソース・シフトして時の課題に対応しようとする知恵が働く。各部の長（部長）を主幹と呼ぶ慣わしである。国際部主幹の下には米州班、ロシア班、北朝鮮班などがある。こうした地域担当の他に軍事班、交換班などがある。交換班というのは海外友好機関との情報交換を専門に行なうセクションである。

最近は映画や小説に、内閣情報調査室のこうした固有名詞が登場し、それだけである種の効果が醸されるらしい。内調も一人前になったものだ。

多分に揶揄と皮肉を含んだ記述である。しかし、大森の揶揄と皮肉に反して、内閣情報調査室は組織面では強化されている。以下、その経緯を時系列でざっと整理してみる。

◎平成七（一九九五）年一月の阪神・淡路大震災の対応をめぐり、官邸における初期情報の把握と連絡の不備が問われたことから、平成八（一九九六）年五月、緊急な重要情報を二四時間体制で収集する「内閣情報集約センター」が設置される。

◎第二次橋本内閣の下での「行政改革会議」における「内閣情報調査室の機能・体制強化」などの提言を受けて、平成一〇（一九九八）年一〇月、「内閣情報会議」が新設され、その下に官房副長官、内閣危機管理監、警察庁警備局長、内閣情報官、公安調査庁次長、防衛省防衛政策局長、外務省国際情報統括官などの実務官僚がメンバーを務める「合同情報会議」が位置づけられる。

◎中央省庁再編関連の内閣法の改正によって、平成一〇（一九九八）年一月、「内閣情報官」が内閣官房に設置される。

◎平成一〇（一九九八）年八月に発生した北朝鮮のミサイル発射実験を受け、独自の情報収集衛星導入の機運が高まり、情報収集衛星を平成一四（二〇〇二）年までに導入することが閣議決定された。平成一三（二〇〇一）年四月、情報収集システムの開発・運用および画像情報の収集・分析などを行う「内閣衛星情報センター」が設置され、平成二五（二〇一三）年四月、情報収集衛星・二組四機体制による運用が開始される。

◎平成二〇（二〇〇八）年四月、特定の地域・分野に関する高度な分析に従事する「内閣情報分析官」が設置される。

こうしてみると、内閣情報調査室は、組織と権限を飛躍的に強化させていることがわかると思うが、その根底にあるのは、ヒューミントを軽視し、ハイテク技術に依存した情報収集・諜報活動である感は否めない。しかし、陸軍中野学校を取材した立場から言わせてもらえば、ヒューミントが軽視されることは、ヒューミントを鉄則とする情報機関においては、あり得ない事態である。

ところで、最近懐かしい人物の名を、雑誌『Intelligence』（20世紀メディア研究所）に掲載された、「陸軍中野学校の考察」と題する記事で見つけた。執筆者は牟田照雄《むたてるお》（九二歳）である。牟田は中野学校の三乙出身で陸士五五期の卒業生であるが、私はかつて京王線・調布駅近くの喫茶店で彼を取材したことがある。戦後は、公安調査庁に勤務していた。

記事で牟田は、自身の経歴を次のように記している。

私は現在九二歳で陸軍中野学校卒業生の数少ない生き残りの一人である。戦後おそらく最も中野とは縁が深く、特に一九五三年中野との縁から公案調査庁に勤務することになった。

公安調査庁に入庁したのが「一九五三年」（昭和二八年）ということは、公調の前身であった法務府特別審査局（特審局）が、改編されてから一年後という時期である。牟田は、いわば公調生え抜きの職員であったわけだ。他にも牟田の大先輩で、中野学校でソ連の「軍情」について講義していた甲谷悦雄《こうたにえつお》（陸士三六期）がおり、参事官として勤めながら「日本共産党の動向分析」をしていた。

また、〝世界政経調査会〟の設立メンバーになった。戦前は駐ソ日本大使館で武官補佐官（少佐）

を勤めている。

公安調査庁にも、陸軍中野学校の遺伝子は、受け継がれていたのである。一九九三年四月、九〇歳で死去。

中野学校卒業生に間違われた「最後の抑留者」

私はかつて、中国で戦犯(スパイ)として二〇年余り上海監獄に囚《とら》われていた深谷義治(取材時は島根県大田市在住)を取材していた。当時の彼は帰国してからまだ、五カ月しか経っていなかったが、正確な日本語で話していたことを思い出す。

深谷へのインタビューで、中野学校について話した箇所があった。

「昭和四一(一九六六)年、中国政府は妻に『深谷義治は歴史上(戦犯)の問題であるから、日中関係が少し好転すれば直ちに釈放する』と言明し、私にも同じことを昭和三八(一九六三)年一月一三日以来、何度も言いました。

しかし、文化大革命以後、四人組は反日本軍国主義運動を起こし、私に向かって『日本政府が日本の家族へ支給している多額の金はスパイ機密費であるから、お前は現役の日本スパイに違いない。日本の新聞が深谷義治は陸軍中野学校を卒業していると報道しているから、終戦時に日本が潜伏させた現役のスパイである』と決めつけました。彼らは昭和四五(一九七〇)年九月、長男の夢龍《むりゅう》を無実の罪で逮捕迫害し、妻の綺麗《きれい》に対しても、四人組が群集を駆り立てて『日本軍国の母』とののしり、長年月にわたる厳しい迫害を与えました。

妻は厳しい迫害と経済的苦境に耐えながら、私が逮捕された当時、生まれてわずか一カ月半余りだった娘の麗容《れいよう》をはじめ、四人の子供を育てながら、二〇年四カ月間、私の釈放を待ち続けてくれました。三七年来、幾度も私と生死を共にし、四人の子供たちを立派に育てあげてくれた妻に心から感謝しています」

深谷の容疑は戦犯というよりも、終戦時に日本側が中国に在留させた残置諜者《ざんちちょうじゃ》（スパイ）で、深谷を中野学校の卒業生と認識していたようだ。だが、深谷は中野学校の卒業生ではなかった。

「私は四人組徒党に向かって、『昭和二〇（一九四五）年八月一五日以来、日本政府から一銭の金ももらったことはない。日本の家族が日本政府から私に関わる金がもらえるはずはない。私は現役のスパイではないし、陸軍中野学校の門を入ったこともない。日本陸軍憲兵学校丙種学生隊を卒業した憲兵曹長だった』と最後まで反撥反駁《はんぱつはんばく》を続け、生命を賭《と》して日本国の利益を守り抜きました」

私は取材当時、文革時代に報じられたとされる深谷の記事を探したが、残念ながら発見することはできなかった。しかし、その記事は深谷を尋問した四人組の関係者がでっち上げたものではないかと推測していた。

深谷が中国から釈放されたのは、日中国交回復が決まった昭和五三（一九七八）年一〇月であった。当時の新聞は「『最後の抑留者』帰る」と、次のように報じていた。

第二次大戦後、中国で「スパイ罪」に問われ服役していた島根県大田市川合町出身の深谷義治さん（六三）が日中平和友好条約調印を機会に釈放され一二日夕、中国人の妻と四人の子どもたちとともに、大阪空港に着き四〇年ぶりに母国へ帰った。外務省の話では、戦犯やスパイ罪で中国に抑留されていた日本人はこれで全部帰国したことになる、という。（「朝日新聞」一九七八年一一月一三日夕刊）

深谷がスパイ罪に問われて公安部に逮捕されたのは戦後である。その経緯を次のように話した。

「昭和三三（一九五八）年六月六日午後四時ごろ、天津から上海へ帰る途中、特急列車の中で上海市公安局の人間に捕まりました。当時私は、上海にあった天津市第一ガラス工場の出張所で働いていました。家族は妻と子供四人でしたが、生活はなんとかやっていました。〝戦犯容疑〟は戦時中、軍参謀部直属の謀略工作をやっていた時代に犯したとされるものでした」

昭和三三年といえば、中国では八月の党中央政治局会議において農村の人民公社化が決議された年で、中国全土に人民公社建設運動の大号令がかかっていた。深谷の逮捕はこのような政治の空白時期に行われていた。

中国での謀略工作

彼の話は戦中の謀略工作へと進んだ。

「私は最初から憲兵学校に入ったのではありません。支那事変の勃発まもない昭和一二（一九三七）年七月下旬、戦時召集令状で浜田（島根県）にある歩兵第二一連隊に第二補充兵として徴兵されたのです。連隊では、第一重機関銃中隊に配属されました。一二月下旬に連隊は中国大陸に出兵し、私の中国での軍人生活が始まりました。

在支中の昭和一四年六月、『北京日本憲兵教習所』に入校して翌年八月一日に卒業、階級は憲兵伍長勤務上等兵でした。兵隊のときは予備役でしたが憲兵になると現役兵になり、済南の憲兵分隊に配属されました。しかし、憲兵の制服で勤務したのはわずか四カ月足らずで、昭和一五年末には特殊勤務を命ぜられ、憲兵手帳を含む一切を返納して除隊したことにされたんです。

その後は支那服で一般人に偽装して活動しました。所属は済南の第一二軍司令部参謀部で、共産党軍と国民党軍に対する謀略工作の命令は、北支那方面軍司令部参謀部からも直接受けていました。また、上海の第一三軍司令部参謀部の協力も得ていて、華北、華中、華南のどこへいってもよいという絶対の行動を許されていたのです。

しかし、いかなる状況下にあっても、軍参謀部直属の謀略憲兵という身分は絶対に暴露してはならない。万一、殺されたらそれまでと厳命されていました。

私は一介の支那商人になりすまし、身分を偽装するために妻・綺霞と上海で一緒になりました。昭和一六（一九四二）年四月のことで、妻は一六歳でした。私は憲兵なので正式に結婚することはできず、軍の機密を守るため、妻にも憲兵の身分は決して告げませんでした。

謀略工作としては、フランス租界での情報収集や、北支那方面軍参謀部の命令で北海銀行券の偽造紙幣も使いました。北海銀行券というのは当時の中共政権の辺区紙幣で、共産党の支配地域で流通していたものです。これで綿花や食糧を大量に買いつけて、金融市場を混乱させる工作でした」

深谷が語る〝偽造紙幣〟とは、陸軍登戸研究所が製造していたもので、登戸製の偽札は中野学校の卒業生が現地に運んでいた。深谷は知らなかったであろうが、この謀略工作には中野学校と登戸研究所が深く関わっていたのである。

だが、昭和一六年七月一日に、北支那方面軍参謀部から工作中止命令が出されて、偽造紙幣は焼却された。

「理由はこの工作を浸透させると、日本政府が中共政権の合法化を認める結果になるからということでした。昭和一八年九月下旬、参謀部の命令で、私は東京の陸軍憲兵学校（中野学校の東隣りにあった）丙種学生として同校の専科に入学しました。卒業後は再び支那に戻り、昭和一九年五月に北京の憲兵隊司令部に勤務しました。

昭和二〇年八月一五日、終戦当日の朝八時過ぎ、私は上司の許可を得て憲兵隊司令部から脱出し、市内の前門外にある旅社に泊り込んで情報収集に当たりました。それからです、私の単独行動が始まったのは……」

深谷の単独行動は、終戦から間もない九月三日に、北京からの脱出で始まった。目的地は妻の住む上海であった。国共内戦の戦場をくぐり抜け、三二日間を費やして一〇月五日、上海に辿り着いた。その後は妻の協力を得ながら金銀・株式の売買や、古物商などの仕事をしながら、上海に潜伏して情報活動を続けていた。ところが、昭和三〇（一九五五）年に妻の親戚が、深谷は日本人であることを公安局に密告して以来、公安局の偵諜《ていちょう》と尾行がついた。

公安局に逮捕されるまでの経緯はどうだったのか。

「三年前から上海の公安局に目をつけられました。しかし、偵諜や尾行は、長年諜報憲兵として活動してきた職業的感覚で簡単に察知できました。

私の推測は当たりました。昭和三三年五月二九日夕刻、天津に出張するため友人に見送られて上海駅（北駅）に行ったところ、公安局が二人の監視員を派遣していることを察知したんです。私は直ちに友人に、私が天津から出す手紙の右上角に「・」という点を打ってあれば逮捕されたと思え、と妻に伝えてくれるよう伝言しました。予測した通りでした。

天津に着くと、天津第一ガラス工場は私を、南市公安分局前の旅社に宿泊させて監視を続けながら仕事をさせ、六月四日の夕刻、突然上海に戻って責任者のところへ行くよう指示してきました。天津西駅から上海行特急列車に乗りましたが、私は公安にずっと監視されていました。列車が常州駅を発車して間もなく、私は車中で逮捕されて、次の蘇州駅で下車させられ、待機していた乗用車に押し込まれて上海市第一看守所監獄に護送されました。

監獄に監禁されて厳しい取り調べを受けましたが、当局は私の過去をすっかり調べていました。『お前は憲兵として謀略工作に従事し、国家及び人民の利益を侵害した。中国の抗日事業を破壊したのは戦争犯罪である』と決めつけて、私を戦犯に指定しました。私はこれを認めました。しかし、上海に一三年間潜伏して尽くすべき任務は全うしたと、自分では誇りに思っています。

一三年間の潜伏活動で集めた貴重な情報は、ある日本人に渡していました。その人物は総理府に勤めていました。もう退職しているはずですが、役職や名前を明かすことは勘弁してください。迷惑がかかるとまずいので……」

深谷と望月の関係

深谷が中国情報を渡した相手が総理府の人間であったとは。私は取材当時、その相手にはそれほど関心を持たなかった。しかし今回、望月一郎の中国情報について取材を進めて行くうちに、初めて望月と深谷の間になんらかの関係があったのではないかという想像が深まってきた。

私は平成一六（二〇〇四）年の年末に深谷に連絡を入れてみたが、「もう中国時代のことは話したくない」と、取材を拒否された。久し振りに聞く深谷の声は心なしか沈んでいた。深谷は八九歳になっているはず。果たして私が想像するように、望月と深谷の関係はあったのだろうか。それにしても望月はいつ頃、中国に渡ったのか。少なくとも、日中国交が回復する以前に潜入していたことは間違いあるまい。

LT貿易が始まったのは昭和三七（一九六二）年一一月のことだ。中国が原爆実験に成功したのはそれから二年後の一〇月一六日、国交回復はさらに八年後の昭和四七（一九七二）年九月二九日である。深谷が逮捕されたのは昭和三三（一九五八）年六月四日。LT貿易が始まる四年前のことである。

望月はどのような方法で中国に潜入し、深谷と上海で連絡を取り合っていたのだろうか。当時は、内調が発足してから九年が経っているが、中国へ潜入するには、漁船を仕立てる以外に方法はなかったと聞く。

望月と同期の八丙出身者に、戦後の望月について聞いて廻った。複数の同期生は、内調に勤めていて中国の原爆実験成功の情報を摑んだことは聞いているものの、具体的なことは一切聞いていないと語るばかりであった。

私は最後の手段として再び、島根に深谷を訪ねることにした。一月上旬の川合町には雪が舞っていた。一八年ぶりの訪問である。深谷は、私のことを覚えていた。しかし、私の必死の説得にも、彼は頑として内調関係者の名を明かさない。私は望月が昨年（平成一六年）四月に亡くなったことを深谷に伝え、さらに何度も懇願した。しかし、深谷は最後まで相手の名を告げることを拒み、ついには家の奥に引っ込んでしまった。表情はますます険しくなっていた。

深谷と会って会話を交わしたのはおよそ一〇分間ほどであった。奥さんの綺霞がとりなしてくれたが、深谷は二度と姿を現さなかった。一方の当事者と睨《にら》んだ彼の証言が得られず、望月との関係を証明することは叶《かな》わなかった。帰路の夜道でタクシーを待つ時間がいやに長く感じられた。農道には雪が積もり始めていた。

中国の核実験情報

陸軍中野学校の卒業生に間違われて中国公安当局に逮捕され、二〇年余りも上海監獄に閉じ込められていた深谷義治。逮捕前は上海を中心に諜報活動を行い、集めた情報を総理府の関係者に渡していたと本人は証言する。だが、深谷は最後まで「関係者に迷惑がかかる」と、相手の名は明かさなかった。

私は、その相手を望月一郎と想像した。しかし、これはあくまで推理でしかなく、両者の関係を裏付ける証言なり、資料なりを得ることは平成一七（二〇〇五）年四月現在、できていない。

東京外国語学校時代にロシア語を学び、中野学校では第三班でロシア語班に属していた望月が、戦後は内調で海外第二班の中国担当になっていたことも、私にとっては興味深い点だ。しかし、生前の望月に会うことは叶わなかった。内調で伝説的な人物と語られてきた望月一郎――肉声をぜひ聞きたかった相手である。

外務省は平成一七年二月から、戦後外交文書の一部を公開すると発表した。一九回目である。今回公開されるのは昭和二〇（一九四五）年七月から昭和四九（一九七四）年末までの文書、約九万六〇〇〇ページ分である。その中に「原子力関係」として、中国の原爆実験成功に関する外交文書も入っており、当時の日米間の対応が明らかにされた（「産経新聞」朝刊、二〇〇五年二月二五日付）。

それによると、当時の池田内閣は、米国が「実験を探知できた」とCIA（中央情報局）クライン情報担当次長を日本に派遣して、米国がどのようにして実験を探知したかを椎名悦三郎外相に説明したという（「朝日新聞」朝刊、二〇〇五年二月二五日付）。

だが、外交文書は米国側の探知技術や方法については触れておらず、両国がどの程度のレベルで情報交換をしたのかは不明である。一方、日本側は鈴木善幸官房長官が談話という形式でコメントを発表していた。


核実験から兵器の保有に至るまでには困難かつ長期の研究と努力を要する。日米安保条約が厳存している限り、我が国にはなんの影響も危険もありえない。

官房長官のコメントは情報入手には一切触れておらず、外交文書では中国の原爆実験成功の情報を日本側が事前にどのようにして入手したかも明かしていない。

果たして、日米情報交換会議で日本側は内閣調査室のインテリジェンスを米側に説明していたのだろうか。その辺りの日米間の具体的な協議内容については、今回の外交文書ではまったく伏せられている。

ただ、日本側が予測したのは、製造の簡単なプルトニウム型原爆であった。しかし、実際は、高い濃縮技術を要するウラン型原爆であったことに、外務省は衝撃を受けた。だが、このウラン型原爆の情報にしても、内調情報が間違いなく官房長官経由で官邸に上がっていたと思われる節がある。日米情報交換会議の席上、内調側から日本も事前に情報を入手したことを、CIA側に伝えたという証言もあるからだ。

いずれにしても望月の果たした役割は、日本にとって画期的な成果だったことだけは揺るぎない事実であろう。ちなみに米国は、中国の原爆実験に関する予告情報を、昭和三八（一九六三）年九月にラスク国務長官が公表していた。

当時の外務省中国課は、「中国原爆実験成功」に対して、「フランスも未開発だったウラン235を起爆剤に使った原爆実験は、予想以上に技術レベルが高い」との認識を示していた。

中国のウラン型原爆実験の成功が、西側諸国に軍事的脅威を与えたことはいうまでもない。それにしても鈴木官房長官のコメントは、危機感の欠落した政府見解ではなかったか。それとも、「日本は独自に情報を入手していた」という自信があっての対応だったのか。その真相を語る資料は、今でも内閣情報調査室の金庫の奥にしまわれたままである。

第九章

スパイマスターの虚構と現実

映画に見るインテリジェンスの世界

情報活動の基本は「作戦、課報、収集、分析」の四つに分けられるが、伝統的に「スパイ活動」の主役になるのが人間で、生の情報を集めることから「human Intelligence」(ヒューミント)と呼ばれている。一方で人間が補助的な立場で情報分析に取り組み、主役は「Communications Intelligence」(コミント)と呼ぶ「通信情報収集」が、第二次大戦中から各国で重要視されてきた。この「コミント」は暗号解読と連動した「外交」「軍事」情報収集のツールとして、大戦中は後述するが日本も対米英戦のきっかけになった「ハルノート」に対する最後通牒の発信に「暗号」を使っており、また「独英」戦争では暗号解読が主役と言ってもいいほどに、両国は「スパイ」戦にしのぎを削っていた。

第二次大戦下の「ヒューミント」の世界で活躍したのが「陸軍中野学校」卒業生。「コミント」の世界ではドイツが無敵と豪語した機械式暗号「エニグマ」(謎という意味がある)を破ったのがイギリスの解読部隊「ウルトラ」グループで、解読機（bombe）を設計したのが天才数理論学者・アラン・チューリングであった。中野学校にしてもウルトラグループにしても、時代は第二次大戦下での「情報戦」なのだ。日本は伝統的に「忍者」の世界観が教育でも応用されるほどに、「人的情報」の価値を評価していた。

反面、イギリスもSIS（後年のMI6〔情報局秘密情報部〕）の伝統があるように、諜報活動には「ヒューメント」を活用していたが、「暗号解読」に必要なドイツの「コードブック」の入手に、ヒューメント工作は役に立たなかった。エニグマの情報を提供したのはポーランド陸軍参謀本部第二部暗号局（EN）であった。ENは捕獲した「エニグマ」の実機をイギリスに渡したとされている。

日本における本格的なスパイ映画

ヒューメントとコミント——。この諜報活動をベースに忠実に再現した映画がある。それが『陸軍中野学校』シリーズと『イミテーションゲーム／エニグマと天才数学者』である。日本では諜報戦をテーマにした本格的な「スパイ映画」は製作されることはなかったが、戦後「陸軍中野学校」をモデルにした「スパイ映画」がシリーズとして五作製作されていた。主人公は市川雷蔵《らいぞう》演じる中野学校一期生の椎名《しいな》次郎。第一作はずばり『陸軍中野学校』で、モデルは一期生で当人は北京の北支那方面軍参謀部情報第二課に勤務するK大尉。情報収集の拠点は接収していた袁世凱《ユエンシーカイ》の邸宅で、「六条公館」を名乗っていた。

シリーズの原作は村山知義の歴史小説で、戦国時代に活躍した『忍びの者』（主演は市川雷蔵、一九六二年）と『007　ドクター・ノオ』（主演はショーン・コネリー、一九六二年）を合体させて、時代を支那事変から太平洋戦争開戦前後に設定した「スパイ映画」として、史実を「陸軍中野学校」に求めた娯楽映画であった。ちなみに「忍び」は、中野学校でも実学として学習の教科に指定されており、講義と実科を指導したのは委託教官であった甲賀流忍術第一四世を継承した藤田西湖で、彼の名は教育カリキュラムにも記されている。

第一作の公開は一九六六年で、この映画が注目されたのは「荒唐無稽な超人が活躍する」シーンはほとんどない。一方、市川雷蔵の光る演技とモノトーンの画面と相まって、実際のスパイの世界を忠実かつリアルに演出していることは注目に値する。演技指導は、中国大陸で情報活動（中国人を使って国民党軍の軍事情報を取得）を担っていた前出のK大尉であった。

第一作では「後方勤務要員養成所」に入校して「スパイ」としての特殊教育と訓練を受けた卒業生が、それぞれの任地に派遣されるまでの時間軸を描いている。派手なシーンはないが特殊教育のシーンは観客を納得させるだけの説得力があった。例えば「破壊工作」のシーンなども現実感があった。

参考資料にしたのは巻末史料の「陸軍中野学校破壊殺傷教程」と思われるが、この教程をテキストとして使ったのは一九四三年以降の卒業生なので史実では登場人物たちの後方勤務要員養成所時代には、まだ「教程」は完成していなかった。しかし、映画の中では「教程」に記された方法を、忠実に再現している。これは「史実」を取り入れたシーンなので作り事とはいえまい。

「教程」の破壊謀略の項には、次のように解説されている。

破壊謀略（兵器その他凶器を用うる殺傷破壊等威力的手段を主とする謀略）の実施においては個人または少数団体の場合と集団の場合、自力謀略と他力謀略の場合とを問わず準備完了完全周到なるは成功の要訣なり。すなわち平時においてその素地を構成し、所要の準備を整うるにあらざれば、戦時または所要時にわかに収めんとするも困難なるべし。しかして謀略を行うべき時機、方法、一方面、目標等の決定に関し精密なる情報をうるためには、一般情報勤務の成果のみにまかすことなく、とくに専用諜報機関を配置し、これに関する情報を収集するの要あり。これがため重点を確立し脈絡一貫せる計画により実施するを要す。平時より準備すべき事項はきわめて広範多岐にわたり、また状況により異なるといえどもその主要なるものをあげればつぎの如し。

「相手国に関する情報収集。謀略員の獲得培養及び教育、訓練。相手国に対する謀略拠点の構成。謀略資材の準備」と、諜報員が敵国で諜報活動をするための基本的な心得を説いている。映画で「陸軍中野学校」を観た観客は、現実のスパイ活動が教育と訓練を積み重ねることで目的を達するということを、実感したのであろう。それで「陸軍中野学校」の実体を強く認識したのではあるまいか。

シリーズは五作になったが、第二作以降（『陸軍中野学校 雲一号指令』『竜三号指令』『密命』『開戦前夜』）は娯楽性を全面に押し出したため、創作のシーンが多く使われている。

私は中野学校出身者を一〇〇余名取材しているが、一期生で一〇〇歳を迎えた牧澤（一〇一歳で他界）に映画の感想を聞いたことがある。

「中野学校を題材にした映画が制作されていることは、同期のK氏から聞き及んでいたが、映画を鑑賞して違和感はさほどなかった。成功したのはシナリオのよしあしよりも、K氏のアドバイスが現実的な中野を描くことに成功したと感心した」

このように語っている。とかくスパイ映画というと、「荒唐無稽な世界」を現実離れしたアクションで描く作品が多いが、「中野学校シリーズ」の第一作は史実に沿って制作した作品だけに、日本映画では出色の「スパイ映画」としての出来映えになっていた。ドキュメンタリータッチのシナリオが成功したのであろう。

このシリーズは一九六六〜六八年の間に制作されたものだが、まだ、この時代には史実にある中野学校卒業生が実行した「法幣偽造作戦、阿片工作、宮城クーデター事件、次代天皇の保護、隠匿作戦」などは公になっておらず、歴史の闇に封印されたままであったので、五作品の中にこれらの作戦をイメージするカットはなかった。

また、このシリーズがフィルムにプリントされた七〇年代には、北朝鮮が諜報工作員を養成するために作った高等教育機関の「金星政治軍事大学」が、金正日時代になって「金正日政治軍事大学」に改変強化され、そこでのスパイ教育と訓練には「中野学校シリーズ」がテキストとして使われていたそうだ。金正日国防委員長が大の「中野学校ファン」との憶測も流されていた。

ナチスが誇った世界最強の暗号機・エニグマ

つぎの作品は「コミント」の世界で史実を再現した『イミテーションゲーム／エニグマと天才数学者の秘密』（ベネディクト・カンバーバッチ主演、二〇一四年）。舞台は第二次大戦下の独英戦争で、イギリスがドイツの開発した解読不可能といわれた暗号機「エニグマ」（暗号の組み合わせが一京＝一兆の一万倍）のシステムを解析する数理論理学者のアラン・チューリングの生涯を描いた作品。

大戦後の一九五二年一月、マンチェスターのチューリングのアパートが荒らされて警察官が捜査にあたり、刑事の取り調べが始まる。イントロは、チューリングが元の職場であったロンドン郊外のブレッチリー・パークに作られていた、政府の暗号学校（略称GC&GS）時代を取り調べの中で回想するシーン。

チューリングは一九三五年にケンブリッジ大学キングス・カレッジを卒業。二三歳で現代の数学基礎論およびコンピュータ理論に関する論文を発表して「チュリーングマシン」という計算モデルを提示した、類稀な数学の天才であった。暗号の世界に関心が向いたのは、カレッジ時代の友人クリストファー・モーコムと親しくなったことがきっかけになるが、チューリングは同性のモーコムに恋心を抱く同性愛者でもあった。

映画では、チューリングがGC&GSで働くようになるのは、イギリスがドイツに宣戦布告した一九三九年九月になっているが、史実は前年九月からパートタイムで働き始めている。そこで同僚のデイリー・ノックスと共に「エニグマ」解読にあたっていた。ブレッチリー・パークでは五人の同僚と共に「エニグマ」の解読チームを結成するも、中々成果は上がらない。

その上、協調性を欠くチューリングは同僚との間にも溝ができてしまい、一人で暗号解読装置の設計に没頭するが、責任者のアラステア・デニストスン海軍中佐と意見が対立してしまい、窮状をチャーチル首相に直訴。その結果、中佐はボスを辞任することになった。苦労の末「エニグマ」解読用のマシーンが完成したのは一九四〇年三月。命名は「bombe」（高さ一・八メートル、幅二・一メートル）だが、作品では初恋相手の「クリストファー」のネーミングを使った。この装置の基本構造は、傍受した電文から作成された換字想定メニュー（クリア）の入力によりエニグマ暗号機の回転ローターの動作を、電気的に復元する機械式検索装置であった。実物は現在ブレッチリーパーク博物館に展示されており、撮影は展示されている装置をモデル化して、実物大の精巧な「bombe」を復元している。ストーリーを史実に即して記しておく。

クリストファーと名付けられた装置は完成するものの、独軍が毎日暗号を変えるためエニグマの解読に至らない。デニストン中佐は装置の破棄とチューリングの解雇を命じるが、同僚たちは辞職をちらつかせてこれを阻止する。クロスワードパズルの解答者の一人として選ばれ、大英帝国海軍婦人奉仕隊（WRNS）で働くジョーン・クラークが、両親の意向に従って職場を去ろうとするとき、チューリングは彼女に求婚し、彼女もこれを承諾する。パブで男色趣味があることを知らされた親友のジョン・ケアンクロスは、彼にその事実を隠し続けるよう忠告する。

そのパブでクラークの同僚が仕事について語る。それは「暗号には特定の用語が規則正しく組込まれている」というもので、チューリングはその特定の用語をマシンにプログラムすれば暗号が解読できることに注目し、マシンを調整すると装置は即座に暗号の解読に成功し、仲間は祝福する。しかしチューリングは完璧なプログラムを開発してしまったため、エニグマが破られたことをドイツ軍に察知されてしまうことに気づいた。エニグマ暗号解読はシナリオにはないが、その実力を認識したチャーチル首相はドイツ空軍のコヴェントリー空襲を事前に察知していたといわれ、空襲警報を出させなかったのは暗号を解読したことを、ドイツ軍に悟られないための予防措置であったとの憶測もあるようだ。

チューリングは同僚のケアンクロスがソ連のスパイであることを知り、本人に確かめるが逆に彼が同性愛者であることを暴露すると脅迫される。

このソ連スパイのことをＭＩ６の第六部長スチュアート・ミンギス少将（実際は大佐）に話したが、ミンギスは既にケアンクロスがソ連のスパイであることを知っていた。理由はケアンクロスを解読チームに配属することで「エニグマ」情報を、ソ連に流すよう工作していたのだ。私は「ＭＩ

6」に関心があり、専門書を何冊か読んでいるが、その中でも正史との評価が高いキース・ジェフリー『MI6秘録　イギリス情報部1909－1949』（高山祥子訳、筑摩書房）にも、エニグマに関係する情報は機密解除がなされていないため、記されていない。

一九五二年一月、チューリングは同性愛者として相手の一九歳の男と関係があったとして、二人とも逮捕される。冒頭の取調べのシーンがGC&GS時代の回想となるわけだが、この映画は「暗号戦争」という難解な世界を、重厚な人間ドラマとして完成させた秀作に間違いあるまい。それとキャストは実名で登場している。まるで、アラン・チューリングの自伝ドキュメンタリー作品ではないか。彼のウイークポイントは同性愛者として告発されたことで、化学的虚勢（女性ホルモンの投与）を条件に保護観察処分に付され、公職から追放された。

作品の白眉は「時として誰も想像しないような人物が想像できない偉業を成し遂げる」という台詞に、すべてが集約されているといえないか。史実では、チューリングは一九五四年六月八日、自宅で自殺を遂げている。ベットサイトには、齧られたリンゴが転がっていたという。この「リンゴ」には青酸化合物が塗布されていたというが、自殺の原因はいまだに解明されていない。今や世界を席巻するアップル社は、チューリングという前世紀にコンピュータの概念を創造した人物に敬意を表して、謎が残された「チューリングのリンゴ」をロゴマークとして使っているという説もある。

再評価されたのは死後まもなくで、暗号解読の功績でOBE（大英帝国騎士団勲章）が授与され、また二〇〇九年九月一〇日には、イギリス政府が「同性愛で告発したことへの謝罪を正式に表明」した。縁のあったマンチェスター大学に隣接するサックビル・パークにはベンチに坐るブロンズの銅像が設置された。

ふたりの天才によって解読された暗号

暗号戦といえば『陸軍中野学校開戦前夜』でも、真珠湾攻撃の暗号「ニイタカヤマノボレ」が描かれているが、史実は日本の対米最後通牒、いわゆる極秘電の「通告文」に始まっていた。それも、暗号はアメリカの情報機関に解読されていたのである。全文一四部で構成されていた通告文は一二月六日午後八時半（日本時間）から暗号に組まれて東京から発信された。〃パイロットメッセージ〃と呼ばれた東郷電第九〇一号は、ワシントン時間六日正午から在日本大使館に着信し、通告文は〃覚書〃の形で、英文で打たれていた。さらに追いかけるように第九〇四号が着信。「申スマデナキ事ナガラ本件覚書ヲ準備スルニ当リテハ『タイピスト』等ハ絶対ニ使用セザルヨウ」と外務省は訓令していた。

当時、外務省が使用していた暗号機は海軍が開発した九一式改型A式暗号機、通称〃レッド〃と呼ばれるものと、さらに改良された九七式欧文印字機システムを併用していた。しかし、この解読不可能といわれたパープルコード（紫）も、暗号解読の天才といわれたアメリカ陸軍通信隊情報部（SIS）のウイリアム・F・フリードマンの手によって解析され、ワシントンの在日本大使館着信の外交電は、開戦一年前から解読されていた。

真珠湾事件で果たした暗号の役割については、「一九四〇年秋までにアメリカ合衆国は、日本外務省のもっとも高度な暗号システムのいくつかを解読していた。日本から世界中に送られる秘密の外交電文の傍受、即時解読および翻訳はこのときから始まった」とロナルド・ルウィン『日本の暗号を解読せよ』（白須英子訳、草思社）に記されている。

エニグマとパープル――枢軸国ドイツと日本が誇った当時の世界最高峰だった「暗号」は、ふたりの天才、チューリングとフリードマンによって解読され、第二次世界大戦の趨勢を決した。

関東軍情報部長・秋草俊少将――スパイマスターと呼ばれた男

ハルビン特務機関勤務者で昭和時代に、「閣下」の称号をもつ「スパイマスター」は最後の機関長に就任した秋草俊（陸士二六期）以外にも安藤麟三（陸士一八期）、樋口季一郎（陸士二一期）、柳田元三（陸士二六期）、土居明夫（陸士二九期）などがいるが、秋草以外はすべて陸軍大学校を卒業した「天保銭《てんぽうせん》組」。秋草は〝無天組〟で将官になった唯一の情報将校であり、しかもインテリジェンスの世界で生涯を終えた異色の軍人であった。

秋草は陸軍中野学校の創設者として、昭和戦前期の日本陸軍の「課報要員」人材を学校という組織で教育した第一人者としてその名が知られているが、ドイツ時代（星機関）の活動の実体は空白になっていた。私はその活動の一部を『日本のスパイ王　陸軍中野学校の創設者・秋草俊少将の真実』（学研プラス）で詳細に記した。一言でいえば秋草は「情報戦を政治、経済活動を補完する手段」として捉えており、インテリジェンスの世界を熟知した軍人であると同時に、「スパイ」が敵国に捕らわれた場合の身の処し方を自ら実践したスパイマスターであった。

秋草がロシアと縁ができたのはシベリア出兵時の通訳官時代であった。ロシア語に磨きがかかるのはハルビン特務機関補佐官を勤めていた時代で、この時に白系露人との交流を深め、ロシア人だけで創設された「白系露人事務局」（ブレム）の顧問に就任している。さらに「ロシアファシスト党」とのパイプも開拓して「対ソ情報」の第一人者と目された。ハルビンのソ連領事館に身分を秘匿して勤務していたＮＫＶＤ要員からは日本軍のスパイの親玉として警戒され、ブラックリストに登録されたのも当然であった。

〝スパイマスター〟秋草の名誉回復がなされたのは死後四三年経った一九九二年六月である。東京のロシア連邦大使館から秋草家に名誉回復証明書を交付する旨の通知が届いた。大使館に出向いたのは長男の祐（故人）と次男の靖の二人であった。当日は担当官から書類の伝達と父親の秋草俊の罪状が記された文書も手渡されている。国立中央文書保管局からの通知には、次のような文言が記されていた。

北満・ハイラル地方を視察する補佐官時代の秋草中佐。手にしているのはコダック社製の８ミリ撮影機（秋草俊二氏提供）

一八九四年生まれ、ハルビン特務機関長陸軍少将秋草俊は、一九四八年一二月三〇日ソ連国家保安省特別会議により、ロシア共和国刑法五八条六項の一および一一項により刑事責任を問われ二五年間の禁錮刑に処せられた。一九四九年一月二八日よりソ連内務省ウラジーミル監獄において服役した。一九四九年三月二二日側空洞性肺結核に起因する全身結核中毒及び心臓欠陥により死亡した。（原文ロシア語）

国家保安省とは、昭和二一（一九四六）年三月に内務人民委員部が解体されて内務省（ＭＶＤ）と国家保安省（ＭＧＢ）に分離されてできたソ連の治安防諜組織のヘッドクオーターで、四八年当時のトップはＶ・Ｓ・アバークモ。特別会議とは秘密の軍事法廷のことで、罪状は「スパイ活動とソ連邦に対する扇動工作」であった。文書によれば秋草は禁錮刑の判決が言い渡されてから一カ月後にはルビアンカ監獄からモスクワの北東二〇〇キロにあるＭＶＤ管理のウラジーミル監獄に移送になったが、二カ月後には病死していた。

次男・秋草靖の証言

大使館に出向いたときの心境を語ってくれたのは次男の靖（取材時八一歳、二〇一六年三月に亡くなる）である。連絡先を教えてくれたのは秋草家の本家を継ぐ俊二であった。

「親父の名は俊《しゅん》ですが、秋草家の親族、晃の許に養子に出されています。祖父は逓信省の役人で父親が育ったのは永田町付近にあった官舎と聞いています。母親は半世紀も前に五六歳でなくなりましたが、旧姓は二宮で名を熙子《ひろこ》といいます。実家は岐阜県の大垣で藩政時代、二宮家は武家の一門でした。家族のことを、こうして他人に話すのは初めてです。

お尋ねの件ですが、狸穴《まみあな》の大使館へ行ったのは一九九二年六月でした。対応してくれたのは参事官クラスの人物でしたが、証書の受け渡しは事務的で、親父に対する哀悼の言葉は一言もありませんでした。紙切れ一枚で父親の名誉を回復したといわれても、実感はなかったですよ。それよりも、死亡したときの様子を記した記録が欲しかったので、相手に話しましたが、〝本国から届いた文書はこれだけです〟と素っ気ないものでした。

私は、大使館から証書を受け取った後の九三年六月に全抑留協（全国抑留者補償協議会）の墓参団に参加して、ウラジーミル監獄墓地へ行きました。この写真（左頁）がその時のものですが、左側がガイド役のポプレニョフ・アレクサンドロビチという、当時、ソ連軍最高検察庁の長官補佐官という肩書きをもっていた法務大佐なんです。彼によれば、〝医療記録は監獄資料館にある〟と言っていましたが、滞在中に記録を閲覧する機会はありませんでした。墓は〝D－5－005〟と区分された共同墓地に合葬されていました。他に将官では加藤伯治郎《はくじろう》中将も埋葬されていました」

靖の口から母親の出身地と名が出たが、巷間、秋草の妻は〝満州の夜の帝王〟と呼ばれていた「満州映画協会」理事長・甘粕正彦の妹・璋子《たまこ》との伝聞がある。璋子は戦後、熊本市長を四期一六年勤めた元満州国警務総局長の職にあった星子敏雄《ほしことしお》と昭和八年一二月に結婚しており、まったくの誤伝である。誤伝について靖に感想を聞いてみた。

1993年6月、ウラジミール監獄墓地にて。右が秋草靖で、左ポプレニョフ法務大佐（提供・秋草靖氏）

「えーそんなことが、伝聞されていたんですが。甘粕さんのことは、私も知っていますが、母親が甘粕さんの妹とは、驚きですね。親父については、伝聞や風聞で書かれた秋草俊論が大半で、正確に記された作品を読んだことはありません。もっとも、親父の仕事は公刊史にも記録されることのなかった情報戦史の世界ですから、資料がほとんどないことが理由なんでしょう。それにしても、母親が甘粕さんの妹とは……苦笑を禁じえません」

ロシア共和国刑法第五八条

満州国最後の警察組織のトップに就いていた星子も刑法第五八条の判決組みで、禁固二五年を言い渡されてウラジーミル監獄に服役し、釈放されて復員したのは昭和三一（一九五六）年一二月であった。それと星子同様にウラジーミル監獄に禁固二五年の刑で服役した、元満州国司法部次長を経て終戦時文教部次長の職にあった前野茂は『ソ連獄窓十一年』(講談社学術文庫)に獄中の様子を詳細に記しているので、関心のある読者には一読を奨める。秋草に関して前野は同書で次のように記していた。

三月(四九年)中旬になっておもいもかけず、友人の元満州国警務総局長星子君が入って来た。彼は一九四九年早々私と同様の方法で二十五年禁固の判決を言い渡され、元ハルビン特務機関長秋草少将、元満鉄社員上野氏らとともにその年二月(ママ)ここに送られ、私たちのところに移されるまで小監房に、エストニア、ラトビアのパルチザンたちと同居していたが、モスクワで肺を病んでいた秋草氏の病状が悪化し、入院させられるのと同時に、彼もまたその監房から出されて、私たちの所へ移されたのである。

貴重な記録だ。また、前野は『陸軍中野学校』にも記されていない関東軍情報部特務隊長補佐の山形求馬《もとめ》少佐が、四六年六月にウラジオストックの軍事法廷で銃殺刑を宣告され一〇月に処刑されたことも記していた。ソ連では「戦犯」として逮捕しながら、戦争犯罪ではなく「反革命犯罪」で裁くという詐術を行なっていた。第五八条は「国家犯罪」を扱っており、一四項目からなっている。これは社会主義的法秩序を掲げるソ連特有の「反革命罪」を規定したものだ。

この一四項目のいずれかに該当して訴追された軍人、警察官、満州国官吏の総数を調べたのが若槻泰雄で『シベリア捕虜収容所』(明石書店)に数字を掲出している。その数一一二二名。軍事裁判で判決を受けたときの刑期は、二五年が六六%、二〇年以上は八二%、軍人では中佐以上の階級が二五年、少佐以下が一〇〜一五年。そのほとんどが刑法第五八条の「反逆行為」で裁かれている。

秋草が手塩にかけて育てた「後方勤務要員養成所」を一年一カ月の教育で三九年八月に卒業した一期生は一八名。それぞれの任地に派遣されたが多くは外国駐在の諜報員であった。養成所は九段下から中野区囲町の陸軍電信隊跡地に移転。官制上「中野学校」の名称が付けられたのは四〇年八月に「陸軍中野学校令」が制定されてからである。この年、学校の存続に関わる重大事件が起きた。「神戸事件」である。この事件は神戸にある英国総領事館を教育主任の伊藤佐又少佐が、卒業生と在校生一二名を選抜して襲撃するという計画を立てたが、事件は未遂に終わり軍内で極秘に処理された。しかし、秋草は責任をとって学校長を辞任した（第三章で詳述）。

そして次の任務はヨーロッパ情勢の視察と「ソ連の軍事動向」を現地で収集するという諜報工作を参謀本部から命じられた。ミッションに必要な組織はハルビン時代の部下・星野五郎の名を使い「星機関」と付けられた。秋草はベルリンを拠点に隣国のポーランドとドイツ国内にスパイネットワークを構築した。活用した人材は亡命ポーランドの情報機関のメンバーで、秋草の身分は「満州国外交官」であった。参謀本部が秋草を「満州国参事官とワルシャワ総領事を兼務」させたのは身分の偽装と、「満州国」を活用することで日本軍人の欧州地区における諜報活動を支援することに目的があったことが窺える。

では、具体的に「星機関」はどのような活動をしていたのか。その一端が明らかになっている。秋草は在任中に度々ワルシャワを訪ねており、現地情勢を参謀本部宛に秘匿電で報告していた。

当時ベルリンには日本大使館陸海軍武官府が置かれており、陸軍は坂西一良《ばざいいちろう》中将（陸士二三期）が責任者として着任していた。武官府勤務の補佐官は六名の陣容で、通訳、事務職、コックなどは現地採用組であった。通訳として働いていた人物に元ポーランド参謀本部「G機関」のヤクビャニエツ大尉がおり、彼はドイツ国内にネットワークした諜報組織を動かしていた。この人物の素性を武官府で知っていた補佐官は、いなかったという。だが、秋草はこの人物の素性を知っており情報交換をしていたが、彼はドイツの諜報機関・国防軍情報部、通称「アブヴェーア」の第三課に逮捕されている。

また、この逮捕に連動して在ベルリン満州国公使館にメイドとして働いていた、ポーランド人のサビーナ・ワピンスも逮捕された。秋草は、この事実をワルシャワ視察中に確認したようだが、彼女の救出には尽力しなかった。それは、「満州国公使館と日本の参謀本部との秘密情報ルート」の発覚を危惧したためと推測される。満州国公使館は昭和一七（一九四二）年五月に閉鎖されているが、ドイツでの情報活動は日本の在ベルリン武官府よりも、はるかに有効な活動拠点となっていたからだ。

ベルリンという「情報の交差点」に身を置いて激動するヨーロッパ情勢を観察し、また、ポーランドの地下工作員などとも接触して貴重な情報を得て、現地で「情報世界」の複雑さも学んでいた。同時に「満州国」の外交官としての身分をフルに活用していた。ポーランドと日本の間には「ジャパンメール」と呼ばれたクーリエを利用した情報ルートが存在し、このクーリエを使って地下に潜ったポーランドの情報機関はワルシャワ―ベルリン―モスクワ―東京間を情報伝達のルートとしていたのである。

クーリエは日本人であった。クーリエ（Courier＝外交伝書使）は「外交に関するウィーン条約」の中の第二七条で身分が保証されていた。先述の通り、伝書使が所持するカバンに〝DIPLOMAT〟（外交官）のシールが貼られていれば、そのカバンは税関で中身を開示する必要がなく、フリーパスで税関を通過できたのである。クーリエはこの特権を利用して「機密文書」の運搬なども行なっていた。秋草がこの「ジャパンメール」に託して、満州国経由東京の参謀本部に送った機密文書も当然あったであろう。『陸軍中野学校』も記している。

日本はポーランドと年に一、二度対ソ情報の交換を行なっていたが、この資料（シベリア鉄道情報）がものを言って、ポーランドから感謝され、対ソ情報に関する多くのポーランド側資料を受け取ることができたのである。

閣下おひとりでお逃げください

ところで、秋草がベルリンで学んだ兵学思想とはなんであったのか。一期生のひとりで関東軍参謀部第二課に勤務していた猪俣甚弥大尉は、報道専門職の身分でヨーロッパに出張したおり、満州国公使館公邸で秋草と会食を共にしていた。その際、秋草から「情報兵科」構想に関する話を聞いたという。その構想とは要約すると次のようなものであった。

一期、二期が少佐に進級して中堅将校の末席にまで成長し、それぞれが責任ポストに就いて、実務の戦列に加わり、作戦軍の一翼として組織化され始める時が来たら、技術兵科（兵技）、医療兵科（軍医、衛生兵）と同じように独立した専門職種として「情報兵科」を育て、平戦両時にわたる情報戦に即応する体制を一日も早く整備することが肝要だ。電撃戦と称される戦車、航空機の大軍を投じた開戦劈頭の大攻勢で、一週間から一〇日で勝敗を決する現在の形は、近い将来必ず一撃戦の形にまで発展し、一日で戦争の帰趨を決するまでになるだろうから、防衛のための先制攻撃開始の時期を決めることの重要さは、国の存亡に関わる重大事で、このための情報活動は、戦車や航空機の近代化を図る以上に大事なことだ。

秋草が「情報兵科」構想を猪俣に語った背景には、ベルリン着任一年前の一九三九年九月にドイツ軍によるポーランド侵攻作戦が、戦車と航空機を大量に投入した〝電撃戦〟であったことを、情報収集と現地視察で確認し、さらにドイツ軍の平時におけるポーランド軍に対する情報収集活動が電撃戦成功の鍵になったことなどを学習していたからだと思われる。そして、日本の仮想敵国であるソ連に対してドイツが一九四一年六月に先制攻撃を開始した独ソ戦もベルリンで体験した。こうして、秋草は独自のソ連情報を入手していたのであろう。「情報兵科」構想は、秋草の見聞に基づいた具体案であったのだ。

秋草は四五年八月一五日、ソ連軍のハルビン侵攻直前に特務機関本部で部下たちに最後の訓示をしたという(ソ連の対日侵攻作戦発動の情報は事前に得ていた)。

　我が特務機関は大正六年創設以来、歴代に優秀な機関長を頂き関東軍の指揮下、組織は年々強化され、在満の支部は一〇を数えるほど強大な情報帝国を創り上げてきた。いま、まさに、終焉を迎えようとする哈特ではあるが、いまだに、各地の支部では対ソ情報戦に奮闘している機関員もいる。私は最後の機関長としてわずか七ヶ月たらずの勤務であったが、諸官はよく仕えてくれた。私は、諸官を部下にもったことを誇りに思っている。この先、赤軍は吾々の所在を血眼になって探すことになろうが、例え捕虜となっても、哈特機関員であった矜持だけはもっていてもらいたい。私は捕虜となっても決して諸官のことは口外しない。本日を以って哈特は解散する。今後の諸官の健闘を祈るばかりである。(秋草靖の「備忘録」から抜粋)

そして一六日には思いがけない人物が公邸を訪ねていた。証言してくれたのは先述の靖である。「親父が話していました。七三一部隊の石井(四郎)中将が公邸を訪ねてきたそうです。そのとき、石井さんは〝専用機が香房の飛行場で待機している。ふたりでハルビンを離脱しよう〟と言ったそうですが、親父は〝責任者として自分ひとりがハルビンを離れることはできない。ソ連の逮捕は覚悟しているので、閣下お一人でお逃げください〟と誘いを断ったそうです」

1944年当時のハルビン特務機関長公邸

機関長公邸は現在、老人大学の校舎として使われている（筆者撮影）

東京・雑司ヶ谷霊園にある秋草家の墓所（筆者撮影

スパイマスター秋草俊の戦後は、ソ連軍のGRUの逮捕から始まったが、収容所や監獄での取り調べは筆舌つくし難い過酷なものであった。だが、秋草は精神的な拷問にも耐えて供述も肝心なところでは自供を翻していた。最後は栄養失調で病に冒されて八〇キロあった体軀は五〇キロにも満たなかったという。遺骸は異国の地ロシアのウラジーミル州の監獄付属の共同墓地に埋葬された。享年五四であった。

広大な東京・雑司ヶ谷墓地の一画に「秋草家」の墓地がある。平成二六（二〇一四）年の中秋、墓地に案内してくれたのは秋草靖（当時八二歳）であった。この場所に新墓を建てたのは八年前だという。墓碑には「正三位勲二等陸軍少将　実相院殿露月日俊居士」と彫られていた。法名に「露」と「日」を入れた僧侶は「秋草俊」の経歴を遺族から聞かされていたようだ。靖が語る。

「父親の命日（昭和二四年三月二二日）を選んで新墓を建てたのですが、骨壺には遺骨はなく、戦後叙勲した勲章と愛用の象牙のパイプ、眼鏡、写真などの遺品を納めました」

戦前、日本のスパイ・アカデミーといわれた陸軍中野学校を創設した秋草俊といっても、その存在は今日では歴史に埋もれてしまい、知る人は軍事史や情報戦史に関心のある一部の研究者や読者くらいであろう。しかし、その経験と功績を鑑みれば、日本の情報戦史を語る上で、最重要人物であることは異論の余地はあるまい。

ここで簡単に「哈爾濱特務機関」の成り立ちを記しておく。

開設されたのは大正六（一九一七）年で、当時は臨時に「哈爾濱機関」の名称で浦塩《うらじお》派遣軍参謀長の高柳保太郎少将（陸士三期）が責任者に就いた。哈爾濱機関が常設されたのは同年二月で、初代の機関長は黒澤準《ひとし》大佐（陸士一〇期）が任命されたが、まだこの時期には「特務機関」の名称はつけられていなかった。

特務機関（Special Intelligence Agency）なる呼称は、高柳少将がロシア語の「スペツナイヤ・エイカンスチーワ」を訳して造語したといわれており、「哈爾濱特務機関」の正式名称が付けられたのは大正九（一九二〇）年一〇月で、初代の機関長は一九年から二年間在任した石坂善次郎少将（陸士一期）であった。

ここで一つ、靖が語ってくれたエピソードを紹介しておく。

「四谷の借家（四谷南伊賀町）には、よくアグフモフというロシア人が訪ねてきて、何時間も親父はロシア語で話していたことを覚えています。そのロシア人は、露人事務局の職員でした。親父はヘビースモーカーで〝チェリー〟を愛煙していましたが、酒は一滴も飲めませんでした。それでも親父は、ロシア人に酒を勧めるのが上手でした」

「白系露人事務局」は、内部的には自治機関で、外部に対しては亡命ロシア人を代表する機関となっていたが、イニシアティヴは特務機関の秋草中佐が執っていた。事務局長はルイシコフで、セミヨーノフ系とファシスト系のグループをつなぐ人選であった。事務局のスタッフは全員ロシア人で構成され、通商「ブレム」と称していた。本部は、市内の埠頭区商市街に置き、内部組織は秘書課、農地定住希望支援課（一課）、文化啓蒙課（二課）、行政課（三課）、財政課（四課）、商工課（五課）、鉄道課（六課）などがあった。

注目すべきは秘書のマコトフスキーで、彼は対日協力者であると同時に、ソ連の協力者としてハルビンの領事館とも通じた〝ダブルスパイ〟であった。事務局は東京にも支部を置いていて、秋草の借家を訪ねたアグフモフは支部長を務めていた人物である。

第４国境守備隊長時代の秋草俊氏。
官舎の前にて（1943 年５月。秋草俊二氏提供）

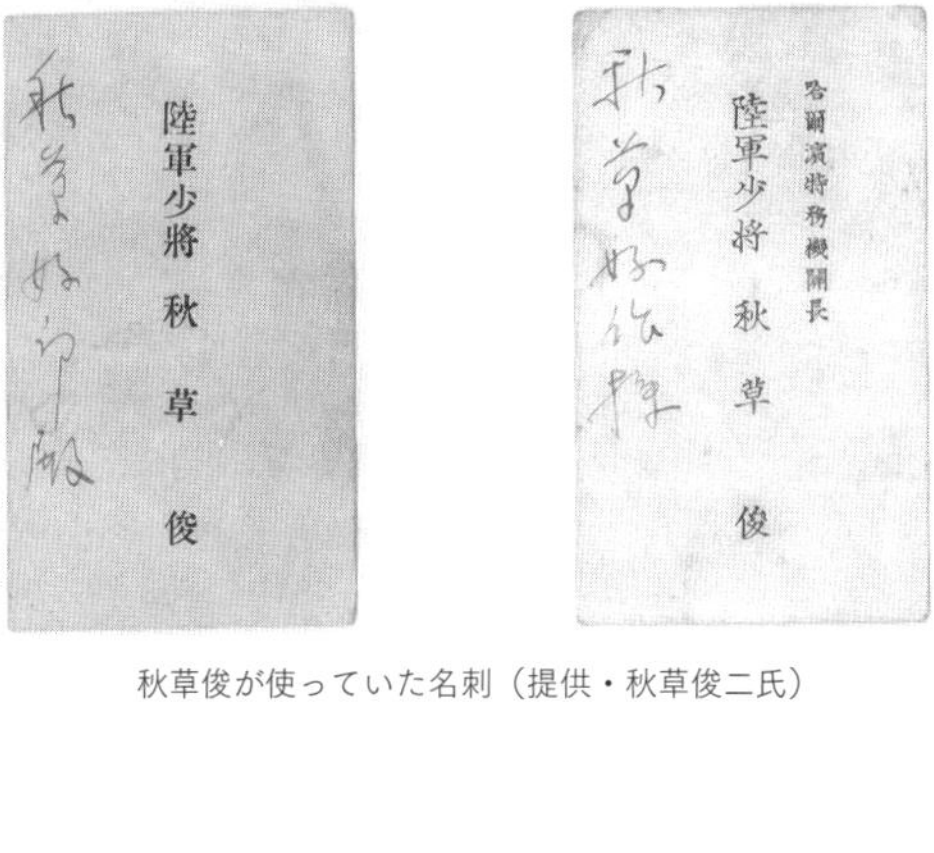

秋草俊が使っていた名刺（提供・秋草俊二氏）

昭和 11 年 11 月、チョール地方を視察する軍人たち。テーブル席中央・板垣征四郎中将（関東軍参謀長）、同右・安藤麟三少将（ハルビン特務機関長）、後列左・武藤章中佐（関東軍参謀部第二課長）、後列中央・上田少佐（関東軍参謀部第二課）、後列右・山本敏少佐（ハルビン特務機関員、最後の陸軍中野学校長）

資料1

日本陸軍情報戦略史

西暦（和暦）	内外情勢	陸軍省・参謀本部の動向	情報活動と現地の状況
1894年（明治27）	7月・日清開戦		荒尾精大尉・岸田吟香の協力で上海に「日清貿易研究所」設立（後の東亜同文書院大学）
1895年（明治28）	4月・日清戦争の講和会議が下関で開かれる		福島安正少佐、ベルリンでシベリア横断を計画・実行（ルートは、ポーランド〜ペテルブルグ〜外蒙古からイルクーツクから東シベリア）。1893年6月帰国
1902年（明治35）	1月・日英同盟成立		明石元二郎大佐・ロシア駐在陸軍武官としてペテルブルグで諜報活動
1904年（明治37）	2月・日露開戦		明石元二郎大佐・スウェーデンのストックホルムでロシア革命支援に動く
1905年（明治38）	9月・日露講和条約（ポーツマス条約）締結		
1906年（明治39）		4月・陸軍軍制調査委員会発足	関東都督府、朝鮮駐箚軍に情報武官派遣・在満領事館設置（8ヵ所）
1907年（明治40）	6月・中国革命同盟会、広東で蜂起（失敗）／7月・第1次日露協約		

1908年（明治41）	7月・FBIの前身BOI（捜査局）が米国司法省内に設置される	参謀本部5部10課制に改編（総務部第1課＝編成・動員　第1部第2課＝作戦・兵站　第3課＝攻城・要塞　第2部第4課＝内外課報　第5課＝内外兵要地誌　第6課＝運輸　第7課＝通信　第4部第8課＝内国戦史　第9課＝外国戦史　第10課＝日露戦史編纂）	ハルビンに料亭「武蔵野」がオープン。対ロシア情報の拠点となる
1910年（明治43）	8月・韓国併合	寺内正毅初代朝鮮総督に就任。明石元二郎少将・憲兵司令官兼警務総長として韓国内の民情偵察を始める	
1911年（明治44）	10月・辛亥革命・武昌で蜂起		太平組合創立（後の昭和通商）、中古兵器の販売始める
1912年（明治45）	1月・中華民国成立	陸軍省、語学習得のため東京外国語学校に依託学生制度始める	陸軍省軍務局に軍事課を置く
1914年（大正3）	7月・第1次世界大戦	11月・第18師団青島攻略	
1915年（大正4）	1月・対華二十一ヵ条の要求	陸軍省に軍事調査委員会設置	

西暦（和暦）	内外情勢	陸軍省・参謀本部の動向	情報活動と現地の状況
1916年（大正5）		8月・北京に駐在武官補佐官常駐	
1917年（大正6）	3月、11月・ロシア革命	参謀本部第2部長の中島正武少将ハルビン機関長の高柳保太郎少将と交代。ハルビン機関組織として新発足	
1918年（大正7）	11月・第1次世界大戦終結	シベリア出兵（浦塩派遣軍）	ボルシェビキ（革命勢力）の情報を蒐集
1919年（大正8）	3月・コミンテルン結成、韓国で独立運動起こる	陸軍技術審査部が技術本部に改編	シベリア出兵に伴い派遣軍は（浦塩、ハバロフスク、ブラゴエニコリクス、吉林、ハルビン、チタ、イルクーツク、オムスク）に情報蒐集のための拠点となる特務機関を置く
1920年（大正9）	8月・浦塩派遣軍がザバイカル、ハルビン以西から撤兵	「特務機関勤務規定」の改編で各地の情報機関は「○○特務機関」と呼称す。奉天特務機関創設	
1921年（大正10）	11月・ワシントン会議開催		大使館付武官、補佐官服務規程に月一回の軍事情報報告が義務付けられる。満州里特務機関開設

1922年（大正11）	7月・日本共産党結党、12月・ソビエト連邦成立		シベリア特務機関（3ヵ所廃止）、黒河特務機関開設
1923年（大正12）	9月・関東大震災発生	国防方針・用兵綱領改訂	
1924年（大正13）	11月・モンゴル人民共和国成立	陸軍大学校に選科（高等科）置かれる	黒河特務機関廃止され綏芬河特務機関開設
1925年（大正14）		8月・参謀本部第2部第4課組織改編	
1926年（大正15）	12月・大正天皇崩御		南京、上海、済南、漢口、広東に武官室を置く。北京は補佐官室
1927年（昭和2）	3月・昭和金融恐慌起こる	5月・第一次山東出兵	
1928年（昭和3）	4月・ソ連邦第一次五カ年計画発表	統帥綱領改訂・対ソ作戦計画作成	
1929年（昭和4）	10月・ニューヨーク株式大暴落		
1930年（昭和5）	1月・ロンドン軍縮会議開催		間島特務機関開設（龍井村）

西暦（和暦）	内外情勢	陸軍省・参謀本部の動向	情報活動と現地の状況
1931年（昭和6）	9月・満州事変		関東軍に特殊情報部新設・チャハル特務機関新設
1932年（昭和7）	3月・満州国建国		ハイラル特務機関新設・黒河特務機関復活
1933年（昭和8）	2月・国際連盟満州国不承認		
1934年（昭和9）	6月・対支工作開始	東京モスクワ間クーリエ（外交伝書使）始まる	
1935年（昭和10）	3月・ソ連、ソ満国境封鎖		在満特務機関対ソ工作に集中・太原特務機関開設
1936年（昭和11）	11月・日独防共協定、12月・西安事件	軍事調査部廃止・軍務課新設・兵務課、兵務局に昇格・兵務局分室開設・参謀本部第2部第5課（ソ連班）新設	関東軍参謀部第2課組織（庶務班・軍政班・内情班・兵要地誌班・気象班・国情班・防諜班）充実す
1937年（昭和12）	7月・日中戦争始まる	大本営設置北支那方面軍に特殊情報部（通信情報）設置	大同特務機関設置・奉天、山海関特務機関廃止
1938年（昭和13）	5月・ドイツ満州国承認	大本営支那侵攻作戦許可・後方勤務要員養成所の設立（昭和15年8月、陸軍中野学校となる）	敷香（樺太）、佳木斯、羅津（朝鮮）、大連の各特務機関開設

1939年（昭和14）	第2次世界大戦	支那派遣軍総司令部設置・兵務局防衛課に調査班設置・参謀本部に通信情報（18班）設置	支那総軍全支那の情報組織を統一
1940年（昭和15）	9月・日独伊三国同盟成立	戦時高等司令部勤務令改正・陸軍登戸研究所開設	関東軍情報部発足（情報本部）、牡丹江特務機関開設・アパカ（内蒙古）特務機関改編
1941年（昭和16）	6月・独ソ開戦、12月・日米開戦		マカオ特務機関開設・北米情報将校（民間人に身分欺騙）3人ペルー、コロンビアに移動
1942年（昭和17）	8月・ドイツ軍スターリングラードに侵攻		豊原（樺太）特務機関開設・南機関（ビルマ工作）廃止
1943年（昭和18）	2月・ドイツ軍スターリングラードで敗北	11月・大東亜会議（参加7ヵ国）開催	光機関（インド工作）設置・興安（満州）特務機関設置・羅津（朝鮮）特務機関再活動
1944年（昭和19）	6月・ノルマンディー上陸作戦	硫黄島玉砕・インパール作戦中止・サイパン陥落	大連特務機関廃止
1945年（昭和20）	2月・ヤルタ会談、7～8月・ポツダム会談	陸軍省が第一復員省に、海軍省が第二復員省に改編される	国内遊撃戦準備開始するも発動されず・終戦

資料2

陸軍中野学校破壊殺傷教程

この『陸軍中野学校破壊殺傷教程』と表題が付された文書は、昭和一八年（一九四三年）、参謀本部第二部第八課（国際情勢の収集、機密情報の収集、分析、宣伝工作、謀略活動、諜報活動を担当）が、戦闘地域、非戦闘地区で行う秘密戦（スパイ活動）の具体的な施策を、中野学校に命じて研究させ、完成した草案である。ドラフト作成作業に協力したのは、陸軍第九技術研究所（登戸研究所）であった。本編は、昭和五三年（一九七三年）四月発行『週刊サンケイ』臨時増刊号に掲載されたものである。なお、一部分記述が抜けている個所がある。

斎藤充功

第1編　一般通則

第一章　意義
第二章　破壊殺傷法の目的ならびに関連
第三章　破壊殺傷法の本質
第四章　破壊殺傷要員の戒律
第五章　破壊殺傷に関する一般原則
第六章　破壊工作上の一般着眼
第七章　破壊偵察概説
第八章　破壊牽制
第九章　破壊指導者と部下との連絡
第十章　破壊の手段ならびに効果
第十一章　技術破壊
第十二章　工場破壊
第十三章　都市破壊
第十四章　破壊殺傷工作における平素の準備大綱
第十五章　破壊計画の策定要領
第十六章　変装の概説

●第一章　意義

一、破・殺法とは、○秘（秘密戦のこと）の実施にあたり、人、動物、物件および通信に対し、これが消滅または機能を停止減退せしむる方法をいう。

しかして、破壊殺傷のためには、個人をもって行うもの及び小数団体をもって、集団的に行うものと区分す。

二、破壊殺傷法は潜行、獲得、偵察、連絡、偽騙等の諸法と等しく、秘密戦遂行のため、行使せらるべき実務を訓練するものにして、即実科としての一科目たり。

よって破・殺法においては破壊殺傷のため各種の手段方法、資材の取扱い運用、小数団体の謀略的指揮運用等に関し、あくまで実際的に演習するものとす。

三、破壊殺傷法においては、破壊し、あるいは殺傷せんとする対象物に対し「力」を謀略的に作せしむるものにして、これの「力」を普通「威力」と称す。

四、破・殺法においては、威力を謀略的に使用し、もってその目的を達成するといえども、その効果の発生するや、きわめて自然にして、謀略的によるものなることを、相手に感知せしめざるを理想とす。

●第二章　破壊殺傷法の目的ならびに関連

一、平戦両時を問わず、敵なるべき相手を有する各種事物を破・殺することにより、相手側に威力環境を構成せしめ、その戦力及び戦意を喪失せしむるにあり。
二、破・殺法はその実施にあたり、偵察、潜入、潜行、潜在、獲得、偽騙等の他の諸法と、密接不離の関連を融資あるは、また当然にして、これら諸法との綜合的成果を発揮するを要件とす。
三、敵たるべき相手を有する各種事物中、最重要なる銃後施設に指向せらるるものとす。

●第三章　破壊殺傷法の本質

一、破・殺法は彼《か》の武力戦と関連するといえども、平戦両時を通じ、その実施は〇秘の一部面として終始す。
二、破・殺法における攻撃の重点は銃後施設中重要なるものに指向せらるべきは既述のごとく、銃後重要施設、技術の所産たるものその大部を占む、よって破・殺の目的を達成するには、技術的素養の涵養《かんよう》、きわめて重要なり。
三、破・殺法において必要なる技術的素養とは、必ずしも専門技術者たるのいわれ非ずして、破壊せんとする対象物の技術的成り立ちを確実に把握し、さらに謀略的見地に立脚せる特殊の技術眼、及び技倆をさす。
四、破・殺法において、各種の〇秘器材を使用すること多し、〇秘器材は武力戦における兵器とともに科学の最尖端を行くべきものなるも、〇秘においては、その使用に際し、厳に隠密を要求せらるるをもって、器材の構成、形態において、あるいはその使用法において特別の創意工夫をこらし、常に敵の意表に出ずるを要す。
五、破・殺は平戦時、いずれを問わず時間的、空間的にきわめて制限せられたる困難なる状況のもと、言語に絶する困苦のもとに欠乏に耐え、しかも隠密のうちにこれを実行せざるべからず。
　これら困難なる状況と困苦欠乏を克服し、破壊殺傷の任をまっとうせしむるものは一に堅確なる軍人精神なり。
六、武力戦における戦場の相手は武器を有する軍人にして、敵愾心の誘発、惨烈なる戦況等、心理的刺激多く、しかも、その行動華々しくも、破壊殺傷〇秘場においては、外面あくまで、平常にして、しかも内面、烈々不撓、敢闘精神をもって、細心周到なる作業を実行すべきをもって、〇秘士は、その精神の鍛錬に特殊の工夫なかるべからず。

●第四章　破壊殺傷要員の戒律

一、いかに〇秘技術に通暁し、破・殺に関する謀略に長ずるとも、その精神にして、没我奉公の念に欠くるところあらんか。到底○秘の実行をあぐることむつかしかるべし。

二、○秘士の隠密のうちに黙々と行動し、隠密のうちに、時にその屍を路傍にさらすべきをもって、あるいは青史を飾り、あるいは人口に膾炙するがごとき、一般武人の名誉のごとき、もとより望むところにあらず。

三、大捨石たるの不動心のもと、つぎに述ぶる戒律を修練し、常住坐臥、いやしくも犯すべからず。

（1）万邦無比の皇国軍人たることを忘るべからず

（2）八紘一宇の大理想顕現の重責を忘るべからず

（3）小心にして、周密隠大なるべからず

（4）困苦欠乏は、これを常と心掛けざるべからず

（5）喜怒哀楽を色に現すべからず

（6）酒色に魂を奪わるべからず

（7）いかなる状況においても、冷静自己を失うことあるべからず

（8）常時、真剣にして誠心、自心を失うことあるべからず

（9）科学的常識の涵養を怠るべからず

（10）関係事項を記帳携帯し、あるいは関係書類を携帯すべからず

四、これを要するに感情を抑制し、冷徹、水のごとき理性にもとづき行動する他面、火のごとき熱誠を包蔵し、人に接するに人間味豊富にして、自己を修むるには、神のごとき修練を目途とすべし。

●第五章　破壊殺傷に関する一般原則

一、諜報工作と破壊殺傷工作の異同

（1）諜報工作と破・殺工作は、ともに隠密を条件とす。

諜報工作というも、あるいは破壊実施というも、その性質ともに謀略としての威力行使の過程にして、その行なわるるや、謀略によりて実施せられたるを敵に、自覚せしめざると上乗とす。

しかりといえども、この隠密裡に行動し、破壊の行なわるるや、実に自然にして、いささかも敵の謀略なりと自覚せしめざるごとく各種の工作を実施するは、きわめて困難なる問題とす。

すなわち破壊をして、慢性的に行使して、長時間において、その謀略目的を、実施する等の場合には、時間的に長大、かつ緻密なる計画と準備とを必要とし、現在のごとき急変予測を許さざる国勢情勢においては、この種の破壊工作はいよいよ困難となるべし、施設の破壊においても、爆発破壊を、工員の過失による爆発事故のごとく偽騙工作し、あるいは汽罐の破壊を内部湯垢の堆積による自然破壊のごとく偽騙する等、

当方の備える威力により破壊作用を相手の不注意によるか、あるいは不可抗力に転嫁するには、資材の選定、破壊の手段、方法等に慎重なる注意を払うを要す。

しかして、かくのごとき巧妙なる隠密工作は、まったく不可能というにあらず。将来、資材の進歩によりては、まったく相手の常識をもってしては、判断し得ざる方策をもって実施し得らるること、また可能なるべきは疑いを要せず。

しからば、なぜにこの種の工作は、隠密をもって上乗となすや、他なし。隠密工作は、敵の警戒の発生を抑制して、わが行動を便にし、工作の実質的効果というは、精神上の効果を除きたる物質的効果をさす。精神的効果は隠密裡の工作なるをもって、敵が謀略行使に気づかず、ために、時にわずかに微弱なる疑いの念を生起する程度に止まるもの、またやむを得ざるところとす。

（2）破壊殺傷工作は、時には表面的なりといえども謀報工作は断じて隠密を欠くべからず。

破壊殺傷工作には、潜入、潜行、潜在の各種の行動あるとも、これが実施においては、潜行、潜在を除き、破壊直前の潜入は、時に隠密を期しがたきこと多い。何となれば、隠密はその希望すべき状態にすぎずして破壊実施は、いかにしても、これを達成せざるべからざる大目的なるをもってなり。

潜行、潜在を隠密に付するは、これの大目的達成の前に絶対必要なる要件にして、これに反し、破壊直前の潜入と破壊行動とがきわめて接近せる時間的間隔にあるをもって、時に潜行、潜入し、敵にその企図を暴露するも、破壊目的達成には支障を来たさざること多し、ただしこの場合の行動は、迅速急襲敵なるを肝要とす。

その行動緩慢なるときは、威力潜入は時に成功するも、破壊工作の行動に支障を来たすことあり。

以上のための謀報工作の潜在、潜入、潜行は、破壊実施の予備的行動なるをもって、この行動の失敗、とくに発覚は、最警戒を要するものなるは当然にして、徹頭徹尾、隠密をもって終始せざるべからざるなり。

したがって、各種施設の情報収集においても、自然にしかもねばり強く、これに当たり、単に情報収集の目的をもって、工場内に潜入し、危険を犯すがごときは、つとめてこれを避くるを要す。危険なる情勢における潜入は、ただちに隠密実行を意味すべきを銘記するを必要とす。すなわち情報収集なすあたわざるときは、潜入し、目に触るるものは、速やかに破壊の挙に出ずることあるべく、この場合の謀報工作と破壊工作とはまったく同一焦点上にあるものとす。しかして破壊の効果は、以上の場合といえども、必ずしもすくなからざるものとす。

二、破壊に関する時間的空間的観察

（1）破壊工作内容は、時間とともに変易《へんえき》し、時間とともに変度化す。

破壊資材及び破壊の方法は、破壊対象により変易す。しかして、破壊対象は時間とともに変易すべきをもって破壊に関する手段、またはこれに伴い、変易するを思慮し得らる破壊手段は、対象の変易に伴うは前述のごときも、破壊の手段は、それ自身において科学の進歩、技術の発達に伴い、または普遍に変易し、不断に変度化すべし、すなわち破壊手段は、破壊的要因と左右せらるるを知るべし。

破壊対象たる重要施設は科学の進歩、発明の出現により施設本来の性能は、高度化せらるるのは一般の傾向なるが、相手の破壊防禦《ぼうぎょ》の観念により、対破壊的部面につき、これを観るもまた、不断に進歩向上し、破壊攻撃と破壊防禦とは因果関係において、不断に変易し、しかもいよいよ高度化し、複雑化するの傾向を有す。したがって、破壊殺傷工作は不断に工夫改善せらるることによりてのみその目的を達成しうべきゆえん、実にここに存す。

（2）破壊により精神的効果は、時間とともに減少す。

破壊殺傷工作の実効及び被害の予感は、ともに精神的の威力環境を構成し、人間個人ないし集団に特殊威力心理反応を表現するに到るものなるが、その精神的威力反応は、時を隔つるにしたがい、逐次減少衰退するものなり。遂には間歇的、追想的、威力的、心理反応を生起せしむるの作用をなすに止ることを知るべし。

（3）破壊による流言は伝達の都度、歪曲せられ、また内容成長す。

わが工作の結果生じたる敵国内の流言は、敵の威力心理的反応の一つの表現にして、発見せらるるものなるか、この流言たるや、一つの媒体より他の媒体に移行する瞬間ないし移行後の媒体の心理的条件を左右せられ、多くはその内容歪曲せられ、さらにその威力規模、逐次課題に伝播《でんぱ》するを常とす。かくの処、実に歪曲成長せしむる動因、威力環境内における恐怖感及び利害関係を有する同国人に対し、警戒心を惹起せしめんとするの意識的、無意識の努力の結果にもとづくものと確定し得らる。

（4）破壊による流言の伝播の度は、時間的、空間的条件に左右せらる。

空間的条件とは破壊工作実施に伴い、流言発生の起点及び、この起点を中心とする地域的条件は、人口の疎密、人智程度、交通の便否、生活程度のいかんを包含するものにして、これより伝播速度が変化するは首肯《しゅこう》し得らる。さらに既述せるところにより、時間的は、威力心理反応を衰退せしむる。もって流言伝播の媒体相互間における伝播作用もまた時間経過とともに逐次衰退すべきものなり。

（5）破壊殺傷の威力は、これを重点的に行使するを本則とす。

破壊対象には、その死命を制すべき重要点存在することあたかも靭帯に、いわゆる急所あるごとし。すなわち対象の弱点、これなり。この弱点に攻撃を指向する時、吾人はその破壊の効果を最大ならしめうるは、当然なり。また、いかなる工作といえども必ずその実施のため、最良の機会の存ずるものなり、これの好機、すなわちそれぞれあたえたる機会にして破壊実施行は、明察と判断と不断の精神的準備をもって、これの好機の捕捉に努めざるべからず。すなわち破壊威力は最重要な一時点に乗じ、しかも最重要なる一ヶ所に圧縮使用するとき最優秀なる効果をあげ得らるべきなり。

（6）破壊殺傷工作における破壊性は、時とともに増大し、無限に進展するの傾向を有す。

破壊工作においてその使用すべき、各種資材の研究と発明工夫ならびに科学進歩に伴う破壊方法の変化は、破壊行為の破壊性を時とともに増大せしむるの作用あるものにして彼の戦争における惨忍度とともに増大すると同様なり。すなわち破壊行為における破壊性は時とともに増大し、遂には無限大に進展せんとする傾向を有す。

とくに破壊殺傷工作は一般戦闘と異なり、いちじるしく隠密、急襲的にして、防者の精神的、物質的準備の間隙ないし弱点にその攻撃を指向するをもって、以上の傾向はさらに一層著大となる。

三、詭計

（1）詭計は破壊工作の主計をなす。

詭計は率直、単純なる行動様式と対立し、詭計が成立するためには、その本来の企図の隠密せられあるを根本要件となす。その本来の企図、暴露せらるるや、詭計の価値は一朝にして泡沫のごとく消滅する破壊工作において、詭計を使用するは、敵の判断を混迷に陥らしめ、誤謬《ごびゅう》を犯さしめ、もってわが行動を有利ならしめるにあり、しかして詭計の寿命は長きを可とし、詭計の寿命は、詭計の価値を左右する重要一因子となる。破壊偵察に、破壊情報の収集に将又《はたまた》、破壊実施を詭計により、その目的を達成し得らるること当然にして、彼の敵の警戒心を他方に牽制し、行動を偽騙する各種工作の行動は一つとして詭計の発露せるにあらざるものなし。

（2）破壊殺傷工作においては詭計行使の機会きわめて多し、一般戦闘においては、破壊工作に比し、その規模、とくに大なるをもって詭計を行使するため、規模の準備及び労力を必要とし、相当の犠牲を払い、しかもその犠牲に比し、効果必ずしも、これに伴わざる場合多きも、破壊工作は少人数をもってする小規模なる行動に限定せられ、多く、各個人ないしきわめて小なる皇国が独立して行う工夫さるをもって即行為者の任意をなし得らる行動を多きをもって、詭計行使の機会きわめて多し、とくに敵警戒兵の優勢に比し、少人数の破壊要員をもって破壊工作を行いあり、あるいは敵地に単身潜在して情報の収集を行うべきこの種工作においては、時に百計に尽くるの窮境を不断に暴露せられあるをもって詭計によらずば、その目的を達成しがたきを銘記すべし。

四、破壊抵抗

破壊抵抗とは、破壊工作上遭遇する抵抗の総称にして、とくに敵の警戒に関連する事物がその主体をなす。破壊工作上抵抗の破摧《はさい》に対する考究はきわめて重要なる事項なり。

(1) 重要事物の破壊抵抗は大なるを常とす。破壊の重点は防衛の重点と原則的に一致すべきをもってわが破壊せんとする彼の重要事物は、彼の防禦の重点としてその警戒力の重点をこれに指向しあるは、当然の成り行きとす。重要事物を破壊せんとせば、必ず大なる抵抗に遭遇するを覚悟するを要す。すなわち陽動戦法の重要なるゆえんここに在り。

(2) 破壊威力の大きさは、反撥的心理に影響す。大なる破壊威力は、形而上下の効果の大なるべきは当然なるも、その威力酷烈大なる時は、敵の反撥心理を強く刺戟し、これにより敵愾心、勇猛心を奮起せしめ、その結果として警戒の厳重、報復等の手段を採らしむるに到るものとす。

(3) 同一様式の破壊工作は行使の回数を重ねたるに伴い、その成功度ならびに威力を減少さす。

同一様式の破壊工作は、これを行使する回数に比例し、しかも行使する間隔の少なるに比例し、いよいよその成功度ならびにこれに伴う威力反応の度を減殺せらるるものなり、よってその性質を同じくする破壊手段ないし方法は不断にその形態、攻撃の様式を改変し、常に新手を行使する工夫を肝要とす。

すなわち、その形態、様式を偽騙するの要あるものなり。しかりといえども行使の間隔きわめて短少にして相手がこれを認識し、あるいはこれに対応するの手段を講ずるの暇なき時は、同一様式の破壊工作といえども、第一回とはほとんど同様の効果をもってこれを実施し得らるること多きものとす。同一様式の破壊工作はその行使の間隔極端に長大なるか、あるいは極端に短少なるとき、その効果を期待し得らる。後者においては時日の経過に伴う警戒心の衰退により、前者はこれに応ずるの余裕なきに乗ずるによる。

（4）破壊抵抗排除の限界（破壊戦闘の限界）

いかなる場合といえども、破壊工作の目的は破壊自体に存す。破壊目的達成のため、遭遇する破壊抵抗排除は、その目的にあらずして、しかも破壊抵抗排除のため行わるる労力、犠牲は極度にこれを減少せしめざるべからず。これがため抵抗排除のため、各種の工夫をこらし、時に偽騙し、時にこれを牽制するものにして、ここにみずから抵抗排除における限界を規定せらるべきをみる。すなわち、わが破壊目的達成のため必要にして十分なる最少限度の排除をなせば可にして、破壊工作においてこの抵抗を一つの戦闘目標とし、これを徹底的に破壊殲滅するごとき、必ずしも常に起こりうる常態にあらざるを銘記するを要す。

五、破壊効果

（1）企図の秘匿は、時にその一部たる精神的効果を除外して考うることあり、すなわち破壊行為直前に到るまで、企図を秘匿し、破壊行動実施せらるるや、やむを得ず、これを暴露せらるるときは、その効果は、形而上下に及ぼすべきは当然なるも、徹底的に隠密裡に破壊行動を終始し、しかも敵がわが威力謀略行使を認知せざる場合においては、物質的（実質的）等の効果は現実にその威力に伴う心理反応は生起しあらざるなり。

しかりといえども、わが企図を完全に秘匿するときは、その実質的効果は当然現実の問題として、これを期待し得られ、しかも、爾後の破壊行動に移行すること容易となり、その後また時機において暴露せらるるや、精神的反応強烈にして、敵に異常の戦慄を惹起せしめうべし。

（2）奇襲は破壊の形而上下の効果を増大す。

一般戦闘において奇襲はその優位獲得の手段として重視せらるるところなるが、秘密戦における破壊工作においてもきわめて重要なる事項なり。

すなわち一分一秒の行動の遅滞は、企図の暴露に対する時間的機会を多からしめ、奇襲の効果を減少喪失する虞《おそ》れ大なるをもって、奇襲を行わんがためには行動の迅速と万全なる企図秘匿に対する準備を肝要とす。本工作においては、一般戦闘と異なり、長途の行事、軍隊の移動終結、輸送のごとき大規模にして目立ち易き事象生ずることなく、その決行せらるるやきわめて至短時間にその勝敗を決し得らるるをもっていよいよ奇襲行動を取り得らるる可能性大なり、奇襲は時間的、空間的両面を備え、初めて完全なりといえる。すなわち至短時間にしてしかも予測せざる地点において破壊工作を行なう時、その効果大なるべし。

また、破壊行動容易なるべくは当然なり。奇襲は、さらにその精神的効果はとくに破壊工作においては、一つに独立せる働きをなすものと見なし得らる。すなわち奇襲による威力心理反応のとくに強大なるは、幾多の事例に徹して明白なるところとす。奇襲、実行において絶対要件たる企図の秘匿は、破壊工作要員等における厳正なる軍紀と鞏固《きょうこ》なる意志胆力を必要とすることまた言の要なし。

（3）破壊による流言の伝播速度は破壊威力の大きさに影響せらる。敵住民に惹起せられたる施設破壊に伴う流言は、逐次歪曲誇大の傾向を採るは、前述のごときも、その個人より個人へ、あるいは集団より集団への伝播速度は破壊力の大なるほど迅速に行なわるるを常とす。

（4）破壊批判は破壊工作上不可欠の要件たり。

批判とは、破壊に対する幾多の戦例を厳密に批評検討し、破壊原則の探求に努むることをいう。

すなわち破壊工作成否の跡を検討し、成敗《せいはい》を確認し、今後実施すべき工作を絶対的成功に導くための方便としてきわめて重要なる事項なり。批判は破壊の効果を研究の目標となし、これに伴いその工作に行使せられたる手段を検討し、対象となすはまた当然なり。しかるに破壊工作は多く一般戦闘に比し、瞬間的に、しかも幾多の制限を存する環境において実施せられたる行為なるをもって戦史、戦例的の記述を採って、もって批判の対象となるべきものきわめてすくなきはまた、やむを得ざるところにして、これに加え、記述のごとく本工作たるや、時間的経過とともに急速度をもって変易高度化し、いよいよ複雑多岐となりいわゆる歴史的文献仮に存在するも、吾人の批判の対象として十分ならざること多きは想像するにかたからざるなり。よって最近の事例をもって批判の対象とせざるべからず。

（5）批判の資料は破壊工作要員のみずからその破壊効果の確認することによってのみ獲得せらる。批判の資料は前述のごときものなるをもって、批判の資料獲得の唯一の道は、破壊工作要員の実施する工作の手段及び効果の成敗にこれを求むるにあり。

破壊工作とは、必ずしも実践的のみならず、平素、破壊演習において工作要員の一つの習性として、必ずいかなる場合といえども百方手段を尽くしてその成敗の跡を観察し、工作完了後においてこれを批判するの資料にあらしむるごとくなすこと絶対的に要求せらるべき事項とす。とくに失敗の資料は時に、むしろ成功の資料よりその価値大なること多きを銘記すべし。

六、破壊行為と戦争行為との異同

破壊行為と戦争行為とをその基本的要素につき偵察するに

つぎのごとし。

ただし法にいう戦争行為とは武力戦をさすものとす。

戦争行為は戦争行為の一分野なり。
(1) 破壊行為は一人以上多人数の、二者闘争にして、その範囲は破壊行為に比してすこぶる広範囲かつ内容複雑となる。とくに近代戦の特質として、いわゆる国家総力戦の形態を帯ぶるに至るや、戦争及び戦争の範囲にいよいよ広汎にしてその内容をますます複雑化するのは当然の成行きとす。
しかして破壊工作における行為は、この複雑多岐にして広範囲複雑化するは当然なり。
(2) 破壊目的と戦闘目的とは必ずしも一致せざるとも戦争目的とは完全に一致す。
敵を屈服せしめ、もって自己の意志を実現せんがために行使せらるは、暴力行為が戦闘にして、戦闘に従事する両者は相互に形而上下の手段を用い、敵方を撃摧し、いかなる抵抗をもなすあたわざらしむるをもってその目的とす。しかるに破壊行為は、敵の形而上下の重要なる事物に威力を作用せしめ、その事物を有す機を妨害、停止、喪失せしむるをもってその目的とし、ここにおいては戦闘行為は、むしろ破壊行為達成の過程において、時に発言せらるるものなるをもって、必ずしも、敵方を撃摧し、いかなる抵抗をもなすあたわざらしむるの要なきものとす。すなわち破壊における威力行使上、みずから限度の存するゆえんにして、既述のごとし。しかれども戦争窮極の目的は、戦闘個々の目的を達成することにより敵にわが意志を強制するにあるをもって破壊の窮極の目的と完全に一致すべきなり。

他方、破壊行為は、戦争行為の一分野として戦争目的に合致することは至極当然のことに属するを知るべし。いわゆる破壊行為が秘密戦の一つとして武力戦行為と両々相関連し、渾然《こんぜん》一体となりて進展せしむべきものとす。
(3) 戦争及び破壊工作における破壊性、惨忍性は無限に発展するの傾向にあり。
戦争において往古に比し開明国民間においては個人の感情にもとづく惨忍性はその理想の高度化にもとづき、減少せるは、事実なるも、弾薬の発明、銃器大砲の日進月歩の改善、戦車の出現、航空機の発達は、戦場の範囲を拡大し、国家総力的に、敵を破摧撃滅せんとする傾向大にして、戦場において単に自己の意志を強行するための破壊惨忍の度をもってする、いわゆる手加減のごときは絶対これを望むべからず。破壊行為にしても、しかるものにして、敵重要事項を破壊せんとするや、凡ゆる科学の粋を採り、しかも奇襲的に詭計をもって、ここにも、その行為においていささかも手加減の存するなし。

すなわち戦争と破壊とを問わず、両者における破壊性、惨忍性は無限に発展する傾向を有す。

（４）破壊行為は戦争行為のごとくその勝敗明確ならず。

破壊行為は戦争行為のための半面として実施せられ、しかも秘密裡に行動せらるる特質を有するをもって、戦争の勝敗の一素因として時間的、空間的に大なる距離を隔て勝敗に作用を及ぼすべきものなるも、戦争における勝敗のごとく明確ならざるものなり、戦争行為は全般的に、戦争行為を営むべき両者が、戦争なることを認識するは当然とし、その勝敗はいわゆる士気に反応を及ぼす等その影響大なるを常とするも、秘密戦の一翼たる破壊行為ならびに強度を異にす。換言せば、破壊行動における勝敗は成功不成功の字句をもって表現せらるべきを至当とす。これの成否が戦争の勝敗に影響すること甚大なるべきは勿論なるも、その個々の成否、必ずしも戦争の勝敗と称する事象は戦争の勝敗に比して微弱かつ不明瞭なるものなり。

戦争における個々の戦闘行為の敗退は、必ず全般に敗退を意味すべきも破壊工作における謀略、詭計の行使は個々の破壊の成否は必ずしも全般の破壊の成否に決定的影響をあたうるものにあらずして、時に故意に破壊敗退を構成し、敵を牽制することあるべし。

（５）戦争には休戦講和あるも破壊行為には休戦なく、講和なし。

戦争においては防禦が攻撃よりも優勢なるとき多く休戦として表現せらるるところなるも、破壊行為の攻撃に比し、破壊の抵抗、大なるときといえども、必ずしも休戦とはならず、いなむしろ破壊攻撃に比し、破壊防禦、すなわち破壊抵抗大なるときほど、破壊工作は激烈なる調子をもって行わるるものあるべきを銘記するを要す。破壊行為は一時停止することあるも、その工作としての行為は、時に潜行的に、しかも猛烈に行使せらるるものにして、秘密戦の一翼たる破壊に絶対的に休戦なきものとす。しかるに前述せるところにより破壊行為は戦争行為の半面たるの思想をもってせば、あるいは戦争行為の休止は、ただちに破壊行為の休止を意味するものとの誤解生ずるならん。これに関し、その決してしからざるを述べん。現代各国の情勢あるいは将来の傾向を勘考し、あるいは過去の歴史を観るに、人間世界に絶対的平和境の発現するは到底これを望むべからず、すなわち平和とは、その時間における相反する力の平衡状態が保持せられあるにすぎずして、平衡破壊がたちまち戦争となるものなり、いかなる国家といえども戦争を覚悟し、軍備を保有しあるものにして一朝戦争行為に出でんか、必ず勝利を占めざるべからず。すなわち戦争は国家総力をあげて従事すべきは当然にして、とくに平時における戦争（武力戦）準備を実施しあるものにして、換言すれば広義の戦争（文化戦、経済戦、秘密戦をふくむ）

は不断に準備せられ行なわれあるものなり。よりて破壊行為は、平戦両時を問わず不断に実施せらるるところのものにして、絶対、武力戦におけるがごとき休戦なきものとす。

（6）破壊行為はいちじるしく計画的にして、戦争両者勝利の確信ある、あるいは防禦の確信あるときに行われ、偶然的に行動すること、まずもって稀とするに反し、破壊工作は平時より計画的に準備せられ、あるいはまったく偶然的に行為の現るるは、いかなる場合なるやを考うるに、破壊行為きわめて制限せられたる各種の条件のもとに工作するものなるをもって、いかなる微少なる機会といえどもこれを捕捉すべく、かつ戦争に比し、資材、人員のごときもきわめて小規模をもって実施せらるるをもって然るものとす。いわんや上述のごとく破壊行為は各種の条件を極度に制限せられ、その行動に移るや事計は齟齬することきわめて多く、しかも破壊工作員個々が独断専行すべき余地また大なるにおいてや。

（7）破壊に対する防禦はきわめて困難なり。

破壊工作は平戦両時を問わず、不断に、しかも長期にわたり準備せられ、かつ行なわるるものなるをもって、時間的因子、戦争に比して長大にして、これが防禦における精神には、緊張を不断に、しかも長期にわたり継続すること困難なるものなり、これに加え戦争においては戦闘という一つの強力なる刺戟を国民にあたえ、防禦においても、また強固なる反撥的、心理的作用を期待し得らるべきものなるが、破壊工作に対する防者の心理は戦争に比していちじるしく緩慢なり。

（8）破壊行為は徹頭徹尾、詭計急襲にあり。

破壊行為は徹頭徹尾、詭計をもって終始すべきは、すでにこれを述べたり、彼《か》の戦争においては詭計にこれを使用すべく余りにその範囲大、かつ従事すべき人員及び資材はまた、大にして企図の秘匿は破壊に比し、はるかに困難なると、国民における自覚はいよいよ詭計便使の機会を減少するものとす。

しかるに破壊工作は平戦両時をもって実施すべきものなるをもって、とくに平時破壊はあくまで詭計の高度化を要求せらるるは当然なり。つぎに爆撃機その他による爆破はここにいう破壊とは本質的に異なるものにして破壊工作における破壊は急襲性をかつ有するを要す。

これなきときは、一般戦争における破壊と何ら異なるところなく、かつ破壊工作としては成立せざるものなり。

（9）破壊殺傷は必ず成功す。

戦争はいかなる場合といえども、その勝利の確信、予見することはもとより困難にして、したがって個々の戦闘において勝敗あり、これら勝敗の累積と経済戦、思想戦等、いわゆる国家総力の戦争の勝敗に左右するも、破壊の勝敗は戦争におけるものに比し明確を欠くも、しかし必ず成功すべきものなり。

その成功所因はつぎのごとく、これは実に破壊工作上の必勝の信念の基礎をなすものなり。

（イ）時間的優位性

破壊は戦争に比して、その工作の時間長期にわたるべきは記述のごとし、すなわち長期にわたり計画し、しかもその実施せらるるや急襲的なるべきをもって戦争に比し、成功するの機会大なり。

すなわち長期においては必ずや破壊の好機到来すべきものとす。

（ロ）空間的優勢

破壊工作の綜合的見解における地域は戦争のごとくきわめて単一ならざるを特長とす。

（ハ）破壊工作に従事すべき人員、規模、資材は戦争のごとく大規模ならざるをもって、その行動網は大なりといえども、その移動、潜行、駐屯（潜在）は隠密裡に行われ、しかも一つの発覚は必ずしも全般的の破綻を招来せず。

（ニ）破壊工作における個々の失敗は、戦争のごとく決定的ならず、破壊工作における一つの発覚が必ずしも全般的破綻を意味せざるごとく、また破壊の目的達成における一つの失敗ないし個々の失敗は必ずしも戦争のごとく決定的ならざる特長を有す。

破壊防禦の困難と相まち、破壊計画と齟齬せる場合といえども、他に対する臨機の処置を採り、ただちに破壊の目標に変換する自由度大なり、すなわち目標の変換により破壊工作の失敗はたちまちにして成功に変易し得らるるものなり。

●第六章　破壊工作上の一般着眼

敵国の政治経済、交通、文化等の重要施設を破壊するに際しては、破壊により敵国が最苦痛とするところに対し、最有効適切なる威力を指向し、もって最大の効果をあぐるを第一の着眼となす。

よって破壊の重点は防衛の重点と概念的に一致すべきものとす。最大の効果を発揮するごく破壊を実施または誘導すべきは時、所のいかんを問わず常に留意すべく、これに対し遺漏なき努力を不断に傾注せざるべからず、すなわち犠牲ないし労力を慎しみ、最大の破壊効果の発揮に欠くところあるは厳にこれを戒むるを要す。破壊実施を適切ならしめ最大の効果を発揮するには工作要員の優秀に破壊点決定の妥当、破壊用資材の精妙、破壊方法の適切によるべきは既述せるところなるも、以上と関連し、破壊偵察の適否ならびに破壊情報の確否、成否は破壊工作の成否を大いに左右するものなり、すなわち吾人、工作要員は破壊工作行動中、その努力の大半は破壊偵察に対し費さるというも過言にあらず。つぎに留意すべきは破壊牽制点の決定なり。

破壊戦場の各種錯雑せる条件は牽制手段を採らずんば、破壊目的を達成し得ざること多く、さらに破壊工作を容易ならしめ、かつその効果を大ならしむる上よりみるも牽制の着意は重要なる事項たり、しかも破壊目標に関係を有する各種の事象は一つとして破壊牽制の対象ならざるはなく、人心攪乱に敵警戒力分散に、あるいは敵の検察力の牽制減殺に適時状況に応じて牽制手段に訴うべきものきわめて多きを知る。本件に関してはさらに章を設けて評論すべし。

●第七章　破壊偵察概説

一、隠密行動

破壊偵察において隠密なる行動のとくに重要なるはすでに述べたるところにして、当方の企図の暴露は破壊工作全面的失敗を意味す。

二、時間的、空間的制限

適地において吾人の破壊目的に近接し得らる機会はきわめてすくなく、かつ近接観察しうる時間またきわめて短少なるを常とす。

すなわち列車の進行中、または汽船等より瞬間的に観察するがごとき、あるいは歩行中瞥見《べっけん》するがごときこれなり。

ただし、まったく安全なる地域において文献その他により偵察する場合、あるいは比較的長期間にわたり滞在し偵察する場合はともに時間的ないし空間的に恵まれたる状態なりといえども、かくのごときはきわめてすくなきものと覚悟せざるべからず。

破壊偵察のための拠点は、敵偵諜に、不断に警戒を払いつつ選定すべきをもって地域的に制限を受くべきはまた当然なり。

三、弱点検出

(欠除)

四、類推判断の重要性

破壊偵察は既述のごとく時間的、空間的制限を受くるをもって、偵察せんとする目標に直接近接して、これを偵察すること困難なる場合、きわめて多し、この場合は偵察目標に関係を有する各種の事象を遺漏なく捕捉し、微細なる徴候といえどもこれを看過することなく、それら関係を有する事象より類推判断して遂に目標に対する偵諜の目的を達成するものとす。

現在の国際情勢においては、とくにこのごとき場合による場合きわめて多きは想像にかたからず。以上の方法による時は、あたかも敵砲兵陣地を決定する交会法によるごとく、可及的二つ以上の因子を捕え、これにもとづき判断するごとくするを安全とす。しからざれば判断の正鵠《せいこく》を期しがたし、過去わが国において一見迂遠なる事象によりこれに関連する重大なる事象に、敵諜者の偵諜に委したるがごときしばしば、これを経験せるところにして、工作の安全なる点及び警戒正面広くして、その乗ずべき間隙また多かるべき点においてとくに利あり、ここにおいてとくに国家警防機構の綜合的有機化の必要あり、国家警防機構割拠的となり、これを綜合し、横の連繫に欠くるものあるとき、吾人の乗ずべき好間隙を提供す。要するに、偵察に任ずる者はよろしく推理判断能力の養成に努むるとともに、広汎なる常識の獲得に留意せざるべからず。

五、施設偵察の主観的、客観的基礎

施設の客観的基礎をなすものは、施設を構成しある個々の分子にして、各分子は相互に関係を有しあるは当然にしてこの各分子を偵諜することにより、しかも偵諜する分子の数大なるに伴い、いよいよ情報は正確となるべきは当然なり、施設を構成しある分子を生産施設に例を採りてあげればつぎのごとし。

（イ）経営者、（ロ）位置、（ハ）設定時期、（ニ）工場敷地、（ホ）建造物敷地、（ヘ）従業員数、（ト）資本金ならびに経営状態、（チ）生産品及び生産数量、生産能力、（リ）施設の種類、規模員数、（ヌ）交通の便否、（ル）警戒の状況ならびに防諜軍紀風紀、（ヲ）従業員待遇上下不合理の有無、（ワ）工場軍紀風紀、（カ）技術者の種類、員数、（ヨ）就業時間。さらにこれを細部に分類すればつぎのごとし。

（イ）建造物の棟数、（ロ）煙突の数、（ハ）引込線の関係及び出荷車の数、（ニ）出入自動車の数、（ホ）出入工員の数、（ヘ）爆音、（ト）閃光、（チ）臭気、（リ）付近店舗、料亭の状態、（ヌ）従業員の住居及び生活状態、収入、（ル）警察、消防機関の配置及び規模、（ヲ）付近郵便局、鉄道駅の配置及び規模。

以上の各因子を闡明《せんめい》するにしたがい、破壊目標の内容、逐次明確化せらるるに至るものとす。

破壊偵察の主観的基礎をなすものに偵察員の着眼良否、注意力ならびに推理力の強弱、経験の深浅のほか、本人の各施設に対する智識の深浅あり、時に施設に対する深浅は偵察の結果を根本的に左右するを知る。破壊点ないし破壊牽制点を決定する上に同様、施設に対する智識を必要とするも、偵察においては、個々の施設を独立せる対象として知得しあるのみにては十分ならず。すなわち各施設はこれを綜合的に、かつ相関連する実状において知得しあるを肝要とす。

六、施設構成分子の関連性

各施設を通じ、これを構成する各分子は、その程度の差こそあれ、必ず関連性を有するものなり。これあたかも、人体を構成する各機関が相互に関連せる営みあるがごとし、しかして破壊法においてはとくにこれの関連の脈絡を知得するを重大となす。何となれば破壊点の決定においては、あるいは破壊牽制点の決定においてもこれの脈絡を了知せざれば、公正かつ適切なる判断をくだし得ざるべきをもってなり。施設構成分子の関連性を様知するには、事物の因果的に観察しいかなる微細なる事実といえどもこれを苟《いやしく》もせざる科学者的態度とこれに加うるに、常に観点を大所高所におくの習慣を養成するを緊要とす。たとえば、都市は都市として各種の施設を有し、各施設の都市構成の一分子とし有機的活動を営みあるものにして、これを偵察をするにあたり各施設の個々に拘泥《こうでい》せんか、そこに策定せらる。破壊計画は有機的たる都市に対して単なる無機的威力を及ぼすに過ぎずして、破壊の効果また都市の死命を制するにいわくなかるべし。

これに加え、偵察するに常にその観察点を高所におき、都市の一部としてこれを観察するとき限界たちまち開け、各施設相互関連の命脈を闡明し得られ、もって都市としてただちに死命を制すべき大動脈を検出し得らる真に有効適切なる破壊工作を行いうべきなり。

●第八章　破壊牽制

破壊牽制着眼が破壊工作上きわめて緊要なるは既述せるところなり、以下これに関する根本的事項につき述べんとす。

(1) 破壊牽制の手段

破壊牽制手段として考えうるものつぎのごとし。

(イ) 牽制破壊

牽制的に破壊を実施するものにしていわゆる副破壊と称せらるるものとす。

副破壊は真破壊を実施、また主要破壊の対象の関係にあるものとす。

(ロ) 偽情報

警防機関、検察機関に対し、ここに、敵に注意力ならびに防衛力を牽制するものにして、これに電話によるもの、また書によるもの等あるも、時に流言蜚語を流布《るふ》するがごとき、きわめて有効なることあり。

(ハ)偽々情報

偽々情報は破壊工作の真実を、故意に敵の警防、検察機関に通報するものにして通報手段は前述とおおむね同様とす。ただしこの場合はまず偽情報工作を相当実施したるのち、二次的にこれを行うか、あるいは偽情報工作についで、偽々情報工作を行いこれに引続き偽情報工作を行うの手段によるものにして、これにより敵の情報の真偽に対する判断力を攪乱し、もって真実の、しかも重大なる破壊工作に対する敵かたの処置の遅延せしめ、あるいは過誤に陥らしむるを目途とす。

(ニ)真情報

当方の破壊工作の真相を中外に発表し、敵戦力の衰滅を強調するものにして本件は国家として、宣伝戦として手段となるもの多し。

(ホ)誇大情報

偽情報の一種なれども、とくに破壊工作の結果を誇大流布し、敵の威力心理反応を誘発に努め、破壊工作をさらに容易ならしめ、かつその効果をいよいよ大ならしむる目的をもってこれを実施するものとす。

(2)破壊工作にともなう牽制要領つぎのごとし。

(イ)空間的考慮

牽制の目的は敵の検察、警防機関の勢力に分散せしむるに在るをもって地域的考慮を払うに当然なり。すなわち甲地に在る破壊主目標と遠隔せる地域ないし、まったく別個の地域に牽制目標を選定するを定石となす。

図示すればつぎのごとし

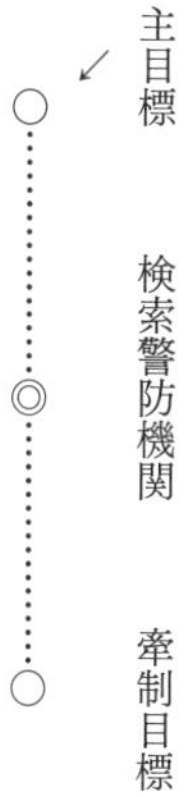

(ロ)時間的考慮

主破壊目標と破壊牽制目標とは時間的にこれを観察するとき、両者に対する威力発動の時期はまったく一致せるときを最良の条件とす。

しかれども、敵検察警防機関の活動の遅速、とくに威力発動個所に到達し、あるいはこれに対処するまで、経路時間の遅速により、主破壊目標と破壊牽制目標に対する威力発動の時機は、某程度の時間的間隙あるも、大いなる支障なき場合あり、しかしてこの場合といえども破壊牽制目標に対してまず破壊工作を行い、ついで真目標に対する工作を先になすことあり、破壊牽制目標に対し、実際に威力を作用せしむる場合と単に破壊工作をこうむりたるごとく敵をして認識せしむる場合とあるべきは既述によりて明らかなり、特に後者の場合は、これを「虚破壊」と称す。以上の考慮を払い破壊牽制を実施するとき、敵は時間的、空間的にその勢力を分配せられ、時に収拾すべからざる混乱に陥らしむることあり。

（ハ）敵警戒心に対する考慮

破壊牽制の肝要なるとき、既述によりていよいよ明白なるべきも、ここに本工作により、いたずらに敵の警戒心を刺戟し、あるいは当方の手口を窺知《きち》せしめ、または検挙の端緒をなすがごときこれなり。一見して牽制とみらるるがごとき工作、とくに工作の結果を、敵にあたうる形而上下の威力少なる牽制目標を選定するはむしろこれを実施せざるを賢明とすべし。

よって破壊牽制点というも、破壊目標を対象にしてのことにして、敵に及ぼす威力の程度より、これをみる時は、両者ともその重量度を同一とするときこそ最良の効果を収め得らるべきを知るなり。

（ニ）主破壊目標と副破壊目標との互換性

前述において既に明白なるごとく主破壊目標と副目標とはその敵に及ぼす威力の程度ともに重大なるべきを理想とするをもって両者は互換性を有するまた明白なるべく主副の区分は一つに状況によりて決定せらるべきものとす。

本件は牽制の目的があくまで敵の力を分散せしめ当方の工作を容易ならしむる点に在るところにより、また帰納し得らるることがらなるべし、ただし多くの場合、主破壊目標は破壊工作の過程においていかなる犠牲を払うも断然成功せずんばやまざるなりの最重要なるものにしてこれに対し副はその工作を行ううえに選定するものにして選定の動機は明かに両者異なるは当然なり、よって敵に感受せらるる破壊威力効果は吾人の主副と区分して実施せるところと必ずしも一致せざるべく一致せざること多くの場合、吾人の企図を秘匿しさらに多大の効果を期待し得らるべし。

（ホ）牽制目標の集団効果

以上述べたるところは、主破壊目標に対し破壊牽制目標一つを選定せる場合を論じたるも時に牽制目標を集団的に選定することなく、この場合においてはその威力到破壊目標に分散せる時に一地域に集約して工作するとき、主副両者間に威力的平衡保持せられ、牽制の効果を十分に発揮し得らるること多し、たとえば放火工作において延焼拡大を考うるとき、いかなる火災に重点ならざる地域の火災といえども、これを集団的に各所に工作せらるるときは、その威力甚大にして敵の消防機関をして奔命に疲れしむるを得べきなり。

●第九章　破壊指導者と部下の連絡

一、緊密なる連繫の必要

破壊指揮とその部下とは、緊密なる連繫は常時保持しあるを肝要とす。

緊密なる連繫により、初めて部下を統制指揮し、かつ有機的に活動を期待し得らる。連繫は面接と通信とあり、通信には電信、電話、文書等あるも、現在においてなおしばしば行われるところの商品陳列、楽譜等を利用する方法、また文書の部類に包含せらるべきものとす。

（イ）指導の付与
（ロ）破壊効果の報告
（ハ）破壊目標の変更（兵力転用）
（ニ）破壊偵察結果の報告
（ホ）工作員の安否

二、連繫工作における着眼

面接、連絡、いずれの場合においても、談話、文面は暗号に拠《よ》るか、または日常茶飯等に偽騙し連繫するを肝要とす。本工作はしばしば破壊工作の発覚の端緒をなすをもって深甚の注意を必要とす。

三、合言葉

破壊・工作中、同志間、合言葉を決定せる必要しばしばあり、合言葉は特殊のものを選定するより間投詞のごとき第三者の注意を惹かざるを可とす。

四、連繫の困難

指導者と工作員相互間の連携は、連繫の動作、ならびに連繫時における意志の表示に多大の困難をともなうを常とす。とくに警戒至厳なる敵眼下において多大の困難をともない、これがため状況に応じ各種の工作をこらさざるべからず、すなわち連繫のため会合場所、会合時刻、場所及び時刻に適応する工作員の変装等につき慎重の準備を要するものにして、連繫工作の適否また、破壊工作の成否を支配する重要因子なるを思わざるべからず。

五、隊員相互間の連携

指導者と部下との連繋は緊要なりといえども、部下工作員相互間の連携はむしろこれを実施せざる適当とすること多し。普通の場合、破壊工作において識者の指金《さしがね》にもとづき単独行動するをもって定石となし、とくに部下工作員相互の連携はこれを避くるものとす。これ秘密戦法の常道にして、これにより一工作員の検挙にもとづく被害の拡大を防止し得らる。なお状況これを許さば指導者の人物拠点も、これを工作員には秘匿するを上乗とすべし、これがため、指導者と隊員間にさらに媒介人員を介在せしむること多し。

●第十章　破壊の手段ならびに効果

一、放火

最も簡単なる方法にして、とくに木造建造物に対し、延焼拡大により、いよいよその効果は期待し得らる。単にマッチ、石油、高度酒精飲料等により放火する場合及び放火用資材を使用する場合とある。後者においては時限装置を併用せらる利点あり。

二、爆破

爆破は普通爆薬を使用するものにして、その威力大なるもの特色を有す。しかれども、爆薬の入手、運搬携行等において多大の困難をともなうを常とし、なおその致命的欠点は実施後においてその謀略行為なることをただちに察知せらるるに在り。ただし火薬類を使用せらる爆破なきにあらず。すなわち、水分を包含せる「スクラップ」により溶鉱爐を爆破するがごとき、あるいは計器または安全弁の工作により汽罐を爆破せしむるがごときこれなり。爆破に使用する火薬は、普通石鹼、罐詰等をもって偽騙するほか、現地において入手し得らる化学薬品をもって臨機に処置せるものとす。

三、損傷

重要施設を通観し、その施設の急所に対し損傷をあたうるとき、施設の死命を制することきわめて多し、すなわち電動機、発動機に対し砂あるいは塩水をその内部に撒布するごとき、あるいは計器、安全装置を損傷するがごときこれなり。

損傷は施設にきわめて近接するを要し、したがって工作に困難を感ずるも、時に資材を必要とする利点あり。損傷の対象とし一般に精密微妙なる施設、すなわち、精密測器等を選定するを常道となす。工作機械のごときを損傷破壊するには、これを分解し、内容部品に対して工作するを有効とす。

四、妨害

妨害は破壊による行為なりといえども、破壊工作中しばしば実施の必要に迫らるるものとす。妨害には輸送、生産等を目標とすべきも、破壊行為の結果として妨害の効果を収むることもまた稀ならず。

彼《か》の軌条破壊が輸送を妨害するごときこれなり。

妨害は一般に思想謀略（心理戦のこと）と併用するときとくにその効果顕著となる。怠業状態誘出のごとき、思想謀略と併用すべきは、つぎに妨害の手段として単に心理的の方途にのみより、相当の効果をあぐることあるは興味ある問題とす。

一例をあげればドイツ落下傘部隊の脅威が英国民をして、これに対応するの特別の施設及び処置を採らしめあるがごとき、あるいはドイツ潜水艦の威力が英国の軍事、安全なるべきも海面上の輸送をも妨害するの結果となりたるがごときこれなり。

五、「テロ」

「テロ」は対人破壊工作にして「テロ」の効果は人間の生存本能を脅かし、かつ敵の人的資源の衰滅を意味するものにして、また重要なる破壊工作の一部面とす。「テロ」による脅威感はきわめて切実なる反応を及ぼすを常とす。

六、遮断

交通、通信、電送等空間的要素を多く包含する施設に対し、遮断を行う機会きわめて多く、かつ効果的なり。しかして破壊の効果により遮断を招来し、また遮断の結果により破壊を併発するものとす。

たとえば高圧送電線は電線の切断により遮断せられ、送電の中止は操作中の生産施設の生産品の破壊あるいは時に施設の爆発を生起するごときこれなり。

●第十一章　技術破壊

技術は各施設の組成ならびに運営の根本にして、吾人の破壊目標にして、これに関連を有するもほとんどなく、また破壊の方法としてこれを活用する場合きわめて多く、破壊用資材のごとく一つとして技術の所産ならざるはなく、されば技術の本質を探究し、その破壊に関する特異性を考究するは緊要なり。

一、技術の本質ならびに破壊の重要性

技術を単に自然科学の所産とみなすは技術に対する外面的観察にすぎず、すなわち技術をさらに内面的に探査し、その本質をきわめ技術に一貫せる根本理念を把握せざれば真の技術破壊はこれを実施するに由なかるべし、しからば技術の根本理念とはいかん。本命題に対しては学者により各説ありといえどもこれを綜合的に観察するに技術の根本理念は発明にありと断ずるを得べし。

発明とはいまだ吾人の経験せざる「新しき物」を具体化する「高尚なる精神生活の所産」にして、ここにいう「新しき物」とは、発明者の主観によることなく、客観的にただちに「新しき物」を指すべきは勿論なり、しかして発明の目的は国家の繁栄、国民の福祉、増進を目的としてなさざるべき超国民的のものなるべきは、また当然これを首肯し得らるる所なれば、技術根本理念の破壊がいかに重大なる結果を招来すべきは想像するに困難ならず、すなわち今日、吾人の文化生活に文化的生産に、文化的経営に、一つとして技術に至大なる関連を有せるものなり。いま技術を抹殺し去りたりと断定するとき、果たして残留すべき何物かを見出すべき。

二、技術的破壊活動

技術の表面的破壊は技術的活動を抑制する反面、またただちに技術的活動を刺戟す。技術的破壊において単に表面的にこれを実施したりとせんか、一時、技術的活動は抑制せられ、すなわち威力環境内にこれを制圧得べしといえども技術本能の性格の特長はただちにこれを反撥し、破壊の跡を冷静かつ理智的に観察し、破壊威力の反撃にまた、防衛に対し技術的努力を指向すべし。

三、技術的破壊要訣

技術的破壊の要訣は徹底的にこれを破摧するに在り、徹底的破摧とは反撥的に生起せられたる敵の技術的活動を無効ならしむるに在り、その手段つぎのごとし。

（イ）繰り返し破壊

破壊の修復なるや、またただちにこれを破壊し去り、反復これを行ない、遂に敵をして再起の希望を破壊せしむるまで続行するものこれなり。しかしてこの場合、既述のごとく破壊の手段方法を偽騙し、あるいは別個の手段によるべきものにして、同一の様式手段を続行するは、いたずらに当方犠牲大にして、効果薄きものとなるに留意すべきなり。

（ロ）抹殺破壊

技術的活動をなすものは実に人間に在り、よりてこれの活動を営むべき人間を抹殺するは徹底的技術的を意味す。すなわち技術者に対する「テロ」行使は実に本目途のもとに実施せらるるものにして、かつその効果甚大なるものとす。物資、資源とともに技術的、人的の破壊は、両々相まちて真の技術破壊をまっとうせるものというべきなり。

●第十二章　工場破壊

工場は生産を営む個所にして、破壊目標中、もっともなるものなり、破壊の着眼はあくまでその破壊により最苦痛とする個所を決定し、これに破壊威力を的確に作用せしむるに在り、以上これにつき論述せん。

一、工場は有機的組成体なり

工場は規模の大きさ、生産の種別にかかわらず、有機的活動を営みあるものなり。最近いわゆる工場管理法に関する科学的検討行われ、その結果、科学的管理法として生産能率の向上上の生産費の低下に努めざる実状あり。

しかして科学的管理法として適用は工場の各組織を高度に有機化し管理上存在する無駄を排する結果、微妙なる統制の形態を保有するものとす。

以上、事実を吾人よりみるときは、破壊実施上、幾多の利点あるを認むを得ず、すなわち整然微妙なる有機体はその包蔵する機関の一少部分の機能喪失もただちに全体的に大いなる影響を及ぼすは当然なるべし。

管理組織の一例をあぐればつぎのごとし。

- 社長
  - 総務部
    - 庶務係
    - 労務係
    - 医務係
    - 検査係
  - 営業部
    - 購買部
    - 販売係
    - 受渡係
  - 経理部
    - 会計課
  - 工務部
    - 第１製作所
    - 第２〃
    - 第３〃
    - 第４〃
    - 木工係
    - 倉庫係
    - 工具係
    - 設計係
    - 工程係（作業研究班）
  - 工場
    - プレス工場
    - 組立工場
    - 型工場
    - 鍛工場場
    - 鎔接工場
    - 木工場場
    - 検査工場

二、科学的管理の主体は作業研究に在り

　科学的管理においては工場の全機構にいささかの無駄もなからしめ、生産作業を合理化をするをもって、この種理想的境地を現出するためには工場機構全般にわたり科学的研究を実施するを要す。

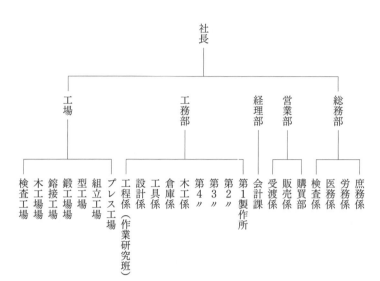

　作業研究とは、実にこの科学的研究のことこれなり、すなわち作業研究においては工程に作業時間に、加工方法に、資金決定に、材料の配給に、工具の設計に、成品の受渡しに、その他全般にわたり、精細なる実測をなし、これに遺漏《いろう》なき批判をあたうるものにして、最近の工場において、とくに重役直属の作業研究班を特設し、もって作業研究班に力を付与し、その活動及び研究の結果の摘要に便ならしめある実状に在り。

三、作業研究とは

　作業研究の始祖は、実に米人「テーラー」とす。「テーラー」は、まず煉瓦積作業に対し、時間的、運動的調査を行ない、最良なる作業方法ならびに能率を発見せり。決行各種の作業に対し、精細なる研究調査を遂げ、いわゆる「テーラー」の実施せる時間研究（Ｔｉｍｅｓ・ＴｉｌａＹ）及び運動研究（Ｍｏｔｏｍ・ＳｔｕｄＹ）の精神を採り、工場の管理に生産の作業に、その他万般の事務的、技術的事項に科学的検討の実をあげ、今日みるがごとき科学的管理法（Ｓｅｔｅｈｌｉｐｉｅ・Ｍｃｕｈａｇｅｍｌｈｔ）を完成せり。

作業研究を一言に尽くさば、工場管理上における各種の無駄を科学的に検出し、これを匡正し、もって合理的の経営を営まんとするの最優良なる方便なりと称することをうべし。

四、工場組織破壊

工場組織破壊の要項を列記すればつぎのごとし。

（イ）資金涸渇

生産品の販路の妨害、生産品の中傷、生産品の損傷等により資金涸渇の招来に努む。

（ロ）株価下落

株式を下落させるためには、後項の方法のほか、新聞その他を利用し、工場信用の下落を招来するに努む。

（ハ）株主「テロ」

有力なる株主「テロ」を行使し、工場の経営を妨害し、また資金の流通を妨害す。

（ニ）技術者「テロ」

技術者「テロ」を行使し、生産ならびに経営を困難ならしむるごとくす。

（ホ）重役「テロ」

工場組織体の中心をなすべき重役に「テロ」を行使し、組織の一翼を破壊するものにして、とくに大株主と重役と一致せざるときさらに有効なり。

（ヘ）重役「中傷」

社長ないし重役が政治に関係しある場合のごとき、その非行を暴露し、または非行を作為的に構成し、社会の信用を下落（失陥）せしめ、もって組織破壊の一法となることあり。

（ト）「コンツェルン」姉妹会社の破壊

「コンツェルン」姉妹会社あるいは下請工場を破壊するときは、工場相互の連環を中断するの結果となり、組織破壊としての効果を発揮す。

（チ）従業員「テロ」

従業員中、とくに有能なるものを選定し、これに「テロ」を行使するとき、工業技術の破壊を来すものとす。

五、怠罷業化

工場を罷業化に導くことは生産を妨害し、敵の技術力を低下せしむるうえに、きわめて有効なる手段の一つとす。しかして実施に際しては、よく工場の内情を偵諜し、その不合理を発見し、これにもとづく不平、不満分子を獲得工作するを普通とす。

六、暴動化

前述同様にして、不平、不満分子を獲得し、あるいは被圧迫階級に呼びかけ、工場を暴動化するものにして、本工作は資金涸渇のごとき状態緊迫するときを利用して個人の怨恨をただちに利用するか、または作為的に怨恨を構成し、その直接行動を煽動する方法に拠るものとす。

七、原材料の涸渇

原材料は実に工場生産の第一歩にして、いかに優秀なる設備といえども、これを活用するに由なかるべし。すなわち輸送の妨害、あるいは原材料の買占め、独占等の手数を講じ、原材料の涸渇を目途とする工作きわめて緊要なり。

八、拡張、妨害

拡張のための敷地買収の妨害、あるいは器具機械の入手妨害の着意または緊要にして、これにより敵の生産力拡充を妨害しうる。

九、従業員の辞職誘発

従業員を誘発し、これを辞職せざるを得ざらしむも、また一つの着眼なり。しかれども、これが偽従業員に工作するや、その弱点を検出し、これに乗ずるを常道とす。とくに人間本来の欲望に訴うるとき、その成功を増大するものとする。

十、競争

破壊目標の工場と同種の作業を競争的に営み、逆にこれをして競争し得らしむるの工作を指すものにして、工作者自身にて直接実施するものと、あるいは同業者を獲得し、これを応援するものとあり、彼の米国が援蔣物資を盛んに供給するは一種とみなしうべし。

●第十三章　都市破壊

国家として、重要施設は多く都市に、とくに首都に包蔵せらる。戦争において首都の占領がいかに重要なるか、あわせ考うるとき、敵国の首都の機能を阻害停止せしめることの重要なるは、また議論の余地なし。都市破壊に関し、とくに留意すべき事項は、その死命を制すべき動脈を検出し、これを切断するに在り。しかるに都市は複雑なる有機体にして、その動脈を検出するを鋭利なる観察を必要とする。以下これにつき述ぶべし。

一、破壊目標

（イ）水道施設
（ロ）動力、照明、燃料、補給施設
（ハ）生産施設
（ニ）交通施設
（ホ）金融施設
（ヘ）政治中心
（ト）警察、警備施設、消防施設
（チ）通信、連絡施設
（リ）防空施設
（ヌ）軍隊
（ル）教育施設
（ヲ）医療施設
（ワ）娯楽施設
（カ）要人テロ

以上の目標中、都市の動脈を形成するものは、経済であり、経済破壊を眼目とするときは動力施設たるを知る。ただしこれ経済破壊を眼目とせる場合の着眼にして、謀略の種類によりみずから動脈にも差異があるべきは当然なり。

二、破壊工作上の着意

都市、敵の重要施設包蔵と人口の稠密《ちゅうみつ》と一般戦争における最高指導中心等により、これが破壊による形而上下の効果は甚大なるべきも、破壊の最終目的たる敵の戦意喪失を達成するを強く誤認し、無用の破壊を実施するは、これを努めて避くるを要す。

都市の破壊において病院、歴史的記念物等の破壊は敵の逆宣伝に乗ぜらるる危険性多分に在るをもって、破壊工作上、遺漏なきを期するを要す。

●第十四章　破壊殺傷工作における平素の準備大綱

一、工作要員の選定

　工作に従事する要員を選定するには、医学的、心理学的の方法により、素養常識、機能の程度を検し、さらに学力検査により素養常識の程度を検し、もってその合否を決定するにはみずから基準なかるべからず。

　基準は多年の経験の結果及び理論により決定せらるも、付表として妥当と認めらる標準を掲げたり、学修者よろしく自省し、万一、基準に至らざるものを発見せば、自習自戒その欠を補わんことに努力すべし。

　心理学的機能の検査には、適正検査器材を使用するを便とす。学力とは、語学、ならびに判断力、修養度を指し、必ずしも正規学校課程を修了せざるものを指すにあらざるは勿論なり。

　工作員として必要なる素質、心構えを概言せば「盡忠の念に燃ゆる誠心の持主」たるに在り。

〔付表〕適性検査により威力謀略要員の具備すべき機能強度

本表は具備すべき程度の最小限を示す

検査種別	検査期名称	具備すべき強度
1機能検査 作業速度検査	作業速度検査機 ストップ・ウオッチ	本以上（2分間）
2智能検査 記憶力検査	記憶力検査機 メトロノーム	60点以上
3選別力検査	視別力検査機 ストップ・ウオッチ	80度以上（1分間）
4構成力検査	ニソン式握力系 ××式筋計	3分30秒以内
5運動機能検査 握力機能検査 背筋力機能検査	メタル覚乱機 メタル侖 ストップ・ウオッチ	左右を合し、7、8瓩以上 左右を合し、3、5瓩以上
6感覚、知覚検査 視触学弁別検査		2分30秒以内
7空間弁別力検査	空間弁別検査機 精密目測計	誤差2発以内

二、工作要員の教育

　選定せる工作要員に対し所望の教育を実施し、各人の特長を助長せしむるとともに、しかして指導員たる人物と、被指導員たる者とは、みずからその素質を異にすべくは当然なり。便宜上、集団教育を実施すること多き、個人教育を理想とすべし。何となれば、人間として個人差に応じ、その特色をますます助長せしむること、最も重要にして、劃一せるところは、むしろ害なるをもってなり。何々式として一定の型に入ることは、この種隠密工作に暴露の端緒をなす虞れあり。

学修者は正に戒心し、この弊に陥らざるごとくみずから努むべきものとす。教育上、留意すべきは、各種重要施設の特性を徹底的に理解せしめ、掌《たなごころ》を指すがごとくあらしむるを最も効果的とす。工学技術者たるは必ずしもこれを用いざるをもって施設に対する机上の論の余裕あらば、よろしく現物を見学し、各種の場合に応じ工作実施に対する検討を実施するを肝要とす。工業施設はその理解上百聞一見に如《し》かざるもの多し。

施設の特性を理解会得《えとく》せば、破壊点、破壊の方法はみずから分明すべし。これが分明することは、また破壊用具の構想を暗示すべし。

破壊用具の研究に関しては次に述ぶべし。

三、破壊用具の研究ならびに用法の教育

破壊用具の研究と破壊工作とは、密接不離の関係に在り、しかして破壊用具の具備すべき性能は破壊対象たり、また防衛対象たる施設を吟味することにより、それぞれ分明すべく、その具備すべき性能を、いかにせば、満足すべきかを各般に起こりうる状況を想定しつつ検討完成す。

つぎに完成せる破壊用具に対しては平素より取扱方法を教育、練習しその威力ならびに性能を確認しおき、必要に応じ遺漏なきを期するとともに、常時実用の結果に徹し、また技術の進運にともない、既成のものを改善し、さらに新規のものを発明考案するを肝要とす。すなわち専門の研究製作の機関必要とするゆえんここに在り。破壊用各種資材は武力戦兵器とその趣きを異にしてまったく隠密裡にこれを行使する場合多きをもって、その資材の敵国側に暴露するは、厳にこれを戒むべし。

すなわち資材の片鱗これを窺知し得ざるごとく工夫するを要す。これが暴露は、破壊工作の企図を暴露し、動かざる証拠として、致命的失策を招来するは明白なり。

よって破壊工作に使用せらるべき、各種資材は工作中の偽騙及び必要に応じ、これを感ぜしむべき処置を講ぜざるべからず。証跡湮《いん》滅の考慮は彼の偽騙とともに秘密戦資材設計製作上のきわめて緊要なる着眼なるを知る。

四、破壊補助具の必要性

破壊用補助具とは、破壊要員の自衛兵器、通信用具、照明用具、炊事用具、変装用具、渡渉用具等の補助的資材を指す。これら補助用具は集団破壊と小数破壊とにより、その必要性、性能等を異にすべしといえども、要は威力性能を、若干犠牲とするも、秘匿隠密に至便奇想天外にして、しかも平凡なるを要す。

これがため専門の研究、製作機関を要する前述に同じ、しかして補助用具の精粗は潜入潜行破壊工作の成否、実に重大なる関係を有するは言をまたざるなり。

五、実施演習

要員の教育ならびに資材の研究において実施演習はきわめて重要なり。実施演習により教育の精粗、徹底の状況を検するとともに資材の用法、威力を確かめあわせて、将来に対する改善の資料を得べく、さらに思わざる支障に遭遇すること等により机上教育の欠を補い、また改善の資料を得らるるものとす。しかして実施演習は一課目終了ごとにこれを行ない、全課目終了後、綜合的にこれを実施するを普通とす。

●第十五章　破壊計画の策定要領

つぎの諸件を調査決定し、要すれば破壊計画として一案、二案、三案等を策定し工作失敗に備うるを可とす。

一、情報の収集ならびに施設の状況

都市重要施設の配置内容、防衛の内容等を収集整理、判断す。

二、破壊点の決定

最効果的にして、かつ破壊容易なる点を調査決定す。

三、破壊の手段方法の決定

爆破、焼却、損傷、妨害、遮断等の各種手段方法あるも、これらは被破壊物の種類に応じ調査決定す。

四、破壊に使用する資材の決定

資材の決定（理学的、科学的、医学的、精神的）は、爆薬、手榴弾、手斧、「ハンマー」、その他の資材、被破壊物の種類ならびに破壊の手段方法に応じ、最も携帯便にして、しかも効果的なるごとく調査決定す。

五、破壊所要人員ならびに破壊実施者の決定

破壊工作に従事する人物の選定とともに所要人物を調査決定す。普通数人もしくは一人をもってする破壊を考慮する時には、数十人、数百人をもって実施する集団破壊あるを忘るべからず。

しかして、小数破壊と集団破壊とはそれぞれその方法ならびに資材を異にするは当然なり。

六、破壊所用時間の決定

破壊工作に着手してより破壊工作完了までの所用時間を予定す。

七、破壊実施時間の決定

破壊実施するに恰好なる特別の好機会を捉うるは勿論なるも一般的に天候気象、昼夜の別等にともなう実施時期を決定す。

八、破壊工作員相互間の連絡法

破壊工作遂行のため、あるいは破壊工作発覚の場合、あるいは破壊失敗せる場合等に応ずる工作員相互間、その他所要個所に対する連絡方法を決定す。

九、破壊工作ならびに破壊実施指揮者の決定

破壊工作ならびに破壊実施の指揮監督に当たる人物を選定す。

十、破壊準備工作の要領の決定

施設の状況、警戒の状況、その他に必要なる情報を入手し、あるいは破壊実施の手引きをなさしめ、あるいは破壊に協力せしむるため、敵国人、もしくは第三国人を買収するための手段方法、その他必要なる準備工作要領を決定す。平素準備に関しては既述のごとし。

十一、破壊工作ならびに実施に要する経費の決定

所要経費を調査決定すべきも前述の情報の入手破壊実施の手引、協力等に要する買収費決定は、とくに困難なるものとす。

すなわち某工作に要する経費は、いかなる額をもって妥当とすべきやの判定は常識的判断にまたざれば不可能に近かるべし。

しかりといえども、工作の効果中精神的効果を除けば、数学的に算出しうべきをもって計画者はよろしく効果と経費との関係を較重し、可及的経費決定の基礎を確実ならしむるごとく努むるを要す。

●第十六章　変装の概説

破壊工作上、敷地に潜入するとき、変装を必要とする場合、きわめて多く、変装は服装により、あるいは用具等により実施するも、要は変装の対象を完全に自己掌中に収むるに在り。すなわち対象たるものの職業、習慣、習癖、生活状態等をあらゆる角度より精細に観察し、これらを完全に把握するを肝要とす。

必要なる事項を列記すれば、おおむね下記のごとし。ただし変装の対象が自国民なるか、あるいは自己と同一人種なるか、他人種なるか等により、下記事項の修得演練に難易深浅あるは当然とす。

一、変装、用具工夫研究、使用法に対する慣熟
二、語学の演練慣熟
三、術語、隠語の知得演練
四、風俗、習慣、習癖、個癖、態度の知得、慣熟
五、民族性、国民性の特質知得
六、心理学の応用演練

第2編　破壊法

第一章　破壊謀略実施のための準備

通説

第一節　相手国に関する情報収集

第一款　情報収集の手段

第二款　情報収集要目

第二節　謀略要員の獲得、培養及び教育

要説

第一款　謀略要員の獲得

第二款　謀略要員の培養

第三款　謀略要員の教育

第三節　相手国に対する謀略拠点の構成

第四節　謀略資材の整備

第二章　破壊目標

第一節　破壊目標選定の要旨

第二節　破壊目標の種類

第三章　破壊準備

通説

第一節　破壊目標の情報収集

第二節　破壊計画の策定

要説

第一款　方針

第二款　実施要領（指導要領）

第三款　部署

第四款　資材

第五款　連絡

第六款　経費

第七款　偽騙、潜行、撤収

第三節　予行訓練

第四節　企図秘匿

第四章　破壊実施

通説

第一節　資材の携行、搬入

要説

第一款　直接携行、搬入

第二款　間接搬入

第二節　装置

第三節　破壊

第五章　各種目標に対する破壊

第一節　軍関係施設の破壊

第一款　兵営の破壊

第二款　後方施設の破壊

第二節　交通施設の破壊

●第一章　破壊謀略実施のための準備

通説

破壊謀略（兵器その他兇器を用いる殺傷破壊等威力的手段を主とする謀略）の実施においては個人または少数団体の場合と集団の場合、自力謀略と他力謀略の場合とを問わず準備完全周到なるは成功の要訣なり。すなわち平時においてその素地を構成し、所要の準備を整うるにあらざれば、戦時または所要時にわかに実効を収めんとするも困難なるべし。

しかして謀略を行うべき時機、方法、一方面、目標等の決定に関し精細なる情報をうるためには、一般情報勤務の成果のみにまかすることなく、とくに専用諜報機関を配置し、これに関する情報を収集するの要あり。これがため重点を確立し脈絡一貫せる計画により実施するを要す。

平時より準備すべき事項はきわめて広汎多岐にわたり、また状況により異なるといえどもその主要なるものをあぐればつぎのごとし。

一、相手国に関する情報収集
二、謀略員の獲得培養及び教育、訓練
三、相手国に対する謀略拠点の構成
四、謀略資材の整備

第一節　相手国に関する情報収集

第一款　情報収集の手段

相手国の状況（地形、警備の度、住民の状況、文化の度、彼我交通の状況）等により収集の手段にそれぞれの特性ありて異なるもこれをあぐればつぎのごとし。

一、人による法
（1）外交官、情報官、旅行者等により法 ─┐
（2）諜報者による法 ─┘主として平時
　派遣諜者及び間諜固定諜者網
（3）不正越境者による法 ─┐
（4）避難民による法 ─┘主として戦時
（5）捕虜降投人による法

二、文書による法
（1）重要書類獲得による法 ─┐
（2）書籍（定期発刊、軍事研究発表）
（3）新聞による法
（4）「カタログ」による法
（5）絵はがき、写真による法
（6）郵便の検閲による法 ─┘平戦両時

三、通信機関による法
（1）無線通信の窃聴による法 ── 平戦両時
（2）有線通信の窃聴による法 ── 平戦両時

四、その他
（1）航空写真による法 ─┐
（2）既調査資料による法 ─┘平戦両時

第二款　情報収集要目

威力謀略実施のため、相手国に関する情報収集要目はきわめて広範囲にわたり、かつ複雑多岐にして任務、相手国の状況等によるその趣を異にするといえども、相手国の弱点または苦痛とする所に乗ずべき要目を調査収集するの着意を要す。平時より調査収集すべき要目は、原則書及び兵要地理、資源調査報告例規定等に示されあるもその主要なるものをあぐれば以下のごとし。

一、相手国の国情一般
　住民
　　種族、職業
　言語　とくに行動すべき地域の土語風俗　習慣
　生活状態
　各種族相互の関係、民族運動（秘密結社を含む）
　地方における名望家、利用しうべき地方官吏
　国内不穏（生活難、就職難等）
教育、民族性、思想

民族性、国民思想の特性
思想団体
政権または為政者に対する感情
宗教
宗教または迷信団体（秘密結社をふくむ）
二、兵要地理に関する事項
地形及び地理
宿営、給養
主要都市住民地及び住民
要塞
交通
航空
通信
気象
衛生
三、軍情に関する事項
編成装備
兵力、団体、配置
教育訓練
飛行場、着陸場
不正規軍
四、行政及び警保

施設
行政組織
社会組織
警保
警察制度、自衛機構、特別なる治安維持施設
国境警備状況
民間散在兵器及び取締
軍機保護通信、郵便放送等の検閲
匪賊の種類、頭目、兵力、活動の状況
不平分子その他、所要素質を具備するもの
五、破壊目標
分布状況
系統図
細部については、破壊目標の選定及び直接破壊すべき目標に関する情報資料収集の項を参照すべし。

第二節　謀略要員の獲得、培養及び教育

要　説

謀略要員を指導要員と実行要員とに分つ、指導要員の上級幹部は邦人、相手国人、もしくはその他異邦人中より獲得する。

実行要員は邦人または相手国人、その他異邦人中より獲得

するも主として後者によるを可とす。
以上主として相手国人及びその他異邦人中より獲得、培養につき説明す。

第一款　謀略要員の獲得

一、謀略要員選定の要素

（1）身体強壮にして阿片、酒色癖、特殊病等のなき者
（2）責任観念強く、義に厚き者
（3）剛胆慧敏《けいびん》、意志鞏固《きょうこ》にして、いかなる苦難にも耐え、懐柔誘惑、強権にも屈せざる者
（4）技術的能力を有する者
（5）相手国、国情に通暁し、相手国語、とくに行動地域の語学堪能な者

しかして、これらの要素をことごとく具備すべき人物を異民族中より求むるは至難なるも、要員の収容、培養または教育間、鋭敏なる観察眼をもって調査する要あり。この際、賊的の性格、過去の経歴、家庭ならびに交友の関係等は深刻に調査するを要す。

要員の獲得区分

（1）自国勢力範囲内の住民より獲得
（2）不正入境者、亡命者、捕虜等より獲得
（3）相手国内の現在民より獲得

第三項はきわめて困難事たりといえども、謀略拠点構成には最適条件たり。

第二款　謀略要員の培養

いわゆる要員を扶殖培養するためには左記機関を利用するを有利とす。

（1）公共団体もしくは組合内
（2）警察隊員中
（3）特殊工作隊員中
（4）義勇軍または不正規軍中
（5）企業機関内
（6）秘密結社内
（7）特殊組合内

右要員の扶殖培養に関して秘密保持に、とくに注意するとともに第三者より絶対に察知せられざること緊要なり。

第三款　謀略要員の教育

謀略の成果を大ならしむるためには要員の量とともにその質的向上をはからざるべからず、この目的を達成するためには、一つに教育訓練の精到にまたざるべからず。しかしてその実施にあたりては、とくに防諜に注意するを要す。教育は軍隊教育令に準じ永久にわたり計画的に企画するを要す。永

年企画により、さらに年度または期計画により週間教育予定表を立案す。教育実施にあたりては防諜に関し、万遺憾なきを期するを要す。これがため教育手段、場所等における下記の点に着意するを要す。

（1）培養機関において軍事教育的に実施す

（2）要員を外部との接触なき僻地に収容し、軍隊的に教育す

（3）国内治安部隊のごとく実施す

（4）要すれば特定の演習場を設けて極秘裡に教育す

教育資材は制式あるいは類似のものを使用し、特殊のものは派遣直前に教育するを要す。

精神教育

異民族を使用する場合に、とくにあらゆる機会を利用し、徹底せる教育を実施するを要す。これがため異民族の特性を把握し、要員の個性能力環境等を考慮し、漸次、浅より深に入り、遂には積極敢闘、細心剛胆よく責任を重し苦難に耐え、喜んで任務に倒るるの境地にまで達せしめざるべからず。

相手国情に関する教育

既調査による相手国の国情につき任務、状況に応じ、必要なる事項を教育す。とくに下記事項に関しては綿密に教育するを要す。

（1）相手国の国情一般、とくに言語、風俗、習慣、生活状態等

（2）兵要地理

（3）軍情

（4）国境、国内警備状況

破壊謀略資材の取得

相手の虚に乗じ、瞬時に処理せざるべからざるをもって、取扱いについては、十分に演練し、いかなる状況においても必成の自信を有するの域に達せしむるを要す。

（1）火薬、火具の取扱い

（2）焼夷剤の取扱い

（3）簡易破壊具の取扱い

（4）殺傷器材の取扱い

（5）連絡用器材の取扱い

各目標に対する破壊法

各種目標の結構要部、弱点等に関し偵察または破壊法につき綿密に教育するを要す。

斥候的訓練

磁石の使用法、その他方位の判定法、地障の利用及び突破法等をも教育するを要す。

部隊をもってする破壊法

各種状況に応ずる部隊の指揮を演練す。

その他

（1）潜行、偽騙、連絡要領
（2）衛生に関する事項等

第三節　相手国に対する謀略拠点の構成

平素より教育せる謀略要員を相手国内に秘密裡に潜在せしめおくときは、威力謀略を実施するに便多く、また可能性大なり、これが拠点の構成要領は固定工作員網構成の要領に準ず。

第四節　謀略資材の整備

謀略実施のため、必要なる器材（兵器、弾爆薬、材料）及び破壊用具等は平素より整備し、必要の場合ただちに使用せらるるを要す。

器材はその出所ならびに実行の秘匿上相手国のもの、または類似のものを整備し、また材料には保管中自然的に消耗変廃するものあるをもって、適時検査点検し、交換整備するを要す。実行直前に市井より購入する時は秘密を暴露することあるのみならず、所望の器材を整備し得ざることあり。また破壊用具は常に研究創意し、もって更新整備するを要す。

●第二章　破壊目標

第一節　破壊目標選定の要旨

破壊目標の選定は破壊班の任務、編成、素質、相手国の状況及び破壊の時機等により異なるべしといえども、威力破壊を実施する場合には常に相手国の最も苦痛とする所、もしくは弱点に選定するを要す。

すなわち交通施設における狭窄部、生産施設における動力機関、民衆における衣食住施設、とくに水と光熱との遮断等は、通常相手の最も苦痛とする所なり。

第二節　破壊目標の種類

一、軍関係
（1）指揮組織…指揮官、通信施設、司令部、本部
（2）建造物…兵舎、倉庫、弾（爆）薬庫、脂油庫
（3）後方施設…各種生産施設、資材貯蔵施設
二、運輸、通信施設
（1）陸上交通施設…鉄道（汽車、電車、機動車）
道路（自動車、電車）
（2）空中交通施設…航空（航空機、地上施設）

（3）水上交通施設…港湾（船舶）水路（閘）
（4）有線施設…地上及び水上施設
（5）無線施設…地上施設
三、生産施設
各種工場、製作所
四、生活必需施設
（1）水道施設…水源地、貯水場、輸水管
（2）糧食施設…食糧生産工場、貯蔵所
（3）動力照明施設…発電所、変電所、送電線
（4）燃料施設…製造工場、貯蔵設備、輸送設備
五、重要施設
（1）政治機関
立法関係施設
司法関係施設
行政関係施設
（2）経済機関
六、その他の施設
（1）民衆機関…娯楽機関、購買機関
（2）特定人物…要人、特技者

これら目標に対する破壊は状況とくに任務により適時選定すべきものなり。すなわち作戦謀略においては主として軍関係運輸通信施設等または生産とくに軍需品生産施設に、政治謀略についてては政治機関、要人、軍関係等に、経済謀略においては、経済機関、要人、生活必需施設等に選定するがごとし。

●第三章　破壊準備

通　説

事前準備の周到は破壊成功の重要なる素因なり。しかして事前準備を行なうにあたりては、上司の意図及び任務を承知し、速やかに資材を収集、準備するとともに手段をつくして情報の収集に努め、適時計画の腹案を定めて機に乗じただちに実行に移りうるを要す。

第一節　破壊目標の情報収集

直接破壊すべき目標の情報収集は、破壊計画策定の資料をうるにあり。その適否精神のいかんは計画策定のみならず、実施にも影響を及ぼすをもって、時間の許すかぎり綿密正確に収集するを要す。この際、目標のみならず、広く四周の状況に関する情報を収集すること緊要なり。

直接破壊すべき目標に関し、収集すべき主要なる事項をあぐればつぎのごとし。

一、警戒の状況

部外より侵入し、破壊する場合にはとくに詳細に調査するを要す。
（1）警戒員の配置警戒のための指揮系統及び人員
（2）警戒員の勤務時間、交替の時期、巡察の状況
（3）昼夜警戒部署の変更
（4）警備警報装置
（イ）警戒のための装備
（ロ）防備施設
（ハ）障害物、とくに電化または地雷等の有無
（ニ）警報装置
二、目標の細部
（1）目標の位置、範囲
（2）細部の配置、とくに重要部の位置
（3）内部人員数、作業（勤務）時間、交替時間
（4）外部との接触口の状況（鉄道、道路、通信、照明、動力、水道、船舶等）
三、目標付近の地形
（1）潜入、潜在、退避等に利用すべき地形
（2）行動に妨碍を及ぼすべき地形、地物
（3）河川、湖沼、湿地、森林、地隙、断崖、民家、囲壁等
（4）利用しうる応用資材の有無

四、気象
（1）風向、風速、とくに風の状況
（2）風雪量及び目標に及ぼす影響
（3）気温
（4）「ガス」発生の時機及び状態
五、その他
（1）目標物付近警防機関の状態
（2）平時収集によりて得たる情報の確認、一般工場警戒要領
一、工場全般の警戒
（1）工場警防団の組織
（2）工場付近警防団との連繫
直接警戒以外に設け、必要に応じ増援せしむ。
（3）その他
（イ）郵便物の検閲を厳にす。とくに謀略資材の搬入に注意
（ロ）新規採用者は勿論、使用工具の身元調査を確実にす
（ハ）工員以外工場出入者の身元を確実にしかつその人員を制限す
二、工場直接警戒
（1）配備

表門門衛　主力
裏門門衛　一部
巡察　　一時間ごと

（2）警察要領
（イ）門出入者の監視
（A）証明書、携行品の検査
（B）見学参観者の制限・不法入門人物の阻止
（ロ）出入商人その他工場外よりの入門人物の監督
（ハ）工員の挙動監視

三、内部建造物直接警戒
（1）配備及び警戒の程度
（イ）第一種警戒…徹底せる警戒にして最後まで死守す
（A）動力源（変電所、汽罐室）
（B）本部
（C）中枢工場
（ロ）第二種警戒…第一種のつぎに重要施設の専任警戒に任ず
（A）各工場
（B）事務室
┘警戒員各長以下若干名
（ハ）第三種警戒…平常の勤務者服務の傍ら警備の完璧を期す
（A）各材料及び成品工場　　警戒員各長以下若干名

（2）警戒要領
（イ）警戒施設への接近または出入者の取締を厳にす
（ロ）諜略容疑物件の事前発見に努む
（ハ）諜略被害に対する応急措置を講ず

四、工場外の建物の直接警戒
（1）配備
（イ）貯水池…飲料濾過池　各長以下若干名
（ロ）引込鉄道…架設橋梁　各長以下若干名
（ハ）社宅…社員住宅家屋　留守人員担当
（2）警戒要領
前項「（2）」に準ずるも、さらに工場外警防団と緊密に連絡す

第二節　破壊計画の策定

要　説

情報の収集及び偵察終れば破壊計画を定む。

破壊計画は、方針を確立し、これに適応するごとく部署し、かつ潜行、偽騙、連絡、資材、経費、任務達成後の行動等、

所要の事項を定む。しかして計画は状況これを許すかぎり精密に出案するものとす。しかれども完全なる情報は得てして望むべからざる場合多きにかんがみ、弾力性ある計画を立案すること緊要なり。

第一款　方針

方針は任務を基礎として状況の推移を予察し使用しうる人員、資材、期間（時間）等を考慮し、破壊位置、破壊作業の方法、程度、開始及び完成時期等、破壊作業の準備（準拠すべきことがら）に関しこれを確定す。ゆえに方針は些末（細）なる状況の変化により軽々には変更すべきものにあらず。

第二款　実施要領（指導要領）

実施要領（指導要領）は方針を実行するための具体的手段にして準備及び実施期間を通じ実行すべき各種の要領を定む。小部隊にわたりては潜行、偽騙、連絡、資材、経費等を一括して実施要領（指導要領）中に計画するを可とす。

第三款　部署

（欠除）

第四款　資材

資材は破壊手段、人員、目標、とくに破壊物、状況、時期等を考慮し、目的達成に支障なきごとく決定す。糧秣は、とくに準備携行すべきものを決定す。

一、外部より潜行して目的達成に準備すべき主要資材を示せば、つぎのごとし。

（1）潜行に要する資材
指揮連絡に要する器材
方向維持のための器材
天然及び人為障害物突破器材
偽騙に要する資材
露営資材
（2）直接目的達成のための資材
（3）連絡資材
内部の連絡に要する資材
外部との連絡に要する資材
（4）自衛のための器材
（5）その他
地図もしくは地形図写、相手国通貨等

二、糧秣は敵地に獲るは原則なるも行動間必要なる最小限は携行せざるべからず。この際、目標へ近接間においては、火器を使用せずして食しうるものを選定するを可とす。しかして行動区域においては常用しある食料を携行するを得ば、偽騙容易なり。
糧秣は主食以外適当の副食物、強壮剤（精力剤）及び燃料も携行せしむるものとす。
三、医薬
地方における薬物、薬草等の知識を有するときは利あり、携行医薬の一例を示せばつぎのごとし。
（1）外傷に使用するもの
（2）内服に使用するもの（胃腸、腹痛、風邪）
（3）風土病、伝染病に使用するもの
（4）浄水に使用するもの

第五款　連絡
連絡は破壊のための指揮及び外部との連絡等に関し決定す。
（1）連絡の手段時期地点のみならず暗号、暗語、隠語、合言葉等に至るまで十分なる打合せを実施しかつ徹底せるを要す。
（2）目標に対する破壊工作の発覚、目標の変更履行等に関する連絡事項等をもあらかじめ決定しおけば有利なり。

第六款　経費
経費は一つに状況によるべしといえども十分なる資金を利用し得ざるものなるをもって、使用の重点を決定し計画するを要す。
また行動方面の通貨を準備携行するを便とす。しかれどもこれが使用にあたりて企図を暴露せざるごとく厳に注意するを要する。

第七款　偽騙、潜行、撤収
一、偽騙は資材及び潜行間の行動に重点をおき、決定す。
（1）行動間の偽騙は偽騙せる外装に適応するごとく実施せざるべからず。これがためには相手国の国情、とくに行動すべき地域の風習、言語、警備、機構等を熟知せざるべからず。
たとえば相手国の国境警備隊に偽騙せんがためには編成、警備のみならず指揮法（号令）、諸勤務に至るまで、まったく同様ならざるべからず。
（2）資材の偽騙もたとえ部隊をもって行動する場合も同様の考慮を必要とす。たとえば兵器、弾薬等相手国のものか、またはこれに類似せるものを使用する等これなり。
極秘裡に資材を相手国内に搬入するか、相手国内において求むる場合においては、その偽騙のとくに綿密慎重なるを要す。もし事前に発見されんか、ただに不成功に終わるのみならず、相手国にわが破壊謀略の手口を暴露するに至るべし。

（1）食料品

（イ）人工食糧、菓子、罐詰類、麵類

（ロ）天然食糧、果実類、野菜、魚類

（2）衣類、靴類

（3）居住施設

（イ）建築材料、木材

（ロ）調度品

（4）日用品、起居のため必要なる品

（5）嗜好品、娯楽品に偽騙するもの

（イ）煙草、酒類、各種飲料類

（ロ）楽器類、運動具、置物、玩具類

（6）薬品類に偽騙するもの

（イ）原鉱

（ロ）調製品

二、潜行の方法により異なるべしといえども、目標到達までの行動の大部を占むるものなれば、とくに綿密に計画するを要す。ことにその行動の大部分は夜間に行なわるにおいてをや。

（1）国境を突破して行なう潜行の要領は「潜行法教程」による。

（2）あらかじめ相手国内に謀略拠点を編成し、実施する場合においては一端の破綻により全般を暴露せざるごとく注意するを要す。謀略拠点の編成要領は謀略拠点の要領にあらず。

（3）落下傘により潜行する場合は協力飛行部隊との連絡を密にし、とくに降下地点時機順序等を決定するを要す。

三、任務達成後（撤収）の行動もあらかじめ決定しておくを要す。

（1）撤収の要領は状況によるべしといえども、任務達成せば、すみやかに目標より離脱し、さらに某所に集結し、事後の行動を策するを要す。これがため目標付近の状況、とくに地形を考慮し、あらかじめこれに対する行動を決定するを要す。

（2）工作中発覚する場合の撤収の要領も時とし決定しおくを可とすることあり。

第三節　予行訓練

訓練の精到は破壊謀略成功の重点（要）なる素因なり。ゆえに工作実施前、これに対する予行訓練を実施するはきわめて重要にして、団結を鞏化し、必成の信念を堅持するに到るものなり、ことに異民族を使用する場合においてしかりとす。

これがため類似の状況、地形、目標等に対し実行の場合の編成装備等をもって反覆訓練を実施するを可とす。この際、企図秘匿に関しては細心の注意を払わざるべからず。

この種の工作は、訓練の精到と準備の完璧により必成を期しうべくといえども、これがためややもすれば企図を暴露し易し。ゆえに、準備実施間を通じ相手国は勿論わが勢力範囲内においても、常に企図の秘匿に万全の対策を講ぜざるべからず。ことに国境地帯占領地においても常に企図の秘匿に万全の対策を講ぜざるべからず。ことに国境地帯占領地においては相手国の諜報網構成されあると思わざるべからず。

破壊は、相手国の意表に出て好機に投じ、確実機敏に実施するを要す。これがためすみやかに偵察をなし、部署を適切にし、資材は絶えず点検するとともに、その搬入携行を適当ならしむ。

破壊実施直前の偵察は、迅速機敏に実施し、目業ならびに付近の状況を一瞬の視察により判断し、処置するものとす。

「破壊にありては状況により漸進装によるを可とすることあり」

第四節　企図秘匿

（欠除）

●第四章　破壊実施

通　説

第一節　資材の携行、搬入

資材は目標に近接するまでは、もっぱら搬入の便を考慮し、携行するものとす。この際各種類ごとに携行せしむるや、あるいは適時に編合して携行せしむるやは状況による。部隊として行動する場合は、携行は大なる考慮なきも極秘裡に搬入、携行する場合は偽騙を巧みにし、相手に察知せられざるごとく細心の注意を要す。

要　説

第一款　直接携行、搬入

直接搬入する場合は相手に察知せられざる絶対の要件とす。ゆえに真にやむを得ざる場合、すなわち破壊実施直前または他に手段なき場合等のほか努めて避くるを要す。

一、身体に携行

身体の被服、靴、装身具に適宜秘匿、偽騙し携行するものとす。

二、携行物中に携行

車輛（自動車、自転車、洋車、牛馬車）、荷（籠、背負箱等）、靴等の内部に秘匿し携行するものとす。
制規爆薬一人の負担量は約十ないし十五キロを標準とする。

第二款　間接搬入

破壊目標によりまたは某地域までは間接的に搬入す。この際といえども相手に発見の端緒をあたえぬ。また発見さるも企図を暴露せざることに関し注意を払わざるべからず。

一、人を利用し搬入

まったく意識せざる第三者をして搬入せしむ。すなわち雇傭員、車夫、塵埃夫、あるいはたまたま面識せる者等を利用し、この際、婦女子を利用するを得ば有利。

二、郵便（鉄道便、船便、航空便）等を利用し搬入

三、貿易を利用し搬入

搬入の場合に注意すべき点つぎのごとし。

（1）搬入中はとくに他の物に激突し、あるいは点火具を損傷せしめざるを要す。

（2）みずから搬入する場合は主剤と雷管類とは分離し、決行直前、適宜の時期に結合するものとす。

（3）多数にて搬入せる場合は同種の資材を適宜分配し、一人の故障により類を他に及ぼしめざるを要す。

（4）防湿の処置を十分に講ずるを要す。

第二節　装置

爆薬は準備薬量をもって最大効果をあぐるごとく目標の状態に応じ装置す。この際、装薬は破壊すべき物体に密着せしむること緊要なり。時限装置により点火する場合には、湿気及び事前に相手に発見されざるごとく防湿ならびに偽装に注意するを要す。

第三節　破壊

破壊を実施せばその効果を確認するを要す。その結果にもとづき機を失せず、さらに履行するか一時離脱するかは状況による。

爆破にありては退避位置〈距離〉を考慮するを要す。とくに導火索点火による鉄または巧堵構築物の破壊においてしかりとす。

●第五章　各種目標に対する破壊

第一節　軍関係施設の破壊

第一款　兵営の破壊

兵営における破壊目標は、本部、爆弾薬庫、燃料脂油庫、兵器車輛庫、格納庫、兵舎、工場、炊事場等に選定するものとす。

主として焼夷弾、爆薬庫工場等は主として爆破により破壊す。兵営攻撃要領に関しては後述す。

第二款　後方施設の破壊

後方施設として選ぶべき目標は輸送機関、通信機関資材(兵器、爆弾、糧秣)集積場、工場等にして細部破壊要領は当該各項において説明す。

第三節　交通施設の破壊

第一款　鉄道施設の破壊

陸上交通施設のごとく延長物体に対してはとくにその狭窄部を破壊するを要す。しかしてこれが実施にあたりては相手の状況、とくに警備兵力ならびに防護施設を偵知し、これに対する処置を考慮しおくを要す。

破壊実施上、とくに相手の警備に関し考慮すべき点つぎのごとし。

（1）交通線及び沿線若干距離を無住地帯とせる地方あり。

（2）沿線部落に防護団体を結成せしめ責任をもたらしめ防護に任ぜしむ。

（3）沿線側方の要点を確保す。

（4）沿線主要工場、地形上の弱点に対しては、兵力を配置し、また防護施設を構築す。

（5）主要位置には装甲機動部隊駐留待機しあり。鉄道施設は、交通施設として最も重要なるものにして、相手としても警備上の要点に対しては、所要の兵力を配置し、防禦施設を構築しあるを通常とす。

破壊目標として選定すべき停車場、下部建築中の橋梁、隧道、築堤等、上部建築及び輪転材料等とす。

停車場の破壊

停車場（駅、操車場、信号所）の破壊は使用しうべき人員、時間、資材及び停車場の状況等によりその要領を異にす。

一、運輸設備の破壊

（1）旅客運輸設備

爆薬焼夷剤等を小荷物郵便等に適宜偽騙し、時限装置により破壊

（2）貨物運輸設備

おおむね旅客運輸設備に対する要領に準ずるも、さらに大規模の破壊を実施するを得。

二、運輸設備の破壊

（1）動力に対する設備の破壊

（イ）機関車手入のため使用すべき脂油類に対し放火焼夷す。

大なる機関車に在りては相当大規模の修繕工場を付属しあるをもってこれを破壊するを要す。

（ロ）転車台及び遷車台を爆破す。

（ハ）給水設備の破壊

機関車給水の設備（貯水器、または給水器及び給水柱―固定式及び自転式―）を破壊するには水槽を爆破するものとす。

水槽は約一キロの爆薬にて破壊するを得。

水槽容量は一定せずといえどもおおむねつぎの標準による。

機関車庫所在の停車場

三三、〇〇〇―三七、〇〇〇リットル

中間停車場

一四、〇〇〇―二三、〇〇〇リットル

大機関車庫所在の停車場

九〇、〇〇〇―一四〇、〇〇〇リットル

また汽罐用水に不純物を混入し汽罐を破壊す。

機関車用水は不純物を含有する時は汽罐に燃焼のために変化し、または単純に沈澱し、煙管または汽罐壁に付着し泥のごとき、または石のごとき物質となり、または汽罐壁を腐蝕す。しかしてこれら付着物は鉄との膨張係数の差異、または熱のための亀裂等を生ずること多し。ゆえにこれらの「スチール」は熱の伝導性を不良ならしむるのみならず、汽罐壁の過熱を生じ、または急速なる蒸気発生のため不利なる状況を呈することあり。

不純物の主なるものつぎのごとし

CO_2類―$CaCO_3$、$MgCO_3$、gl_2CO_3

SO_4類―$CuSO_4$、$MgSO_4$

Cl―$MgCL_2$、KCl、NeCl

含有不純物	不純物量（グレン／ガロンUS）	判定
CO_2類	20～30	悪
	30以上	最悪
SO_4類	1／4	標準

1 us gullon = 0.13368 lt_3

= 3.17854 litter

1 grain $= \frac{1\,ldr}{7000} = \frac{453.6}{7000}$ kg = 0.648 kg

0.065 gr

1 lds = 7.000 kg

（ニ）給水設備の破壊

給炭設備（罐または幗炭器による法、罐籠による法、特殊の設備による法）を破壊するには爆破による。石炭（薪、重油等）に対しては放火するも可なり。

燃料置場の燃料中に同種の爆薬、焼夷剤等を混入し、機関車を破壊することあり。

（2）操車作業に対する設備の破壊

（イ）転轍器及び開閉器の破壊

一トン爆発罐による爆破

拘針または連結桿「ボルト」を脱抜し脱線せしむ。

（ロ）轍叉器の破壊

転轍器の破壊要領に準ず。

（3）保安上の設備破壊

（イ）信号装置の破壊

爆破または焼夷

信号燈を変色し、追突または脱線せしむ。

（ロ）通信装置の破壊

通信器及び通信線の破壊要項による。

（4）工場設備の破壊

機関車、客貨車、その他鉄道用器具の新改造修繕工場の破壊は一般工場破壊に準ず。

（5）準備材料に対する設備の破壊

枕木は放火または焼夷

軌条は枕木とともに燃鈍せしむ、また特殊薬科により腐蝕せしむ

下部建築の破壊

一、橋梁の破壊

（1）木橋の破壊

（イ）木橋の破壊は毀壊、焼夷及び爆破による破壊法を適用し、時として流化物による破壊法を用う。

（ロ）毀壊においては桁の中央下部を約半鋸断するか、もしくは数橋節にたがいに橋床各部の連絡を解脱しておきて列車通過の際、転落せしむる秘密破壊を実施することあり。

（ハ）爆破においては装薬を橋脚の上流側水面下に装置するときは、その効果最も大なりとす。
水上において爆破する場合には爆破截断面を等斉ならしめざるごとく不規に破壊せんとするごとく装置するを可とす。

（ニ）流下物による破壊は橋梁を間接に破壊せんとするとき用うる方法にして、夜暗濃霧等を利用し、不意に橋梁下に到りて爆発せしめ、もって破壊の目的を達するものとす。しかして流下物は橋梁の種類及び河川景泥を考慮し、重量物を積載せる舟、容易に橋脚囲を通過し得ざる木材、もしくは筏《いかだ》等を用い、あるいは爆発物を応用するものとす。

（2）鉄橋の破壊

（イ）鉄橋の破壊は主として爆破を用う。しかして爆破の実施は橋梁の結構及び破壊の目的に応じ、つぎのごとき部分に選定す。
橋脚及び橋礎
板桁及び横桁の一截面あるいは横桁
素材の一つもしくは若干縦桁

（ロ）橋脚及び橋礎の爆破は永久抗室存在するときは、これを利用せば作業すこぶる容易なり。

（ハ）板桁の爆破は橋礎もしくは橋脚に近き部分を選定するを可とす。

（ニ）横桁の爆破は第一または第二分格において橋梁一断面に交会する諸材を同時に爆破するを、最も有利とし、すくなくも両側における上下両臥材を爆破するを可とす。
列車の通過のみを遮断する目的なるときは一側において上下両臥材、もしくは単に一臥材を爆破するをもって足れりとす。また装薬の装置は斬進法によるを便とす。

（ホ）縦桁の爆破は列車の通過を一時、遮断する場合に用いる。鋼製、鉄道橋の爆破に要する薬量算定算式は普通の横桁または板桁よりなる。単線鉄道橋の爆破にあたり、その支間のみを知る場合を適要す。ただし装薬は集団装薬（黄色薬）を用う。

区分		算式	備考
端末斜材第二分格上臥材		$L_1 = \frac{1}{2}\ell$	L_1、L_2、L_3は薬量（kg） ℓは支間（a）とす 爆破断面の位置は交点より第一第二分格とす
下臥材第二分格斜材		$L_2 = \frac{1}{4}\ell$	
縦桁		$L_3 = \frac{1}{4}\ell$	
橋梁の一断面	第1分格	$L = 2\ell$	
	第2分格	$L = 2・5\ell$	

二、隧道の破壊

（1）隧道の破壊

隧道の破壊に最も有利なる方法は、その中央部において長大なる爆破を行ない、あるいは数点において短少なる爆破を行なうに在り。しかして装薬はなるべく多量の土壌を崩壊せしめんがため、過量装薬を使用し、破壊点における両個脚壁を貫通して壁の背後に薬室を設け、要すれば穹項等にも装薬を装置し、一斉にこれを爆破するを可とす。もし硬土または岩石を掘設せる隧道にして被服壁、薄きかあるいはまったくこれを有せざるものはなるべく深く穿孔して薬室を設けるを可とす。時として脚壁、隧道底、もしくは穹項において永久抗室を発見することあり。

（2）隧道内において拘針を抜脱し、または電気地雷により列車を脱線せしめば有利なり。

三、山腹道、凸道及び凹道の破壊

山腹道、凸道及び凹道を破壊するには、その構造及び時機の緩急等に応じ器具もしくは爆破によりてこれを行なうものとす。

（1）山腹道の破壊

なるべく両側斜面の急峻なる位置を選び、努めて長大なる断絶部を設くるものとす。これがため器具を利用して路面を掘開し、その除土を低側に投棄し、あるいは被覆壁、背後、もしくは路面下に薬室を設けてこれを爆破す。

（2）凸道（築堤）の破壊

なるべく路面高く、かつ両側の通過困難なる位置、すなわち最も高き所、沼沢、水田、湿地等を通過する位置を選んで、これに断絶部を設くるを要す。ただし器具を用うるときは、その掘開したる除土をふたたび収集しがたき地点に放棄し、また火薬を用うるときは、被覆壁の背後もしくは路面下に薬室を設けて爆破す。

（3）凹道（切取）の破壊

なるべく切取大にして、かつ側方斜面の急峻なる位置を選び、器具を用いて両側斜面を崩壊し、あるいは両側斜面の上方または側方よりその内部に薬室を設け、その爆破によりて路面を閉塞す。

上部建築の破壊

軌道の破壊は器具または爆破等によりてこれを行い複線軌道ありては両軌道をともに破壊することを要す。

一、爆破

すくなくとも黄色薬三〇〇グラム展列よりなる一、二キロの装薬または一個の一キロ爆発罐を軌条の一側に沿い、広き面を軌条接するごとく装置し、その上を土壌、■草等をして顕塞（被覆偽装）す。

二、毀壊

器具をもって軌条を破壊するには、上部建築材を撤収し、軌条は付近の水中に投ずるか、あるいは屈曲せしめ、もしくは枕木の堆積上に軌条を載せて焼毀す。小鉄具は水中に投ずるかあるいは地中に埋没す。

三、その他の方法

（1）列車の脱線による法

列車を脱線せしめ、もって軌条及びその固定具を毀損せしむることをうべくこの方法は、曲線部、凸道、凹道、橋梁、隧道等において行い、かつ軌道（道）上に転覆せしむるを得ば効果一層大なるものとす。

（2）焼却による法

軌道上に古枕木等を堆積し、乾草、土壌、高梁、石油等の媒介によりてこれを焼却す。

（3）秘密障碍による法

二、三の軌道節にわたり接続「ボルト」及び拘針（釘）を抜除しておくものとす。

輪転材料の破壊

一、機関車の破壊

（1）脱線により転覆せしむ

（2）要部に装薬を装置し、これを爆破す。装置すべき主なる要部つぎのごとし。

（イ）汽罐

（ロ）汽筒室

（ハ）車輪軸筐

（ニ）焔管

（ホ）操縦装置

（ヘ）連桿

（ト）安全弁

二、客貨車の破壊

（1）焼夷

客貨車内に焼夷材を装置しこれを焼却

（2）爆破

爆薬を装置し、時限点火により爆破す。客車に在りては手荷物として車内にもちこみ、腰掛け、または便所、洗面所等に装置す。

貨車は荷物に偽装せる爆薬積載によりこれを爆破す。

（3）坑道または橋梁等に爆薬を装置し、遠隔地より列車通過の際、これを爆発し、また自爆せしめて、もって列車を顚覆せしむるを得。

第二款　道路の破壊

道路の破壊

道路破壊における破壊位置の選定及び破壊要領は鉄道の場合に準ず。

運輸材料の破壊

運輸材料の主要なるものは自動車なり。

自動車の破壊は爆破、焼夷、毀壊による破壊位置つぎのごとし。

（1）機関部

（2）操縦装置

（3）計器類

（4）車体（内部または外部より）

（5）車輪

車庫の破壊

車庫には通常、修理工場、油庫を付属す。車庫の破壊は爆破、焼夷による。

第三款　航空施設の破壊

航空施設の破壊は地上施設及び航空機に対して実施し、その方法は状況及び目標により各種の手段を講ずるものとす。

地上施設の破壊

一、飛行場の破壊

飛行場設備の程度は飛行場の種類によりいちじるしくその要求に異にし、根拠飛行場、長時日使用する飛行場等はその設備完備せるも、その他の飛行場に在りては、前者の一部の施設のみ設くる場合多し。飛行場は滑走地区及び付属地よりなり、交通、通信、補給、警察等の諸設備を具有す。

（1）滑走地区の破壊

地雷により地面に開孔し、滑走に得ざらしむ。土質、とくに湿潤地、もしくは雨季または解氷期等に破壊するをうるは容易なり。

（2）付属設備の破壊

（イ）油庫

爆破、焼夷により破壊す。永久施設を施せる油庫は地下に設けることあるをもって、注意を要す。また露天にある堆積油罐は容易に焼却することを得。

(ロ)爆薬庫
爆破による。
(ハ)付属工場
一般工場の破壊要領による。
(ニ)自動車廠、器材庫、格納庫
(ホ)兵営
一般兵舎の破壊要領に準ず。気象観測所、無電室等をあわせ破壊するを可とす。

一般航空港には、空港本館、乗降場等の設備あり。航空本館内には、指揮室、無線局、切符売場、電報電話扱所、旅行案内所ありて、大規模の駅施設にほとんど同じ。これが破壊要領もまた同じ。

案内所等にありては、大規模の駅施設に対するほとんど同じ。これが破壊要領もまた同じ。
(3)地上標識、燈火及び地上信号
(イ)着陸場、接近点場周及び障碍物、照明燈火を破壊(爆破毀壊)し、離着陸を困難ならしむ。
(ロ)場内またはその付近において誤認するがごとき照明、信号を使用し、離着陸を困難ならしむ。
二、航空施設の破壊
(1)航空燈台の破壊
(イ)燈台の破壊
爆破による
(ロ)照明施設の破壊
爆破または毀壊による
(2)無線通信局
無線指向標識《ラジオ・ビーコン》、電波燈台、無線目標標識、気象通報局の破壊
無線施設破壊要領に準ず
三、水上航空施設の破壊
陸上施設の破壊に準ずるも、特異なる破壊目標をあぐればつぎのごとし。
(1)陸揚げ装置
起重機の破壊
爆破、毀壊による
船渠の破壊
爆破による
(2)水上給油施設
給油管「モーター」喞筒《ポンプ》「タービン」
爆破、焼夷、毀壊による
航空機の破壊
(1)放火焼却す

（2）爆破、操縦席または燃料槽に対して行なうを可とす。

（3）秘密の破壊

（イ）計器類の破壊

（ロ）操縦索の切断

（ハ）制動機の「ポルト」離脱

（ニ）車輪の毀壊（小刀等にて孔をあける）

（ホ）底部の開孔

（4）滑空機の破壊

飛行機の破壊要領に同じ

（5）飛行船、気球の破壊

爆破、焼夷による

第四款　航路施設の破壊

港湾施設の破壊

港湾施設中破壊目標として選定すべきは碇泊航空設備、接岸設備及び陸上設備とす。

一、碇泊航行設備の破壊

（1）防波堤の小なるものは凸道の破壊要領に準じて行なう。

（2）航路標識を破壊し、航路の安全を妨害す。

日中、夜中、霧中、標識中、燈台は爆破、毀壊、水上に在る導燈、燈標、桂燈、浮標、燈船等は爆破、焼夷により破壊するか、または撤去す。

霧笛は機関（石油発動機関、熱気機関、蒸気機関）または電源を爆破す（あるいは毀損により破壊す）。

（3）繋留設備中水上繋留にありては繋船浮標の中心、鎖繋船束を爆破毀壊し、また触発爆雷等を付し、繋留船舶を破壊す。

二、接岸設備、埠頭の破壊

一般に巧堵製のもの多く軽易に破壊し得ず。

（1）岸壁は爆破により破壊す。また岸壁近く触説爆雷を設け、船舶接近の際、船舶とともに爆破す。

（2）桟橋（縦桟橋、島式桟橋）は、その下面または脚に爆薬焼夷剤を装置し、破壊または、接合部を解脱し、船舶接岸の際破壊す。

（3）浮桟橋は浮函（木製、鋼製、鉄筋「コンクリート」製）を破壊す。

三、陸上設備の破壊

（1）荷役設備の埠頭起重機は爆破により破壊す。また水上にある浮起重機は船または起重機を爆破、焼夷、毀壊により破壊するものとす。

（2）上屋及び倉庫は爆破、焼夷による。また梱包の時限装置により破壊することを得、倉庫の破壊にありては、とくにその結構及び収容物に応じ適当なる破壊手段を講ずること緊要なり。

（3）給炭水設備の破壊は鉄道施設における要領に同じ。

（4）交通連絡の設備の破壊は、鉄道、道路、通信設備の破壊要領に同じ、通信施設中、無線施設破壊要領による。

（5）港湾付属工場及び臨港工場の破壊は、一般工場の破壊要領に同じ。

船舶の破壊

船舶破壊は爆破または焼夷による。

一、爆破による破壊

（1）汽罐

通常煙突の直下に在り、燃料の一部に偽装せる爆薬を混入せしむ、または付近に偽装爆薬を装置す。

（2）船艙

荷物中に装入し爆破す。

（3）操舵機構

操舵機構を爆破す。

（4）推進螺及び舵を水中にて爆破す。

二、焼夷による破壊

（1）燃料

汽罐に近く在り、重油なる時はとくに乗ずべき弱点多かるべし。

（2）船艙

荷物中に装入し焼夷す。

（3）客室

客車内における破壊要領に同じ。

三、毀壊による破壊

推進螺の水中における取付部を脱す。

水路の遮断（面）

一、船により閉塞す

水路を最も迅速かつ確実に遮断するには、石、「コンクリート」塊、煉瓦等を積載せる舟を沈没せしむるにあり。

二、航行のため必要なる諸設備の破壊

広大なる河川の航路を遮断するには、航路標識等、航行に必要なる諸設備を撤去移動するか、または破壊す。

三、閘門の破壊

運河あるいは放水路において閘船積もしくは曳船等に関する装置の運転機関を破壊するときは一時遮断の目的を達す。また山地を通ずる運河中の隧道も破壊目標として選定するを可とす。

四、水雷による破壊

第三節　通信施設の破壊

（欠除）

第四節　生産施設の破壊

生産施設に対する直接破壊は、その重要部位に選定し、各種の手段により破壊す。

重要部位の一例つぎのごとし。

一、動力機関

発電所（水力、火力、脂油類）、変電所、動力線

二、給水設備

水の取水口、貯水場、給水管

三、直接生産のための施設

製鋼に置ける溶鉱炉（電気炉）

製粉における粉砕機等のごとし

間接的に生産能力を低下させしむべき部位の破壊つぎのごとし

一、人

技術者、工員に対する殺傷

二、居住施設

職員、工員等の住宅に対する放火

三、原料

四、成品

五、危険物、貯蔵施設、脂油類、瓦斯類、爆薬類等

この教程は昭和18年ごろ、陸軍参謀本部第二部（情報担当）第八課の依頼で、陸軍中野学校の教官が中心になり、技術的な面は登戸研究所の協力で作成したといわれている。

中野学校ですでに教えていたものを系統的にまとめ、検討して草案とした。ごく一部の関係者にしか配布されなかったが、終戦とともに公式のものは全部焼却された。

これは、個人的に筆写して、極秘裡に保存されていたもので、今回、はじめて中野学校関係者の一人のご好意により明らかにされた。

資料3

昭和通商株式会社定款

筆者注…六一七頁に七人の名前が掲載されているが、それぞれの当時の役職は以下の通り。井上治兵衛（三井物産会長）、石田禮助（三井物産社長）、船田一雄（三菱商事会長）、田中完三（三菱商事取締役）、皆川多三郎（合名会社大倉組理事）、大蔵彦一郎（大倉商事社長）、堀三也（予備役陸軍々人専務取締役）

昭和通商株式會社定款

昭和通商株式會社定款

第壹章　總　則

第壹條　當會社ハ昭和通商株式會社ト稱ス

第貳條　當會社ハ左ノ業務ヲ營ムヲ以テ目的トス

一、機械及屬品類ノ輸出

二、機械器具及原料、材料ノ輸入

三、前貳號ニ附帶スル業務

第參條　當會社ハ東京市ニ本店ヲ、左ノ地ニ支店ヲ置キ、其他必要ノ地ニ支店及出張所ヲ設クルコトヲ得

中華民國　北京及南京

泰　國　盤　谷

亞米利加合衆國　紐　育

秘　露　國　里　馬

第四條　當會社ノ資本金ハ金壹千五百萬圓トス

第五條　當會社ノ公告ハ東京市ニ於テ發行スル中外商業新報ニ掲載シテ之ヲ爲ス

第貳章　株式

第六條　當會社ノ株式ハ之ヲ參拾萬株ニ分チ壹株ノ金額ヲ金五拾圓トス

株式ハ總テ記名式トシ百株券及千株券ノ貳種トス

第七條　當會社ノ株主ハ百株以上ノ株式ヲ所有スルコトヲ要シ且百株未滿ノ端數ノ附キタル株式ヲ所有スルコトヲ得ス

第八條　當會社ノ株式ハ取締役會ノ承諾ナクシテ之ヲ第三者ニ讓渡シ又ハ擔保ニ供スルコトヲ得ス

當會社ノ株式ハ株券ノ裏書ニ依リテ之ヲ讓渡スルコトヲ得ス

第九條　株式讓渡ノ場合ニハ當會社所定ノ請求書ニ當事者連署シ株券ヲ添ヘ

テ名義書換ノ請求ヲ爲スコトヲ要ス　但請求者代理人ナルトキハ其代理權ヲ證スル書面ヲ添附スヘシ

相續、遺贈又ハ法律上ノ手續ニ依リ株式ノ移轉シタル場合ニハ當會社所定ノ請求書ニ其事實ヲ證明スヘキ書面ヲ添ヘ名義書換ノ請求ヲ爲スコトヲ要ス

第拾條　株券ヲ毀損シタル者ハ其旨ヲ書面ニ記シ株券ヲ添ヘテ新株券トノ交換ヲ請求スルコトヲ得

第拾壹條　株券ヲ喪失シタル者ハ當會社所定ノ請求書ニ除權判決ノ正本又ハ認證謄本ヲ添ヘ新株券ノ交付ヲ請求スヘシ

第拾貳條　新株券ノ交付ヲ請求スル者ハ手數料トシテ新株券壹枚ニ付金五拾錢名義書換其他更正ヲ請求スル者ハ手數料トシテ株券壹枚ニ付金拾錢ヲ支拂フヘシ

第拾參條　株主ハ當會社所定ノ書式ニ依リ其氏名、住所及印鑑ヲ屆出ツヘシ

株主ノ法定代理人ハ其氏名、住所、印鑑及其資格ヲ證明スヘキ書面ヲ當會社ニ屆出ツヘシ

外國ニ住所ヲ有スル當會社株主ハ日本帝國内ニ於テ通知ヲ受クヘキ場所ヲ定

三

メ之ヲ届出ツルコトヲ要ス
前參項ニ異動ヲ生シタルトキ亦同シ

第拾四條　株式ノ名義書換ハ定時總會ノ場合ハ決算期末日ノ翌日ヨリ、臨時總會ノ場合ハ總會招集通知書發送ノ翌日ヨリ總會終了ノ日迄之ヲ停止スルコトヲ得

第參章　株金拂込

第拾五條　株金第壹回ノ拂込ハ壹株ニ付金拾貳圓五拾錢トシ第貳回以後ノ株金拂込ノ時期、方法、金額等ハ取締役會ノ決議ヲ以テ之ヲ定ム

第拾六條　株金拂込ヲ怠リタル株主ハ其拂込期日ノ翌日ヨリ現ニ拂込タル當日迄金壹百圓ニ付壹日金四錢ノ割合ヲ以テ遲延利息ヲ支拂フヘシ

第四章　株主總會

第拾七條　總會ハ定時總會及臨時總會ノ貳種トシ定時總會ハ毎年六月及拾貳月

之ヲ招集シ臨時總會ハ必要アル毎ニ之ヲ招集ス

第拾八條　總會ノ議長ハ取締役社長之ニ當ル、取締役社長差支アルトキハ他ノ代表取締役之ニ代ル

第拾九條　總會ノ決議ニ際シ可否相半ハスルトキハ議長之ヲ決ス　但議長ハ之カ爲メニ自己ノ議決權ヲ行使スルコトヲ妨ケス

第貳拾條　代理人ヲ以テ議決權ヲ行使セントスル株主ハ其議決權ノ行使ヲ當會社ノ株主ニ委任スルコトヲ要ス　但代理人ハ總會開會前委任狀ヲ當會社ニ差出スコトヲ要ス

第貳拾壹條　總會ノ議事ニ付テハ議事録ヲ作製シ議事ノ經過ノ要領及其ノ結果ヲ記載シ議長竝出席シタル取締役及監査役之ニ記名捺印スヘシ

第五章　役員

第貳拾貳條　當會社ニ取締役九名以内、監査役參名以内ヲ置ク

第貳拾參條　取締役及監査役ハ總會ニ於テ株主中ヨリ之ヲ選任ス

取締役及監査役ノ有スヘキ株式ノ員數ハ百株以上トス
第貳拾四條　取締役カ監査役ニ供託スヘキ株式ノ員數ハ百株トス
第貳拾五條　取締役ノ互選ヲ以テ取締役社長壹名、專務取締役壹名及常務取締役
若干名ヲ置クコトヲ得
取締役社長、專務取締役及常務取締役ハ各自會社ヲ代表ス
第貳拾六條　取締役ハ取締役會ヲ組織シ重要ナル事項ヲ議決ス
取締役會ノ議事ハ取締役ノ過半數ヲ以テ之ヲ決ス
第貳拾七條　取締役社長、專務取締役竝常務取締役ハ取締役會ノ決議ニ依リ業務
ヲ執行ス
第貳拾八條　取締役社長ハ必要ニ應シ取締役會ヲ招集シ其議長ニ任ス
取締役社長差支アルトキハ他ノ代表取締役之ニ代ル
第貳拾九條　取締役ノ任期ハ就任後第六回、監査役ノ任期ハ就任後第四回ノ定時
總會終結ノトキヲ以テ終了ス　但取締役又ハ監査役ノ壹部ノミヲ選任スルト
キハ其任期ハ他ノ在任取締役又ハ監査役ノ殘任期ニ依ル
第參拾條　取締役又ハ監査役ニ缺員ヲ生スルモ在任者ノ數カ法定ノ人員ヲ缺カ

サルトキハ補缺選擧ヲ爲サヽルコトヲ得

第參拾壹條　代表取締役以外ノ取締役ハ株主總會ノ認許ニ依ラス他ノ同業會社ノ取締役トナルコトヲ得

第參拾貳條　取締役及監査役ノ報酬ハ總會ノ決議ヲ以テ之ヲ定ム

第六章　計算

第參拾參條　毎年四月末日及拾月末日ヲ以テ決算期トス

第參拾四條　取締役ハ決算期毎ニ財產目錄、貸借對照表、營業報告書、損益計算書竝損益處分ニ關スル議案ヲ作成シ監査役ノ報告書ヲ添ヘ定時總會ニ提出シ承認ヲ求ムヘシ

第參拾五條　當該決算期ニ於ケル總益金ヨリ總損金ヲ差引キタル剩餘金ノ內ヨリ左記金額ヲ控除シタル殘額ヲ利益金トス

一、取締役、監査役ノ賞與及交際費　若干

二、固定物件償却金　若干

前項利益金ハ左ノ順序ニ依リ之ヲ分配ス

一、法定積立金　利益金ノ百分ノ五以上

二、株主配當金　若干

三、繰越金　若干

但當會社ノ株主配當ハ平均年六歩ヲ超エサルモノトシ剩餘金ハ之ヲ別途ニ積立テ經營不振ノ場合ニ備ヘ又ハ臨時必要トスル費途ニ充ツ

第參拾六條　株主配當金ハ毎決算期末現在ノ株主ニ支拂フ

前項ノ配當金ハ支拂開始ノ日ヨリ起算シ五箇年間請求セサルトキハ其權利ヲ喪失ス

附則

第參拾七條　當會社ノ創立費ハ壹萬圓以内トス

第參拾八條　當會社設立發起人ノ住所氏名左ノ如シ

發起人

東京市麴町區二番町拾四番地　井上治兵衛

東京市赤坂區青山南町五丁目八拾壹番地　石田禮助

東京市牛込區納戸町參拾七番地　船田一雄

東京市荏原區小山町五百九番地　田中完三

東京市芝區白金今里町壹百五拾番地　皆川多三郎

東京市澁谷區千駄ヶ谷四丁目六百九拾參番地　大倉彦一郎

東京市豊島區千早町貳丁目貳拾七番地　堀三也

参考文献（順不同）

〈書　籍〉

井本熊男編『帝国陸軍編制総覧』芙蓉書房出版
大森実『戦後秘史1　日本崩壊』講談社文庫
大森義夫『日本のインテリジェンス機関』文春新書
木村文平『恐怖の近代謀略戦──陸軍省機密室・中野学校』東京ライフ社
佐藤弘編『大東亜の特殊資源』大東亜出版
倉橋正直『日本の阿片戦略－隠された国家犯罪』共栄書房
斎藤充功『昭和史発掘　幻の特務機関「ヤマ」』新潮新書
斎藤充功『謀略戦陸軍登戸研究所』学研文庫
坂野徹『帝国日本と人類学者　一八八四～一九五二年』勁草書房
春原剛『誕生国産スパイ衛星──独自情報網と日米同盟』日本経済新聞社
中野校友会編『陸軍中野学校』
俣一戦史刊行委員会編『俣一戦史──陸軍中野学校二俣分校第一期生の記録』
福本亀治・中野校友会編『回想録　日本における秘密戦機構の創設』
中野校友会編『福本亀治先生と中野学校』
中村政則編『年表昭和史　1926～2003』岩波ブックレット
中村祐悦『白団──台湾軍をつくった日本軍将校たち』芙蓉書房出版
西原征夫『全記録ハルビン特務機関──関東軍情報部の軌跡』毎日新聞社
深津信義『鉄砲を一発も撃たなかったおじいさんのニューギニア戦記』日本経済新聞社

藤瀬一哉『昭和陸軍〝阿片謀略の大罪〟――天保銭組はいかに企画・実行したか』山手書房新社
百瀬孝／伊藤隆監修『事典　昭和戦前期の日本――制度と実態』吉川弘文館
山田豪一編『オールド上海　上海阿片事情』亜紀書房
山本憲蔵『陸軍贋幣作戦――計画・実行者が明かす日中戦秘話』現代史出版会
山本常雄『阿片と大砲――陸軍昭和通商の七年』ＰＭＣ出版
吉原公一郎『謀略の構図』ダイヤモンド社
吉原公一郎『腐食の系譜』三省堂
吉原公一郎『謀略列島　内閣調査室の実像』新日本出版社
Ｗ・Ｇクリヴィツキー／根岸隆夫訳『スターリン時代』みすず書房
ボリス・スラヴィンスキー／加藤幸廣訳『日ソ戦争への道――ノモンハンから千島占領まで』共同通信社
ジェームス・バーナム『赤いくもの巣――アメリカ政府をむしばんだスパイ工作の記録』野中庸・小野佐千夫共訳　日刊労働通信社
Hamilton Fish, *Memoir of an American patriot*,　Regnery Publishing.
Stephen C. Mercado, *The Shadow Warriors of Nakano*, Potomac Books Inc.
横浜弁護士会ＢＣ級戦犯横浜裁判調査研究特別委員会編『法廷の星条旗　ＢＣ級戦犯横浜裁判の記録』日本評論社
吉村昭『海軍乙事件』文春文庫
山本舜勝『自衛隊影の部隊』講談社
千種キムラ・スティーブン『三島由紀夫とテロルの倫理』作品社
上野文雄『終戦秘録　九州８月１５【縦中横】日』白川書院
Ｃ・Ａ・ウイロビー／延禎監修『知られざる日本占領　ウイロビー回顧録』番町書房
田中俊男『陸軍中野学校の東部ニューギニア遊撃戦』戦史刊行会
平松茂雄『中国人民解放軍』岩波新書

小島晋治・丸山松幸『中国近現代史』岩波新書
竹前栄治『GHQ』岩波新書
松本清張『日本の黒い霧Ⅲ』文藝春秋新社
大谷敬二郎『昭和憲兵史』みすず書房
『昭和史事典』毎日新聞社
中生勝美『近代日本の人類学史――帝国と植民地の記憶』風響社
明田川融訳『占領軍対敵諜報活動――第四四一対敵諜報支隊調書』現代史料出版
高橋有恒『バー・モウ長官の逃亡――終戦秘話』恒文社
『昭和史の天皇 8』読売新聞社
アンソニー・ビリー／笹川武男訳『世界ノンフィクション全集42巻』筑摩書房
日下部一郎『謀略太平洋戦争　陸軍中野学校秘録』弘文堂
藤田西湖『最後の忍者どろんろん』日本週報社
村井博『姿なき戦い　スパイゾルゲはいかにして日本を敗戦に追い込んだか』丸善京都出版サービスセンター
楳本捨三『日本大謀略戦史』経済往来社
秦郁彦『日本陸海軍綜合辞典　第二版』東京大学出版会
佐藤元英・黒沢文貴編『GHQ歴史課陳述録――終戦史料（上巻）』原書房
西鋭夫『國破れてマッカーサー』中公文庫
袖井林二郎『マッカーサーの二千日』中公文庫
竹前栄治『占領戦後史』岩波同時代ライブラリー
佐山二郎『小銃・拳銃・機関銃入門――日本の小火器徹底研究』光人社NF文庫
大石静『駿台荘物語』文藝春秋社
外務省編『日本の選択　第二次世界大戦終戦史録（下巻）』山手書房新社

伊藤貞利『中野学校の秘密戦——中野は語らず、されど語らねばならぬ戦後世代への遺言』中央書林
稲葉千晴『明石工作　謀略の日露戦争』丸善ライブラリー
前坂俊之『明石元二郎大佐』新人物往来社
石光真清『曠野の花　石光真清の手記』中公文庫
山崎正男『陸軍士官学校』秋元書房
『陸軍士官学校写真集』秋元書房
矢田喜美雄『謀殺・下山事件』講談社
週刊新潮編集部編『マッカーサーの日本』新潮社
中薗英助『現代スパイ物語』講談社文庫
有賀伝『日本陸海軍の情報機構とその活動』近代文藝社
岩畔豪雄『昭和陸軍謀略秘史』日本経済新聞社
牧久『特務機関長　許斐氏利』ウェッジ
呉基完『北朝鮮謀略機関の全貌　その内部からの告発』世界日報社
清水淳『北朝鮮情報機関の全貌　独裁政権を支える巨大組織の実態』光人社
防衛庁防衛研修所戦史室『北東方面陸軍作戦〈2〉千島・樺太北海道の防衛』戦史叢書・朝雲新聞社
防衛庁防衛研修所戦史室『関東軍〈1〉対ソ戦備・ノモンハン事件』戦史叢書・朝雲新聞社
防衛庁防衛研修所戦史室『関東軍〈2〉関特演・終戦時の対ソ戦』戦史叢書・朝雲新聞社
防衛庁防衛研修所戦史室『陸軍軍需動員〈2〉実施編』戦史叢書・朝雲新聞社
粟屋憲太郎・竹内圭編『対ソ情報戦資料　第2巻』現代史料出版会
若槻泰雄『シベリア捕虜収容所』明石書店
麻田雅史『シベリア出兵　近代日本の忘れられた七年戦争』中公新書
伴繁雄『登戸研究所の真実』芙蓉書房出版

前野茂『生ける屍　ソ連獄窓十一年の記録』講談社学術文庫
関根伸一郎『ドイツの秘密情報機関』講談社現代新書
ジャック・ドラリエ／片岡啓治訳『ゲシュタポ狂気の歴史　ナチスにおける人間の研究』講談社学術文庫
スラヴァ・カタミーゼ／伊藤綺訳『ソ連のスパイたち――KGBと情報機関1917-1991年』原書房
樺太終戦史刊行会編『樺太終戦史』全国樺太連盟
ノーマン・ポルマー　トーマス・B・アレン／熊本信太郎訳『スパイ大事典』論創社
リチャード・ディーコン／木村明生訳『ロシア秘密警察の歴史――イワン雷帝からゴルバチョフへ』心交社
石井暁『自衛隊の闇組織　秘密情報部隊・別班の正体』講談社現代新書
島居英晴『日本陸軍の通信諜報戦・北多摩通信所の傍受者たち』けやき出版

〈雑誌・紀要・会誌・郷土史・外交資料〉

川俣雄人「日本スパイの殿堂　中野学校の謎」『丸』一九六〇年七月号
「外国駐在各国外交官領事館移動関係雑件（在獨ノ部）」
「中野校友会誌」校友会編
「俣一会報」俣一会編
中野校友会東北支部会報
中野校友会山口九州支部会報
「セーヴェル」ハルピン・ウラジオストクを語る会
「歴史と人物」中央公論社
「人物往来」人物往来社
「陸軍画報」陸軍画報社
「国際文化論集」桃山学院大学紀要

「週刊サンケイ・臨時増刊号」産経新聞社
「週刊読売・臨時増刊号」読売新聞社
「軍事研究」ジャパン・ミリタリー・レビュー社
「三田空手会報」一般社団法人・三田空手会
「民俗学研究」プレジデント社
「勝沼町史」「塩沢町史」「六日町町史」「石打郷土誌」「衆議院議事録」
「朝日ジャーナル」朝日新聞社
「歴史群像」学研プラス
「映画秘宝」洋泉社

〈新聞〉
読売新聞　朝日新聞、新潟日報、魚沼新報

〈私家版（手記等）〉
「ツンドラの鬼　樺太秘密戦実録」扇貞雄　扇兄弟社
「ニューギニア横断記」新穂智
「ニューギニア回顧録」深津信義
「あけぼの」門脇朝秀

〈蒐集資料（斎藤津平所蔵）〉
「国体学」「謀略」「宣伝」「政治学」「重慶政権ノ政治、経済動向観察」「主要伝染病ノ概要」「人ニ対スル薬物致死量調」「戦術」「郊外綜合演習計画書」「所感」

あとがき

京都府下に住む村井博は大正六（一九一六）年六月生まれの八七歳（故人）。中野学校に入校したのは昭和一四（一九三九）年一二月で、試験は東京九段の偕行社で行われた。神奈川県横須賀にあった陸軍重砲兵学校出身で、在学中に中野学校に推薦された。

村井は中野学校の試験のユニークさを、こう述懐する。

「インドのシャハトの政策を知っているかとか、前の部屋に灰皿がいくつあったか。万年筆を二本出して、これで一〇個師団を編制せよというものありました。二本を十文字に重ねて、『これで一〇個師団をつくりました』と答えれば合格。また、部屋にかけてある帽子を取れといわれて、ハイといって帽子を取れば不合格。なんとも奇妙な試験でした」

村井は乙一短期学生として一一カ月の教育を受け、翌年一〇月に卒業した。初任地は陸軍省兵務局防衛課付。しかし、実際に勤務したのは陸軍大臣直轄の軍事資料部であった（この組織の具体的な活動は拙著『昭和史発掘　幻の特務機関「ヤマ」』に詳述した。

私が村井と初めて会ったのは平成一五（二〇〇三）年四月、京都府の老人施設であった。取材は村井の耳が不自由なため、筆談になった。彼は私の取材ノートに「諜報」という文字を何回も書き連ねて、自らの体験を語ろうとした。村井の著書『姿なき戦い　スパイゾルゲはいかにして日本を敗戦に追い込んだか』には、村井が中野学校を卒業してからの体験がギッシリと詰まっていた。先の奇妙な入学試験の問題も筆談で述懐してくれたもので、経歴も取材ノートに書いてくれたものを私がまとめたものである。

私は村井から戦後史を聞きたかった。取材ノートには「謀略戦の研究に費やした」と綴られている。戦中はラバウルの第八方面軍参謀部特務班から第七遊撃隊副官（大尉）に転属して、現地で終戦を迎えていた。内地引揚げは昭和二一（一九四六）年四月で、復員後は地元の町会議員などを務めたという。また、剣道の達人で、戸山流居合道範士九段の皆伝免許を持っていた。

中野学校卒業後の任務でもっとも記憶に残る工作を問うと、軍事資料部の部員として昭和一七（一九四三）年五月に函館に派遣され、日魯漁業の社員に身分を欺偏して諜報活動を行ったことを挙げた。相手はソ連のクーリエで、集めた情報は極東ソ連軍の動向だった。得た情報は「ソ連軍は対独戦で手一杯のため、極東の兵力は動かない」という第一級の情報であったという。だが、この情報活動には後日談があった。筆談をまとめたものを示そう

函館のカフェの主人が「こんな戦争の最中に戦地にも行かず、頭髪を長くして背広を着てウロウロ歩いているのは普通ではない」と函館警察署に密告したのです。さっそく二人の署員が私の不在をねらって、土足のまま借家の部屋に入り込み捜査しました。二日後に函館署に勾引され、署長室で署長直々に尋問を受けました。

その最中に、署長がちょっと席を外した隙に変装して署外へ逃走し、要所要所にいち早く張り巡らされた網をくぐり抜けて函館港に辿り着いたのです。途中、捜査員にわざと落ち着いて「トラピスト（カトリックの修道院）はどこですか」と道を尋ねたりして港に行くと、ちょうど青森から連絡船が着いたばかりでした。

連絡船の改札係に「船内に忘れ物をしてしまったので」といって船内に駆け込み、乗船してき

た客と一緒に青森港に到着しました。しかし、切符がないので、改札係に「迎えに来ている友人に、この荷物を渡してきますから」といって、まんまと切符なしで上陸することができました。東京に着いて資料部へ挨拶にいったところ、「別命あるまで暫く待機せよ」の一言で、「ご苦労」の言葉ひとつかけてもらえませんでした。

村井はこの失敗で、上司から「身分が暴露されては諜報の仕事ができないではないか」と叱されれ、その後一年間は軍事資料部で内勤事務に廻された。警察に逮捕されて取調べを受けるとは、工作員失格の烙印を押されても仕方あるまい。諜報員としての専門教育を受けた中野学校卒業生といえども諜報戦の現場では小さなミスが命取りになりかねない。それが、非情な諜報の世界の現実なのだ。

長髪に背広姿を怪しんだ市民が警察へ通報したことが、逮捕のきっかけになった。だが、村井はその失敗を自らの体験談として、赤裸々に明かしてくれた。他にも卒業生の中には、工作に失敗したケースもあるだろうが、こうした失敗談を語る関係者はほとんどいない。私は、一〇〇名以上の卒業生を取材してきたが「失敗談」については「中野は黙して語らず」を押し通す人が大半であった。

取材は長期に亘った。その間に八冊の「中野」本を上梓してきた。そして今回、論創社の勧めで刊行したのが「陸軍中野学校」を通史として読める本書である。内容は五冊を整理、統一して集大成したものである（中に、雑誌記事を再編集して編んだ新原稿も収めた）。

担当編集者の谷川茂から刊行のオファーがあったときは正直、大部になる「中野学校全史」が出版できるものなのか、疑念を持ったものだが谷川の確信に満ちた一言〝世に遺るノンフィクションを出しましょう〟、その言葉に著者は叩頭した。

構成作業に取り掛かってから七カ月で本書の骨組みを立てた。目次を見た時に、私は「中野学校」についてのすべてを網羅した内容になっていると満足した。残るのは「スパイマスターと呼ばれた男」(秋草俊)の、ベルリン時代の諜報活動の続編の取材だけになった。いずれ、刊行したいと思っているが、著者は今年で傘寿。なんとか現地取材を実現したいと思慮している。谷川から出版の声がかからなかったら、「全史」を「論創ノンフィクション」の一冊として世に問うことは難しかったであろう。英断に多謝である。

取材させてもらった「陸軍登戸研究所」「陸軍中野学校」の関係者の大半は鬼籍に入ってしまったが、生前は大変お世話になった。この場を借りてあらためてお礼を申し上げる。本書の元本は「承前」で紹介しているが、担当してくれた金澤智之、小林順、今若良二、長廻健太郎、小塩隆之の編集者各位には深甚の感謝をお伝えしたい。

また、今日に至るまで長きに亘り、フリーランスの私を物心両面で支えてくれた妻、茅里には心より感謝の気持ちを伝えたい。ありがとう。

二〇二一年七月　　著者記す

斎藤充功（さいとう・みちのり）

1941年東京市生まれ。ノンフィクション作家。東北大学工学部中退。陸軍中野学校に関連する著者が8冊。共著を含めて50冊のノンフィクションを刊行。近著に『ルポ老人受刑者』（中央公論新社）。現在も現役で取材現場を飛び回っている。

論創ノンフィクション013
陸軍中野学校全史

2021年 9月 1日　初版第1刷発行
2023年 2月20日　初版第4刷発行

著　者　斎藤充功
発行者　森下紀夫
発行所　論創社
　　　　東京都千代田区神田神保町2-23　北井ビル
　　　　電話　03（3264）5254　振替口座　00160-1-155266

カバーデザイン　奥定泰之
組版・本文デザイン　アジュール
印刷・製本　精文堂印刷株式会社
編　集　谷川 茂

ISBN 978-4-8460-2051-4 C0036